中央预算行政事业类项目（水土保持业务）资助

黄土高原油用灌木资源开发利用

胡建忠　卢顺光　吕兆林　著

中国环境出版集团·北京

图书在版编目（CIP）数据

黄土高原油用灌木资源开发利用/胡建忠，卢顺光，吕兆林著. —北京：中国环境出版集团，2021.10
ISBN 978-7-5111-4936-7

Ⅰ. ①黄… Ⅱ. ①胡…②卢…③吕… Ⅲ. ①黄土高原—灌木—植物资源—资源利用—研究 Ⅳ. ①S718.4

中国版本图书馆 CIP 数据核字（2021）第 211216 号

出 版 人 武德凯
策划编辑 周 煜
责任编辑 王宇洲
责任校对 任 丽
封面设计 岳 帅

出版发行 中国环境出版集团
（100062 北京市东城区广渠门内大街 16 号）
网 址：http://www.cesp.com.cn
电子邮箱：bjgl@cesp.com.cn
联系电话：010-67112765（编辑管理部）
010-67112735（第一分社）
发行热线：010-67125803，010-67113405（传真）
印 刷 北京建宏印刷有限公司
经 销 各地新华书店
版 次 2021 年 10 月第 1 版
印 次 2021 年 10 月第 1 次印刷
开 本 787×1092 1/16
印 张 21 彩插 8
字 数 435 千字
定 价 98.00 元

本书主要作者

水利部水土保持植物开发管理中心：胡建忠　卢顺光　殷丽强　李　蓉　温秀凤

北京林业大学：吕兆林

山西师范大学：魏学智

黄河水利委员会西峰水土保持科学试验站：闫晓玲

黄河水利委员会天水水土保持科学试验站：李学勇

黄河水利委员会绥德水土保持科学试验站：马三保

前 言

黄土高原是我国水土流失强度最大的地区，也是我国经济发展较为落后的地区。多年来，各地通过种树、种草等实践，在一定程度上缓解了严重的水土流失问题，促进了当地农、林、牧业生产的有效发展。以刺槐、山杏、白榆、旱柳、油松、侧柏等为主的乔木林建设和以柠条、沙棘、紫穗槐、柽柳等为主的灌木林建设，均对当地生态建设起到了十分重要的作用。不过从促进当地经济发展的角度来看，这些常用树种中，大多数种类虽然生态功能很强，但经济效益不明显，对其经济利用价值有待进一步研究。

黄土高原的大部分地区坐落在半湿润半干旱地区，水分条件先天不足，相对耗水量较大的乔木来说，灌木为当地更适宜种植的树种。例如，自1985年以来，黄土高原地区就将种植沙棘作为治理水土流失的一个突破口，生态效益十分显著。通过收购和加工沙棘果实，也为当地老百姓提供了一定的经济收入。事实上，像沙棘一样的灌木树种在黄土高原地区数量不少，有着多种多样的开发途径。通过开发利用，能够促进灌木的种植，既可提供原料用于企业加工，又可服务于当地生态建设。

国务院办公厅《关于加快木本油料产业发展的意见》（国办发〔2014〕68号）就对种植和开发油用植物资源，提出了很高的要求。2015年经国务院批复执行的《全国水土保持规划（2015—2030年）》，其专项规划《高效水土保持植物资源建设与开发规划（2015—2030）》中就将黄土高原高级油用类水土保持植物资源建设开发工程列入十大重点示范工程之列。这一附件由水利部水土保持植物开发管理中心（以下简称“植管中心”）编制，我有幸承担了这一规划的编制工作，规划中列为重点建设的油用灌木资源有文冠果、长柄扁桃和翅果油树等。选择油用灌木资源在黄土高原水土流失地区种植，正是充分考虑了油用灌木种植成本低、适应性强、可开发油脂和精油产品的特点，且种植后在很短时间内就能收获经济资源用于开发，生态效益和经济效益都相当不错。

在黄土高原地区种植和开发利用油用灌木资源，是贯彻落实“绿水青山就是金山银山”理念、习近平总书记在黄河流域生态保护和高质量发展座谈会上的讲话精神和中共中央政治局审议通过的《黄河流域生态保护和高质量发展规划纲要》的体现。在黄土高原地区系统开展油用灌木资源建设与开发利用工作，必将为推动该地区水土保持生态环境建设、巩固脱贫攻坚成果、促进经济发展新局面做出更大的贡献。

自2014年以来，结合执行水利部财政项目“水土保持业务”工作，植管中心在黄土高原地区开展了油用灌木资源种植和开发的调研工作。于2015年在山西乡宁、2018年在陕西绥德、2019年在甘肃庆阳和天水，分别开展了油用灌木资源示范点的建设，逐步总结了种植模式、技术和经验。2019—2020年连续两年，与北京林业大学合作，开展了黄土高原油用灌木关键活性因子挖掘及精深产品开发利用的初步研究工作。本书对调研、示范点建设和研发工作进行了总结。

在调研过程中，得到山西省水利厅水土保持局、临汾市水利局、乡宁县水利局、翼城县水利局、山西师范大学等，陕西省水土保持局、西安市鄠邑区水务局水土保持工作站、乾县水土保持工作站、彬县水利局、彬县水土保持监督站、彬县水口镇政府、洛川县水土保持工作队、洛川县退耕还林工程管理办公室、吴起县水土保持工作队、吴起县退耕还林工程管理办公室、榆林市水务局、靖边县水土保持监督站、靖边县柳树湾林场、神木市水土保持工作队、榆阳区水土保持局、榆阳区林业局等，甘肃省兰州市兰州新区农林水务局、靖远县水土保持工作站、靖远县箸笠乡政府、永登县水土保持工作站、永登县苦水乡政府、甘肃省治沙研究所等单位的配合，在这里向这些单位和有关人员表示诚挚的谢意！北京林业大学生物科学与技术学院的硕士研究生袁玮琼、武艺、颜子曦、李永慧等，参加了油用灌木资源的取样、分析和资料整理工作，在这里也向他们表示衷心的感谢。

总体来说，开展油用灌木资源的研究与开发利用还处于起步阶段，本书内容也只是阶段性的成果，开发工艺技术和产品的试验只是在实验室水平上开展的，而放大的车间水平的中试等工作还未开展。书中难免有不足之处，请广大读者将有关建议发至bfuswc@163.com，以备在开展下一阶段工作时给予格外关注和重视。

胡建忠

2020年10月10日

目 录

第一章

黄土高原开展油用灌木资源种植开发的时代要求

2019 年 9 月 18 日，习近平总书记在黄河流域生态保护和高质量发展座谈会上的讲话指出："水土保持不是简单挖几个坑种几棵树，黄土高原降雨量少，能不能种树，种什么树合适，要搞清楚再干。"习近平总书记强调："要支持各地区发挥比较优势，构建高质量发展的动力系统。沿黄河各地区要从实际出发，宜水则水、宜山则山，宜粮则粮、宜农则农，宜工则工、宜商则商，积极探索富有地域特色的高质量发展新路子。"

事实上，在黄土高原地区，确实有许多地方并不适宜种植乔木，而灌木、草本资源由于其独特的生物学及生态学特征，恰恰更适应这一地区的半干旱半湿润气候环境条件。高效水土保持植物资源的建设，既是生态治理和保护的需要，也是构建生态产业化体系、促进黄土高原高质量发展的一条必由之路，这条建设之路值得探索。

第一节　黄土高原水土流失成因及危害

黄土高原位于黄河上中游地区，是中华文明的发祥地之一。作为世界上面积最大的黄土覆盖地区，黄土高原是黄河泥沙的主要来源地，也是全球水土流失最为严重的地区。同时，这一地区是阻止内蒙古高原风沙迁移的生态屏障，也是我国重要的能源重化工基地，战略地位十分重要。但该地区也有一定的生态短板，如水土流失严重，泥沙下泄，影响黄河下游防洪安全；坡耕地多，水资源匮乏，粮食产量低，经济发展慢；植被稀少，草场退化，部分区域沙化严重；局部地区能源开发，导致人为新增水土流失现象加剧。

一、降水、土壤、地形、植被等因素综合叠加形成了我国水土流失强度最大的地区

降水是发生水蚀的动力。黄土高原距海洋较远，属大陆性季风气候，降水量普遍不高，由黄土高原南部的 650 mm 左右降至西北部的 150 mm 左右。本区不仅降水量少，而且季节分布极其不均，夏季 6—9 月降水量就占了全年降水量的 70%～80%，并且越向西北夏

季降水所占比例越大。夏季土壤侵蚀量占据了全年侵蚀总量的80%以上，特别是如遇大暴雨或特大暴雨的情况，则次降雨造成的土壤侵蚀量往往占到全年土壤侵蚀量的95%以上。

土壤或母质是降水冲蚀的对象。黄土高原地区水土流失多发地区分布的土壤主要为黄绵土，下伏为马兰黄土、离石黄土、午城黄土等母质，以粉砂为主，结构疏松，张力节理和应力节理都很发育，遇水1～2 min即全部崩解，极易侵蚀。

地形或坡度是形成地表径流的条件。丘陵沟壑区在黄土高原各地貌类型中所占面积最大，同时也是坡度最大、最易形成水土流失的地区。据黄土高原地区综合治理开发系列研究资料，全区坡度为15°～25°的斜坡地有20 012.73万亩①，其中61.2%位于丘陵沟壑区；坡度在25°以上的陡坡地有16 408.86万亩，其中52.8%分布于黄土丘陵沟壑区。黄土高原大部分区域的沟壑密度达3～6 km/km^2，最大的区域为晋陕黄河峡谷两侧，即黄河粗泥沙集中来源区。

半干旱半湿润的气候条件，造就了黄土高原地区植被覆盖度低、生产力不高的现状，地面覆盖较少，进而为水土流失的产生创造了基本条件。

据中国水土流失防治与生态安全综合科学研究结果，黄土高原土壤侵蚀模数大于5 000 t/（km^2·a）（强度以上）的水蚀面积达19.1万km^2，大于8 000 t/（km^2·a）（极强度以上）的水蚀面积达8.51万km^2，大于15 000 t/（km^2·a）（剧烈）的水蚀面积达3.67万km^2；局部地区的土壤侵蚀模数甚至超过30 000 t/（km^2·a）。各项数据均为全球之最。

二、严酷的自然条件和严重的水土流失是造成黄土高原地区经济落后的主要原因

黄土高原地区的降水、土壤、地形和植被等自然条件也是该地区的生产条件，是影响农、林、牧业健康发展的重要自然因素，特别是在叠加了水土流失这一“加速器”后，土壤更加贫瘠、地形更加破碎、植被更加稀少，整个自然条件越发严酷，这也是造成当地农、林、牧业生产发展缓慢的重要原因所在。贫困、自然环境恶劣、水土流失严重之间相互影响，从而形成了一个恶性循环圈。

黄土高原地区的核心地区为原陕甘宁边区，这里是党中央和中央红军长征的落脚点、八路军开赴抗日前线的出发点。战争年代的老区是模范边区，为中国革命成功做出了不可磨灭的贡献。目前，老区经济发展较慢，吃水难、行路难，生态环境十分脆弱。

据此，在这一区域开展溯源分析，提出并实施以生态建设与开发利用为抓手的综合治理。

---

① 1亩≈666.67 m^2。

第二节 黄土高原开展油用灌木资源种植开发的必要性

一、从植被的自然分布和多年种植情况来看，灌木资源应给予高度重视

不可否认，多年来的生态建设对改善黄土高原地区的自然环境条件、促进当地生产起到了一定的作用。但是区内生态建设工程，多是纯“生态型”的，如油松、刺槐、柠条、紫穗槐等，生态功能虽好，但经济效益不突出，仅仅是建成了“青山”而已。即使像沙棘这种经济效益较好的树种，由于多以生态林方式建设，成林后高度郁闭，无法采果，也基本上无经济效益可言。而且对生态建设后的经济开发重视不够，多层次深加工利用举步维艰，严重影响着产业发展。

就目前的科技水平来看，黄土高原地区引起水土流失的诸多自然因素中，降水无法人为控制，改土改坡度的能力还较为有限，选择植被这一因子入手，开展植被建设，就地拦截径流泥沙，应该是控制黄土高原水土流失的主要突破口。

黄土高原地区长期的农耕历史，使天然植被遭到了巨大破坏，取而代之的是各种各样的受人类管控的栽培植被。以乔木为主要建群种的天然林或天然次生林主要残存在区内土石山区，黄土区仅在陕甘交界的子午岭有次生林存在。人工乔木林多位于水分条件较好的“四旁绿化”和沟壑地区。灌丛在区内十分发达，类型很多，有高寒中生落叶灌丛、温性山地中生落叶灌丛、温性旱生落叶灌丛、温性沙生落叶灌丛等，在山地、丘陵、沙区均有大面积分布，成为这些地区的建群种。在黄土高原西北部地区草原植被分布较多，按水分条件由多到少依次分布有草甸草原植被、典型草原植被、荒漠草原植被和荒漠植被等，其中后 3 种植被为由东向西分布的序列。

植被的自然分布和人工种植成果表明，黄土高原地区有适于种植乔木的地区，更有大片地区适宜种植灌木和草本植物。因此，应该因地制宜，提倡“宜乔则乔，宜灌则灌，宜草则草”，不能搞“一刀切”。同时，应重视种植开发利用价值高的高效水土保持植物。

在黄土高原地区配置高效水土保持植物，分析其经济利用价值和开发方向，配套最佳工艺技术，形成生态建设与国民经济相互促进、共同发展的新局面，已是大势所趋。虽然黄土高原地区是我国水土流失最为严重的地区，但光热资源丰富，雨热同期，特别是土层（包括母质）深厚是其主要优势所在，因此植物资源产品以质量上乘为主要特征。苹果、桃、山桃、杏、山杏、樱桃、核桃、枣等，一直是这一区域的当家经济树种。总体来看，目前这一区域可用于开发的植物资源规模较小，开发“零敲碎打”，产业规模化还难以形成体系。所以这一现状是限制这一区域植物资源产业发展的主要“症结”。因此需要提出一套系统科学的配置方案来指导建设，以有效促进黄土高原地区的生态保护和高质量发展工作。

二、基于国家政策，油用灌木在黄土高原应具有比乔木优先的地位

在黄土高原地区，多年来的生态建设实践表明，许多地方是不适合种植乔木的，反而灌木资源由于其独特的生物学、生态学特征，更适合这一地区半干旱半湿润气候环境的生长条件。油用灌木资源应该是适合本区生态治理保护兼开发利用的一类最佳树种，既能满足生态治理和保护的需要，更能构建生态产业化体系，是促进区域高质量发展的一条必然出路。

在黄土高原地区开展油用灌木资源建设和开发利用，也是继续落实《国务院办公厅关于加快木本油料产业发展的意见》（国办发〔2014〕68 号）的时代需要。木本油料产业是我国的传统产业，也是提供健康优质食用植物油的重要来源。近年来，我国食用植物油消费量持续增长，需求缺口不断扩大，对外依存度明显上升，食用植物油安全问题日益突出。在黄土高原地区种植和开发油用灌木资源，应该是现阶段很好的一个突破口，处理好了，生态治理与产业开发可做到相辅相成。

在黄土高原地区开展油用灌木资源建设和开发利用，发展木本粮油和林下经济产业是丰富农产品供给结构、助力国家粮油安全、促进林区山区群众稳定增收、实现资源永续利用的重要举措。2020 年 11 月 18 日，国家发展改革委等十部委联合发文《关于科学利用林地资源　促进木本粮油和林下经济高质量发展的意见》（发改农经〔2020〕1753 号），支持木本油料、林下经济、森林康养及自然教育等产业发展。

在黄土高原地区开展油用灌木资源建设和开发利用，更是贯彻落实习近平总书记 2019 年 9 月 18 日在黄河流域生态保护和高质量发展座谈会上重要讲话的政治要求，是落实《黄河流域生态保护和高质量发展规划纲要》的迫切需求，是实施《全国水土保持规划（2015—2030 年）》的行业需求，是巩固退耕还林工程并追求经济效益的社会需求，也是开展生态经济型小流域建设工作的需要，更是稳定脱贫致富工作的迫切需要。这些工作通过油用灌木资源建设，可以在保证发挥其基本生态功能的前提下，深入挖掘、兑现工程实施后的巨大经济潜力，形成具有黄土高原特色的高质量发展“水土保持资源配置模式”。

第三节　黄土高原开展油用灌木资源种植开发的可行性

黄土高原地区发展油用灌木资源的可行性，可以体现在以下 4 个方面，

一、油用灌木资源开发效益突出

油用灌木资源是一类可以提供人们生活所需食用油脂和工业原料用油脂的植物。食用油脂与人们的生活密切相关；而工业原料用油脂可用于精油、生物柴油、甘油、苦杏仁苷、

蛋白粉、功能性食品、饲料原料和活性炭等高附加值产品的生产，也可满足涂料、表面活性剂、增塑剂、润滑剂、脂肪酸、化妆品、油墨、医药等多个生产领域的需要。同时，榨油后的油麸还可以用作牲畜饲料和农用肥料等。

油用灌木油品加工后，完全符合国际、国内生物柴油要求的标准。大力发展生物柴油，对区内经济可持续发展、推进能源替代、减轻全球变暖的压力、控制城市大气污染，具有十分重要的战略意义。特别是黄土高原地区东部与化石能源基地地理位置较为一致，是防备化石能源枯竭、建立地上绿色能源的前期实践，意义非同凡响。

因地制宜地种植、开发这类油用灌木资源，既不与农民抢占耕地，同时加工性价比合理，群众乐于接受，在该区域的水土保持生态建设与开发工作中，大有发展前景。

二、黄土高原地区为油用灌木资源的自然分布区

中国科学院黄土高原综合科学考察队研究结果表明，黄土高原地区的油脂植物有 100 余种，分属松科、胡桃科、桦木科、蔷薇科、无患子科、唇形科等，其中灌木类主要有平榛（*Corylus heterophylla*）、毛榛（*Corylus mandshurica*）、藏刺榛（*Corylus tibetica*）、长柄扁桃（*Amygdalus pedunculata*）、山桃（*Amygdalus davidiana*）、稠李（*Padus savium*）、毛樱桃（*Cerasus tomentosa*）、苦水玫瑰（*Rosa setate*×*Rosa rugosa*）、盐肤木（*Rhus chinensis*）、卫矛（*Euonymus alatus*）、文冠果（*Xanthoceras sorbifolium*）、鼠李（*Rhamnus davurica*）、冻绿（*Rhamnus utilis*）、翅果油树（*Elaeagnus mollis*）、连翘（*Forsythia suspensa*）、忍冬（*Lonicera japonica*）、金银木（*Lonicera maackii*）、紫斑牡丹（*Paeonia rockii*）、凤丹（*Paeonia ostii*）等资源，其基本情况详见表 1-1。

表 1-1　黄土高原地区主要油用灌木资源

灌木种名	利用部位	含油率/%	主要产地
平榛	种子	55.0	山西、陕西、甘肃
毛榛	种子	63.8	山西、甘肃
藏刺榛	种子	36.0	甘肃
长柄扁桃	种仁	45～58	陕西、内蒙古
山桃	种子	48.4	黄土高原全区
稠李	种子	38.8	山西、陕西、甘肃
毛樱桃	种子	43.1	黄土高原全区
苦水玫瑰	花卉	0.035～0.04	甘肃、陕西
盐肤木	种子	25.5	黄土高原南部山区
卫矛	种子	44.4	河南、山西、陕西
文冠果	种仁	68.8	黄土高原全区

灌木种名	利用部位	含油率/%	主要产地
鼠李	种子	27.0	山西、陕西、甘肃
冻绿	种子	22.0	陕西、甘肃
翅果油树	种仁	30.0	山西、陕西
连翘	种子	25.5	黄土高原全区
忍冬	花蕾	—	黄土高原全区
金银木	种子	35.8	黄土高原南部山区
紫斑牡丹	种子、花卉	—	黄土高原全区
凤丹	种子、花卉	—	黄土高原全区

黄土高原地区山西、陕西、甘肃、青海、宁夏、内蒙古等省（区），土地资源十分辽阔，用于种植油用灌木的沙地、黄土等荒漠化土地资源非常多，加之油用灌木为当地自然分布种，因此开展种植推广是完全可行的。

三、油用灌木资源已有一定种植基础和技术条件

近年来，翅果油树、长柄扁桃等高级油用类植物的种植试验、示范和研发，已经为推广积累了一些较为实用的经验。

文冠果在黄土高原的人工种植已尝试多年。在甘肃省靖远县，其种植面积已达 21 万亩，景泰县达 7 万亩。新的高产品种已引进，目前正在持续推广中。

翅果油树的人工种植，主要分布在晋南。山西省在乡宁、翼城等地，围绕水土保持、林业等相关工程，已经种植了约 12 万亩翅果油树。在陕西榆林的沙区、延安的黄土区，引种栽培实践也十分成功，并在沙区种植技术方面有所突破。

陕西省近年来以自然保护区的优良品种为种源开展育苗，在陕北种植长柄扁桃达 30 万亩左右。在甘肃省东南部地区也已进行引种栽培。

油用牡丹是近年来新推广的油用灌木资源，在甘肃省自然分布的多为紫斑牡丹，而凤丹为引进种，在山西、陕西等地栽培。紫斑牡丹在甘肃种植面积超过 2 万亩，其中野生面积 5 000 多亩、人工栽培面积约 1.5 万亩。甘肃全省现有紫斑牡丹品种超过 800 种，新选育品种 180 多种，国外引进品种 30 余种，通过审定的良种油用牡丹 21 种（认定 2 种），为紫斑牡丹种质资源库建设和油用牡丹产业发展提供了丰富的储备资源。甘肃省紫斑牡丹栽培历史可以追溯到唐代，且在全省 60%以上的县市都有栽培，是紫斑牡丹栽培最普及、群众基础最为广泛的地区。

综上所述，油用灌木资源建设在品种选择、栽培技术、管护方式方面积累了一定的经验，在生态经济效益方面也有了初步探索，从而为较大规模推广起到典型示范作用。

四、政策利好

20 世纪 90 年代初，联合国开发计划署（UNDP）和联合国粮食及农业组织（FAO）对陕西省翅果油树进行了实地考察后，郑重建议对这一珍贵树种要加强保护和开发，同时呼吁世界各国都要大力重视和发展这一珍稀的木本油料树种。为了保护和开发利用翅果油树资源，全球首家翅果油树博物馆在山西省乡宁县云丘山建立。山西省水利、林业部门与临汾市有关龙头企业合作，推动山西省南部地区翅果油树种植工程项目的发展。

除翅果油树外，目前区内山西、陕西、甘肃等地围绕巩固“退耕还林还草工程”后续产业，积极种植开发长柄扁桃、文冠果、油用牡丹等油用灌木资源，“公司+院校+基地”的植物种植开发模式正在黄土高原地区悄然形成，将会有序推动“退耕还林还草工程”的健康发展。

第四节　适用于现阶段黄土高原种植开发的主要油用灌木资源

在现阶段，最有希望开展种植开发的油用灌木资源中，果用类主要有文冠果、长柄扁桃、翅果油树和油用牡丹等；花用类主要有油用牡丹、苦水玫瑰和忍冬等。

一、文冠果

文冠果（图 1-1）属于无患子科落叶灌木或小乔木，又名木瓜、文登阁、文官果，具有抗旱、耐瘠薄特性，根系入土深，萌蘖能力强，在撂荒地、沙荒地、黏土地、绝壁上均可生长。文冠果原产中国北方干旱寒冷地区，分布于我国秦岭—淮河以北、内蒙古以南，东起辽宁，西至青海，南至河南及江苏北部等地，生长于海拔 550～1 500 m 处的荒坡、沟崖和丘陵地带，是我国特有的在“三北”地区广泛分布的木本油料树种。在年降水量仅 148 mm 的一些地区（宁夏），也有文冠果散生树木。文冠果抗寒抗旱能力及适应性均很强，是我国北方地区用以防沙固土、水土保持的经济树种。文冠果在黄土高原自然分布很多，由于农业开发的影响，目前野生的文冠果多位于埂坎部位，但却保存着我国十分重要的种质资源。

文冠果是我国特有的珍贵树种，结实早，产量高。在播种当年就有花芽形成，甚至可以结果。一般栽植 2～3 年即开始结实，7～8 年达到盛产期，在其进入盛果期后，单株果籽产量可达 15～20 kg，寿命可达数百年。文冠果核果重可达 200 g，每果可有种子 20 粒。风干后，种子千粒重可达 800 g。人工选育的新品种 2 年生每亩即有 200 kg 左右产量，5 年生亩产文冠果种子达 300～1 000 kg。8～10 年生株产 20～50 kg，高产栽培亩产种子达 2 000～2 500 kg，经济效益显著。

图 1-1　文冠果

文冠果种仁含油率为 62.8%～73%。文冠果籽油中所含有的不饱和脂肪酸高达 94%，其中亚油酸为 36.9%。文冠果油在油品指标上具有 3 个特点，首先是酸值低，游离脂肪酸酸值平均为 0.52，符合Ⅰ级食用植物油标准；其次是碘值低，碘值是油的不饱和度的标志，是油品中饱和脂肪酸的含量高低的指标，碘值低则饱和脂肪酸的含量低；最后是亚油酸含量高，亚油酸对心脑血管疾病有非常好的预防与治疗作用，具有较高的营养保健价值。作为食用油，文冠果籽油的外观品质非常好，常温下油品清亮、色泽金黄，炒菜时异香扑鼻，凉拌时滑爽顺口，色、香、味均堪称油料中的优品。另外，化妆品行业利用文冠果籽油氧化成分含量高、皮肤渗透力强的特点，把文冠果籽油作为化妆品用油的底油。

文冠果籽油中亚油酸具有较好的降血压作用。食用文冠果籽油，可有效预防高血压病。文冠果除榨油外，既可炒食，又可当作鲜果直接上市，还可以作为罐装原料大规模加工，升值途径多，潜力大。

文冠果中还含有糖类、脂肪、蛋白质以及甾类、萜类、香豆素类、黄酮类、有机酸类、蒽醌类等化合物，在食品、药品及保健品等领域开发的潜能很大。

研究表明，文冠果籽油可以直接用于裂解柴油，所制备的生物柴油中相关烃酯类化合物成分含量高，内含 C18 的烃类占 93.4%，而无 S、N 等污染环境的因子，符合现行的理想柴油标准。通过生物质能源技术可生产各种绿色环保燃料以替代煤炭、石油、天然气等化石燃料，副产品还可以制肥皂、高级润滑油、油漆、增塑剂等多种化工产品。这对于解决当前资源枯竭、能源匮乏问题，以及保障国民经济健康发展、维护国家能源安全有着非常重大的意义。文冠果综合开发的潜能和增值利用空间非常大，值得重视，是一项新兴的朝阳产业。

二、长柄扁桃

长柄扁桃（图 1-2）属于蔷薇科落叶灌木，又名柄扁桃、长梗扁桃，俗称野樱桃。中旱生，耐寒，种仁可代“郁李仁”入药。生长于丘陵地区向阳石砾质坡地或坡麓、沙地，也见于干旱草原或荒漠草原，具有较强的抗逆性。长柄扁桃在中国的内蒙古高原东部、阴山、阴南黄土丘陵、鄂尔多斯高原、阿拉善东部、锡林郭勒盟、乌兰察布、鄂尔多斯、呼和浩特、包头等地，以及蒙古和俄罗斯西伯利亚东部均有分布。陕西省是长柄扁桃自然分布最多的地区，在毛乌素沙地有 3 万多亩自然林。《内蒙古珍稀濒危植物图谱》（1992 年版）将其列为二级濒危植物，陕西省将其列为珍稀保护植物。

图 1-2　长柄扁桃

长柄扁桃根系发达，抗旱耐寒，具有适应范围广，固沙、抗风蚀能力强的优良特性，可用于治理沙漠、土石山区，改善环境，也可作为公路边坡的生态防护带。长柄扁桃在 150～400 mm 雨带的干旱半干旱地区均适生；树高 1.5～2 m，短枝较多，枝尖端常呈刺状；叶片多呈倒卵形、椭圆形或长圆形，表面有蜡质，保水性较好。长柄扁桃花色美丽，花期在 4—5 月，可作早春观赏树种和蜜源植物。种仁成熟时，外层的果肉表皮会开裂，自动脱落，核果近球形，稍扁，果壳坚硬，果仁褐色，直径 4～6 mm，味苦。王燕等（2009）对长柄扁桃种仁中的氨基酸及矿质元素进行分析，结果表明，长柄扁桃种仁中含有 18 种氨基酸，总量占 21%，并富含 K、Mg、Ca、P、Na、Fe、Zn、Mn、Cu 等 9 种人体所需的常量和微量元素，未检出 Pb、Cd、Hg、As 等有害元素。雷根虎等（2009）采用高效液相色谱法分析发现长柄扁桃种仁中的维生素 E 主要以 δ-V_E 形式存在，占 V_E 总量的 90%以上。张萍等（2007）测得长柄扁桃仁中苦杏仁甙（苦杏仁苷）的平均含量为 35.40 mg/g。

长柄扁桃种仁富含油脂，可用于开发食用油，也可以作为生物能源，生产生物柴油等。长柄扁桃油脂不饱和脂肪酸含量高，品质优良。长柄扁桃生物柴油的各项指标均符合柴油机燃料调合用生物柴油国家标准的要求，是性能良好的可再生能源。种仁中含有优质蛋白，可用以提取加工蛋白粉。藏小妹等（2012）研究了蛋白粉的提取工艺，采用水提酸沉法，蛋白提取率在 50%以上。提取蛋白粉后的油渣可以进一步加工为饲料。长柄扁桃仁精油中存在天然苯甲醛，具有杏仁的特殊香味，可用作食品香精。长柄扁桃种皮可用于提取黑色素。长柄扁桃种壳占种子质量的 70%左右，且坚硬、致密度高，是制造板材、糠醛、活性炭等的优良原料，也可用作燃烧发电。李冰（2010）以长柄扁桃壳为原料，采用氯化锌法制备活性炭，制得的活性炭产品对自制印染废水的脱色率能够达到 99%以上。长柄扁桃叶中含有对扁形动物门的寄生虫——指环虫有良好杀灭作用的活性成分。国家林业局于 2011 年批准了陕西榆林地区百万亩长柄扁桃基地建设项目，将长柄扁桃发展为沙生油料植物和生物质能源的重要树种，在北方广大荒漠地区推广种植。榆林地区现已建成 60 万亩长柄扁桃人工基地，其中，30 万亩已挂果，长柄扁桃鲜果平均亩产量可达 800 kg。

三、翅果油树

翅果油树（图 1-3）属于胡颓子科落叶灌木或小乔木，俗名泽绿旦、柴禾、车勾子等，是我国特有的优良木本油料树种。自然分布范围狭小，主要位于山西省南部（面积约 6 万亩）的乡宁、翼城、平陆、绛县、河津、稷山、新绛等地，以及陕西省的鄠邑县等地，多位于海拔 850～1 350 m 的中低山、丘陵区。

图 1-3　翅果油树

翅果油树多分布于阴坡、半阴坡和半阳坡，喜生于土层深厚肥沃的沙壤土，但耐瘠薄，不耐水湿，根可固氮，有较强的适应性和抗逆能力。翅果油树的生长期较快，第 1 年育苗，第 2 年造林，第 3 年结果，育林 3 年后每亩可结果 200～300 kg，5～6 年生每亩可结果 400～500 kg，10 年生以上亩产可稳定在 800 kg 以上，结果树龄可达数百年之久（陕西韩城生长 400 余年的翅果油树仍在开花结果）。

翅果油树为落叶直立乔木或灌木，高 2～10 m，胸径达 8 cm，幼枝颜色呈灰绿色，枝条外部包被着灰绿色星状绒毛和鳞片，而老枝绒毛和鳞片会脱落，呈现出栗褐色或灰黑色。翅果油树的叶子呈现出纸质、稀膜质的质地，叶子表面也覆盖着一层薄薄的星状绒毛，花为灰绿色，花梗被有星状柔毛，长 3～4 mm。花朵形状为萼筒钟状，在子房上骤收缩，裂片近三角形或近披针形，长 3.5～4 mm，顶端渐尖或钝尖，内面疏生白色星状柔毛，包围子房的萼管短，呈矩圆形或近球形，被星状绒毛和鳞片，具明显的 8 肋。雄蕊 4 个，花药椭圆形，长 1.6 mm。花柱直立，上部稍弯曲，下部密生绒毛。翅果油树的果实近圆形或阔椭圆形，长 13 mm，具明显的 8 棱脊，翅状，果肉棉质。去掉外层的绒毛状白色果皮，其内部果核纺锤形，栗褐色，去掉中果皮，其内面具丝状棉毛，内部的种仁肥厚，有一层褐色的内果皮包被，种仁含丰富的油脂。

翅果油树是历经了远古第四纪冰川时期幸存下来的中国特有古生植物，距今已有 200 万～300 万年的历史。我国已于 1999 年将翅果油树列为国家二级珍稀濒危保护植物，其还被编入世界自然保护联盟（IUCN）植物红皮书。全球翅果油树天然分布于中国山西省南部，陕西省也有零星分布，自然分布范围较小。翅果油树从被发现到得到发展，经历了一段较长的历程。1899 年，法国植物学家格德在穿行山西内陆的时候，发现了这种前所未见的神奇物种，他为之惊叹不已，随后向科学界宣告了这一发现，因此中国之外的世界第一次知道这种树的存在；1905 年，德国植物学家迪尔斯再度考察山西内陆，确定了其拉丁文植物学名为 *Elaeagnus mollis* Diels，为胡颓子科胡颓子属植物；1966 年，中国农林科学院院长郑万钧教授确定了该树的中文学名为翅果油树；1970 年，翅果油树被首次列入《中国树木志》，之后被列入国家级保护树种；1991 年，联合国开发计划署和联合国粮食及农业组织郑重建议对这一珍贵树种要加强保护与开发，同时呼吁世界各国都要大力重视和发展这一珍稀的木本油料物种；1999 年，国务院公布的《国家重点保护野生植物名录（第一批）》将翅果油树列为国家二级保护植物。进入 21 世纪后，《卫生部关于批准翅果油等两种新资源食品的公告》肯定了翅果油树籽油的使用价值；2014 年《国务院办公厅关于加快木本油料产业发展的意见》中明确将翅果油树——我国特有的木本油料树种列入重点发展的木本油料作物树种，同年《关于批准翅果油作为化妆品原料使用的公告》的发布，也彰显了翅果油树近年来渐渐在我国得到了重视和发展。

翅果油树果实分为外果皮、中果皮和内果皮，外果皮是一层丝状的灰白色星状绒毛组织，并且具有 8 个明显的翅棱，也因此得名翅果油树。翅果油树是很好的野生木本油料植物，果实出仁率为48%～50%，种仁含粗脂肪49.58%～51.46%，种仁出油率达30%左右，其油脂理化性质与二级芝麻油、花生油相近，不饱和脂肪酸可达到90%以上，其中油酸及亚油酸极为丰富，约占脂肪酸总量的85%。V_E含量高达1 558 mg/100 g，是花生油的70倍、沙棘种子的12倍、豆制品的83倍、奶粉的370倍，在天然产物中属罕见。可溶性糖类、氨基酸，Fe、Zn、Ca、Mg、Sr、Se等元素的含量也很丰富，还含有独具特色的翅果皂素、植物甾醇、非皂化物等活性成分。翅果皂素具有很强的调节内分泌、抗疲劳和提高免疫力等的功能。

翅果油树不仅食用和药用价值明显，而且具有非常重要的生态效益。从自身特性来看，根系较为发达，萌蘖能力较强，侧根表现为水平分布，在防风固沙和涵养水源等方面能够起到突出的作用。此外，在根系周围容易形成根瘤，起到一定的固氮作用。因此，翅果油树是作为国土绿化、荒山治理、改善土壤环境的优良树种。目前，对于翅果油树产品的开发取得了一定的成效。山西省许多企业逐步形成了一整套完善的研发利用、基地建设、生产加工、销售服务的产业发展体系，已研发出翅果油、翅果油胶囊、翅果茶、翅果液、化妆品等一大批成熟的深加工产品。

四、油用牡丹

油用牡丹（图1-4）属于毛茛科落叶小灌木，在我国有近2 000年的种植史。油用牡丹作为近年快速发展起来的一种重要木本油料作物，与观赏牡丹相比，其主要特征不在于花的鲜艳，而在于果实中高的含油量。油用牡丹是牡丹组中结实力强、能够生产种子及加工食用牡丹籽油的一个特殊类型，具有种质资源丰富、结种子量大、含油率高、适种范围广的特点。油用牡丹耐干旱、耐瘠薄、耐高寒。油用牡丹主要包括紫斑牡丹和凤丹两种，紫斑牡丹野生种分布在甘肃、陕西等地，集中分布在甘肃境内的渭河、洮河和大夏河流域以及古丝绸之路经过的广大地区，因此又被称为甘肃牡丹或西北牡丹。甘肃兰州、定西一带，紫斑牡丹生长在海拔2 000 m以上的高寒、干旱、贫瘠山岭上，在年降水量仅300 mm的地区就可生长，每亩还能结种子200 kg左右，并且在这种环境下生产出的牡丹籽油α-亚麻酸含量高达49%。

对油用牡丹具体的界定目前主要根据该类牡丹种子出油量来进行，一般出油率不小于22%的牡丹就归类为油用牡丹。我国研究牡丹油用价值的专家通过多年的调研、实验和探索，最终在现有的牡丹种群中发现两种品种群，即紫斑牡丹和凤丹，这两种品种群的牡丹种子出油量明显超过其他种群，油用的价值最明显。其中，紫斑牡丹又称为甘肃牡丹、西北牡丹。该类牡丹具有植株大、树性强、枝条长、植株高等特征，主要用于观赏。凤丹则又可以称为铜陵牡丹、铜陵凤丹，属于江南品种群，其根皮具有解热、阵痛和消炎等医用作用。这两类牡丹品种繁殖方式为专性种子繁殖，而繁殖方式又决定了其作为油用资源的基础，因此这两类牡丹具有良好的油用潜力，也是目前我国在全国范围内主要推广的油用牡丹种类。油用牡丹的诸多优势使其在食品、化妆品及水土保持等领域具有广阔的应用前景。

图 1-4　油用牡丹

油用牡丹是一种新兴的木本油料作物，具有突出的“三高一低”特点：高产出（5 年生亩产果实达 300 kg）、高含油率（种子含油率达 22%）、高品质（不饱和脂肪酸含量占 92%）、低成本（油用牡丹耐旱耐贫瘠，适合荒山绿化造林时在林下种植；一年种多年收，成本低）。油用牡丹的培育地主要是在山东菏泽、聊城，陕西，甘肃，安徽铜陵等地，以菏泽、兰州、定西为主要分布点。

油用牡丹全身是宝，种子可以提取食用油，根（丹皮）自古以来都作为一味中药在使用，花可以提取牡丹精油，也可以作为花茶，叶含有的皂苷具有补肾等功效。到目前为止，油用牡丹系列已有多个产品走向市场，如牡丹花茶、牡丹化妆品、牡丹籽油、牡丹糕点等。

油用牡丹花茶是利用其花瓣等通过一定的制作方法制成，具有保健作用的牡丹花茶。油用牡丹制成的花茶可以降血脂，并对心血管疾病的治疗有一定效果，还有助于改善胃肠道功能、防止便秘，对人体健康非常有益。油用牡丹也可从花、叶、根和牡丹种子中提取牡丹精油，牡丹精油富含多种人体所需的氨基酸和微量元素，其内特含的牡丹多酚是一种强抗氧化剂。油用牡丹精油还是一种天然的美容护肤的健康植物精油，只能外用，可以有效地护理滋润皮肤，促进皮肤表皮中的细胞循环，延缓人体皮肤衰老进程，具有美白保湿及抗皱的功能。

目前，已有多位学者对牡丹籽油的脂肪酸组分进行研究，刘建华等（2006）采用毛管GC-MS联用技术，从牡丹籽油中鉴定出14种脂肪酸，不饱和脂肪酸含量达到89.19%，其中亚麻酸的含量最高（57.931%），其次是亚油酸（28.121%）。牡丹籽油中不仅含有丰富的不饱和脂肪酸，还含有多种具有生物活性的不皂化物，包括脂溶性维生素E、甾醇类化合物和角鲨烯等。毛程鑫等（2015）利用高效液相色谱法测定了牡丹籽油中8种生育酚的总含量达到56 mg/g，其中γ-生育酚的含量最多。高婷婷等（2013）采用气质联用技术分析得到牡丹籽油中角鲨烯的相对含量为340 mg/100 g，通过对比可知，牡丹籽油中角鲨烯含量较常见食用油更高。牡丹籽油中还含有多种人体必需的微量元素，且含量适中，对维持人体正常的新陈代谢起到了重要作用。虽然这些活性物质在牡丹籽油中含量较低，但却是牡丹籽油独特营养保健价值的关键。牡丹籽油中所含有的活性成分具有多种生理功能，如能够降低血液总胆固醇和有害胆固醇，却不降低有益胆固醇，有效预防动脉硬化等疾病，以及降血糖、抗氧化、抗肿瘤等。

随着经济的快速发展和生活品质的逐步提高，人们对食品营养和功能特性也越来越重视。牡丹籽油富含多种不饱和脂肪酸、多种生物活性成分及微量元素，其营养保健功能也日益被人们所认知。卫生部在2011年已将牡丹籽油作为新资源食品，这标志着牡丹籽油正式进入食品行列，可以作为一种健康型保健油脂为人们所利用。这对于缓解我国食用油紧缺的现状以及牡丹籽油的产业化发展具有重要意义。

五、苦水玫瑰

苦水玫瑰（图1-5）属于蔷薇科灌木，为钝齿蔷薇和我国传统玫瑰的自然杂交种，为世界三大玫瑰品系之一，也是油用玫瑰的著名品种，主要分布于甘肃省永登县及周边地区，因苦水镇独特的气候、水质和海拔，其逐渐形成了独有的香气，已有200多年的栽植历史。据说苦水玫瑰是清朝道光年间由一名举人从陕西长安带来甘肃永登苦水栽培的，经过长期栽培，不断选育，最终形成的地方品种，仅在甘肃省永登县苦水镇的种植面积就达10余万亩，玫瑰花及玫瑰油都占到全国总量的50%以上，精油出油率达0.04%以上，高于全国平均水平。苦水玫瑰具有花繁汁多、清香纯正且独特、含油量高等特点。用苦水玫瑰生产的玫瑰精油中香茅醇含量是保加利亚玫瑰的8.3倍、法国玫瑰的5.6倍；香叶醇的含量更高，是保加利亚玫瑰的249.8倍、法国玫瑰的124.9倍。保加利亚玫瑰含苯较高，只可作化妆品，不可食用，而苦水玫瑰提取原料既可作化妆品，又可食用。同时，苦水玫瑰抗旱、耐寒、耐瘠薄土壤和病虫害侵袭，适应性强，在海拔1 500～2 400 m、降水量500 mm以上或有灌溉条件的地方均可正常生长，能抵抗−30℃的严寒，对土壤的要求也不苛刻，从比较松散的砂质土壤到比较黏重的红胶土都能生长。

图 1-5　苦水玫瑰

苦水玫瑰用途极为广泛，其鲜花可入茶、入酒、入浴，还可经糖腌、蜜酿加工后用于食品、饮料中，是人人称道的提味佳品。从苦水玫瑰中提炼的精油，堪称“液体黄金”，是制造香皂、香水、香烟等日用品不可缺少的名贵香料。

苦水玫瑰含有丰富的微量元素、维生素、氨基酸、可溶性糖和生物碱等，是一种营养价值和利用价值较高的植物资源。因此，食品加工企业常用其生产玫瑰醋、玫瑰花饼、玫瑰酒等。另外，蒸馏玫瑰油后的花残渣中含有较丰富的玫瑰红色素，利用其生产的食品着色剂拥有安全性高、染色性能好等优点。

苦水玫瑰药用价值丰富。玫瑰的花朵和根可用于入药，有理气、活血、收敛等作用；玫瑰的果肉含有丰富的维生素 C 及维生素 P，可用于预防慢性传染病、冠心病、肝病等。苦水玫瑰富含 17 种氨基酸和多种生物活性物质，具有广泛的药理作用，如对心脑血管系统的保健作用、抗氧化作用、抗肿瘤作用、利胆作用、解毒作用及提高免疫功能作用等。

苦水玫瑰的功能性成分主要有黄酮类化合物、玫瑰色素、玫瑰多酚等。

（1）黄酮类化合物：黄酮类化合物是玫瑰花中最重要的一种活性成分，这些成分具有多种生物活性和生理学功能，能够调节机体性能和提高人体免疫力。王本晓（2010）的研究表明玫瑰花中含有丰富的槲皮素、芦丁、山柰酚等黄酮类物质，这些物质具有清除自由基、抗氧化、抗衰老等作用。牛淑敏等（2004）采用大孔树脂和硅胶层析分离技术对玫瑰黄酮进行了分离纯化，并发现玫瑰黄酮可以抑制红细胞溶血活性和脂质过氧化活性。杨庆雄等（2011）以白云山玫瑰为研究对象，分离鉴定出 3 种具有体外抗补体作用的黄酮类物质，分别为木犀草素、槲皮素和山柰酚。多种研究表明玫瑰黄酮在功能性食品等领域有非常广阔的发展前景。

（2）玫瑰色素：花色苷是天然的水溶性食用色素，具有抗氧化、抗衰老、调节血脂等作用，而玫瑰花中含有丰富的花色苷。于雅静等（2008）通过单因素实验和响应面分析，得到了玫瑰花色苷的最大得率为（10.07±0.098）mg/g。杨盛鑫（2015）从提取苦水玫瑰精油的废水中回收了玫瑰红色素，通过薄层色谱法、紫外纯化—可见光谱、红外光谱和高效液相色谱（HPLC）对其结构进行鉴定，结果表明，锦葵色素-3-O-葡萄糖苷为玫瑰色素的主要成分。王忠民等（2007）以干制的玫瑰花为材料提取其中的玫瑰色素，并对其理化性质进行研究，结果表明玫瑰色素对光和热的稳定性较高，食品添加剂和大多数金属离子对其无不良影响，但二价和三价铁离子容易引起其颜色的变化。玫瑰色素的开发使其在食品添加剂、工业染色剂等方面有较大的研究价值和应用前景。

（3）玫瑰多酚：玫瑰中含有丰富的多酚和黄酮类物质，而植物多酚因其具有抗氧化、抗癌、抗心血管疾病等多种生物活性而逐渐成为天然产物研究开发的热点。张娟梅（2014）通过高效液相色谱-串联质谱（HPLC-MS/MS）技术对玫瑰花渣中的多酚组分进行了分析，并发现玫瑰多酚对细菌群体感应有抑制作用，同时发现其对线虫的寿命具有延长作用。还有的研究表明玫瑰多酚可减缓草莓花色苷的热降解，从而改善其色泽和味觉品质。

六、忍冬

忍冬（图 1-6）属于忍冬科藤本状灌木，原产于我国，在我国各省（区、市）均有分布，生长适应性很强，根系繁密发达，萌蘖性强，茎蔓着地即能生根。忍冬的药用部分有花和藤茎两类，前者叫金银花，后者叫忍冬藤。金银花的药用价值广泛，可以用于治疗痈肿疔疮、喉痹、丹毒、热毒血痢、风热感冒、温病发热等症。近年来，许多科研工作者对金银花的资源、药效成分、药理等多方面进行了大量的探索，认为金银花具有良好的产业发展前景。

图 1-6　忍冬

精油是金银花的有效成分之一。目前，以金银花精油为主要成分的制剂有金银花注射液、金银花露和清咽糖浆等。同时，金银花精油还是卷烟、食品、医药以及高级化妆品等行业的上等香精香料。因此，对金银花精油的开发具有重要意义。

金银花的化学成分多样，除有机酸类及黄酮类外，还有三萜皂苷类、环烯醚萜类、挥发油类。金银花中有机酸类成分有 40 多种，以绿原酸类为主。近些年分离得到的有香草酸、对羟基苯甲酸、5-O-咖啡酰基奎宁酸甲酯、苯甲酸、月桂酸乙酯、咖啡酸乙酯、山柰酚、4,5-二-O-咖啡酰基奎宁酸、3,4-二-O-咖啡酰基奎尼酸等。金银花中黄酮类化合物有槲皮素-3-O-α-L-吡喃鼠李糖苷、异鼠李素、山柰酚-3-O-β-D-吡喃葡萄糖苷、5′-methoxyhydnocarpin-D、5-羟基-6,7,8,4′-四甲氧基黄酮、乙基紫草素二甲基缩醛、芹菜素-7-O-L-鼠李糖苷与木犀草素-3′-O-L-鼠李糖苷。三萜皂苷类成分包括灰毡毛忍冬皂苷甲、灰毡毛忍冬皂苷乙、灰毡毛忍冬次皂苷甲、灰毡毛忍冬次皂苷乙、川续断皂苷乙、木通皂苷 D 及常春藤皂苷元等。环烯醚萜类成分主要有 Lonjaponspiroside A、Lonjaponspiroside B、6′-O-乙酰基断马钱子苷半缩醛内酯、6′-O-乙酰基裂环氧化马钱子素等。金银花中挥发油类成分主要是棕榈酸 6,7,10-三羟基-8-十八烯酸等。

金银花的主要药理作用有：

（1）抗病原微生物：临床体外研究发现，金银花抗菌谱广、抗菌作用强。王云等（2000）经实验建立小鼠绿脓杆菌感染模型，证明金银花制剂能降低小鼠的死亡率。同时，金银花制剂对大肠杆菌感染所致腹膜炎可取得显著的疗效。

（2）解热、抗炎：周细根等（2012）对蛋清性足肿胀模型大鼠腹腔注射及外敷金银花乙醇提取液进行研究，结果显示，蛋清性足肿胀模型大鼠的临床症状得到显著缓解。金银花具有较强的解热功效，能有效地转变大鼠发热症状，缩短退热时间。由此可见，金银花抗炎、解热功效比较显著。

（3）提升免疫功能：金银花可以促进白细胞和炎症细胞的吞噬。金银花对红细胞 C3bR 受体和红细胞表面的 IC 都有增强作用。周秀萍等（2011）研究得出金银花的水煎剂具有改善机体的细胞免疫功能。殷洪梅等（2010）研究得出金银花多糖具有增强免疫的作用，而且药效与剂量有关。毛淑敏等（2016）研究指出，金银花多糖能提高免疫力低下小鼠的胸腺、脾脏的相关指数，从而促进溶血素抗体的生成，增加 IL-2 含量，提高免疫能力。皮建辉等（2015）经研究得出金银花黄酮也能提高机体免疫。

（4）保肝利胆：金银花中的绿原酸类化合物可以促进胆汁的分泌，并表现出显著的利胆作用。黎先胜（2009）通过一系列研究发现金银花总皂苷具有保护肝脏的作用。滕杨等（2016）通过建立大鼠肝组织损伤模型证明金银花醇提物对缓解肝组织纤维化有显著效果。

降水、土壤、地形、植被等因素的综合叠加，使黄土高原地区成为我国水土流失强度最大的地区。严酷的自然条件和严重水土流失的双重作用，造成了这一地区经济落后的现状。从植被的自然分布和多年种植情况来看，这一地区更加适合种植灌木，应该给予高度重视，同时从国家对油用灌木资源的一系列举措来看，油用灌木资源在黄土高原地区应具有比乔木优先的地位。因此，以开展油用灌木资源建设为先导，拉动黄土高原生态保护和高质量发展十分必要。判定黄土高原地区开展油用灌木资源建设与开发的可行性基于以下4个方面：一是油用灌木资源开发效益突出，同时也是解决本区化石能源枯竭后，绿色能源可持续建设的一条长远大计；二是本区为油用灌木资源的自然分布区，各方面条件都适合其生长发育；三是油用灌木资源已有一定种植基础和技术条件，积累了一定的工作经验；四是当地政府十分赞同且支持启动油用灌木资源配置与开发项目。适用于现阶段黄土高原地区种植开发的主要油用灌木资源有文冠果、长柄扁桃、翅果油树、油用牡丹（紫斑牡丹、凤丹）、苦水玫瑰和忍冬等。

参考文献

藏小妹，陈邦，李聪，等，2012. 长柄扁桃种仁蛋白粉的提取方法研究[J]. 西北大学学报（自然科学版），42（6）：940-944.

高婷婷，王亚芸，任建武，2013. GC-MS 法分析牡丹籽油的成分及其防晒效果的评定[J]. 食品科技，38（6）：296-299.

雷根虎，刘丽婷，韩超，等，2009. 沙地濒危植物长柄扁桃仁中维生素 E 含量分析[J]. 西北大学学报（自然科学版），39（5）：777-779.

黎先胜，2009. 金银花总皂苷的抗炎和保肝作用研究[J]. 食品工业，30（4）：4-6.

李冰，2010. 沙生植物长柄扁桃种子油及副产品开发研究[D]. 西安：西北大学.

刘建华，程传格，王晓，等，2006. 牡丹籽油中脂肪酸的组成分析[J]. 化学分析计量，（6）：30-31.

毛程鑫，2015. 牡丹籽油组成及脱酸精制技术的研究[D]. 郑州：河南工业大学.

毛淑敏，许家珍，焦方文，等，2016. 金银花多糖对免疫低下小鼠免疫功能的影响[J]. 辽宁中医药大学学报，18（2）：18-20.

牛淑敏，朱颂华，李巍，等，2004. 中药材玫瑰花抗氧化及作用机制的研究[J]. 南开大学学报（自然科学版），37（2）：29-33.

皮建辉，谭娟，胡朝暾，等，2015. 金银花黄酮对小鼠免疫调节作用的研究[J]. 中国应用生理学杂志，31（1）：89-92.

滕杨，罗时旋，郭英雪，等，2016. 代谢组学法考察金银花醇提物对 DMN 诱导大鼠肝损伤的保护作用[J]. 食品研究与开发，37（4）：29-34.

王本晓，2010. 玫瑰花总黄酮类成分的分析方法研究[D]. 济南：山东中医药大学.

王燕，魏蔚，董发昕，等，2009. 长柄扁桃仁的营养成分分析[J]. 西北大学学报（自然科学版），39（1）：59-62.

王云，于军，肖洋，等，2000. 金银花水煎剂对绿脓杆菌 P29 株 R 质粒体内体外消除作用的实验研究[J]. 白求恩医药大学学报，（2）：139-140.

王忠民，石秀花，李瑾瑜. 野玫瑰色素理化性质的研究[J]. 食品科学，2007（6）：93-97.

杨庆雄，张万金，余天华，等，2011. 玫瑰花中抗补体活性成分研究[J]. 安徽农业科学，39(26)：15962-15964.
杨盛鑫，2015. 中国苦水玫瑰精油加工过程废水中玫瑰红色素的回收二艺研究[D]. 兰州：西北师范大学.
殷洪梅，吕新勇，萧伟，2010. 金银花多糖的制备工艺优化及免疫活性研究[J]. 中国中药杂志，35（4）：453-455.
于静雅，单虹宇，孔露，等，2008. 响应面法优化玫瑰花色苷超声辅助提取工艺[J]. 食品工业科技，39(13)：173-179.
张娟梅，2014. 玫瑰花渣中多酚的超声辅助提取制备、组分分析及其生物活性研究[D]. 南京：南京农业大学.
张萍，申烨华，王晓玲，等，2007. 高液相色谱法测定长柄扁桃仁中的苦杏仁甙[J]. 分析实验室，（10）：80-83.
周细根，梁生林，胡存华，等，2012. 金银花乙醇提取液对急性炎症的抑制作用[J]. 实用临床医学，13（2）：12，21.
周秀萍，李争鸣，刘志杰，等，2011. 不同方法制备金银花水提液对大鼠免疫功能影响的研究[J]. 实用预防医学，18（11）：2052-2054.

第二章

油用灌木果实油脂功能因子及提取制备工艺

我国作为食用油消费大国，食用油供给短缺的状况一直未得到有效解决，甚至日趋紧张。所以，结合我国国情在黄土高原地区开发油用灌木资源具有重要的现实意义。木本油料作物是我国特有的传统油料作物，种植历史悠久，树种资源丰富。在油料生产中，文冠果、长柄扁桃、翅果油树、油用牡丹都具有广阔的发展前景。研究这些油料作物油脂中的功能因子以及探索更优的油脂制备工艺对于进一步开发其经济价值具有重要意义。

近年来提出的“高效水土保持植物”概念，给这一任务明确了方向，即从传统的水土保持植物资源中精挑细选出可以为生态环境和经济发展带来双重效益的植物。为了对黄土高原油用灌木资源果实油脂展开深入研究，需要对油脂中的功能因子以及油脂提取工艺先进行概述，并在此基础上提出研究路线，为后续开发利用提供便利。

（1）油脂中的功能性因子。随着油脂工业的发展，植物油脂中的生物活性成分也逐渐受到重视。植物油脂不仅可以给人类提供热量和脂肪酸，而且还含有一些对人体有特殊生理作用的生物活性成分。虽然油脂中这些生物活性成分的含量很低，但油脂所具有的某些特殊保健功效却离不开这些微量生物活性成分，对于它们的深入研究可为今后油脂工业的发展提供很好的借鉴。

1）脂肪酸：天然脂肪酸主要为偶碳直链，奇数碳链和具有直链的脂肪酸很少。脂肪酸根据碳碳键的饱和程度不同，分为饱和脂肪酸（saturated fatty acids，SFA）和不饱和脂肪酸。不饱和脂肪酸分为单不饱和脂肪酸（monounsaturated fatty acids，MUFA）和多不饱和脂肪酸（polyunsaturated fatty acids，PUFA）。天然存在的不饱和脂肪酸主要以顺式结构为主，反式结构极为少见。常见的饱和脂肪酸有豆蔻酸（C14∶0）、棕榈酸（C16∶0）、硬脂酸（C18∶0）、花生酸（C20∶0）等，十二碳以下的中短链饱和脂肪酸和二十碳以上的长链饱和脂肪酸在天然植物油中含量较低。植物油较动物油脂富含不饱和脂肪酸，主要有棕榈油酸（C16∶1）、油酸（C18∶1）、亚油酸（C18∶2）、亚麻酸（C18∶3）、芥酸（C22∶1）等，其中油酸和亚油酸几乎普遍存在于所有的植物油中。由于油酸具有较好的稳定性和降低血脂等功效，高油酸型植物油被认为是健康的食用植物油。

有的营养学研究表明，不饱和脂肪酸优于饱和脂肪酸，主要原因是饱和脂肪酸比较容易沉积在动脉管壁上，摄入量增大时，也可能会增加血液脂蛋白中胆固醇的含量，从而引起高血脂、心脑血管疾病等。但饱和脂肪酸与高血脂、肥胖症、糖尿病、心脑血管等疾病的关系是有争议的，也没有在分子水平得到明确的解释。也有一些研究表明棕榈酸和硬脂酸等是可以降低血清中的胆固醇的，而动脉血管蚀斑的主要组成物是不饱和脂肪酸，并不是饱和脂肪酸。有研究者对35万人进行了长达23年的医学观察后发现，饮食中摄入饱和脂肪酸含量最高的人群和摄入饱和脂肪酸含量最低的人群发生心脏病和中风的概率差别并不大，说明用膳食作为评估饱和脂肪酸与冠心病患病率关系的证据并不可靠。由于乳腺中可以产生丁酸、月桂酸、肉豆蔻酸、棕榈酸、硬脂酸等一系列饱和脂肪酸，表明这类脂肪酸对人体生长发育以及哺乳动物的存活具有重要作用。饱和脂肪酸也是心脏优先动用的脂肪酸，在人体缺乏某种脂肪酸时，机体将通过碳水化合物来合成这种脂肪酸，而棕榈酸最先通过内生途径被合成，再通过碳链延长酶及去饱和酶的作用生成长链的多不饱和脂肪酸。

在已报道的研究中，单不饱和脂肪酸具有降低胆固醇、调节血脂、降血糖、降血压、保护心脏、防止记忆力下降的作用，其中有关降低胆固醇、调节血脂方面的研究最多。研究发现，地中海地区人们患冠心病和心脑血管疾病的概率明显低于以摄入饱和脂肪酸为主的西方人，这可能与地中海人长期摄入以单不饱和脂肪酸为主的橄榄油有关。地中海饮食提高了高密度脂蛋白，降低了低密度脂蛋白浓度以及总胆固醇含量和高密度脂蛋白含量的比例。多不饱和脂肪酸是维持人体健康的必需品，具有重要的生理功能。多不饱和脂肪酸和单不饱和脂肪酸一样，可以降低总胆固醇（TC）、低密度脂蛋白（LDL），升高高密度脂蛋白（HDL），具有调节血脂、保护心脑血管的作用。二十碳五烯酸（EPA）、二十二碳五烯酸（DPA）、二十二碳六烯酸（DHA）长链是几种重要的ω-3 系多不饱和脂肪酸。多不饱和脂肪酸还影响着人体组织，特别是脑组织的生长发育，尤其是若长链的ω-3 系多不饱和脂肪酸供应不足，将有可能导致青少年神经系统发育障碍。EPA 和 DHA 影响对外部信号有响应的细胞和组织的生理机能，保护机体健康。DHA 是大脑和视网膜的重要构成成分，对婴幼儿的智力和视力发育具有重要作用。因此，健康机构都建议可以适当增加ω-3 系多不饱和脂肪酸的摄入量。此外，ω-3 系多不饱和脂肪酸还具有抗肿瘤作用，在结肠癌的治疗中具有保护作用。多不饱和脂肪酸还可以改善一些免疫性疾病，抑制炎症发生。

2）磷脂：植物油中的磷脂即磷酸甘油酯，包括磷脂酰胆碱（又名卵磷脂）、磷脂酰乙醇胺（俗称脑磷脂）、磷脂酰丝氨酸、磷脂酰基醇等，是一类营养价值较高的物质。磷脂不溶于水，溶于丙酮、乙酸乙酯等有机溶剂，具有较强的吸水性，可发生氧化、皂化、水解等反应。磷脂在植物种子、坚果及谷物中广泛存在，特别是大豆中磷脂含量最高，达1.6%～3.2%。大豆磷脂被认为是安全的食品添加剂，可在食品、医药、化妆品及饲料等领域使用。葵花籽油中平均磷脂含量约为 0.75%，主要以卵磷脂、脑磷脂、磷脂酰基醇和磷脂酸的形式存在，其中卵磷脂约占总磷脂量的 50%。

磷脂是构成细胞壁的主要成分，也是代谢过程中的活性参与物质，对维护细胞的正常结构与功能具有重要作用。磷脂中的卵磷脂可通过提高神经系统中的乙酰胆碱的含量，加快大脑神经细胞之间的信息传递速度，促进完善大脑组织和神经系统的功能，增强记忆力，提高智力。此外，磷脂还具有降低胆固醇、预防心脑血管疾病、增强免疫力和造血功能的作用。

3）维生素：脂溶性的维生素包括 V_A、V_D、V_E、V_K，动物油脂中主要含 V_A 和 V_D，植物油脂中主要含 V_E 和 V_K，其中，有关 V_E 的研究最多。杨波涛等采用高效液相色谱对中国市场上 13 种食用植物油（涉及 100 多个品牌），共计 326 个样品中的 V_E 含量进行了测定。结果发现，按植物油中总维生素 E 的平均含量由大到小排列，排在前 5 位的依次为大豆油（105.91 mg/100 g）、玉米油（88.65 mg/100 g）、葵花籽油（74.45 mg/100 g）、菜籽油（69.37 mg/100 g）、芝麻油（51.66 mg/100 g）。V_K 的前体是叶绿醌类化合物，在大豆油、菜籽油、棉籽油和橄榄油中有较高的含量，在花生油、玉米油、红花油和芝麻油中含量较低。有研究表明，当油脂暴露在日光或荧光中 48 h 后，油中 50.95%的叶绿醌类化合物将会被破坏。V_A 有两种，一种是 V_A 醇，只存在于动物性食物中；另一种是胡萝卜素，可从动物及植物性食物中摄取。红棕榈油中含有大量的类胡萝卜素，被认为是一种优良的补充 V_A 的植物来源。

V_E 能促进性激素的分泌，增强男性精子活力，增高女性雌雄激素浓度，提高生育能力，故又名生育酚。V_E 也是维持人体肌肉正常代谢和中枢神经及血管系统完整的生理活性物质，可以和多不饱和脂肪酸协调作用。V_E 还是天然的抗氧化剂，具有清除自由基、美容、延缓衰老的作用。

4）其他：植物油中还含有色素、植物甾醇、角鲨烯等物质。纯净的脂肪酸甘油酯是无色的液体，植物油的颜色是由油脂中溶解的色素引起的，油脂的色素包括叶绿素、类胡萝卜素、黄酮色素及花色苷等。植物甾醇为环戊烷全氢菲的 3-羟基化合物，结构与胆固醇相似，在植物油、坚果、蔬菜、水果中广泛存在。植物油中植物甾醇的平均含量为总油量的 0.3%～0.4%。杨春英等（2013）采用气质联用方法测定了 14 种植物油中的 4 种植物甾醇（β-谷甾醇、谷甾醇、菜籽甾醇和菜油甾醇）的含量，其中玉米油和菜籽油中植物甾醇总量最高，大多数植物油中β-谷甾醇的含量较高，占甾醇总量的 47.5%～89.4%。角鲨烯又名三十碳六烯，是一种高不饱和烃，因最先在鲨鱼肝油中发现而得名。迄今为止发现的角鲨烯含量较高的植物油有橄榄油和苋属植物的种子油。虽然苋属植物种子的油含量仅有 4%～8%，但苋属种子油中含有 6%～8%的角鲨烯，相当于种子质量的 0.4%。植物油中还含有一些挥发性的成分，它是影响植物油风味的重要因素，常见的植物油挥发性组分有醛、酮、醇、烷烯烃、酸酯、杂环类化合物等。

植物甾醇、角鲨烯也是近年来备受关注的活性物质。植物甾醇具有降血脂、降胆固醇、预防前列腺肥大、抗肿瘤、抗炎、抗菌、抗真菌、提高免疫力、调控基质降解、抗骨关节炎等多种生理功能，在西方很多国家被应用于人群慢性病的预防。戴毅（2010）研究发现，植物甾醇可以降低实验型高血脂大鼠的血清总胆固醇、甘油三酯，其作用机制与胆固醇吸收、代谢有关，并能抑制肝脏的脂质过氧化，具有调节脂质代谢、抗氧化及预防动脉粥样硬化的作用。

角鲨烯有补充细胞氧气、修复细胞、加快伤口愈合、润泽皮肤、消除疲劳、增强体力、保肝护肝、抗氧化、抗癌、保护皮肤等作用，在化妆品和医药领域有广泛用途。雷茜茜等（2013）在抗皮肤衰老作用研究中发现，角鲨烯能显著提高猪皮的抗氧化酶活性，降低蛋白质过氧化产物，发挥抗氧化能力强于 V_E。

（2）油脂提取工艺：植物籽油的提取方法有压榨法、有机溶剂提取法、水酶法、超声波辅助溶剂法、超临界流体萃取法等。现代植物籽油提取方法中超声波、微波辅助提取等技术较传统工艺生产效率高，使用少量的有机溶剂便可获得大量油脂，较环保，具有广泛的工业应用与发展前景。

1）压榨法：采用压榨法制取植物油在我国已经有 3 000 多年的历史，包括烘籽、碾籽和包麸等 8 个步骤。但传统的手工生产过程效率低下，过程烦琐，因此目前更常用的是机械压榨。借助机械外力，将油脂从油料作物中挤压出来，常用的机械压榨方式有螺旋压榨和液压压榨两种。压榨法具有操作简单、生产安全性高、操作设备可以适应生产环境进行调整且可应用于多种植物油生产等优点，但也存在得油率低、劳动强度大和生产效率低等缺点。

2）有机溶剂提取法：有机溶剂提取法也叫浸出法，常用的有机溶剂有正己烷、石油醚等，浸出法可以最大限度地提取原料中的油脂。研究者采用响应面法优化了有机溶剂提取翅果油树籽油的工艺，确定最优条件为：料液比 1 g∶5 mL，提取温度 88℃，提取时间 45 min，翅果油树籽油提取率为 92.44%。虽然浸出法的提取效率要高于压榨法，但浸出法最大的缺点是油脂中残留的有机溶剂难以完全去除。另外，在生产过程中需要使用大量的有机溶剂，往往易燃、易爆，生产安全性不如压榨法。

3）水酶法：水酶法是一种利用纤维素酶、果胶酶等酶破坏植物细胞壁，促进油脂从油料籽粒细胞中溶出的新工艺，具有处理条件温和、安全，操作过程中不使用有机溶剂且污染少，提取的植物油品质优良等特点。阮瑜琳（2016）采用正交试验优化了水酶法提取文冠果籽油的工艺，确定最佳酶解条件为：果胶酶与纤维素酶复合酶配比 2∶1，酶解 pH 为 5，酶解温度 50℃，料液比 1 g∶5 mL，酶解时间 4 h，加酶量 1 500 U/g。在最佳条件下油脂得率为 35.41%。此外，酶制剂的高成本也是制约水酶法应用于工业化生产的主要因素。

4）超临界流体萃取法：超临界流体萃取技术是 20 世纪 60 年代发展起来的一项高效新型分离技术，具有无溶剂残留、无毒、选择性强和绿色环保等优点，被誉为“绿色分离技术”。超临界流体具有介于气体和液体之间的独特物理化学性质，密度大，近似于液体，扩散能力强，近似于气体。CO_2 具有无毒、无味、易挥发和成本低等特点，故常应用于超临界流体萃取过程。另外，由于超临界 CO_2 流体是非极性溶剂，适合用于亲脂、小分子物质的萃取，因此在工业上还会通过添加乙醇、甲醇等极性改良剂，用于强极性、大分子物质的萃取。

5 种油用灌木果实油脂中功能因子提取制备工艺研究的技术路线如图 2-1 所示。

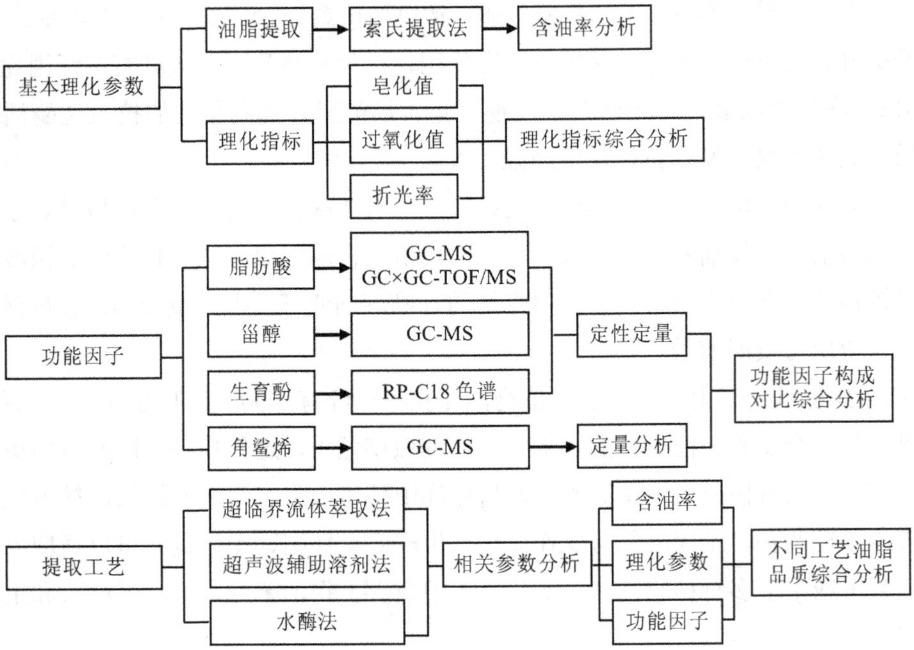

图 2-1　5 种油用灌木果实油脂中功能因子提取制备工艺研究技术路线

注：5 种油用灌木果实油脂为翅果油树籽油、文冠果树籽油、长柄扁桃籽油、紫斑牡丹/凤丹籽油。

第一节　油脂基本理化参数

油脂含量是油料果实的重要指标，而木本食用油料果实的含油量一般较高。测定油料脂肪的含量，不但可以鉴别其种子品质的优劣，更重要的是含油量是选择优良食用及能源植物种源和类型的依据之一。其中油脂基本理化参数也是评价油脂品质的基础参数，较为重要的油脂理化参数有油脂的皂化值、过氧化值、折光率、酸价等。随着社会经济的不断发展和人民生活水平的不断提高，现在消费者对自身健康及生活品质的要求越来越高，对日常所需食用油脂的安全与品质更加关注，要求也逐步提高。因此优质的食用油将越来越受消费者的欢迎与喜爱，市场前景也会更加广阔。

油脂的基本理化参数作为最基本的油脂品质评价指标，国内外的相关研究也较为丰富，但对于高级油用灌木却缺少深入研究。例如，翅果油树是我国特有树种，也是一种具有较高经济价值的油料木本植物，翅果油树籽油营养成分丰富，是一种品质优良的功能性油脂。不过目前对翅果油树种子以及翅果油树籽油缺少系统性研究。

因此，为进一步深化高级油用类植物的商业化应用，本研究以翅果油树、文冠果树、紫斑牡丹/凤丹以及长柄扁桃作为试验原料，对其籽油的基本理化参数进行对比研究。利用索氏提取器提取籽油，旋转蒸发仪浓缩后得到不同地区的植物籽油，测定籽油含量、皂化值以及过氧化值，利用折光仪测定 4 类 5 种植物籽油的折射率，根据国标评测油脂色泽，综合这 5 项指标初步评价油脂品质，为植物资源进一步高效利用提供参考。

（1）试验材料：包括植物样品、试剂和设备等。

原料：文冠果种子采自内蒙古赤峰翁牛特旗、甘肃兰州定西巉口、山西翼城及宁夏银川（表 2-1）；长柄扁桃种子采自陕西神木（表 2-2）；翅果油树种子采自山西翼城、河北秦皇岛（表 2-3）；油用牡丹种子采自甘肃定西、内蒙古呼和浩特、山西运城、陕西咸阳 4 个地点的紫斑牡丹及凤丹的两个品种（表 2-4）。

表 2-1　文冠果种子样品采集信息

样品年份	产地	样品编号	采样量/g
2018 年	内蒙古赤峰	WN	500
	甘肃定西	WG	400
2019 年	内蒙古赤峰	WN9	500
	山西翼城	WY9	500
	宁夏银川	WS9	500

表 2-2　长柄扁桃种子样品采集信息（2018 年）

地类	样品编号	采样量/g
风沙区	BSX	300
黄土丘陵区	BQX	500
土石山区	BTX	500

表 2-3　翅果油树种子样品采集信息

样品年份	省份	类型	样品编号	采样量/g
2018 年	山西	小果型	CXS	700
		中果型	CZS	800
		大果型	CDS	1 000
	河北	小果型	CXH	800
		中果型	CZH	1 000
		大果型	CDH	800
2019 年	山西	—	CS9	500
	河北	—	CH9	500

表 2-4　油用牡丹种子样品采集信息

样品年份	省区	种名	样品编号	采样量/g
2018 年	甘肃	紫斑牡丹	MZG	500
		凤丹	MFG	500
	内蒙古	凤丹	MFN	500
	山西	凤丹	MFS	500
2019 年	陕西	凤丹	MF9	500

在原料采集地，挑选完整、饱满、无虫害的种子作为试验原料（图 2-2）。具体采样方法：每个采样地选取长势优良的 5 棵树种，采样时应在果树的上、中、下、内、外部及果实着生方位（东、南、西、北）均匀采摘果实。将各点采摘的果品进行充分混合，按四分法缩分，每份 200 g 左右，分别装入袋内，粘贴标签，扎紧袋口。

（A）文冠果种子　（B）长柄扁桃种子　（C）油用牡丹种子　（D）翅果油树果实

图 2-2　原料种子或果实

试验试剂：正己烷、冰醋酸、三氯甲烷、碘化钾、石油醚、无水硫酸钠、可溶性淀粉、氢氧化钾、甲醇、乙醇、盐酸。以上试剂均为分析纯，水为双蒸水。

溶液的配制：

① 0.1 mol/L 硫代硫酸钠标准溶液：称取 26 g 硫代硫酸钠（$Na_2S_2O_3 \cdot 5H_2O$），加 0.2 g 无水碳酸钠，溶于 1 000 mL 水中，缓缓煮沸 10 min，冷却。放置两周后过滤、标定。

② 碘化钾饱和溶液：称取 20 g 碘化钾，加入 10 mL 新煮沸冷却的水，摇匀后贮于棕色瓶中，存放于避光处备用。

③ 0.5 mol/L 盐酸标准溶液：用量筒量取 21.5 mL 36%盐酸倒入烧杯，于 500 mL 容量瓶加蒸馏水定容。

试验设备：RE-201D 旋转蒸发仪，郑州市亚荣仪器有限公司；电子天平，赛多利斯仪器（北京）有限公司；98-1-B 型电子调温电热套，天津市泰斯特仪器有限公司；索氏提取器：250 mL 一套；DR-M4 多波长数字式阿贝折射计，陕西华夏亨通电子公司；碱式滴定管：10 mL。

（2）试验方法：本试验针对 4 类共 5 种黄土高原油料植物种仁进行油脂的含油率测定，详细评测了 5 种油脂的皂化值、过氧化值、折射率、色泽等四大油脂基本理化参数，综合研究讨论 5 种高级油用类植物的基本油脂品质（图 2-3、图 2-4）。

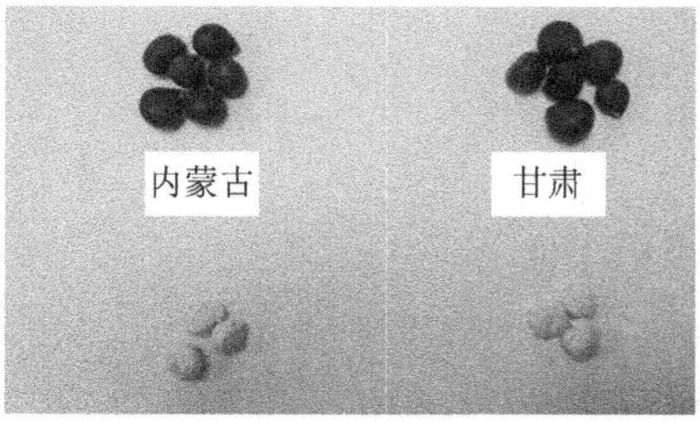

（A）文冠果种子

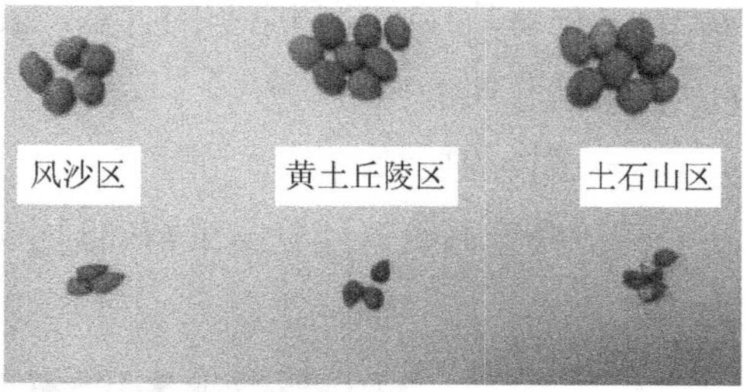

（B）长柄扁桃种子

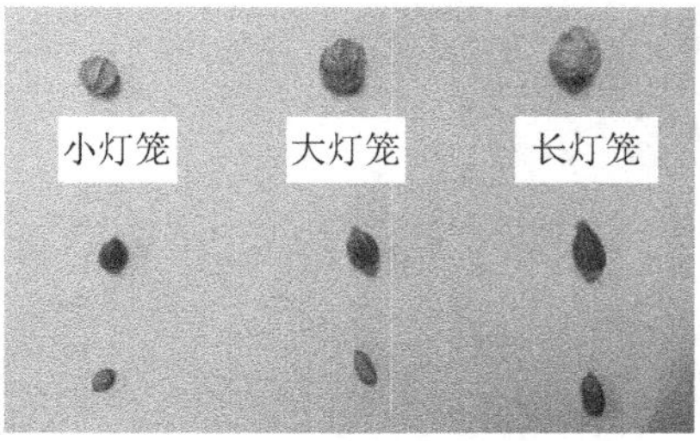

（C）翅果油树种子

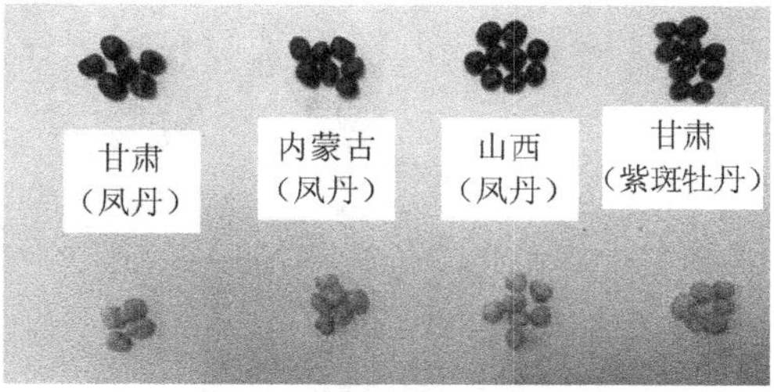

（D）油用牡丹种子

图 2-3　2018 年试验样品处理照片

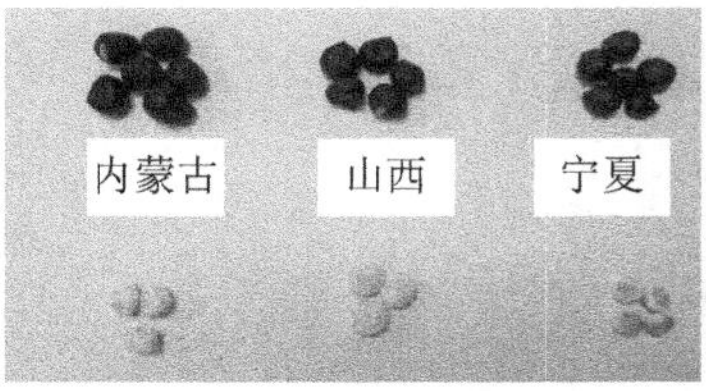

（A）文冠果种子

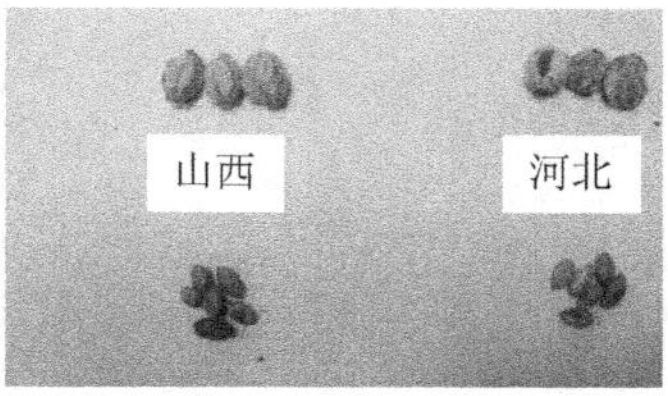

（B）翅果油树种子

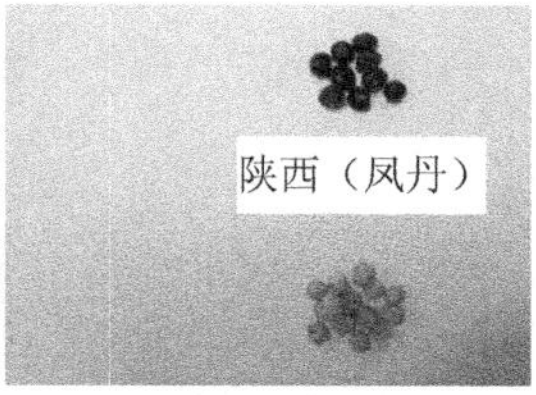

（C）油用牡丹种子

图 2-4　2019 年实验样品处理照片

1）油脂提取制备：准确称取一定量粉碎后的种仁（粉碎过程和粉碎样品如图 2-5 和图 2-6 所示），采用索氏提取法提取（图 2-7）。在 250 mL 蒸馏烧瓶中加入 150 mL 的正己烷，连接索氏提取器。打开冷凝水，打开电热套，进行回流提取。加热保证虹吸速度保持在 5 min 一次，持续加热 4 h。4 h 之后停止加热，等抽提管处没有正己烷滴下后关闭冷凝水，拆卸装置。将得到的油脂与正己烷的混合物进行旋转蒸发（图 2-8），水浴温度为 35℃，真空度大于 0.06 MPa 以除去正己烷溶剂，待接收瓶内溶剂剩余 1～2 mL 时在水浴上蒸干，再于 100℃±5℃干燥 1 h，放干燥器内冷却 0.5 h 后称量。重复以上操作直至恒重（直至两次称量的差不超过 2 mg），如图 2-9、图 2-10 所示。

$$X = \frac{(m_1 - m_0)}{m_2} \times 100 \tag{2-1}$$

式中：X —— 试样中脂肪的含量，g/100 g；

m_1 —— 恒重后接收瓶和脂肪的含量，g；

m_0 —— 接收瓶的质量，g；

m_2 —— 试样的质量，g；

100 —— 换算系数。计算结果精确到小数点后 1 位。

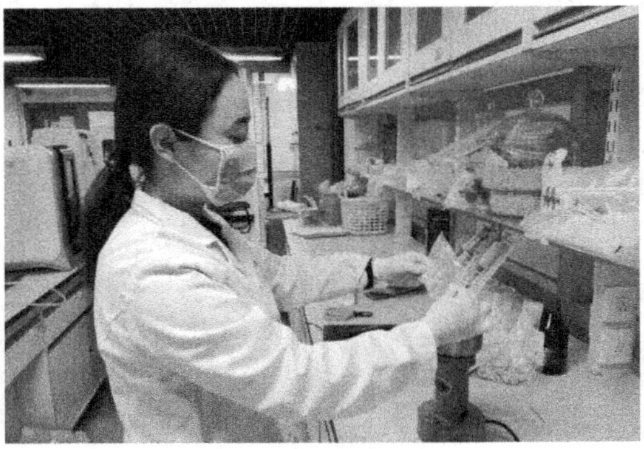

图 2-5 种仁粉碎

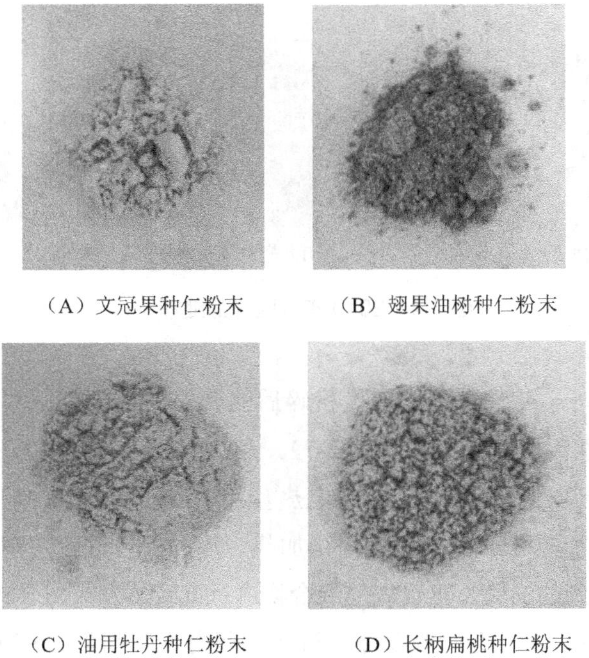

（A）文冠果种仁粉末　（B）翅果油树种仁粉末

（C）油用牡丹种仁粉末　（D）长柄扁桃种仁粉末

图 2-6 种仁粉末

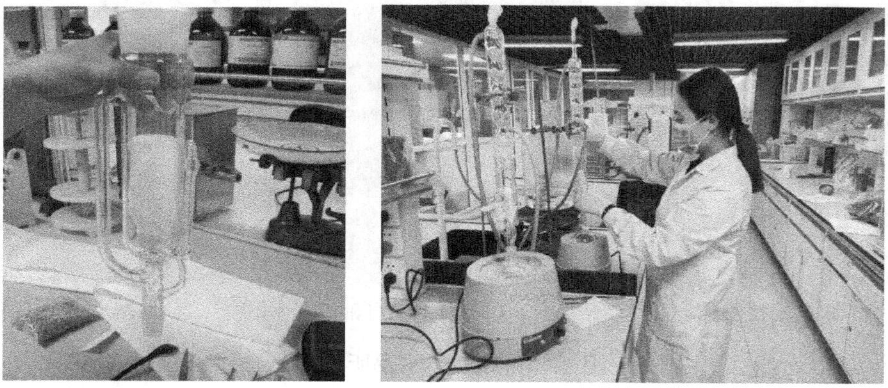

（A）装填粉碎后的样品　　　　（B）油脂提取

图 2-7　油脂提取过程

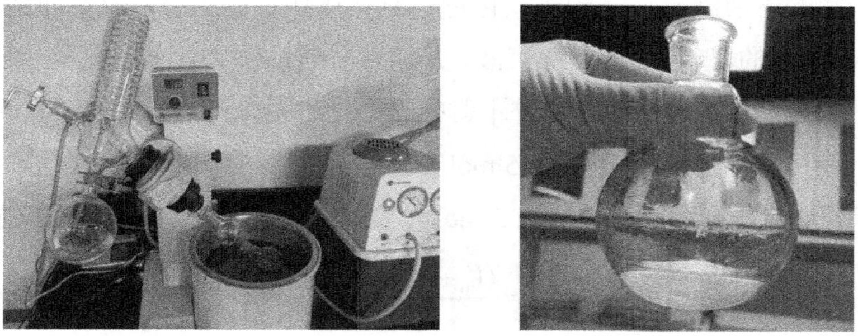

（A）旋转蒸发仪　　　　（B）旋转蒸发所得油脂

图 2-8　旋转蒸发

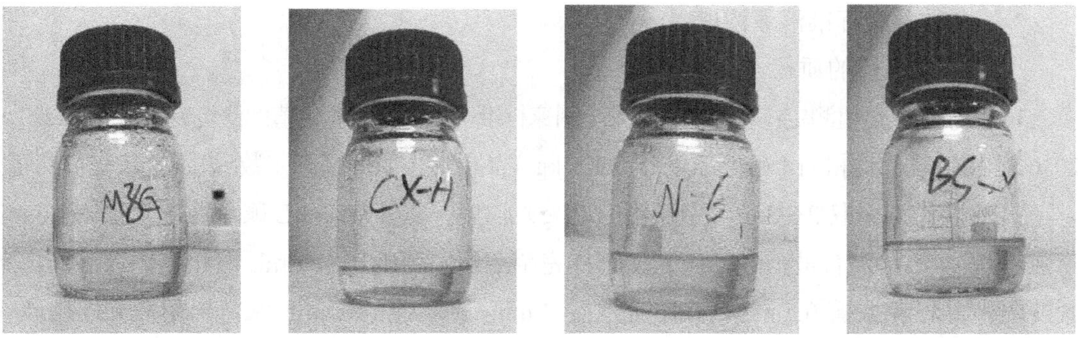

（A）油用牡丹籽油　　（B）翅果油树籽油　　（C）文冠果籽油　　（D）长柄扁桃籽油

图 2-9　2018 年样品所得籽油

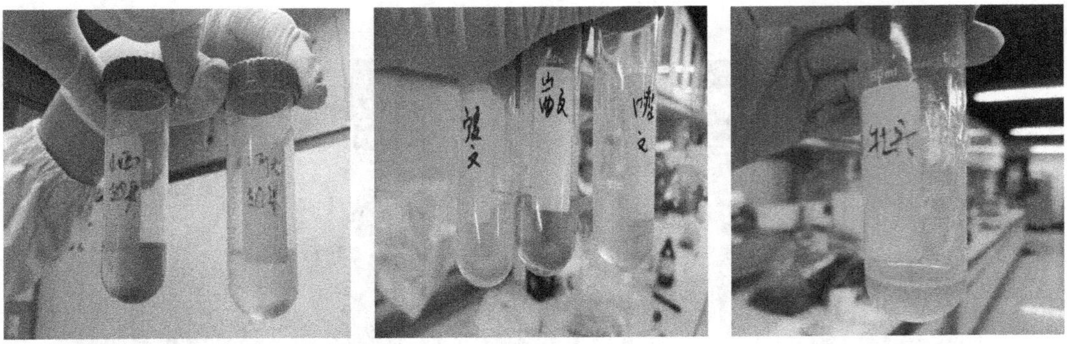

（A）翅果油树籽油　　（B）文冠果籽油　　（C）油用牡丹籽油

图 2-10　2019 年样品所得籽油

2）油脂皂化值测定：参照《动植物油脂　皂化值的测定》（GB/T 5534—2008），皂化值指皂化 1 g 油脂所需的氢氧化钾的量。在回流条件下将样品和氢氧化钾溶液一起煮沸，然后用标定的盐酸溶液滴定过量的氢氧化钾，具体操作步骤为称取 2 g 油脂于锥形瓶中，加入 25 mL 2 mol/L 的氢氧化钾-乙醇溶液，并加入一些助沸物，连接回流冷凝管与锥形瓶，将锥形瓶放于加热装置上，缓慢煮沸并不时摇动，使油脂保持煮沸状态 60 min，加入 0.5～1 mL 酚酞指示剂于热溶液中，并用 0.5 mol/L 盐酸标准溶液滴定至粉红色刚消失，空白组加入 2 g 乙醇溶剂代替样品，用 25 mL 2 mol/L 氢氧化钾-乙醇溶液进行试验操作。

$$I = \frac{(V_0 - V_1) \times c \times 56.1}{m} \tag{2-2}$$

式中：I—— 皂化值（以 KOH 计），mg/g；

V_0—— 用于空白试验的盐酸标准溶液的体积，mL；

V_1—— 样品溶液消耗的盐酸标准溶液的体积，mL；

c—— 盐酸标准溶液浓度，mol/L；

m—— 试样的质量，g。

3）油脂过氧化值测定：参照《食品安全国家标准　食品中过氧化值的测定》（GB 5009.227—2016），用过氧化物相当于碘的质量分数或1 kg样品中活性氧的毫摩尔数[①]表示过氧化值的量。

具体操作为称取 2～3 g（精确至 0.001 g）油脂，置于 250 mL 碘量瓶中，加入 30 mL 三氯甲烷-冰乙酸混合液，轻轻振摇使试样完全溶解。准确加入 1 mL 饱和碘化钾溶液，塞紧瓶盖，并轻轻振摇 0.5 min，在暗处放置 3 min。取出加 100 mL 水，摇匀后立即用硫代硫酸钠标准溶液（过氧化值估计值在 0.15 g/100 g 及以下时，用 0.002 mol/L 标准溶液滴定析出的碘）滴定，至淡黄色时，加 1 mL 淀粉指示剂，继续滴定并强烈振摇至溶液蓝色消失为终点。同时进行空白试验。

① 物质的量，单位毫摩尔。

$$P=\frac{1\,000(V-V_0)c}{2m} \tag{2-3}$$

式中：P—— 过氧化值，mmol/kg；

V—— 用于测定的硫代硫酸钠溶液的体积，mL；

V_0—— 用于空白试验的硫代硫酸钠的体积，mL；

c—— 硫代硫酸钠浓度，mol/L；

m—— 试样的质量，g。

4）油脂折光率及色泽的测定：折光率参照《动植物油脂　折光指数的测定》（GB/T 5527—2010/ISO 6320：2000）测定，用折光仪（图 2-11）进行测定。色泽参照《植物油脂　透明度、气味、滋味鉴定法》（GB/T 5525—2008）规定检验。

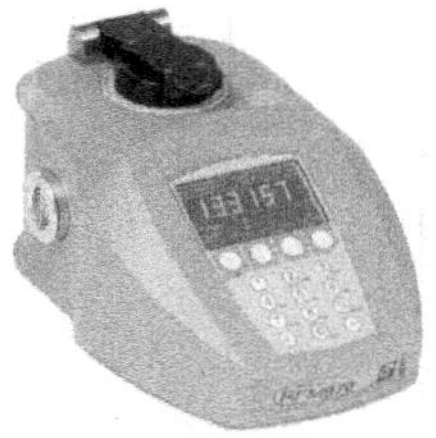

图 2-11　阿贝折光仪

一、含油率

本研究分析了产于内蒙古赤峰、甘肃省定西、山西翼城以及宁夏银川的文冠果种仁。由图 2-12 可知，文冠果种仁含油率（干基）均在 49.53%～61.60%。

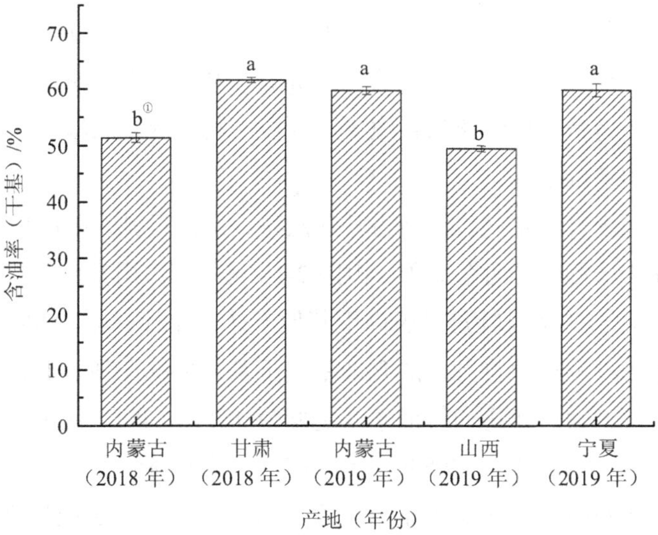

图 2-12　文冠果种仁含油率（干基）

① 图中字母用以区别显著性，本书后同。

本研究分析了产于陕西神木的3个不同立地条件的长柄扁桃种仁，由图2-13可知，不同立地条件的长柄扁桃种仁含油率（干基）均在48.13%～57.30%，含油率（干基）最高的为风沙区，达57.30%，显著高于其他两种立地条件（$p<0.05$），反映出长柄扁桃在环境较为恶劣的情况下仍然能得到油脂含量较高的种子，其耐瘠薄能力较强；其次是土石山区品种，含油率为51.02%；含油率（干基）较少的是黄土丘陵区品种，为48.13%。

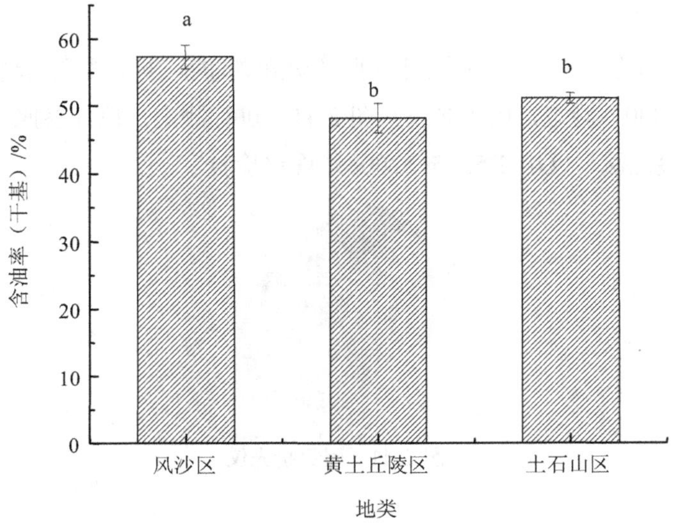

图2-13 长柄扁桃种仁含油率（干基）

本研究分析了山西省以及河北省的翅果油树种仁，由图2-14可知，不同产地、品种的翅果油树种仁含油率（干基）为39.60%～53.35%，产地为河北的大果型翅果油树种仁含油率（干基）显著高于其他产地、品种（$p<0.05$）。翅果油树自然分布于山西、陕西等地，而河北秦皇岛将其引种种植，得到较好的种质资源，说明翅果油树对于环境的适应能力较好，也说明河北秦皇岛是翅果油树的较适生长环境，其气候、土壤、水质等为翅果油树生长发育提供了良好的基础条件。

本研究分析了产于甘肃定西、内蒙古呼和浩特、山西运城、陕西咸阳这4个地点的油用牡丹，包括紫斑牡丹及凤丹两个品种。由图2-15可知，油用牡丹种仁含油率（干基）为27.97%～36.12%，甘肃的紫斑牡丹显著高于其他产地、品种（$p<0.05$）。

综合分析上述几种油料植物种仁的含油率（干基）情况发现，4类植物均体现出较高的含油率。相较于常见油料作物的得油率（芝麻为45%～63%，花生为40%～51%，油菜籽为33%～48%），文冠果种仁（49.53%～61.60%）、长柄扁桃种仁（48.13%～57.30%）以及翅果油树种仁（39.60%～53.35%）的含油率均较高，明显高于或持平于常见油料作物。油用牡丹（紫斑牡丹及凤丹）种仁含油率（27.97%～36.12%）相对较低，但也十分可观。

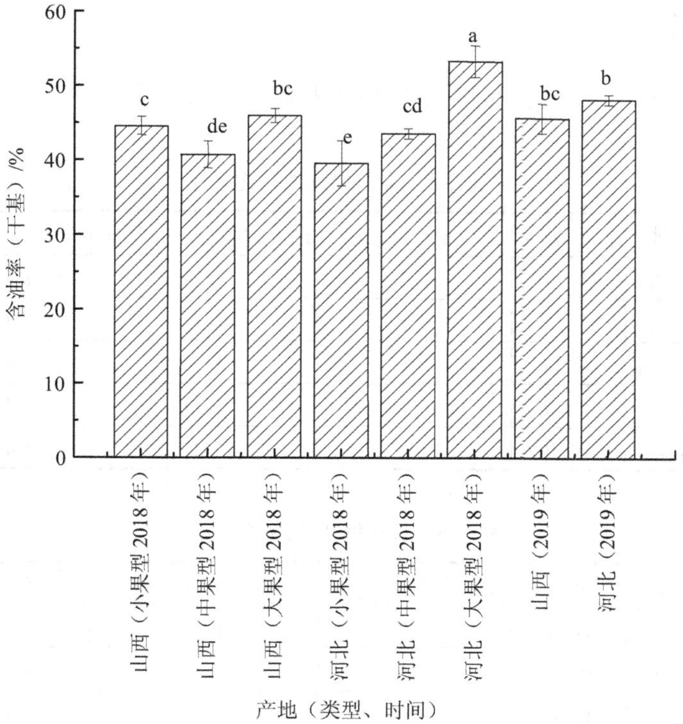

图 2-14　翅果油树种仁含油率（干基）

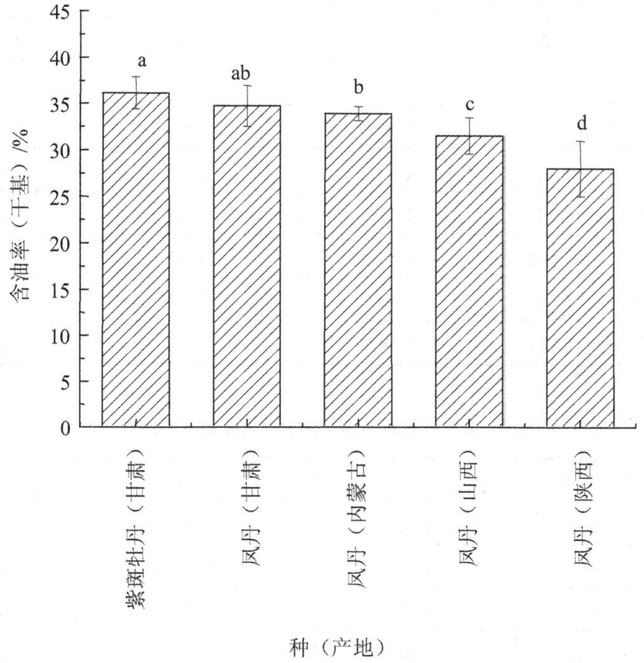

图 2-15　油用牡丹种仁含油率（干基）

二、理化指标

4 类植物籽油的主要理化指标测定结果如表 2-5～表 2-8 所示。

表 2-5 文冠果籽油理化指标

样品年份	产地	样品编号	皂化值/（mg/g）	过氧化值/（mmol/kg）	折光率（20℃）	色泽
2018 年	内蒙古	WN	121	1.23	1.474	淡黄色
	甘肃	WG	135	1.36	1.473	淡黄色
2019 年	内蒙古	WN9	136	1.12	1.475	淡黄色
	山西	WY9	138	1.27	1.478	淡黄色
	宁夏	WS9	146	1.03	1.476	淡黄色

表 2-6 长柄扁桃籽油理化指标

样品年份	产地	样品编号	皂化值/（mg/g）	过氧化值/（mmol/kg）	折光率（20℃）	色泽
2018 年	陕西	BSX	124	1.23	1.453	金黄色
		BQX	136	1.24	1.462	金黄色
		BTX	150	1.23	1.464	金黄色

表 2-7 翅果油树籽油理化指标

样品年份	产地	样品编号	皂化值（mg/g）	过氧化值/（mmol/kg）	折光率（20℃）	色泽
2018 年	山西	CXS	204	2.42	1.468	淡黄色
		CZS	178	1.71	1.470	淡黄色
		CDS	190	2.56	1.467	淡黄色
	河北	CXH	199	2.85	1.470	淡黄色
		CZH	187	2.33	1.468	淡黄色
		CDH	198	1.11	1.469	淡黄色
2019 年	山西	CS9	189	1.09	1.470	淡黄色
	河北	CH9	178	1.23	1.471	淡黄色

表 2-8 紫斑牡丹/凤丹籽油理化指标

样品年份	产地	样品编号	皂化值/（mg/g）	过氧化值/（mmol/kg）	折光率（20℃）	色泽
2018 年	甘肃	MZG	150	1.39	1.467	淡黄色
	甘肃	MFG	141	1.24	1.466	淡黄色
	内蒙古	MFN	137	1.48	1.467	淡黄色
	山西	MFS	150	1.48	1.465	淡黄色
2019 年	陕西	MF9	152	1.29	1.466	淡黄色

皂化值可反映油和脂肪酸中游离脂肪酸和甘油酯的含量，也可以用来反映油脂的平均分子量，皂化值越小，平均分子量越大。试验测得，文冠果籽油的皂化值为 121～146 mg/g；长柄扁桃籽油的皂化值为 124～150 mg/g；翅果油树籽油的皂化值为 178～204 mg/g；油用牡丹籽油的皂化值为 137～152 mg/g。油脂的基本理化指标，从皂化值来看，文冠果籽油、长柄扁桃籽油以及油用牡丹籽油的皂化值，相较常见油料作物大豆油（188～195 mg/g）与花生油（187～196 mg/g）的皂化值较小，翅果油树籽油则更为接近大豆油及花生油。

过氧化值表示油脂被氧化的程度，油脂被氧化酸败所产生的一些小分子物质在人体内会产生自由基等不良影响，所以过氧化值高的油不利于人体健康。试验测得文冠果籽油的过氧化值为 1.03～1.36 mmol/kg；长柄扁桃籽油的过氧化值为 1.23～1.24 mmol/kg；翅果油树籽油的过氧化值为 1.09～2.85 mmol/kg；油用牡丹籽油的过氧化值为 1.24～1.49 mmol/kg。《食用植物油卫生标准》（GB 2716—2005）中要求，食用植物油的过氧化值小于 9.85 才符合标准，本研究的 4 类油脂在过氧化值方面均符合国家标准，说明试验所制得的油脂均新鲜无变质。

油脂的折光率与组成油脂的脂肪酸双键数目有关，双键越多，油脂的折光率就越高。文冠果籽油的折光率为 1.473～1.478；长柄扁桃籽油的折光率为 1.453～1.464；翅果油树籽油的折光率为 1.467～1.471；油用牡丹籽油的折光率为 1.465～1.467。与我国粮食行业标准［《花生油》（GB/T 1534—2017、《大豆油》（GB/T 1535—2017）］中所规定的油脂折射率相近。

油脂的色泽是消费者对其品质的最直观感受，良好的色泽是高品质植物油所具备的要素，通过感官观察到文冠果籽油、长柄扁桃籽油、翅果油树籽油以及油用牡丹籽油的色泽，均呈现出淡黄、透亮，表明试验制得的油脂具有良好的感官特性。与我国粮食行业标准［《花生油》（GB/T 1534—2017）、《大豆油》（GB/T 1535—2017）］中规定的油脂色泽相比十分接近。

如表 2-9 所示，综合分析上述几种油料植物种仁的含油率（干基）情况发现，文冠果、长柄扁桃以及翅果油树种仁的含油率（干基）较两种油用牡丹（紫斑牡丹、凤丹）更高。5 种油用灌木中文冠果种仁的含油率（干基）最高，为 49.53%～61.60%，凤丹种仁的含油率（干基）最低，为 27.97%～34.72%。

分析几种油料植物籽油的理化参数，其中，籽油的皂化值从高到低依次为翅果油树籽油、油用牡丹籽油、长柄扁桃籽油、文冠果籽油。翅果油树籽油的皂化值最高，为 178～204 mg/g；文冠果油的皂化值最低，为 121～146 mg/g。在过氧化值方面，翅果油树籽油的过氧化值最高，为 1.09～2.85 mmol/kg，文冠果籽油的过氧化值最低，为 1.03～1.36 mmol/kg；另外两种植物籽油的过氧化值分别为：长柄扁桃籽油的过氧化值为 1.23～1.24 mmol/kg，油用牡丹籽油的过氧化值为 1.24～1.49 mmol/kg。几种植物籽油在折光率的比较中，文冠果籽油折光率（20℃）最高，为 1.473～1.478，而长柄扁桃籽油折光率（20℃）最低，为 1.453～1.464。

表 2-9　5 种油用灌木籽油理化指标对比综合分析

类别	含油率/%	理化指标		
		皂化值/（mg/g）	过氧化值/（mmol/kg）	折光率（20℃）
文冠果种仁	49.53～61.60	121～146	1.03～1.36	1.473～1.478
长柄扁桃种仁	48.13～57.30	124～150	1.23～1.24	1.453～1.464
翅果油树种仁	39.60～53.35	178～204	1.09～2.85	1.467～1.471
紫斑牡丹种仁	36.12	137～152	1.24～1.49	1.465～1.467
凤丹种仁	27.97～34.72			

综上所述，5 种高级油用类植物籽油均具有较高的油脂品质，为后续高附加值产品的开发奠定了强有力的基础。同时，采用这 5 种籽油开发保健品的前景十分广阔。所以结合我国国情，在黄土高原地区发展高级油用类水土保持灌木资源具有十分重要的现实意义。

第二节　油脂脂肪酸构成

脂肪酸是由 C、H、O 三种元素组成的一类化合物，是中性脂肪、磷脂和糖脂的主要成分。动物体内不能合成带有 2～4 个双键的不饱和脂肪酸，必须从食物中获取，因而这些脂肪酸就叫必需脂肪酸，其中亚麻酸和亚油酸最重要。多不饱和脂肪酸是功能性脂肪酸研究和开发的主体与核心，根据其结构又分为ω-3 和ω-6 两大主要系列。这类脂肪酸受到广泛关注，不仅因为ω-6 系列的亚油酸和ω-3 系列的α-亚麻酸是人体不可或缺的必需脂肪酸，更重要的是其在人体中起着极为重要的代谢作用，与现代诸多文明病的发生有关。

虽然前人对文冠果籽油等油脂的脂肪酸进行了一系列研究工作，但由于仪器的灵敏度、分辨率所限，对于一些含量较低的油脂和脂肪酸的同分异构体成分并不能很好地深入研究，且在脂肪酸的定量上也多数是以面积归一（即所占百分数来表示），没有做到精确定量。随着分析仪器的飞速发展，如高分辨液质联用仪、全二维气质联用仪、高分辨多维核磁共振仪的出现，天然产物构成的研究有了强有力的工具。全二维气质联用技术比通常的一维色谱的灵敏度提高 20～50 倍，且分辨率高，能更全面准确地检测出更多的油脂种类。该设备强大的定性能力，可对一维气质的分析结果进行佐证核实，同时，利用其高分辨率，可检测出更多的脂肪酸种类，提高了分析研究的精确性和全面性。GC×GC-TOF/MS

在食品分析领域得到了广泛的应用，如 GC×GC-TOF/MS 可研究胡椒精油的挥发性成分。

本研究首次在一维气质联用的检测基础上利用全二维气质联用，以更加全面地对文冠果、长柄扁桃、翅果油树以及油用牡丹籽油中的脂肪酸含量及种类进行对比分析研究，望获取这 5 种籽油详尽、全面的脂肪酸构成信息，以期推动对这 5 种植物资源的深度加工利用。

（1）试验材料：

原料：同第二章第一节。

试验试剂：甲醇（分析纯），水为双蒸水。

试验设备：日本岛津 GCMS-QP2010Ultra 气质联用仪；美国 Agilent 公司全二维气相色谱-飞行时间质谱联用仪（GC×GC-TOF/MS；Agilent 5977A MSD）；RE-201D 旋转蒸发仪，郑州市亚荣仪器有限公司；电子天平，赛多利斯仪器（北京）有限公司。

（2）试验方法：本研究利用外标法对油脂中所含脂肪酸进行测定，利用全二维气质联用技术强大的定性能力对一维气质的分析结果进行了补充及佐证核实，以更加全面地对文冠果、长柄扁桃、翅果油树以及油用牡丹籽油中的脂肪酸含量及种类进行对比分析研究。

1）十八碳二烯酸甲酯标准曲线的绘制：准确称取十八碳二烯酸甲酯标准品 1.000 0 g 于 10 mL 容量瓶中，加正己烷至刻度线并摇匀定容得到浓度为 100 mg/mL 的十八碳二烯酸甲酯标准母液。量取 1.0 mL 十八碳二烯酸甲酯标准母液，用正己烷定容至 10 mL，得到浓度为 10 mg/mL 的十八碳二烯酸甲酯标准溶液。通过逐级稀释，得到浓度分别为 0.009 mg/mL、0.09 mg/mL、0.9 mg/mL、1.8 mg/mL、3.6 mg/mL、6 mg/mL 的十八碳二烯酸甲酯标准溶液。配制完成后用气质联用仪进行测定，绘制浓度与峰面积标准曲线。

图 2-16 为十八碳二烯酸甲酯标准溶液的线性回归方程，结果表明其呈良好的线性关系且相关系数 R^2 值在 0.99 以上。

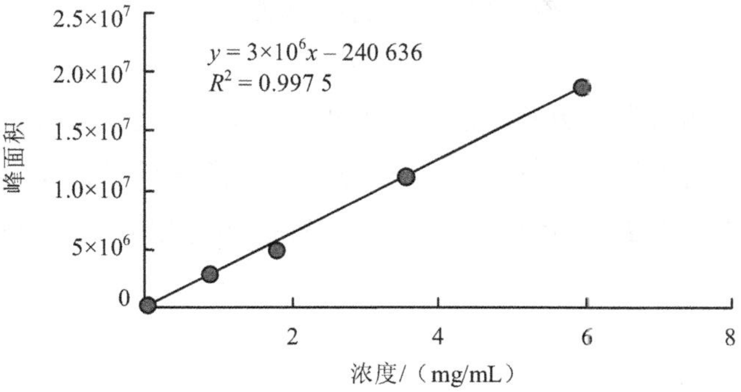

图 2-16 十八碳二烯酸甲酯标准曲线

2）脂肪酸衍生化处理：油脂中的脂肪酸多数以脂肪酸甘油酯形式存在，具有分子量大、极性大、沸点高的特点，无法直接利用气相色谱直接检测，为实现气相色谱检测油脂中脂肪酸的目的，需要对油脂样品进行柱前衍生化处理。取 25 mg 籽油于具塞试管内，加入 2 mL 的正己烷溶解油脂，振荡器上振摇 2 min，加入 0.5 mL 的 5% KOH/CH_3OH 溶液，在振荡器上振摇 2 min，静置分层后，取上层清液（正己烷相）进行测定。

3）一维气质联用测定油脂脂肪酸。

色谱条件：色谱柱采用 INNOWAX 型毛细管柱（30 m×0.25 mm×0.25 μm）。升温程序：初始温度60℃，保持1 min，然后以12℃/min 的速率升至150℃；以8℃/min速率升至210℃，保持 1 min；继续以 10℃/min 的速率升至 230℃，保持 15 min。载气为高纯氦气，流量为 1 mL/min，分流进样，分流比 30∶1，进样口温度 250℃。

质谱条件：电子轰击（EI）离子源电子能量为 70 eV；电子倍增器电压为 1.00 kV，质量扫描 *m/z* 50～400。离子源温度 200℃，接口温度为 230℃。

利用 NIST14 和 NIST14s 标准质谱库对采集到的质谱图进行检索。

如图 2-17 所示，利用脂肪酸混合标准品以及质谱库数据进行脂肪酸定性分析，并结合十八碳二烯酸甲酯标准曲线进行定量分析。

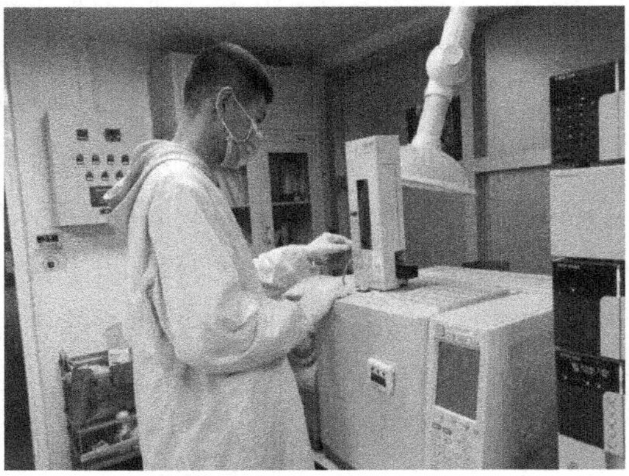

图 2-17 气质联用检测脂肪酸

一维气质联用仪测得脂肪酸混合标准品结果：利用一维气质联用仪对脂肪酸混合标准品进行了检测，测得结果如图 2-18 所示，对 35 种脂肪酸进行了有效的分离检测，具体峰号所对应脂肪酸种类如表 2-10 所示。该结果对样品脂肪酸测定提供了参考，保证了结果的准确性及可靠性。

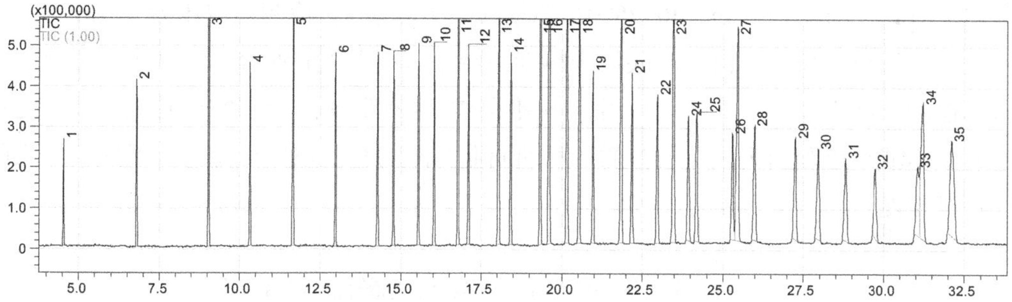

图 2-18 混合脂肪酸标准品一维 GC-MS 总离子流色谱图

表 2-10 一维 GC-MS 测试混合脂肪酸标准品峰编号

峰编号	脂肪酸类别	峰编号	脂肪酸类别
1	己酸（C6∶0）	19	亚麻酸（C18∶3）
2	辛酸（C8∶0）	20	花生酸（C20∶0）
3	癸酸（C10∶0）	21	二十碳一烯酸（C20∶1）
4	十一烷酸（C11∶0）	22	二十碳二烯酸（C20∶2）
5	十二烷酸（C12∶0）	23	二十一烷酸（C21∶0）
6	十三烷酸（C13∶0）	24	二十碳三烯酸（C20∶3HOMO）
7	十四烷酸（C14∶0）	25	花生四烯酸（C20∶4）
8	十四烯酸（C14∶1）	26	花生三烯酸（C20∶3）
9	十五烷酸（C15∶0）	27	二十二碳烷酸（C22∶0）
10	十五烯酸（C15∶1）	28	EPA（C20∶5）
11	棕榈酸（C16∶0）	29	芥酸（C22∶1）
12	棕榈油酸（C16∶1）	30	二十二碳二烯酸（C22∶2）
13	十七烷酸（C17∶0）	31	二十三碳酸（C23∶0）
14	十七烯酸（C17∶1）	32	DPA（C22∶5）
15	硬脂酸（C18∶0）	33	二十四烷酸（C24∶0）
16	油酸（C18∶1）	34	二十四碳一烯酸（C24∶1）
17	亚油酸（C18∶2）	35	DHA（C22∶6）
18	γ-亚麻酸（C18∶3）	—	—

4）全二维气质联用测定油脂脂肪酸。

GC 条件：一维柱采用 DB-Wax（30 m×0.25 mm×0.25 μm），二维柱采用 DB-17MS（1.195 m×0.25 mm×0.15 μm）；载气为高纯氦气，流速为 1 mL/min；进样口温度 250℃，不分流进样；柱温箱的升温程序为：初温为 40℃，保持 10 min，以 3℃/min 的速率升到 230℃，共 73 min。调制柱：HV（C5-C30），1.1 m。

SSM 调制器：进口温度偏置为 30℃（相对于 GC 柱箱温度）；出口温度为 120℃（相对于 GC 柱箱温度），最高温度 320℃；冷区温度为−51℃；调制周期为 6 s。

MS 条件：电子电离源；电离电压−70 V；离子源温度 220 ℃；传输线温度 230℃。采用全扫描方式；质量扫描 *m/z* 40～500；扫描速率 100 谱/s。检测器电压为−1 750 V。

全二维气质联用仪测得脂肪酸混合标准品结果：对脂肪酸混合标准品进行了全二维气质联用检测，结果如表 2-11 所示，混合标准品中 38 种脂肪酸全部实现有效分离。通过对比脂肪酸标准品检测结果，并结合质谱对油脂脂肪酸的测定以实现定性，保证了结果的准确性及可靠性。

表 2-11　全二维 GC-MS 测试混合脂肪酸标准品峰编号

峰编号	脂肪酸类别	峰编号	脂肪酸类别
1	丁酸（C4：0）	20	亚麻酸（C18：3）
2	己酸（C6：0）	21	花生酸（C20：0）
3	辛酸（C8：0）	22	二十碳一烯酸 C20：1）
4	癸酸（C10：0）	23	二十碳二烯酸（C20：2）
5	十一烷酸（C11：0）	24	二十碳三烯酸（C20：3HOMO）
6	十二烷酸（C12：0）	25	二十一烷酸（C21：0）
7	十三烷酸（C13：0）	26	花生四烯酸（C20：4）
8	十四烷酸（C14：0）	27	二十碳三烯酸（C20：3）
9	十四烯酸（C14：1）	28	EPA（C20：5）
10	十五烷酸（C15：0）	29	二十二碳烷酸（C22：0）
11	十五烯酸（C15：1）	30	芥酸（C22：1）
12	棕榈酸（C16：0）	31	二十二碳二烯酸（C22：2）
13	棕榈油酸（C16：1）	32	二十三烷酸（C23：0）
14	十七烷酸（C17：0）	33	二十二碳四烯酸（C22：4）
15	十七烯酸（C17：1）	34	二十二碳五烯酸（C22：5）
16	硬脂酸（C18：0）	35	DPA（C22：5）
17	油酸（C18：1）	36	二十四烷酸（C24：0）
18	亚油酸（C18：2）	37	DHA（C22：6）
19	γ-亚麻酸（C18：3）	38	二十四碳一烯酸（C24：1）

图 2-19 和图 2-20 为脂肪酸混合标准品全二维气质联用仪检测所得的色谱轮廓图以及 3D 色谱图，通过全二维混合标准品检测结果、全二维气质联用仪的质谱部分以及一维气质检测结果对油脂脂肪酸进行分析，保证结果的可靠性及全面性。

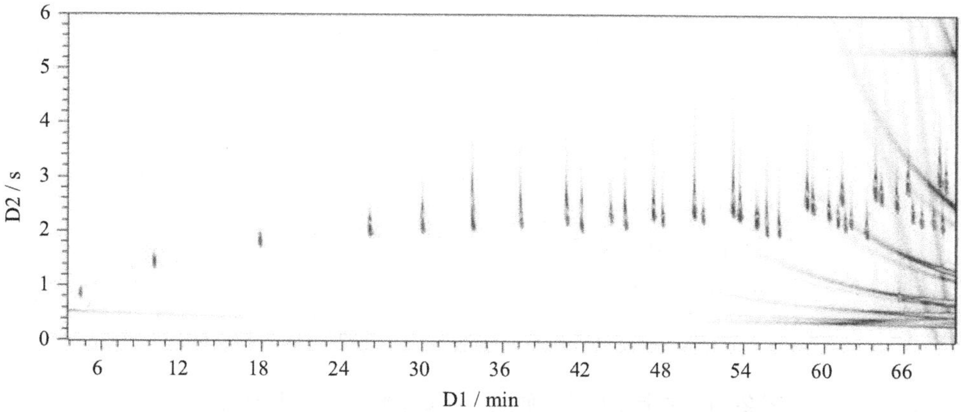

图 2-19　38 种脂肪酸混合标准品全二维色谱轮廓图

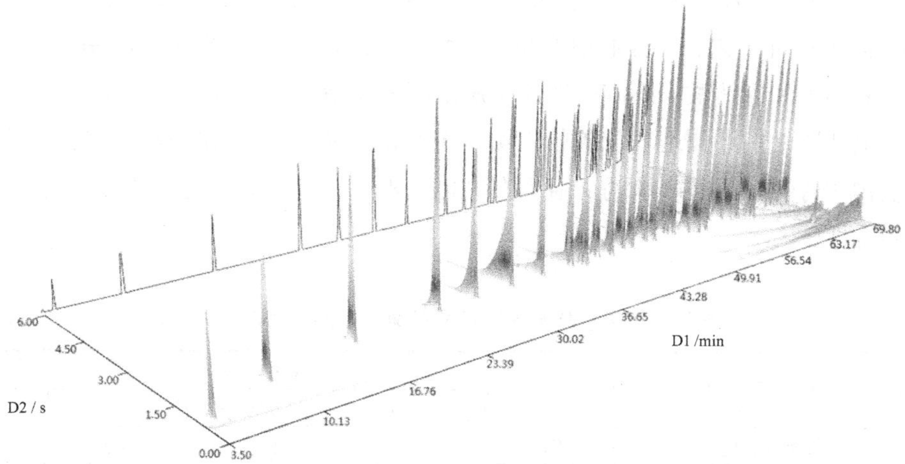

图 2-20　脂肪酸混合标准品全二维 3D 色谱图

一、文冠果籽油

综合使用一维气质联用及全二维气质联用技术，检测油脂脂肪酸各指标，以更全面、更灵敏地挖掘油脂脂肪酸活性成分的特性。

（一）一维气质联用测试

从图 2-21 的结果可以看出，在文冠果籽油中检测到 15 种脂肪酸，分别是棕榈酸、棕榈油酸、十七烷酸、硬脂酸、油酸、亚油酸、γ-亚麻酸、亚麻酸、花生酸、二十碳一烯酸、二十碳二烯酸、二十二碳烷酸、芥酸、二十四烷酸以及二十四碳一烯酸（神经酸）。

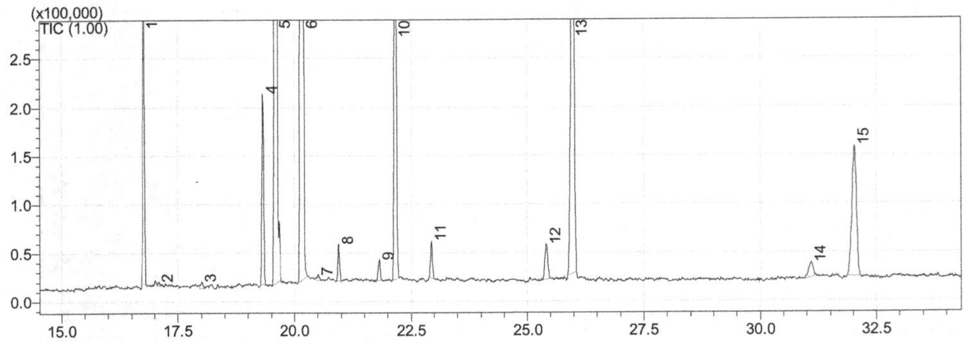

图 2-21 文冠果籽油脂肪酸一维 GC-MS 总离子流色谱图

不同地点及时间获得的文冠果籽油所含脂肪酸的具体含量如表 2-12 所示，文冠果籽油中脂肪酸以油酸、亚油酸为主，含量分别高达 187.84～252.17 mg/g、263.81～276.84 mg/g。不饱和脂肪酸方面，文冠果籽油不饱和脂肪酸所占比例都高达 87.07%～90.00%，表明其含有丰富的不饱和脂肪酸。不同产地的文冠果籽油在脂肪酸的含量上存在差异，分析原因为文冠果植株所处的不同地理位置的土壤、气候等自然环境因素的差异影响了文冠果的生长及其生物学特性，不同产地的文冠果在进化过程中自身种质为适应环境发生改变，分化出不同的特性。

表 2-12 一维气质联用仪检测得到的文冠果籽油脂肪酸种类及含量 单位：mg/g

峰编号	脂肪酸种类	采样编号				
		WN	WG	WN9	WS9	WY9
1	棕榈酸（C16：0）	40.43	42.52	41.82	45.73	40.23
2	棕榈油酸（C16：1）	7.60	6.70	0.24	0.32	0.22
3	十七烷酸（C17：0）	7.56	6.82	0.36	0.45	0.22
4	硬脂酸（C18：0）	21.54	19.75	20.35	22.42	20.16
5	油酸（C18：1）	210.88	199.87	187.84	252.17	193.10
6	亚油酸（C18：2）	276.84	263.81	270.28	271.74	269.45
7	γ-亚麻酸（C18：3）	7.42	6.97	0.26	0.30	0.26
8	亚麻酸（C18：3）	9.81	11.46	6.34	6.12	5.94
9	花生酸（C20：0）	9.10	8.11	2.07	2.41	1.96
10	二十碳一烯酸（C20：1）	57.96	54.05	57.24	64.52	56.92
11	二十碳二烯酸（C20：2）	10.62	9.70	3.66	2.99	2.85
12	二十二碳烷酸（C22：0）	11.39	10.11	5.29	5.44	4.63
13	芥酸（C22：1）	75.57	64.59	78.37	79.16	77.62
14	二十四烷酸（C24：0）	10.40	8.06	3.49	3.19	3.05
15	二十四碳一烯酸（C24：1）	35.01	24.81	30.38	26.03	25.69
不饱和脂肪酸含量		691.72	641.96	634.61	703.35	632.05
不饱和脂肪酸占比/%		87.32	87.07	89.64	89.83	90.00

（二）全二维气质联用测试

全二维气质联用检测结果如图 2-22、图 2-23 所示，从文冠果籽油中共检测出 19 种脂肪酸。

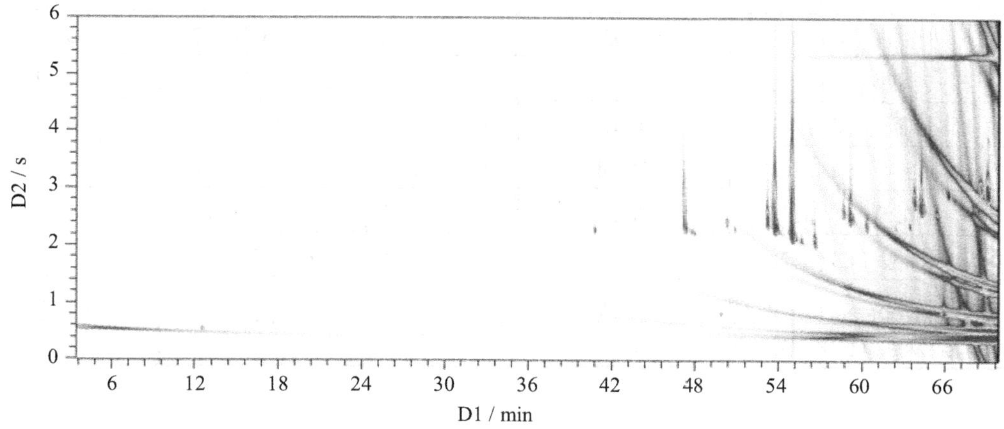

图 2-22 文冠果籽油脂肪酸全二维色谱轮廓图

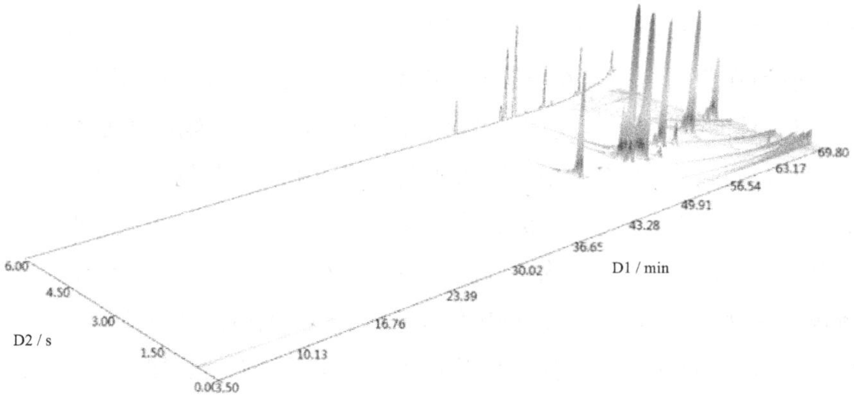

图 2-23 文冠果籽油脂肪酸全二维 3D 色谱图

表 2-13 对文冠果籽油的全二维气质检测结果进行了分析。相较于一维气质联用检测结果，全二维气质联用测试多检测到了十四烷酸、十七烯酸、二十二碳二烯酸、二十三烷酸这 4 种脂肪酸。与以往的研究报道相比，本研究检测出了更多的文冠果籽油脂肪酸种类。

表 2-13　全二维气质联用仪检测得到的文冠果籽油脂肪酸种类及含量　　单位：mg/g

峰号	脂肪酸类别	含量	峰号	脂肪酸类别	含量
1	十四烷酸（C14∶0）	0.24	11	花生酸（C20∶0）	4.73
2	棕榈酸（C16∶0）	42.15	12	二十碳一烯酸（C20∶1）	58.14
3	棕榈油酸（C16∶1）	3.02	13	二十碳二烯酸（C20∶2）	5.96
4	十七烷酸（C17∶0）	3.08	14	二十二碳烷酸（C22∶0）	7.37
5	十七烯酸（C17∶1）	0.01	15	芥酸（C22∶1）	75.06
6	硬脂酸（C18∶0）	20.84	16	二十二碳二烯酸（C22∶2）	0.51
7	油酸（C18∶1）	208.77	17	二十三碳酸（C23∶0）	1.25
8	亚油酸（C18∶2）	270.42	18	二十四烷酸（C24∶0）	5.64
9	γ-亚麻酸（C18∶3）	3.04	19	二十四碳一烯酸（C24∶1）	28.38
10	亚麻酸（C18∶3）	7.93	—	—	—

（三）脂肪酸组分功能因子分析

过去的研究往往宣称不饱和脂肪酸大大优于饱和脂肪酸，以及多食植物油、少食动物性油脂是健康做法。然而最近几年的研究发现，不是所有不饱和脂肪酸都是有益健康的，只有在甲基一端第 3 个碳上出现不饱和双键的不饱和脂肪酸，才是真正有益健康的，称之为ω-3 脂肪酸；而在甲基一端第 6 个碳上出现不饱和双键的不饱和脂肪酸称作ω-6 脂肪酸，食用过多会对人体产生许多不良反应。现代科学研究发现，食物中的脂类物质与体内重要的体液因子系统——花生四烯酸系统紧密相关。这一系统主要包括前列腺素、血栓素、白细胞三烯等，这些体液因子可以造成血管栓塞，引起各种炎症、头痛、癌症等病理现象。而合成这些因子的原料主要是食物中的脂类因子ω-6 脂肪酸。在脂类分子经口摄入人体后不久，它们就会被相继转运到体内细胞膜上，参与不同的代谢。虽然脂类分子的结构复杂、种类繁多，但与花生四烯酸系统有关的脂类分子主要有ω-3 脂肪酸和ω-6 脂肪酸两种，食物中的ω-6 脂肪酸被摄入后，大多被转化成花生四烯酸；而ω-3 脂肪酸则有相反的积极性的作用，它们在体内被转化成一些可以抗血小板凝聚、舒张血管、减轻过强的炎症反应及细胞损伤的物质。

ω-3 脂肪酸包括 EPA、DHA、α-亚麻酸；ω-6 脂肪酸包括亚油酸、γ-亚麻酸、花生四烯酸。理论上，只要将ω-6 脂肪酸和ω-3 脂肪酸的摄入比例限制在 4∶1 左右，最大不超过 6∶1，就足以让人体代谢得到良好保障。按照此“ω健康理论”，在只考虑脂肪酸营养学价值的情况下，不同产地的文冠果籽油脂肪酸检测结果表明，其（ω-6）/（ω-3）的比例介于花生油（316.86）与大豆油（8.76）之间，为 23.63～45.41，文冠果籽油高于花生油的营养价值，是补充ω-3 脂肪酸良好的食品来源，详情见表 2-14。

表 2-14　文冠果籽油营养成分分析

脂肪酸类别		样品编码				
		WN	WG	WN9	WS9	WY9
ω-3 脂肪酸	α-亚麻酸/（mg/g）	9.81	11.46	6.34	6.12	5.94
ω-6 脂肪酸	亚油酸/（mg/g）	276.84	263.81	270.28	271.74	269.45
	γ-亚麻酸/（mg/g）	7.42	6.97	0.26	0.30	0.26
（ω-6）/（ω-3）		28.98	23.63	42.67	44.45	45.41

ω-7 脂肪酸是一组单不饱和脂肪酸，其不饱和双键的部位始于甲基一端的第 7 个碳，故命名ω-7。近年来，关于ω-7 脂肪酸的研究越来越多，许多证据表明ω-7 脂肪酸对人体有多种保健功能，如激素样作用、改善Ⅱ型糖尿病患者的胰岛素抵抗症状、预防和治疗动脉粥样硬化、抗炎、控制体重、保护内黏膜系统、护肤等。文冠果籽油中所含有的ω-7 脂肪酸是棕榈油酸，试验测得不同产地的文冠果籽油中都含有少量的棕榈油酸，含量为 0.22～7.63 mg/g。

神经酸即二十四碳一烯酸（C24：1）是人体大脑发育的必需营养物质，有利于提高神经细胞的活跃性并延缓衰老。神经酸是神经细胞再发育和功能维持的必需高级营养素，是胎儿及婴儿脑部和视觉功能发育所必需的营养成分，同时对提高神经的活跃性、防止神经衰老具有显著的作用。人体自身很难合成神经酸，必须从食物中摄取补充。文冠果中检测到了植物油中较为稀有的神经酸，且含量为 24.81～35.013 mg/g，含量较高，试验说明文冠果籽油中含有较多的功能性脂肪酸，营养价值较高。

综上所述，在只考虑脂肪酸的营养学价值的情况下，不同产地的文冠果籽油脂肪酸检测结果表明，文冠果籽油具有高于花生油的营养价值，是补充ω-3 脂肪酸良好的食品来源，且神经酸含量较高，营养价值较高。

二、长柄扁桃籽油

（一）一维气质联用仪测试

从图 2-24 和表 2-15 可以看出，不同立地条件的长柄扁桃籽油中均检测到 10 种脂肪酸，分别是棕榈酸、棕榈油酸、十七烷酸、十七烯酸、硬脂酸、油酸、亚油酸、亚麻酸、花生酸、二十碳一烯酸。

长柄扁桃籽油所含脂肪酸的具体含量如表 2-15 所示，长柄扁桃籽油中脂肪酸以油酸、亚油酸为主，油酸含量为 458.13～496.53 mg/g，亚油酸含量为 196.91～204.23 mg/g，不饱和脂肪酸所占比例高达 93%，表明其脂肪酸中含有大量的不饱和脂肪酸。不同立地条件的长柄扁桃油在脂肪酸的含量上虽然存在差异，但是差异较小，产生这些差异的主要原因是长柄扁桃在生长过程中为适应不同环境，产生了一定的变化，但综合来看，3 个立地条件的长柄扁桃籽油在脂肪酸种类和含量方面的差异极小。

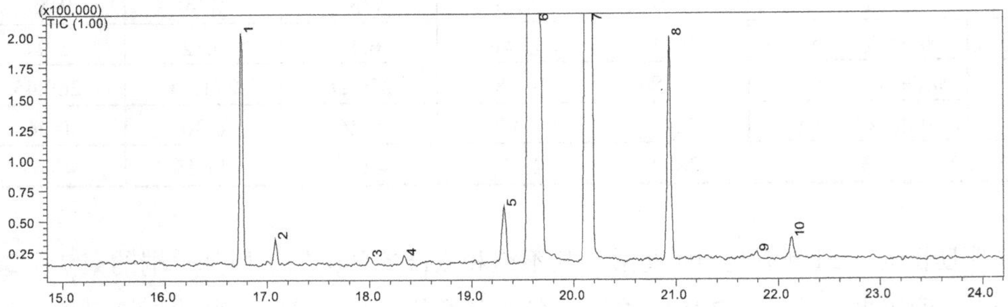

图 2-24 长柄扁桃籽油脂肪酸一维 GC-MS 总离子流色谱图

表 2-15 一维气质联用仪检测得到的长柄扁桃籽油脂肪酸种类及含量　单位：mg/g

峰编号	脂肪酸类别	样品编号		
		BSX	BQX	BTX
1	棕榈酸（C16∶0）	19.89	21.90	21.80
2	棕榈油酸（C16∶1）	8.53	9.21	8.98
3	十七烷酸（C17∶0）	8.09	7.84	7.87
4	十七烯酸（C17∶1）	8.12	8.00	7.99
5	硬脂酸（C18∶0）	11.42	12.82	12.61
6	油酸（C18∶1）	458.13	496.53	478.76
7	亚油酸（C18∶2）	204.23	196.91	197.63
8	亚麻酸（C18∶3）	21.09	8.26	8.50
9	花生酸（C20∶0）	7.68	7.71	8.29
10	二十碳一烯酸（C20∶1）	8.77	8.14	8.43
不饱和脂肪酸含量		708.87	727.05	710.29
不饱和脂肪酸占比/%		93.77	93.53	93.35

（二）全二维气质联用测试

利用灵敏度更高的全二维气质联用对长柄扁桃籽油脂肪酸进行进一步检测，检测结果如图 2-25 和图 2-26 所示，长柄扁桃籽油中共检测出 15 种脂肪酸。

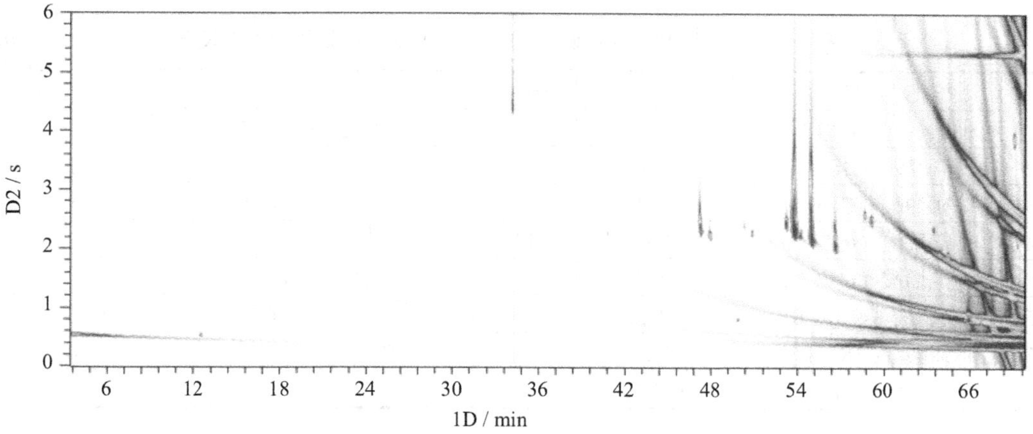

图 2-25　长柄扁桃籽油脂肪酸全二维色谱轮廓图

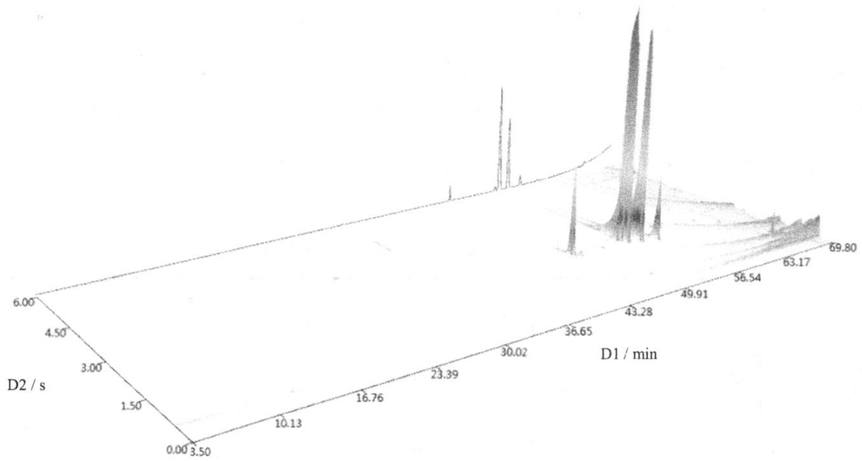

图 2-26　长柄扁桃籽油脂肪酸全二维 3D 色谱图

如表 2-16 所示，相较于一维气质检测结果，全二维气质联用技术多检测到十四烷酸、二十碳二烯酸、二十一烷酸、二十二碳烷酸以及 DPA（二十二碳五烯酸）这 5 种脂肪酸。通过全二维测试手段可知，不饱和脂肪酸之和可高达 93.54%，同时检测到了具有多种生理功能的 DPA，补充了一维技术所不能捕捉到的脂肪酸信息。DPA 是存在于人类初乳中的长链不饱和脂肪酸，它同样是人脑组织神经细胞的主要成分，特别是对婴幼儿神经系统和视力的发育、大脑的形成、记忆力的增强是必不可少的补充品，还具有提高人体免疫能力的功效。研究表明，DPA 在人乳和海豹油（海狗油）中含量较高，通过全二维技术我们发现长柄扁桃中也含有这种功能性脂肪酸。

表 2-16　全二维气质联用仪检测得到的长柄扁桃籽油脂肪酸种类及含量　　单位：mg/g

峰号	脂肪酸类别	含量	峰号	脂肪酸类别	含量
1	十四烷酸（C14∶0）	0.05	9	亚麻酸（C18∶3）	12.62
2	棕榈酸（C16∶0）	21.20	10	花生酸（C20∶0）	7.89
3	棕榈油酸（C16∶1）	8.91	11	二十碳一烯酸（C20∶1）	8.45
4	十七烷酸（C17∶0）	7.93	12	二十碳二烯酸（C20∶2）	0.02
5	十七烯酸（C17∶1）	8.04	13	二十一烷酸（C21∶0）	0.02
6	硬脂酸（C18∶0）	12.28	14	二十二碳烷酸（C22∶0）	0.05
7	油酸（C18∶1）	477.81	15	DPA（C22∶5）	0.29
8	亚油酸（C18∶2）	199.59	—	—	—

（三）脂肪酸组分功能因子分析

如表 2-17 所示，根据“ω健康理论”，在只考虑脂肪酸的营养学价值的情况下，不同立地条件的长柄扁桃籽油脂肪酸检测结果表明，其（ω-6）/（ω-3）的比例介于花生油和大豆油之间，且明显小于花生油，为 9.68～23.84，且风沙区的长柄扁桃籽油比例最小，更接近 4∶1，相较于其他两种立地条件的长柄扁桃籽油表现出更高的营养价值。

表 2-17　长柄扁桃籽油营养成分分析

脂肪酸类别		样品编号		
		BSX	BQX	BTX
ω-3 脂肪酸	α-亚麻酸/（mg/g）	21.09	8.26	8.50
ω-6 脂肪酸	亚油酸/（mg/g）	204.23	196.91	197.73
（ω-6）/（ω-3）		9.68	23.84	23.26

ω-7 脂肪酸（即棕榈油酸）方面，不同立地条件的长柄扁桃籽油中都含有少量的棕榈油酸，含量为 8.53～9.21 mg/g。其他测试结果相较于文冠果籽油，长柄扁桃籽油脂肪酸种类更少，且功能性脂肪酸无论在种类上或是含量上都少于文冠果籽油，在仅考虑脂肪酸的前提下，文冠果籽油营养价值更高。

总之，在只考虑脂肪酸营养学价值的情况下，不同立地条件的长柄扁桃籽油营养价值明显高于花生油，尤其是风沙区生长的长柄扁桃籽油，且风沙区的长柄扁桃籽油所测（ω-6）/（ω-3）数值比例最小，更接近 4∶1，相较于其他两种立地条件的长柄扁桃籽油表现出更高的营养价值。通过全二维技术还发现长柄扁桃中含有 DPA 这种功能性脂肪酸，补充了一维技术所不能捕捉到的脂肪酸信息。

三、翅果油树籽油

（一）一维气质联用仪测试

如图 2-27 和表 2-18 所示，不同产地、品种的翅果油树籽油中均检测到 10 种脂肪酸，分别是棕榈酸、棕榈油酸、十七烷酸、硬脂酸、油酸、亚油酸、亚麻酸、花生酸、二十碳一烯酸及二十碳二烯酸。

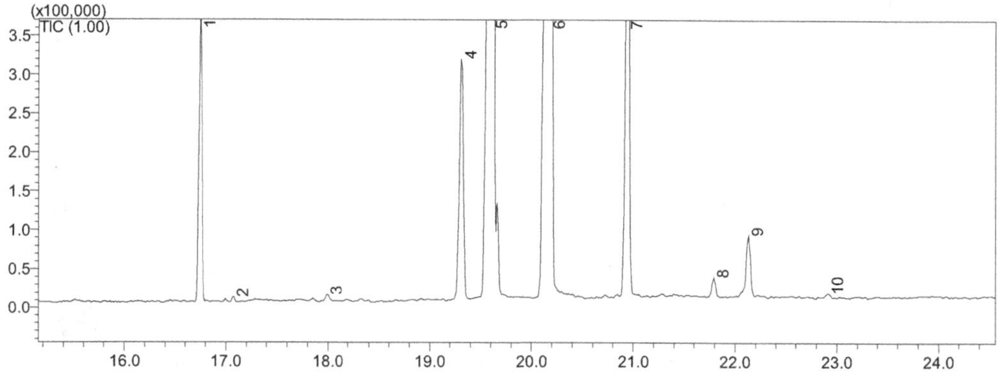

图 2-27　翅果油树籽油脂肪酸一维 GC-MS 总离子流色谱图

翅果油树籽油中脂肪酸以油酸、亚油酸为主，油酸含量为 255.57～328.06 mg/g，亚油酸含量为 298.55～447.22 mg/g。翅果油树籽油的不饱和脂肪酸所占比例都在 90%左右，含量占比较高。

表 2-18　一维气质联用仪检测得到的翅果油树籽油肪酸种类及含量　　单位：mg/g

峰号	脂肪酸类别	样品编号							
		CXS	CZS	CDS	CXH	CZH	CDH	CS9	CH9
1	棕榈酸（C16：0）	35.35	37.57	35.45	32.46	36.53	35.58	41.53	40.63
2	棕榈油酸（C16：1）	7.00	7.20	6.45	5.90	7.93	7.72	0.78	0.54
3	十七烷酸（C17：0）	7.01	7.93	6.39	6.07	8.10	7.91	0.45	0.41
4	硬脂酸（C18：0）	28.09	27.07	25.99	38.86	35.17	34.53	29.17	27.92
5	油酸（C18：1）	308.67	328.06	314.55	259.07	257.30	304.81	264.18	255.57
6	亚油酸（C18：2）	374.25	384.20	363.83	427.10	447.22	385.41	316.03	298.55
7	亚麻酸（C18：3）	54.96	54.76	52.78	60.59	54.02	56.44	42.84	43.65
8	花生酸（C20：0）	8.24	8.07	7.67	7.67	9.30	9.52	2.24	2.07
9	二十碳一烯酸（C20：1）	12.46	13.60	12.92	10.94	13.88	14.61	6.80	4.58
10	二十碳二烯酸（C20：2）	6.89	7.13	6.30	6.04	8.00	7.70	0.66	0.45
不饱和脂肪酸含量		764.23	794.95	756.83	769.64	788.35	776.69	631.29	600.34
不饱和脂肪酸占比/%		90.66	90.79	90.93	90.05	89.85	89.87	89.59	89.47

翅果油树籽油脂肪酸的测试结果存在差异的原因是各样本所处的土壤、气候等自然环境因素的差异影响了翅果油树的生长及其生物学特性。但综合分析来看，脂肪酸种类及含量方面的差异较小，且它们都含有大量的不饱和脂肪酸，因此翅果油树是可被进一步开发利用的优质植物种质资源，具有较高的营养及经济价值。

（二）全二维气质联用测试

进一步对翅果油树籽油进行了全二维气质联用检测，检测结果如图 2-28、图 2-29 所示，翅果油树籽油中共检测出 17 种脂肪酸。

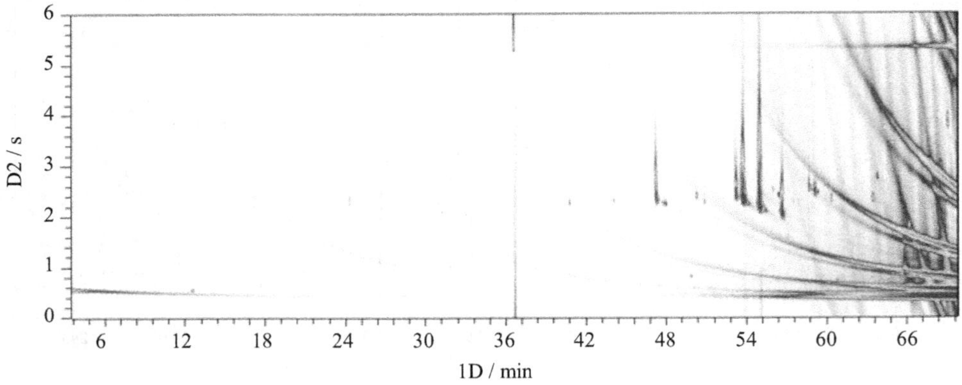

图 2-28　翅果油树籽油脂肪酸全二维色谱轮廓图

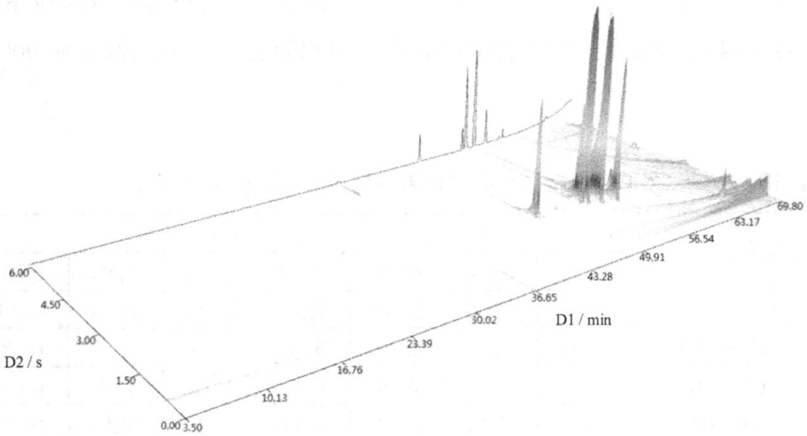

图 2-29　翅果油树籽油脂肪酸全二维 3D 色谱图

相较一维气质检测结果，全二维气质联用多检测到十四烷酸、十五烷酸、十七烯酸、二十一烷酸、二十二碳烷酸、EPA（二十碳五烯酸）以及二十四烷酸 7 种脂肪酸。从全二维的试验结果中我们发现，翅果油树籽油中检测到了 EPA 这种功能性脂肪酸，且翅果油树籽油中不饱和脂肪酸占比为 90%左右。有研究发现，增加 EPA 的吸收对治疗冠状动脉粥样硬化性心脏病、高血压和由自身免疫缺陷引起的炎症（如风湿性关节炎）有效，且对肺病、肾病、Ⅱ型糖尿病、大肠溃疡和阶段性回肠炎的治疗都会起到积极的作用。

表 2-19　全二维气质联用仪检测得到的翅果油树籽油脂肪酸种类及含量　　单位：mg/g

峰号	脂肪酸类别	含量	峰号	脂肪酸类别	含量
1	十四烷酸（C14∶0）	0.11	10	亚麻酸（C18∶3）	52.51
2	十五烷酸（C15∶0）	0.08	11	花生酸（C20∶0）	6.85
3	棕榈酸（C16∶0）	36.89	12	二十碳一烯酸（C20∶1）	11.22
4	棕榈油酸（C16∶1）	5.44	13	二十碳二烯酸（C20∶2）	5.40
5	十七烷酸（C17∶0）	5.53	14	二十一烷酸（C21∶0）	0.04
6	十七烯酸（C17∶1）	0.11	15	二十二碳烷酸（C22∶0）	0.31
7	硬脂酸（C18∶0）	30.85	16	EPA（C20∶5）	0.98
8	油酸（C18∶1）	286.53	17	二十四烷酸（C24∶0）	0.42
9	亚油酸（C18∶2）	374.57	—	—	—

（三）脂肪酸组分功能因子分析

不同产地、品种的翅果油树籽油脂肪酸检测结果表明（表 2-20），其（ω-6）/（ω-3）的比例为 6.81～8.28，均小于花生油和大豆油，而且比较接近 4∶1 的比例。翅果油树籽油油脂品质高于花生油的营养价值。相较于文冠果籽油与长柄扁桃籽油，翅果油树籽油的比例更小，营养价值更高，是补充优质脂肪酸的良好来源。

表 2-20　翅果油树籽油营养成分分析

脂肪酸类别		样品编号							
		CXS	CZS	CDS	CXH	CZH	CDH	CXS	CZS
ω-3 脂肪酸	α-亚麻酸/（mg/g）	54.96	54.76	52.78	60.59	54.02	56.44	42.84	43.56
ω-6 脂肪酸	亚油酸/（mg/g）	374.25	384.20	363.83	427.10	447.22	385.41	316.03	298.55
（ω-6）/（ω-3）		6.81	7.02	6.89	7.05	8.28	6.83	7.38	6.85

翅果油树籽油中含有较为少量的ω-7 脂肪酸（棕榈油酸），含量为 0.54～7.93 mg/g。

不同产地、品种的翅果油树籽油脂肪酸检测结果表明，其（ω-6）/（ω-3）的比例均小于花生油和大豆油，是补充优质脂肪酸的良好来源。从全二维的试验结果发现，翅果油树籽油中检测到了 EPA 这种功能性脂肪酸，又一次体现了全二维气质联用技术的优势。

四、紫斑牡丹/凤丹籽油

（一）一维气质联用仪测试

从图 2-30 和表 2-21 的结果可以看出，凤丹籽油中检测到 11 种脂肪酸，分别是十四烷酸、棕榈酸、棕榈油酸、十七烷酸、十七烯酸、硬脂酸、油酸、亚油酸、亚麻酸、花生酸、二十碳一烯酸；从图 2-31 和表 2-21 的结果可知，紫斑牡丹共检测到 15 种脂肪酸，分别是十四烷酸、棕榈酸、棕榈油酸、十七烷酸、十七烯酸、硬脂酸、油酸、亚油酸、亚麻酸、花生酸、二十碳一烯酸、二十碳二烯酸、二十二碳烷酸、芥酸和二十四烷酸。

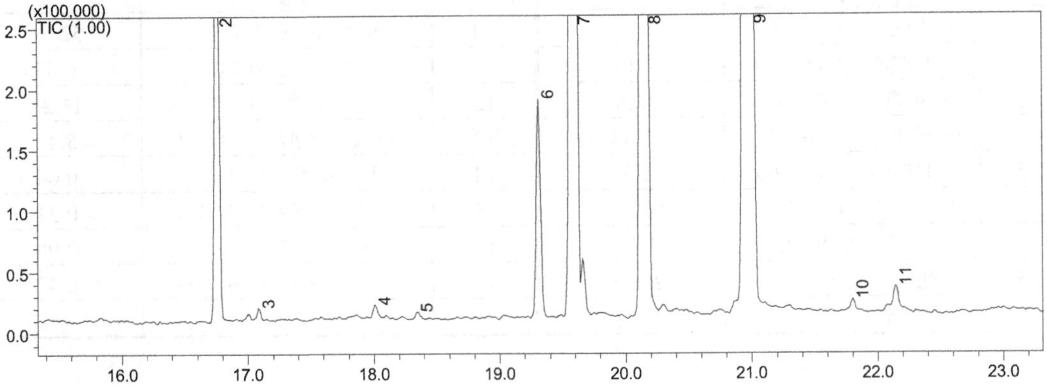

图 2-30　凤丹籽油脂肪酸一维 GC-MS 总离子流色谱图

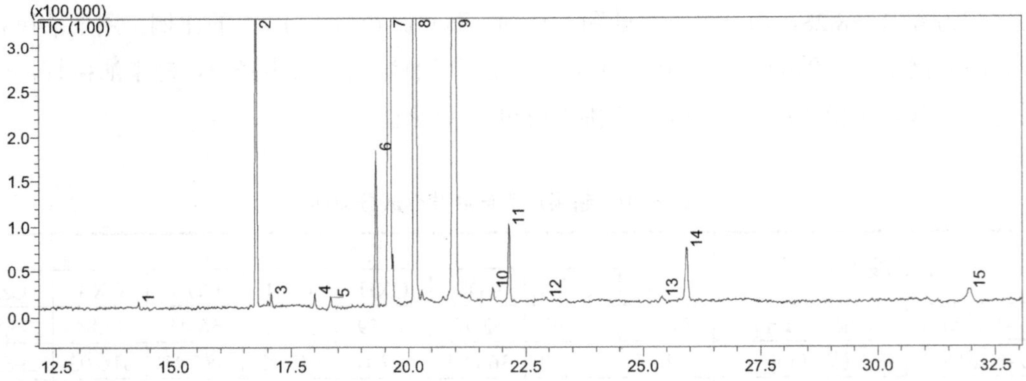

图 2-31　紫斑牡丹籽油脂肪酸一维 GC-MS 总离子流色谱图

油用牡丹籽油中所含脂肪酸的具体含量如表 2-21 所示，油用牡丹籽油脂肪酸以油酸、亚油酸、亚麻酸为主，油酸含量为 156.63～191.34 mg/g，亚油酸含量为 148.99～202.22 mg/g，亚麻酸含量为 231.53～293.55 mg/g。紫斑牡丹较凤丹多检测到 4 种脂肪酸，即二十碳二烯酸、二十二碳烷酸、芥酸、二十四烷酸。油用牡丹籽油不饱和脂肪酸含量为 87.54%～89.53%。但综合分析来看，四个产地、两个品种的油用牡丹籽油均含有大量的不饱和脂肪酸，油用牡丹是具有进一步开发利用价值的优质植物种子资源，具有较高的营养及经济价值。

表 2-21　一维气质联用仪检测油用牡丹籽油脂肪酸种类及含量　　单位：mg/g

峰号	脂肪酸类别	样品编号				
		MZG	MFG	MFN	MFS	MF9
1	十四烷酸（C14：0）	7.29	7.35	5.91	8.09	0.41
2	棕榈酸（C16：0）	41.42	40.28	43.14	45.64	48.79
3	棕榈油酸（C16：1）	7.66	7.57	6.12	8.14	0.92
4	十七烷酸（C17：0）	7.81	7.61	6.16	8.55	1.10
5	十七烯酸（C17：1）	7.95	7.37	6.05	7.93	0.88
6	硬脂酸（C18：0）	18.94	19.16	19.46	22.97	19.06
7	油酸（C18：1）	191.34	156.63	169.75	167.20	163.56
8	亚油酸（C18：2）	148.99	184.05	153.27	193.29	202.22
9	亚麻酸（C18：3）	287.90	260.52	293.55	273.98	231.53
10	花生酸（C20：0）	7.67	7.61	6.46	8.62	0.99
11	二十碳一烯酸（C20：1）	7.33	9.23	7.03	9.05	2.14
12	二十碳二烯酸（C20：2）	13.73	—	—	—	—
13	二十二碳烷酸（C22：0）	7.29	—	—	—	—
14	芥酸（C22：1）	14.61	—	—	—	—
15	二十四烷酸（C24：0）	10.05	—	—	—	—
不饱和脂肪酸含量		679.51	625.37	635.77	659.59	601.25
不饱和脂肪酸占比/%		87.12	88.41	88.68	87.54	89.53

（二）全二维气质联用仪测试

进一步对紫斑牡丹籽油进行全二维气质联用检测，检测结果如图 2-32、图 2-33 所示，紫斑牡丹籽油中共检测出 17 种脂肪酸。

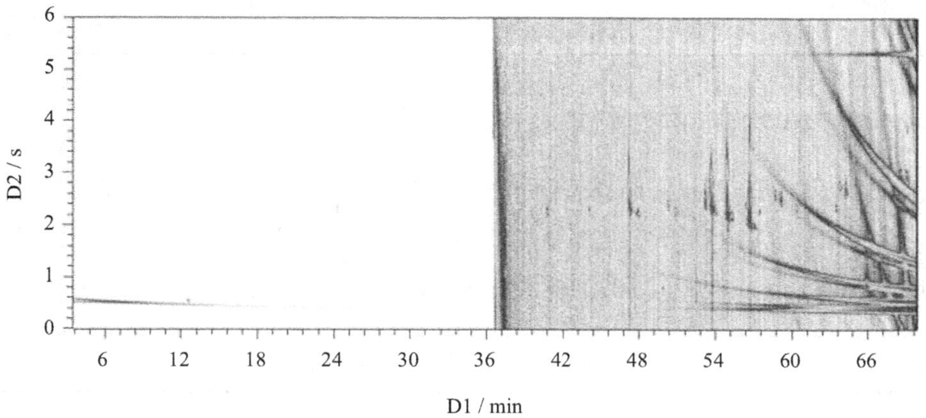

图 2-32　紫斑牡丹籽油脂肪酸全二维色谱轮廓图

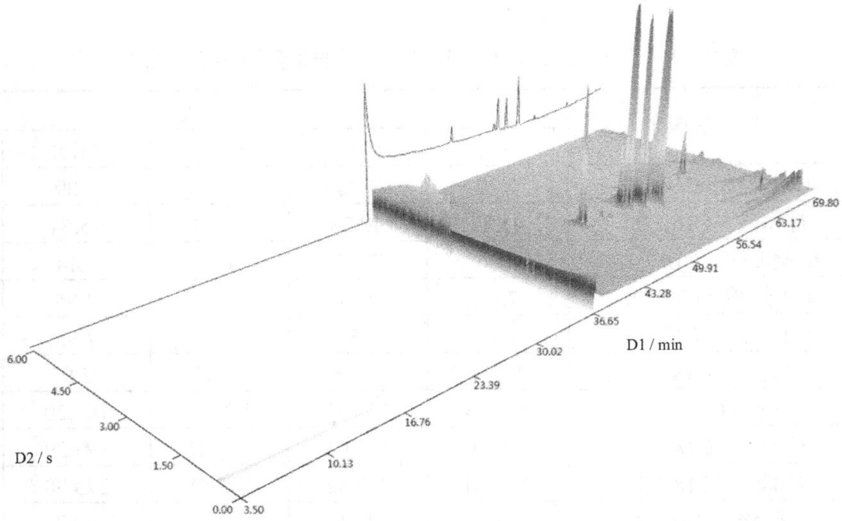

图 2-33　紫斑牡丹籽油脂肪酸全二维 3D 色谱图

对紫斑牡丹籽油的全二维气质检测结果进行了分析（表 2-22）。相较于一维气质检测结果，全二维多检测到了十五烷酸、二十四碳一烯酸（神经酸）两种脂肪酸。

表 2-22　全二维气质联用仪测试翅果油树籽油脂肪酸种类　　单位：mg/g

峰号	脂肪酸类别	含量	峰号	脂肪酸类别	含量
1	十四烷酸（C14：0）	5.81	10	亚麻酸（C18：3）	269.50
2	十五烷酸（C15：0）	0.22	11	花生酸（C20：0）	6.27
3	棕榈酸（C16：0）	43.85	12	二十碳一烯酸（C20：1）	7.33
4	棕榈油酸（C16：1）	6.08	13	二十碳二烯酸（C20：2）	13.73
5	十七烷酸（C17：0）	6.25	14	二十二碳烷酸（C22：0）	7.29
6	十七烯酸（C17：1）	6.04	15	芥酸（C22：1）	11.06
7	硬脂酸（C18：0）	19.92	16	二十四烷酸（C24：0）	0.21
8	油酸（C18：1）	169.70	17	二十四碳一烯酸（C24：1）	3.91
9	亚油酸（C18：2）	176.36	—	—	—

（三）脂肪酸组分功能因子分析

油用牡丹籽油脂肪酸检测结果表明（表 2-23），其（ω-6）/（ω-3）的比例明显小于花生油，为 0.52～0.87，是所有被测植物油脂中比例最小的油脂，油用牡丹籽油也是补充优质脂肪酸、调节（ω-6）/（ω-3）的最好来源。

表 2-23　油用牡丹籽油营养成分分析

脂肪酸类别		样品编号				
		MZG	MFG	MFN	MFS	MF9
ω-3 脂肪酸	α-亚麻酸/（mg/g）	287.90	260.52	293.55	273.98	231.53
ω-6 脂肪酸	亚油酸/（mg/g）	148.99	184.05	153.27	193.29	202.22
（ω-6）/（ω-3）		0.52	0.71	0.52	0.71	0.87

油用牡丹籽油中含有少量的ω-7 脂肪酸（棕榈油酸），含量为 0.92～8.14 mg/g。

五、油用灌木、油脂脂肪酸构成小结

由表 2-24 可知，文冠果籽油所检测到的脂肪酸种类最多，共 19 种脂肪酸。文冠果籽油中检测到了植物油中较为稀有的神经酸，且含量为 24.81～35.013 mg/g，含量较高，而长柄扁桃籽油中含有的脂肪酸种类最少为 15 种。翅果油树籽油与紫斑牡丹/凤丹籽油中都检测到 17 种脂肪酸。

表 2-24　植物油脂脂肪酸构成对比综合分析

样品类别	脂肪酸分析		功能因子分析	
	脂肪酸的种类	不饱和脂肪酸比例/%	（ω-6）/（ω-3）	ω-7/（mg/g）
文冠果籽油	19	87.07～90.00	23.63～45.41	0.22～7.63
长柄扁桃籽油	15	93	9.68～23.84	8.53～9.21
翅果油树籽油	17	90	6.81～8.28	0.54～7.93
紫斑牡丹/凤丹籽油	17	87.54～89.53	0.52～0.87	0.92～8.14

在营养价值较高的不饱和脂肪酸方面，长柄扁桃籽油中不饱和脂肪酸比例最高，高达93%。其他植物油不饱和脂肪酸的比例也较为可观，文冠果籽油中不饱和脂肪酸比例为87.07%～90.00%，翅果油树籽油中不饱和脂肪酸比例在 90%左右，紫斑牡丹/凤丹籽油中的不饱和脂肪酸比例为 87.54%～89.53%。可见长柄扁桃籽油、文冠果籽油、翅果油树籽油以及紫斑牡丹/凤丹籽油都是富含不饱和脂肪酸的植物，因此有十分广阔的发展前景。

按照“ω健康理论”，油用牡丹籽油（ω-6）/（ω-3）为 0.52～0.87，为脂肪酸配比最好的油脂；翅果油树籽油（ω-6）/（ω-3）为 6.81～8.28，可以使人体代谢得到较好保障；文冠果籽油（ω-6）/（ω-3）为 23.63～45.41，长柄扁桃籽油（ω-6）/（ω-3）为 9.68～23.84，虽不如油用牡丹籽油脂肪酸的营养价值高，但也是补充ω-3 系脂肪酸良好的食品来源。

4 类油用灌木果实籽油均含有ω-7 脂肪酸（棕榈油酸），含量从高到低依次为：长柄扁桃籽油 8.53～9.21 mg/g，紫斑牡丹/凤丹籽油 0.92～8.14 mg/g，翅果油树籽油 0.54～7.93 mg/g，文冠果籽油 0.22～7.63 mg/g。但是长柄扁桃籽油中脂肪酸种类更少，且功能性脂肪酸在种类和含量上均少于文冠果籽油，在仅考虑脂肪酸的前提下，文冠果籽油营养价值更高。

油用牡丹籽油脂肪酸检测结果表明，其（ω-6）/（ω-3）均小于花生油和大豆油，且明显小于花生油，为 0.52～0.87，是所有被测植物油脂中比例最小的油脂，油用牡丹籽油也是补充优质脂肪酸的最好来源。

第三节　油脂甾醇组分构成

植物甾醇属于三萜烯家族化合物，广泛存在于植物性食物中，尤其在谷物和油料作物的种子中含量最为丰富。植物甾醇具有营养价值高、生理活性强等特点，可降低胆固醇以减少患心血管病的风险。其广泛应用于食品、医药、化妆品、动物生长剂生产及纸张加工、印刷、纺织等领域。植物甾醇具有良好的抗氧化性，可作食品添加剂（抗氧化剂、营养添加剂），也可作为动物生长剂原料，促进动物生长，增进动物健康水平。

本试验首次对不同地区的翅果油树、文冠果、紫斑牡丹/凤丹、长柄扁桃这 4 类黄土高原油料植物种仁的油脂进行甾醇种类与含量的对比分析研究，对测试数据进行统计分析，为后期高级油用类植物甾醇物质在降低血清胆固醇水平、抗高脂血症、预防心脑血管疾病、抗癌、抗炎和免疫调节等方面研究，提供强有力的理论支撑，并为植物甾醇在食品、药品和化妆品等领域的开发和应用提供理论依据和科学指导。

（1）试验材料。

原料：同第二章第一节。

试验试剂：正己烷、氢氧化钾、乙醇、5α-胆甾烷、硅烷化试剂。以上试剂均为分析纯，水为双蒸水。

试验设备：日本岛津 GCMS-QP2010Ultra 气质联用仪；RE-201D 旋转蒸发仪，郑州市亚荣仪器有限公司；电子天平，赛多利斯仪器（北京）有限公司；美国 Restek 非极性 Rtx-5MS 柱（30 m×0.25 mm，涂层厚度 0.25 μm）；离心机；氮吹仪；水浴锅。

（2）试验方法：本试验采用气质联用法，对 4 类黄土高原油料植物种仁的油脂进行甾醇种类与含量的对比研究，对测试数据进行统计分析，具体步骤如下。

1）油脂甾醇提取制备：如图 2-34 所示，取 2 滴油脂放入 10 mL 离心管中，加入 KOH-95% 乙醇溶液，旋涡振荡混匀后，水浴皂化 30 min。冷却后加入正己烷，4 000 r/min 离心 5 min，提取上层正己烷相放入 10 mL 离心管中。氮吹干正己烷相萃取液后，加入硅烷化试剂，硅烷化 45 min 后，氮吹干硅烷化试剂，加入 1.5 mL 正己烷定容反复振荡后，8 000× *g* 离心 10 min 取上清液作为测试样品。

2）油脂甾醇测定。

GC 条件：Rtx-5MS 毛细管柱（30 m×0.25 mm×0.25 μm）；柱温箱升温程序：初温 60℃保持 2 min，然后以 20℃/min 的速率升至 280℃，保持 27 min。载气为氦气，流速 1 mL/min，进样量 1 μL，进样口温度为 280℃，分流比为 1∶30。

MS 条件：EI 离子源，电子能为 70 eV，离子源温度为 200℃，接口温度为 230℃，质量扫描 *m/z* 50～500。试验情景如图 2-35 所示。

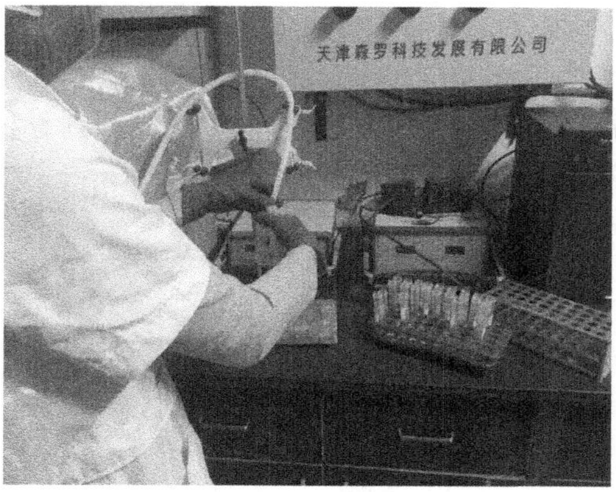

（A）油脂中加入 KOH-95%乙醇溶液

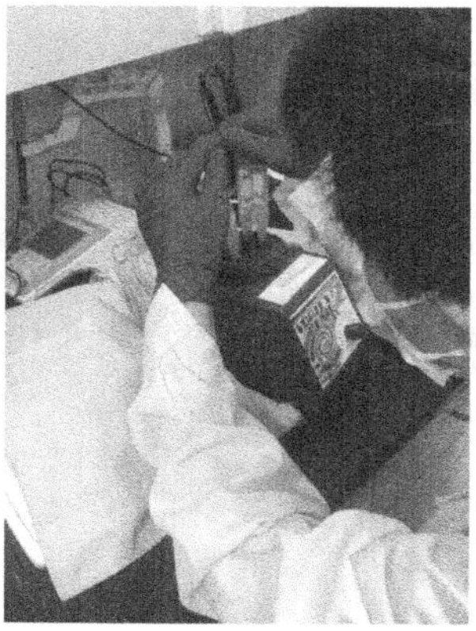

（B）旋涡振荡混匀

（C）水浴皂化后冷却

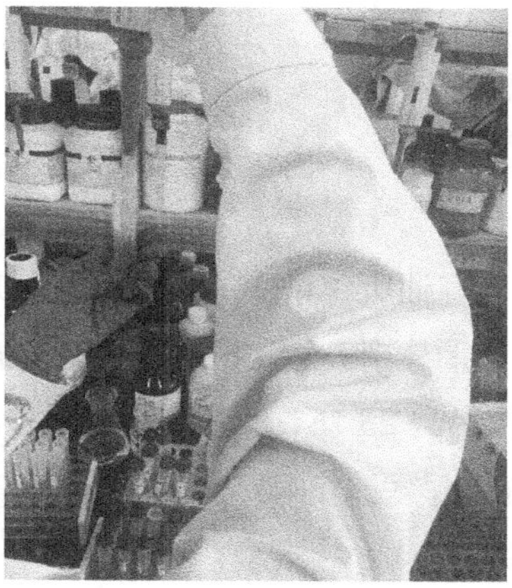

（D）添加硅烷化试剂

图 2-34　甾醇提取

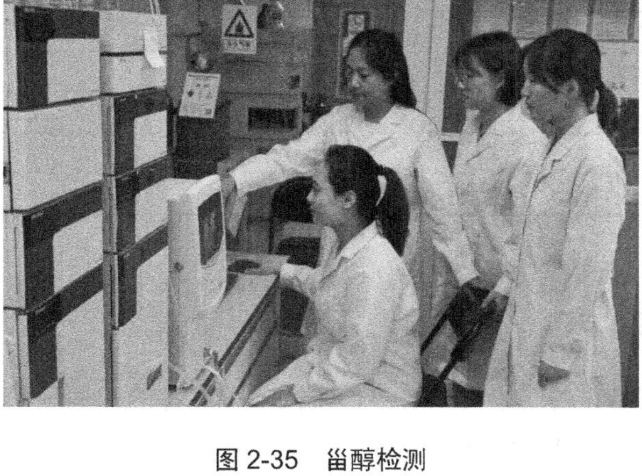

图 2-35　甾醇检测

一、文冠果籽油

从图 2-36 和表 2-25 的结果可以看出，不同品种文冠果籽油中均检测到 6 种甾醇，分别是麦角甾醇、豆甾醇、β-谷甾醇、Δ5-燕麦甾醇、环桉烯醇以及菜油甾醇。

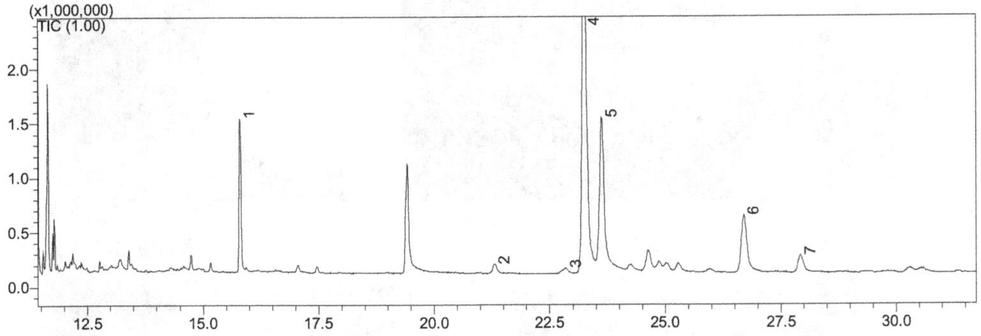

图 2-36　文冠果籽油甾醇一维 GC-MS 总离子流色谱图

文冠果籽油所含甾醇的具体含量如表 2-25 所示，文冠果籽油以β-谷甾醇、Δ5-燕麦甾醇为主，含量分别高达 140.43～142.63 mg/100 g 和 59.26～60.92 mg/100 g。其他甾醇的含量为：环桉烯醇 25.76～31.61 mg/100 g，菜油甾醇 10.91～13.84 mg/100 g，麦角甾醇 4.28～5.38 mg/100 g，豆甾醇 2.83～3.12 mg/100 g，合计 249.45～251.52 mg/100 g。

表 2-25　一维气质联用仪检测得到的文冠果籽油甾醇的种类及含量　　单位：mg/100 g

峰号	甾醇类别	样品编号	
		WN	WG
2	麦角甾醇	4.28	5.38
3	豆甾醇	2.83	3.12
4	β-谷甾醇	142.63	140.43
5	Δ5-燕麦甾醇	59.26	60.92
6	环桉烯醇	31.61	25.76
7	菜油甾醇	10.91	13.84
合计		251.52	249.45

二、长柄扁桃籽油

从图 2-37 和表 2-26 的结果可以看出，不同立地条件的长柄扁桃籽油中均检测到 5 种甾醇，分别是麦角甾醇、β-谷甾醇、Δ5-燕麦甾醇、环桉烯醇以及菜油甾醇。

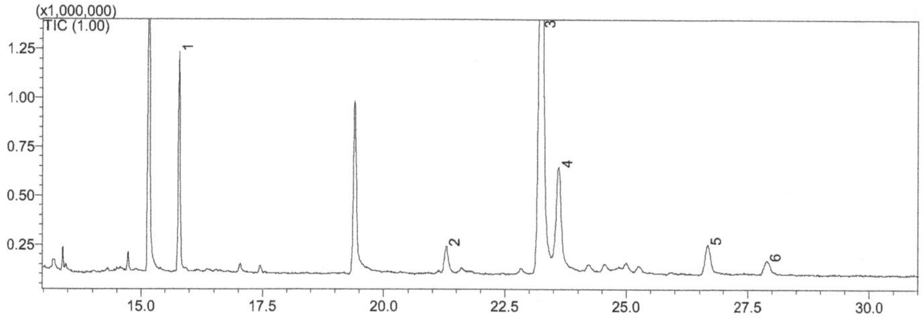

图 2-37　长柄扁桃籽油甾醇一维 GC-MS 总离子流色谱图

长柄扁桃籽油所含甾醇的具体含量如表 2-26 所示，长柄扁桃籽油以β-谷甾醇为主，含量为 116.40～151.40 mg/100 g。其他甾醇的含量为：Δ5-燕麦甾醇 28.06～29.99 mg/100 g，环桉烯醇 8.49～13.02 mg/100 g，菜油甾醇 7.48～7.68 mg/100 g，麦角甾醇 3.98～10.19 mg/100 g，合计 164.53～212.28 mg/100 g。在不同产地条件下生长的长柄扁桃籽油在甾醇的含量上存在差异，产生这些差异的主要原因是长柄扁桃在生长过程中为适应不同环境，产生了一定的差异。

表 2-26　一维气质联用仪检测得到的长柄扁桃籽油甾醇的种类及含量　　单位：mg/100 g

峰号	甾醇类别	样品编号		
		BQX	BSX	BTX
2	麦角甾醇	3.98	10.19	6.17
3	β-谷甾醇	116.40	151.40	122.95
4	Δ5-燕麦甾醇	28.18	29.99	28.06
5	环桉烯醇	8.49	13.02	9.21
6	菜油甾醇	7.48	7.68	7.48
合计		164.53	212.28	173.87

三、翅果油树籽油

从图 2-38 和表 2-27 的结果可以看出，不同产地、品种的翅果油树籽油中均检测到 6 种甾醇，分别是麦角甾醇、β-谷甾醇、Δ5-燕麦甾醇、环蒿烯醇、环桉烯醇以及菜油甾醇。

翅果油树籽油所含甾醇的具体含量如表 2-27 所示，翅果油树籽油以β-谷甾醇为主，含量为 103.91～178.75 mg/100 g。其他甾醇含量如下：Δ5-燕麦甾醇 17.13～26.60 mg/100 g，环蒿烯醇 11.99～16.94 mg/100 g，环桉烯醇 11.11～20.60 mg/100 g，菜油甾醇 5.55～12.93 mg/100 g 以及麦角甾醇 3.56～6.85 mg/100 g，合计 161.50～253.20 mg/100 g。

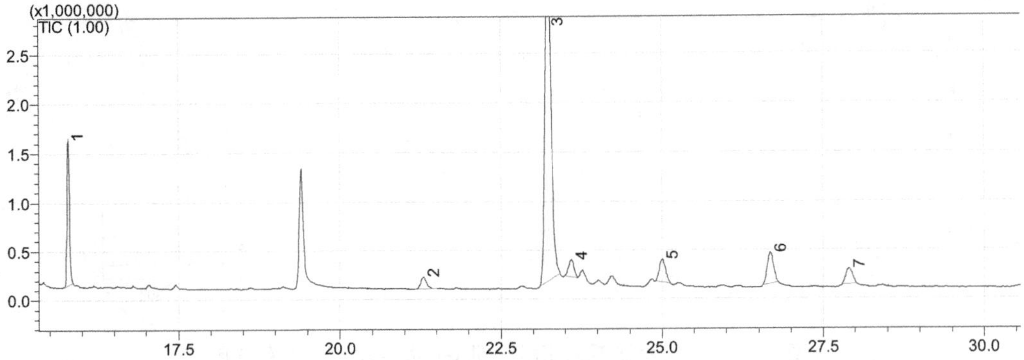

图 2-38　翅果油树籽油甾醇一维 GC-MS 总离子流色谱图

表 2-27　一维气质联用仪检测得到的翅果油树籽油甾醇的种类及含量　　单位：mg/100 g

峰号	甾醇类别	样品编号					
		CXS	CZS	CDS	CXH	CZH	CDH
2	麦角甾醇	4.87	4.19	4.35	6.85	4.62	3.56
3	β-谷甾醇	118.55	103.91	114.44	178.75	115.33	112.48
4	Δ5-燕麦甾醇	24.49	24.75	26.29	17.13	26.60	21.29
5	环蒿烯醇	13.05	11.99	12.90	16.94	13.83	14.24
6	环桉烯醇	11.38	11.11	12.11	20.60	15.53	12.95
7	菜油甾醇	5.88	5.55	6.17	12.93	9.16	11.40
合计		178.22	161.50	176.26	253.20	185.07	175.92

四、油用牡丹籽油

凤丹籽油与紫斑牡丹籽油中均检测到 6 种甾醇，分别为麦角甾醇、豆甾醇、β-谷甾醇、Δ5-燕麦甾醇、环桉烯醇以及菜油甾醇。图 2-39 和表 2-28 是紫斑牡丹籽油的测定结果。

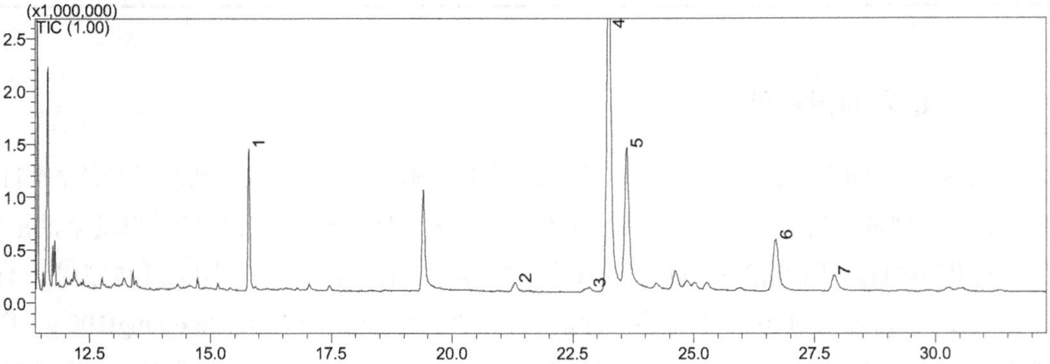

图 2-39　紫斑牡丹籽油一维 GC-MS 总离子流色谱图

紫斑牡丹籽油所含甾醇的具体含量如表 2-28 所示，紫斑牡丹籽油以β-谷甾醇、Δ5-燕麦甾醇为主，含量分别为 99.46～154.03 mg/100 g、24.70～67.11 mg/100 g。其他甾醇的含量为：环桉烯醇 18.03～32.86 mg/100 g、菜油甾醇 6.58～11.82 mg/100 g、麦角甾醇 3.70～6.22 mg/100 g、豆甾醇 0.59～3.53 mg/100 g，合计 155.58～262.31 mg/100 g。综合分析来看，四产地、两品种的油用牡丹籽油均含有大量的甾醇，其中，紫斑牡丹籽油所含的甾醇含量明显低于凤丹籽油。凤丹是提取植物甾醇较好的油用牡丹品种，具有较高的营养价值及经济价值。

表 2-28　一维气质联用仪检测得到的紫斑牡丹籽油甾醇种类及含量　　单位：mg/100 g

峰号	甾醇类别	样品编号			
		MFG	MFS	MFN	MZG
2	麦角甾醇	4.51	3.70	4.18	6.22
3	豆甾醇	3.53	3.03	0.75	0.59
4	β-谷甾醇	154.03	135.95	148.36	99.46
5	Δ5-燕麦甾醇	67.11	64.87	64.34	24.70
6	环桉烯醇	22.41	24.58	32.86	18.03
7	菜油甾醇	7.58	7.92	11.82	6.58
合计		259.17	240.05	262.31	155.58

五、油脂甾醇组分构成小结

4 类籽油的甾醇构成对比如表 2-29 所示。对于不同地区的文冠果、长柄扁桃、翅果油树、紫斑牡丹/凤丹这 4 类 5 种黄土高原油料植物种仁的油脂进行甾醇种类与含量的对比分析研究，发现文冠果籽油的总甾醇含量值最高，为 249.45～251.52 mg/100 g，而长柄扁桃籽油的总甾醇含量最低，为 164.53～212.28 mg/100 g，翅果油树籽油的总甾醇含量为 161.50～253.20 mg/100 g，紫斑牡丹/凤丹籽油的总甾醇含量为 155.58～262.31 mg/100 g。

表 2-29　不同植物籽油中所含的甾醇种类及含量　　单位：mg/100 g

甾醇类别	文冠果	长柄扁桃	翅果油树	紫斑牡丹/凤丹
麦角甾醇	4.28～5.38	3.98～10.19	3.56～6.85	3.70～6.22
豆甾醇	2.83～3.12	—	—	0.59～3.53
β-谷甾醇	140.43～142.63	116.40～151.40	103.91～178.75	99.46～154.03
Δ5-燕麦甾醇	59.26～60.92	28.06～29.99	17.13～26.60	24.70～67.11
环桉烯醇	25.76～31.61	8.49～13.02	11.11～20.60	18.03～32.86
菜油甾醇	10.91～13.84	7.48～7.68	5.55～12.93	6.58～11.82
环蒿烯醇	—	—	11.99～16.94	—
合计	249.45～251.52	164.53～212.28	161.50～253.20	155.58～262.31

植物甾醇通常存在于各种植物种子（如坚果）中，也存在于其他豆类、蔬菜、水果等植物性食物中。几乎所有植物种子的油脂中都含有植物甾醇，玉米胚芽油（1 032.10 mg/100 g）、花生油（245.10 mg/100 g）和大豆油（307.30 mg/100 g）等植物油中植物甾醇含量较多。与这些常见的油料作物相比，表 2-29 中的 4 类高级油用类植物油的甾醇含量均十分可观。

植物油通常被认为是植物甾醇的关键来源，因为它们的含量通常比蔬菜和水果高。本书研究的 4 类植物籽油中均含有麦角甾醇、β-谷甾醇、Δ5-燕麦甾醇、环桉烯醇以及菜油甾醇，其中含量较多的是β-谷甾醇，它有降低胆固醇、止咳、祛痰、抑制肿瘤和修复组织等作用，也可用于Ⅱ型高脂蛋白血症、冠状动脉粥样硬化症、慢性气管炎、早期子宫颈癌及皮肤溃疡等病症的治疗。麦角甾醇的含量最少，但是它具有独特的生理作用，被广泛应用于药物的开发领域。麦角甾醇是细胞膜的重要组成部分，并且在确保细胞活力、膜完整性和流动性、膜结合酶活性和细胞物质运输中起重要作用。此外，麦角甾醇可增强人体抵抗力，是脂溶性维生素 D_2 的重要来源，并且有明显的抗菌和抗肿瘤作用。

文冠果籽油与油用牡丹籽油中的甾醇以β-谷甾醇与Δ5-燕麦甾醇为主。Δ5-燕麦甾醇具有抗氧化能力，可以阻止不饱和脂肪酸在高温加热条件下发生氧化降解。此外，并非所有甾醇都能在 4 类籽油中检测到，如长柄扁桃籽油和翅果油树籽油中不含有豆甾醇，而环蒿烯醇仅在翅果油树籽油中存在。

植物甾醇研究开发在国外已得到迅速发展，各种新产品不断问世，而我国在该领域研究开发仍较滞后。随着人们对植物甾醇生理功能和药理效果认识的深入和高新技术的发展，植物甾醇开发和利用将成为研究热点，且我国有丰富的油料作物、木浆下脚料及中草药等植物甾醇资源可供开发，因此，我国植物甾醇的开发前景非常广阔。

第四节　油脂角鲨烯

角鲨烯是一种在人体胆固醇合成等代谢过程中产生的多不饱和烃类，含有 6 个异戊二烯双键，属于萜类化合物，很多食物中含有角鲨烯。近些年有多项研究指出摄入角鲨烯具有耐缺氧的功效，角鲨烯也是国内市场上应用较为广泛的耐缺氧类保健食品功效成分。研究表明，角鲨烯的抗氧化能力强于皮肤中的其他脂类分子，除了抗氧化外，角鲨烯（及其衍生物角鲨烷）还有润肤、保湿等功效。角鲨烯在化妆品标准配方中很容易乳化，还可应用于食品机械设备中润滑剂、杀虫剂、衣物护理剂、铅笔芯稳定剂等的研制。

由于角鲨烯是一种不皂化物，因此皂化法是常用的前处理方法，但该法操作步骤烦琐，耗时长，会消耗大量有机溶剂，而角鲨烯本身化学性质较为活泼，在光照和高温条件下容易发生氧化降解，会增加一定的分析检测难度。植物油中的主要成分脂肪酸、甘油三酯、甾醇、V_E、色素等高沸点的化合物会影响角鲨烯的峰形，对角鲨烯分析系统的污染会比较明显。气相色谱-串联质谱仪（gas chromatography-tandem mass，GC-MS/MS）具有较高的灵敏度和选择性，相对于其他仪器检测方法，气质联用法具有重现性好、灵敏度高、峰形尖锐干扰少、定量准确的优点。但目前 GC-MS/MS 测定植物油中角鲨烯的含量的研究相对较少。

目前，常利用液液萃取法提取植物油中角鲨烯并利用外标法定量，但是由于液液萃取的前处理方法操作较为烦琐，难免会有所损失。针对以上问题，本试验首次利用内标法对不同地区的翅果油树、文冠果、紫斑牡丹/凤丹、长柄扁桃这 4 类黄土高原油料植物种仁的油脂，进行角鲨烯含量综合对比分析，为科学评价高级油用类植物油脂中营养成分提供技术支撑。

（1）试验材料。

原料：同第二章第一节。

试验试剂：角鲨烷标准品、角鲨烯标准品、正己烷、氢氧化钾、乙醇，以上试剂均为分析纯，水为双蒸水。

试验设备：RE-201D 旋转蒸发仪，郑州市亚荣仪器有限公司；日本岛津 GCMS-2010 气相色谱仪。

（2）试验方法：本试验利用气相色谱仪，采用内标法对不同地区的翅果油树、文冠果、紫斑牡丹/凤丹、长柄扁桃这 4 类黄土高原油料植物种仁的油脂，进行角鲨烯含量综合对比分析。

1）角鲨烯提取制备：称取 2.0 g 油脂于烧瓶中，加入 50 mL KOH-乙醇后，80℃回流 50 min，结束后加入 50 mL 蒸馏水，然后将烧瓶中的液体转移至分液漏斗中，用 50 mL 正己烷洗涤烧瓶，静置分层后将下层液体再分别用正己烷萃取 2 次，合并萃取液后用乙醇溶液洗涤正己烷萃取液，每次弃去下层的乙醇水溶液，将洗涤至中性的正己烷萃取液移至旋转蒸发仪蒸干溶剂，最后用正己烷重新溶解并定容，待测。

2）角鲨烯测定：

GC 条件：Rtx-5MS 毛细管柱（30 m×0.25 mm×0.25 μm）。柱温箱升温程序：初温 160℃保持 1 min，然后以 15℃/min 的速率升至 220℃，保持 2 min；再以 5℃/min 的速率升至 280℃，并保持 25 min。载气为氦气，流速 1 mL/min，进样量 1 μL，进样口温度为 280℃，分流比为 1∶20。

FID 检测器条件：温度 280℃，氢气流速 60 mL/min，空气流速 400 mL/min，尾吹气流速 30 mL/min。

从图 2-40 的结果可以看出，4 类植物油脂中均可以检测到角鲨烯，但是含量却有明显差异。

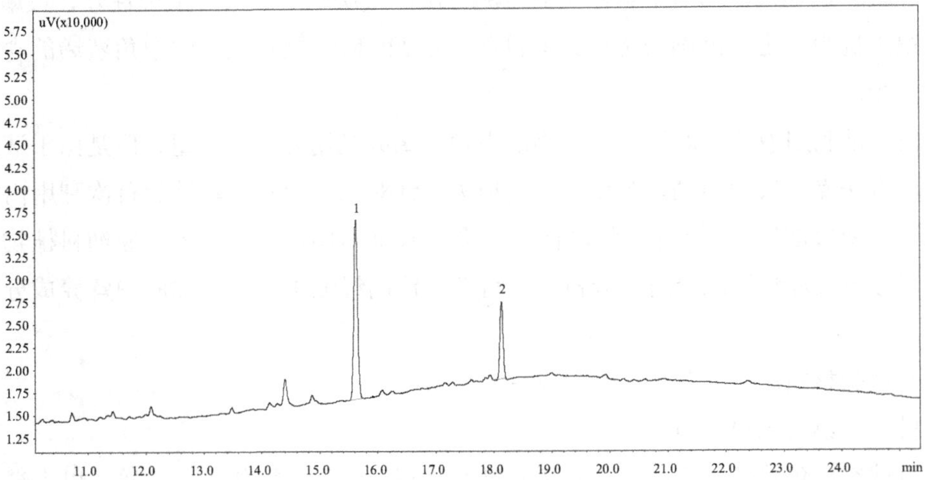

（A）文冠果籽油

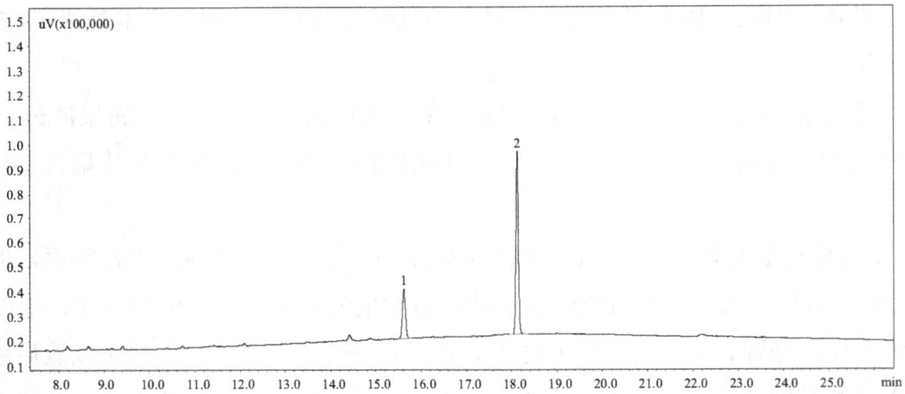

（B）长柄扁桃籽油

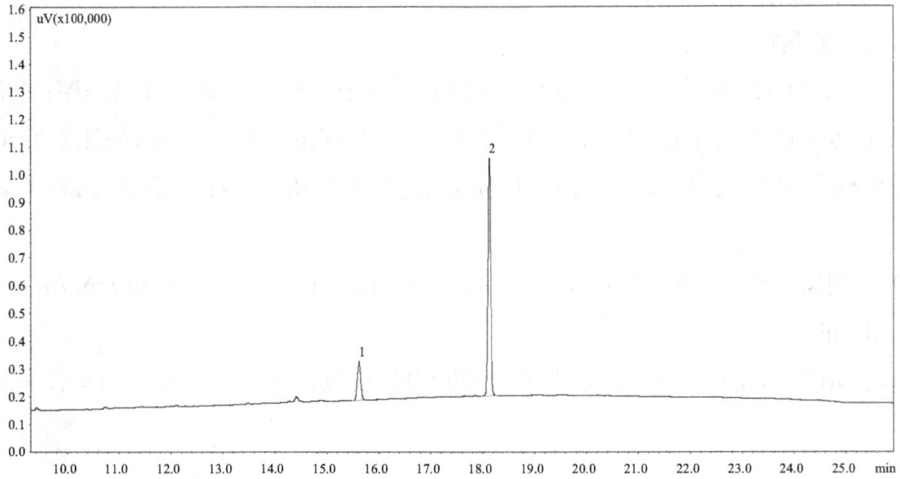

（C）翅果油树籽油

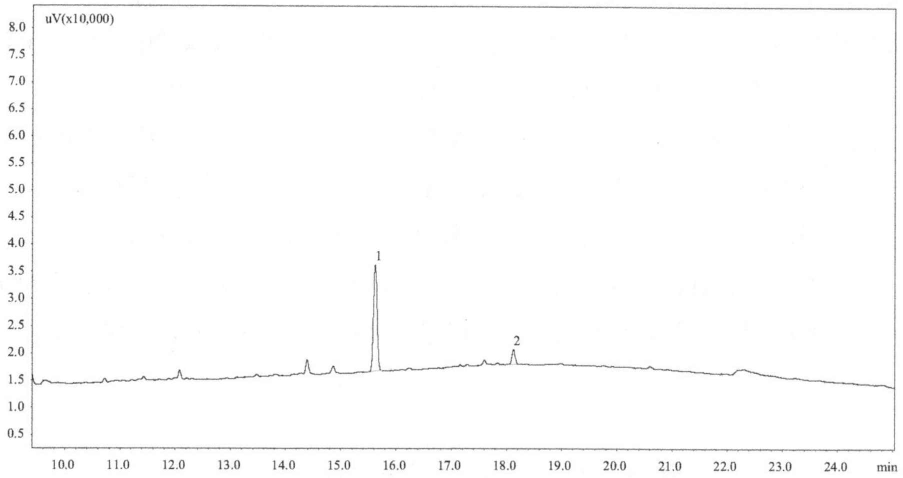

（D）紫斑牡丹/凤丹籽油

图 2-40　4 类植物籽油角鲨烯气相色谱图

如表 2-30 所示，翅果油树籽油中的角鲨烯含量最高，为 94.24～146.06 mg/100 g，紫斑牡丹/凤丹籽油中角鲨烯含量最低，为 1.91～9.00 mg/100 g。长柄扁桃籽油中角鲨烯含量为 73.71～87.60 mg/100 g，文冠果籽油中角鲨烯含量为 9.81～10.90 mg/100 g。

表 2-30　检测得到的 4 类植物籽油角鲨烯种类及含量　　单位：mg/100 g

样品编号	角鲨烯含量	样品编号	角鲨烯含量	样品编号	角鲨烯含量
CXH	146.06	CZS	114.88	MFS	3.04
CDH	123.68	BQX	73.71	MFN	1.91
CDS	104.01	BSX	87.60	MZG	9.00
CXS	106.95	BTX	79.88	WG	9.81
CZH	94.24	MFG	2.86	WN	10.90

如表 2-31 所示，4 类植物籽油中，所含角鲨烯含量从高到低依次是翅果油树籽油、长柄扁桃籽油、文冠果籽油、紫斑牡丹/凤丹籽油。翅果油树籽油可作为角鲨烯提取效果较好的植物来源，另外，长柄扁桃籽油中角鲨烯含量也十分可观。

表 2-31　4 类植物籽油角鲨烯含量对比　　单位：mg/100 g

籽油类别	角鲨烯含量
文冠果籽油	9.81～10.90
长柄扁桃籽油	73.73～87.60
翅果油树籽油	94.24～146.06
紫斑牡丹/凤丹籽油	1.91～9.00

角鲨烯广泛存在于动植物及微生物体内，因其具有较强的生物活性而被广泛应用于食品及化妆品等领域。但角鲨烯还未被明确列入食品添加剂的国家标准中，且因角鲨烯存在易氧化、水溶性差等不足，极大地限制了其在食品、化妆品等行业中的应用。从来源来看，动物来源的角鲨烯的获得需要大量捕杀以鲨鱼为主的深海鱼类。随着生态保护意识的增强，鲨鱼肝油来源的角鲨烯会越来越少。利用微生物代谢调控发酵生产角鲨烯是一个方向，但目前产量较低，存在生产用菌株、工程菌株获得较难等诸多技术难题，还无法达到产业化水平。自 1935 年 Thorbjarnarson 等首次在橄榄油中发现角鲨烯开始，人们逐渐重视植物来源的角鲨烯的研究与开发，因此开发植物资源的角鲨烯，必将成为解决角鲨烯来源的有效途径。

第五节　油脂生育酚组分构成

生育酚为 V_E 的水解产物，天然的生育酚都是 *D*-生育酚（右旋型），它有α、β、γ、δ 等 8 种同分异构体，其中α-生育酚的活性最强。作为抗氧化剂使用的生育酚混合浓缩物，是天然生育酚的各种同分异构体的混合物。生育酚是大量生产的天然脂溶性抗氧化剂，在全脂乳粉、奶油或人造奶油、肉制品、水产加工品、脱水蔬菜、果汁饮料、冷冻食品及方便食品等食品的生产中具有广泛的应用，另外，生育酚作为婴儿食品、强化食品等的抗氧化剂和营养强化剂具有重要的意义。

目前，已报道的生育酚含量测定方法主要有气相色谱法、液相色谱法、合相色谱法、气相色谱-串联质谱法、毛细管电泳法和电化学法等。其中，毛细管电泳法和电化学法虽然操作简单，分析时间短，但只能测量生育酚的总量，无法区分各生育酚单体。而气相色谱法及气相色谱-串联质谱法的结果准确，稳定可靠，但对于分子结构相似的β-生育酚、γ-生育酚却很难分离。合相色谱是一个新型色谱，具有较高的分离效率，但测定仪器价格昂贵，在行业中尚未普及。目前生育酚的检测方法以液相色谱法为主。

生育酚的检测方法虽已有诸多报道，但对于高级油用类植物油脂中生育酚的研究鲜有报道。本试验首次对于不同地区的翅果油树、文冠果、紫斑牡丹/凤丹、长柄扁桃 4 类黄土高原油料植物种仁的油脂进行生育酚种类与含量的对比分析研究，采用液相色谱法进行生育酚测定，为进一步开发黄土高原油料作物资源提供了一定的数据支持和科学依据。

（1）试验材料。

原料：同第二章第一节。

试验试剂：乙醚、甲醇，以上试剂均为分析纯。水为双蒸水。

试验设备：日本岛津 LC-20AT 液相色谱仪；RP-C18 色谱柱。

（2）试验方法：本试验采用液相色谱法对不同地区的翅果油树、文冠果、紫斑牡丹/凤丹、长柄扁桃 4 类黄土高原油料植物种仁的油脂进行生育酚种类与含量的对比分析研究。

1）油样的处理：称取 0.2 g 油脂，加入乙醚定容至 1 mL，用 HPLC 测定。

2）生育酚测试方法：使用 RP-C18 色谱柱对生育酚进行分离，流动相为甲醇/水。紫外波长设定为 296 nm。

一、文冠果籽油

如图 2-41 和表 2-32 所示，在不同产地的文冠果籽油中均检测到 3 种生育酚，分别是δ-生育酚、γ-生育酚和α-生育酚。

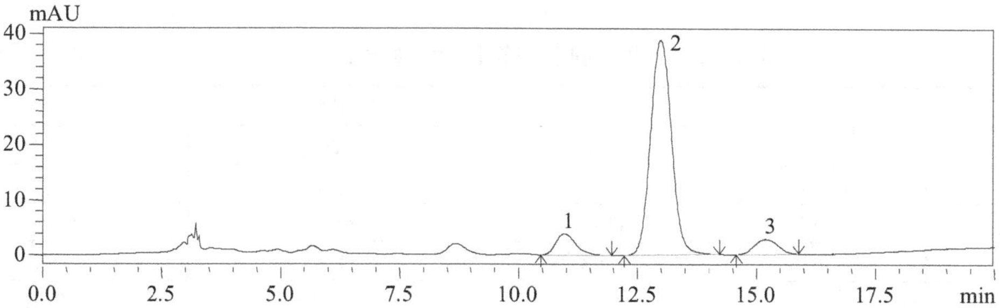

图 2-41　文冠果籽油生育酚液相色谱图

由表 2-32 可知，3 种生育酚的含量由高到低依次为：γ-生育酚 35.41～43.84 mg/100 g、α-生育酚 4.77～9.02 mg/100 g、δ-生育酚 3.92～5.57 mg/100 g，总计 44.10～58.43 mg/100 g。不同产地条件的文冠果籽油在生育酚的含量上存在差异，产生这些差异的主要原因是文冠果在生长过程中为适应不同环境，产生了一定的差异。

表 2-32　文冠果籽油生育酚种类及含量　　单位：mg/100 g

峰号	生育酚名称	样品编号	
		WG	WN
1	δ-生育酚	3.92	5.57
2	γ-生育酚	35.41	43.84
3	α-生育酚	4.77	9.02
合计		44.10	58.43

二、长柄扁桃籽油

由图 2-42 和表 2-33 可知，在不同产地的长柄扁桃籽油中均检测到 3 种生育酚，分别是δ-生育酚、γ-生育酚和α-生育酚。由表 2-33 可知，3 种生育酚含量由高到低依次为：γ-生育酚 62.97～66.53 mg/100 g、δ-生育酚 2.36～3.92 mg/100 g、α-生育酚 1.63～1.81 mg/100 g，总计 67.01～71.19 mg/100 g。

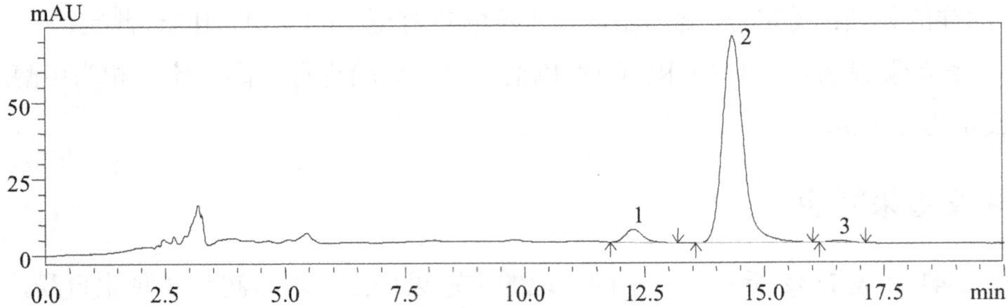

图 2-42 长柄扁桃籽油生育酚液相色谱图

表 2-33 长柄扁桃籽油生育酚种类及含量 单位：mg/100 g

峰号	生育酚名称	样品编号		
		BSX	BTX	BQX
1	δ-生育酚	3.92	2.85	2.36
2	γ-生育酚	63.02	66.53	62.97
3	α-生育酚	1.63	1.81	1.68
合计		68.57	71.19	67.01

三、翅果油树籽油

在不同产地的翅果油树籽油中均检测到 3 种生育酚，如图 2-43 所示，分别是δ-生育酚、γ-生育酚和α-生育酚。

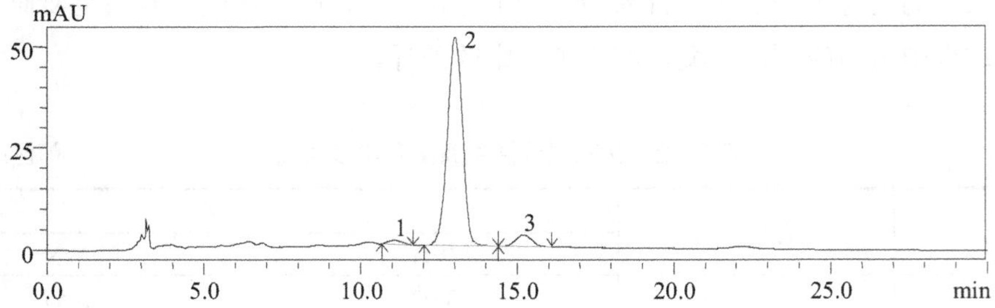

图 2-43 翅果油树籽油生育酚液相色谱图

由表 2-34 可知，3 种生育酚的含量由高到低依次为：γ-生育酚 71.01～109.51 mg/100 g、α-生育酚 7.31～24.77 mg/100 g、δ-生育酚 1.51～2.46 mg/100 g，总计 80.12～119.48 mg/100 g。

表 2-34 翅果油树籽油生育酚种类及含量 单位：mg/100 g

峰号	生育酚名称	样品编号					
		CXS	CZS	CDS	CXH	CZH	CDH
1	δ-生育酚	1.75	1.80	1.70	1.51	2.13	2.46
2	γ-生育酚	75.91	71.01	87.78	77.00	85.25	109.51
3	α-生育酚	7.61	7.31	9.11	24.77	13.71	7.51
合计		85.27	80.12	98.59	103.28	101.09	119.48

四、油用牡丹籽油

由图 2-44 和表 2-35 可以看出，在不同产地的油用牡丹籽油中均检测到 3 种生育酚，分别是δ-生育酚、γ-生育酚和α-生育酚。

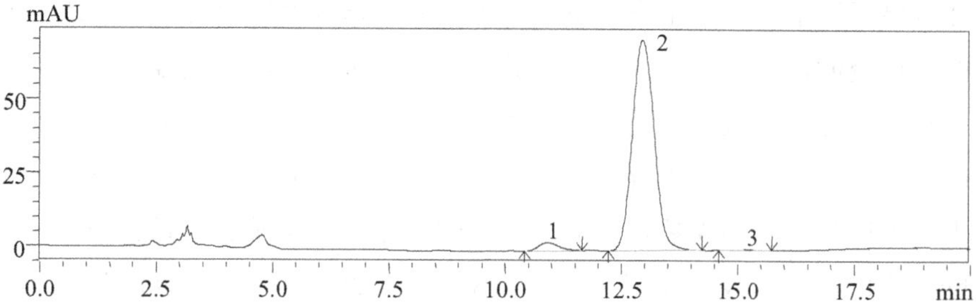

图 2-44 油用牡丹籽油生育酚液相色谱图

由表 2-35 可知，油用牡丹籽油中所含的生育酚由高到低依次为：γ-生育酚 58.04～72.98 mg/100 g、δ-生育酚 3.19～8.71 mg/100 g、α-生育酚 1.14～2.15 mg/100 g，总计 62.86～82.43 mg/100 g。在 4 类植物籽油中，油用牡丹籽油的δ-生育酚含量最高。

表 2-35 油用牡丹籽油生育酚种类及含量　　单位：mg/100 g

峰号	生育酚名称	样品编号			
		MFS	MFG	MFN	MZG
1	δ-生育酚	3.68	3.19	3.60	8.71
2	γ-生育酚	58.04	72.98	65.37	71.57
3	α-生育酚	1.14	1.19	1.22	2.15
合计		62.86	77.36	70.19	82.43

五、油脂生育酚组分构成小结

生育酚有 4 种同系物，即α-生育酚、β-生育酚、γ-生育酚和δ-生育酚。然而，4 类籽油中只检测出 3 种同系物，γ-生育酚是 4 类籽油的主要生育酚，而α-生育酚和δ-生育酚只微量存在。4 类植物籽油的生育酚构成对比如表 2-36 所示。

表 2-36 4 类植物籽油生育酚构成对比综合分析　　单位：mg/100 g

生育酚种类	文冠果籽油	长柄扁桃籽油	翅果油树籽油	紫斑牡丹/凤丹籽油
α-生育酚	4.77～9.02	1.63～1.81	7.31～24.77	1.14～2.15
γ-生育酚	35.41～43.84	62.97～66.53	71.01～109.51	58.04～72.98
δ-生育酚	3.92～5.57	2.36～3.92	1.51～2.46	3.19～8.71
总计	44.10～58.43	67.01～71.19	80.12～119.48	62.86～82.43

4类籽油的生育酚含量呈以下降序：翅果油树籽油＞紫斑牡丹/凤丹籽油＞长柄扁桃籽油＞文冠果树籽油，此外，有研究指出过氧化值与生育酚含量密切相关。4类籽油的过氧化值呈以下递增关系：翅果油树籽油＜紫斑牡丹/凤丹籽油＜长柄扁桃籽油＜文冠果树籽油，可推测出生育酚含量越低，油的过氧化值越高的假设。翅果油树籽油中生育酚总含量最高，而文冠果籽油中所含的生育酚总量最少。如果只考虑生育酚方面，翅果油树籽油是一种良好的油料资源，其生育酚含量高于其他籽油，抗氧化能力较强。

α-生育酚是自然界中最活跃的一种生育酚。α-生育酚比γ-生育酚和δ-生育酚具有更大的抗氧化能力，α-生育酚的氧化速率始终高于γ-生育酚和δ-生育酚。同时，α-生育酚在高浓度下呈现出亲氧化效应的现象，但随着浓度的降低，它变成了抗氧化剂。在以γ-生育酚或δ-生育酚为主的籽油中没有发现相同的现象。在4类籽油中，含有最多α-生育酚的是翅果油树籽油（7.31～24.77 mg/100 g）。因此，翅果油树籽油比其他籽油具有更大的抗氧化作用和更好的抗氧化开发潜力。

γ-生育酚是4类籽油中生育酚的主要形式。翅果油树籽油中的γ-生育酚含量最高，达71.01～109.51 mg/100 g，显著高于其他3个品种。γ-生育酚对人类健康很重要，由于它抑制环氧合酶活性，具有抗炎作用。有研究证明，γ-生育酚对于NO_2的解毒能力优于α-生育酚。基于上述描述，翅果油树籽油含有明显高于其他籽油的γ-生育酚含量，因此，翅果油树籽油可能比其他籽油具有更好的抗炎等性能。

δ-生育酚在4种籽油中含量较少。紫斑牡丹/凤丹籽油的δ-生育酚含量相对较高，为3.19～8.71 mg/100 g，翅果油树籽油的δ-生育酚含量最低，仅为1.51～2.46 mg/100 g。

生育酚是人类主要的脂溶性抗氧化剂。生育酚的缺乏，会导致儿童发育中的神经系统缺陷和成人溶血。流行病学研究表明，生育酚摄入量较低的人，更可能患某些类型癌症和动脉粥样硬化，同时生育酚缺乏也可引起不孕和肌肉萎缩。生育酚对动物体来说是一种不可缺少的脂溶性维生素，动物机体自身不能合成 V_E，必须从外界摄取。动物机体对其需求量虽然较少，仅以毫克（mg）或微克（μg）计算，但却是动物生长发育必不可少的元素。研究发现，V_E能有效地提高水产动物机体耐力，增强其免疫功能，提高其抗氧化能力，对其生长和繁殖有促进作用，是水产动物饲料中不可缺少的微量营养元素。生育酚也是一种常用的药品兼营养保健品，目前已成为国际市场上用途最多、产销量极大的重要维生素品种，与V_C、V_A一起成为维生素系列的三大支柱产品。在V_E产品中，天然V_E近年来被世界各国一致看好。随着这种产品新的应用领域不断被发现，国内外需求量大幅增长，翅果油树籽油的市场前景十分广阔。

第六节 油脂提取制备工艺

植物籽油的提取方法有压榨法、水酶法、有机溶剂提取法、超临界 CO_2 萃取法等。超临界 CO_2 萃取法主要是通过调节超临界温度和压力控制 CO_2 的密度、黏度和扩散系数，从而实现提高油脂萃取率或萃取选择性。杨兆艳等（2010）通过正交实验利用超声波辅助有机溶剂提取石榴籽油，在最佳工艺条件下，石榴籽油得油率为 21.77%。水酶法主要是在机械破碎的基础上，采用酶（蛋白酶、淀粉酶、果胶酶、维生素酶等）降解植物细胞壁使油料得以释放。与传统提油工艺相比，水酶法提油技术设备简单、能耗低、污染少，而且在提取油脂的同时亦可以获得优质的植物蛋白。

尽管近年来对植物籽油的提取、脂质组成及功能的研究引起了社会广泛的关注，但目前关于高级油用类植物籽油的研究，主要倾向于工艺研究，对不同工艺得到的籽油品质的研究较少。基于此，本节以含油率较高、籽油各活性成分含量均较高的河北大果型翅果油树籽油为原料，分别采用水酶法、超临界 CO_2 萃取法、超声波辅助有机溶剂提取法提取植物籽油，并对其酸价、过氧化值、碘值、皂化值等性质以及脂肪酸、甾醇、角鲨烯构成等主要理化指标进行较全面的研究，旨在了解并掌握不同加工工艺对翅果油树籽油品质产生的影响，为今后生产上合理选择与控制加工工艺提供理论与技术方面的参考。

（1）试验材料。

原料：大果型翅果油树种子。

试验试剂：正己烷、氢氧化钾、乙醚、甲醇乙醇、角鲨烯标准品、硅烷化试剂。以上试剂均为分析纯，水为双蒸水。

试验设备：超临界 CO_2 萃取仪；超声波清洗器；日本岛津 GCMS-QP2010Ultra 气质联用仪；岛津 LC-20AT 液相色谱仪；RE-201D 旋转蒸发仪，郑州市亚荣仪器有限公司；电子天平，赛多利斯仪器（北京）有限公司；非极性 Rtx-5MS 柱；离心机；氮吹仪；水浴锅。

（2）试验方法：超临界 CO_2 萃取法、超声波辅助有机溶剂法、水酶法。

1）油脂基本理化参数测定：同本章第一节中“油脂基本理化参数”部分。

2）油脂功能因子分析：同本章第二节、第三节、第四节及第五节。

一、油脂提取工艺

（一）超临界 CO_2 萃取法

具体萃取过程为：将萃取原料装入萃取釜，采用 CO_2 为超临界溶剂。高压的 CO_2 流体经节流阀降压到低于 CO_2 临界压力以下，进入分离釜，同时调节温度，使其成为超临界 CO_2 流体。CO_2 流体作为溶剂从萃取釜底部进入，与被萃取物料充分接触，选择性溶解出所需的化学成分。含溶解萃取物的高压 CO_2 流体经节流阀降压到低于 CO_2 临界压力以下并进入分离釜（又称解析釜），由于 CO_2 溶解度急剧下降而析出溶质并自动分离成溶质和 CO_2 气体两部分，前者为过程产品，定期从分离釜底部放出，后者为循环 CO_2 气体，经过热交换器冷凝成 CO_2 液体再循环使用。整个分离过程是利用 CO_2 流体在超临界状态下对有机物有特异性增加的溶解度，和在低于临界状态下对有机物基本不溶解的特性，使 CO_2 流体不断地在萃取釜和分离釜间循环，从而有效地将需要分离提取的组分从原料中分离出来，流程如图 2-45 所示。

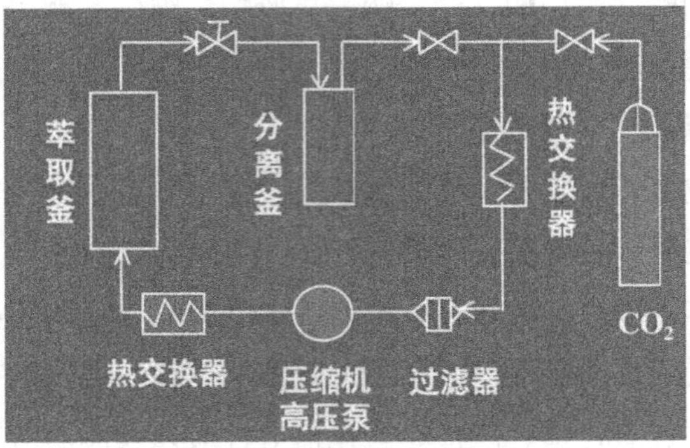

图 2-45　超临界 CO_2 萃取基本流程

超临界 CO_2 萃取法的特点：一是具有广泛的适应性。由于超临界状态流体溶解度特异性增高的现象普遍存在，因而理论上超临界流体萃取技术可作为一种通用高效的分离技术而应用。二是萃取效率高，过程易于调节。超临界流体兼具气体和液体特性，因而超临界流体既有液体的溶解能力，又有气体良好的流动和传递性能，并且在临界点附近，压力和温度的少量变化有可能显著改变流体溶解能力，以控制分离过程。三是分离工艺简单。超临界萃取只由萃取器和分离器两部分组成，不需要溶剂回收设备，与传统分离工艺流程相比不但流程简化，而且节省耗能。四是萃取温度低。CO_2 的临界温度为 31.265℃，临界压力为 7.38 MPa，可以有效地防止热敏性成分的氧化和逸散，以完整保留生物活性，而且能把高沸点、低挥发度、易热解的物质在其沸点温度以下萃取出来。五是无残留。超临界 CO_2 流体常态下是无毒气体，与萃取成分分离后，有效地避免了传统提取条件下毒性溶剂的残留，同时也防止了提取过程对人体的毒害和对环境的污染。六是超临界流体的极性可以改变。一定温度条件下，只要改变压力或加入适宜的夹带剂，即可提取不同极性的物质，可选择范围广。但缺点是必须在高压条件下完成，设备及工艺技术要求高，投资比较大。

本研究采用超临界 CO_2 萃取法提取油脂的具体步骤为：称取一定量翅果油树等植物的种仁粉末，设定萃取温度、萃取时间和 CO_2 流量的最大值分别为 80℃、5 h 和 10 mL/min，萃取过程在 30 MPa 恒压下进行。提取设备如图 2-46 所示。

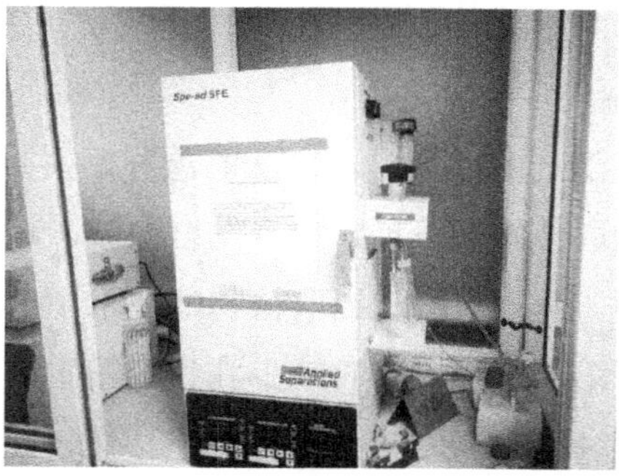

图 2-46　超临界 CO_2 萃取设备

（二）超声波辅助溶剂法

有机溶剂提取法是一种现代油脂提取方法，是应用固-液萃取原理，选用能够与油脂互溶的有机溶剂，使油料中的油脂被萃取出来的一种常用的提油方法。常与超声波、微波等技术联合使用，实现更高的提取效率。

有机溶剂提取法明显提高了提油率，具有蛋白不易变性、油饼中的残油量少、在生产中比较容易实现规模化和自动化等优点。但其缺点亦很明显，即所提油脂中残留提取溶剂，且颜色较深，质量较差，而浸出后的脱溶剂过程又会引起污染，影响油脂本身风味。从健康和环境的角度来看，降低了工艺的吸引力。

本研究采用超声波辅助溶剂法的具体步骤为：称取干燥后的翅果油树种仁粉末 20.00 g 置于三角瓶中，按照料液比 1∶10 加入正己烷，放入超声破碎仪，提取时间 60 min。提取完成后将混合物过滤分离，将滤渣按照料液比 1∶5 重新加入正己烷提取两次，合并 3 次提取液，利用旋转蒸发仪回收溶剂，得到油脂。提取设备如图 2-47 所示。

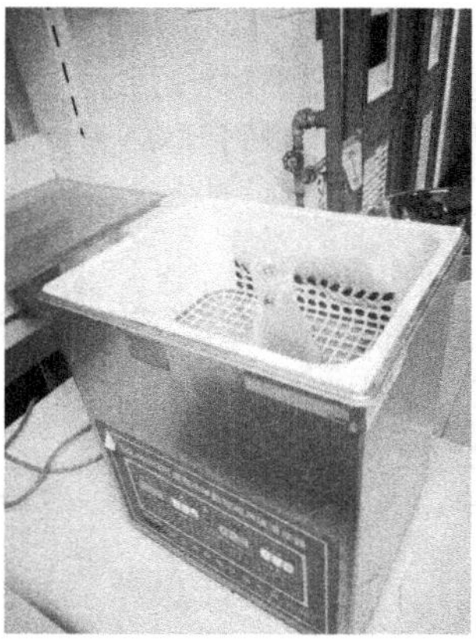

图 2-47　超声波辅助溶剂法提取设备

（三）水酶法

水媒法是以水作为提取溶剂的油脂提取方法的总称，主要包括水代法、水酶法、乙醇辅助水提法。随着水媒法提取技术的发展，也有结合微波、超声波等处理手段辅助水提取或破乳的油脂提取方法出现。其中水酶法提取植物油技术主要是利用生物酶制剂辅助破坏植物细胞壁或溶解细胞中可溶性物质，同时减少乳状液的生成和对已经产生乳状液的样品进行破乳使油释放出来，再利用水与油的互不相容的特性，在加热的条件下，通过油和水的密度差进行分离，实现植物油的提取。相反，蛋白质的提取主要是利用蛋白质在水中的溶解性，然后通过碱提、酸沉或膜过滤等步骤将蛋白质回收。

水酶法的特点：提取条件温和，全程温度低于60℃，酶反应专一性强，副产物少；与压榨法和溶剂浸出法相比，水酶法可以同时提取油脂和蛋白质，由于反应过程中没有高温和有机溶剂参与，可完好地保留蛋白质的功能性质和营养价值，可以真正地实现植物资源的综合利用；能耗小，设备简单，水酶法提取油脂技术的设备投入成本低，全程低温提取不仅能耗低，而且对环境无污染；水酶法提取的植物油毛油品质高，不需精炼也可直接食用，同时由于全程低温，因此不含有反式脂肪酸、3-氯丙醇酯和缩水甘油酯等有害物质。但缺点是提取率相较于超临界 CO_2 萃取法和超声波辅助溶剂法偏低，且对于水解酶的投资偏高。

本研究采用水酶法的具体步骤为：取干燥的翅果油树种仁粉末10.00 g，在料液比1∶5的条件下分3步进行酶解。加细胞壁多糖水解酶（纤维素酶与果胶酶配比1∶3），加酶量为2 000 U/g，酶解时间为3 h，酶解温度50℃，调节pH为4.5，待反应完成后升温至90℃灭酶 20 min。将混合液离心（5 000 r/min，20℃）15 min，结束后抽出顶部的油相，再将乳状液冷冻破乳，解冻后将混合液离心再收集油相。合并油相以获得油脂。试验设备如图2-48所示。

图2-48　水酶法提取设备

二、不同工艺制备的油脂各项指标对比

对 3 种工艺制备油脂的得油率、油脂理化指标和油脂功能因子进行逐一对比，据此对工艺进行评价。

（一）得油率

由图 2-49 和表 2-37 可以看出，使用超声波辅助溶剂法提取的种仁得油率最高，为 46.50%。使用超临界 CO_2 萃取法也可以得到较高的种仁得油率，仅次于超声波辅助溶剂法，得油率为 40.29%。利用水酶法提取种仁的得油率偏低，仅有 24.37%。因此，在这 3 种提取方式中，超声波辅助溶剂法是最好的种仁油脂提取方法。

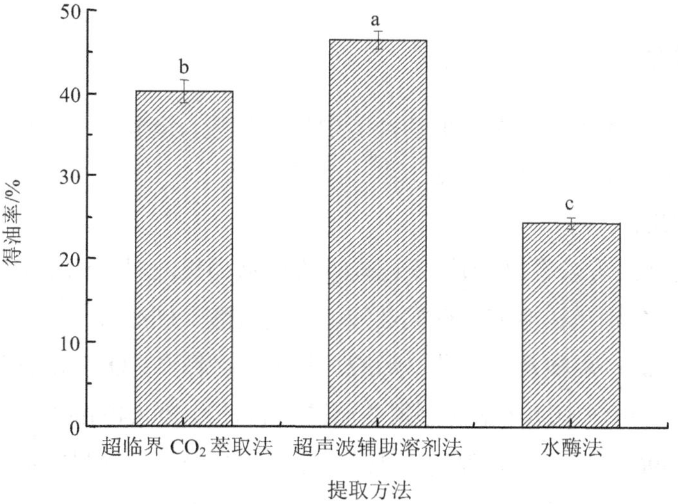

图 2-49　不同提取方式的种仁得油率

表 2-37　不同提取方法的种仁得油率数据分析

提取方法	得油率/%
超临界 CO_2 萃取法	40.29±1.35[b]
超声波辅助溶剂法	46.50±1.06[a]
水酶法	24.37±0.68[c]

（二）油脂理化指标

由表 2-38 可知，通过超临界 CO_2 萃取法提取的油脂中，油脂的皂化值为 189.10 mg/g，过氧化值为 1.91 mmol/kg，油脂的酸价为 1.12 mg/g，碘值为 109.73 g/100 g。相比之下，超声波辅助溶剂法提取的油脂中，皂化值为 201.57 mg/g，过氧化值为 2.43 mmol/kg，油脂的

酸价为 1.04 mg/g，碘值为 106.91 g/100 g。通过水酶法制得油脂的皂化值为 191.80 mg/g，过氧化值为 1.52 mmol/kg，油脂的酸价为 0.88 mg/g，碘值为 113.38 g/100 g。数据比较可知，通过超声波辅助溶剂法提取油脂的皂化值和过氧化值相较其他两种方式更高，而超临界 CO_2 萃取法提取的油脂测得的酸价最高。在碘值的提取方面，水酶法的效果更为明显。因此，超声波辅助溶剂法得油率较高，水酶法与超临界 CO_2 萃取法油脂品质较高。

表 2-38 不同提取方式下的油脂基本理化指标

提取方法	皂化值/（mg/g）	过氧化值/（mmol/kg）	酸价/（mg/g）	碘值/（g/100 g）
超临界 CO_2 萃取法	189.10±0.79[a]	1.91±0.01[b]	1.12±0.08[a]	109.73±0.06[a]
超声波辅助溶剂法	201.57±2.09[a]	2.43±0.06[a]	1.04±0.01[a]	106.91±0.05[a]
水酶法	191.80±1.05[a]	1.52±0.24[b]	0.88±0.05[a]	113.38±0.73[a]

（三）油脂功能因子

基于试验内容，对不同工艺提取的油脂中的脂肪酸、甾醇、角鲨烯以及生育酚这 4 种功能因子进行分析讨论，具体内容如下：

1．脂肪酸构成

从表 2-39 的结果可以看出，通过不同提取方法从翅果油树籽油中提取的油脂内均检测到 10 种脂肪酸，分别是棕榈酸、棕榈油酸、十七烷酸、硬脂酸、油酸、亚油酸、α-亚麻酸、花生酸、二十碳一烯酸及二十碳二烯酸。其中，超临界 CO_2 萃取法制得的脂肪酸总量为 841.30 mg/g，超声波辅助溶剂法制得的脂肪酸总量为 788.49 mg/g，水酶法制得的脂肪酸总量最高，为 896.45 mg/g。在制得不饱和脂肪酸（UFA）的含量方面，超临界 CO_2 萃取法制得的油脂不饱和脂肪酸占比为 89.68%，超声波辅助溶剂法制得的油脂不饱和脂肪酸占比为 89.94%，水酶法制得的油脂不饱和脂肪酸占比为 90.70%，比例较高。

在脂肪酸比例方面，超临界 CO_2 萃取法制得的油脂脂肪酸比例更合理，即 SFA（饱和脂肪酸）：MUFA（单不饱和脂肪酸）：PUFA（多不饱和脂肪酸）=1：3.73：4.97；（ω-6）：（ω-3）=6.19。超声波辅助溶剂法制得的油脂脂肪酸比例为 SFA：MUFA：PUFA=1：3.87：5.07；（ω-6）：（ω-3）=6.64。而水酶法制得的油脂脂肪酸比例为 SFA：MUFA：PUFA=1：4.29：5.47；（ω-6）：（ω-3）=6.87。

表 2-39 不同提取方法油脂脂肪酸构成及含量

脂肪酸名称	脂肪酸含量/（mg/g）		
	超临界 CO_2 萃取法	超声波辅助溶剂法	水酶法
棕榈酸	42.26±0.07[a]	35.26±0.29[b]	37.80±0.36[b]
棕榈油酸	7.68±0.09[b]	8.40±0.36[a]	6.71±0.40[c]
十七烷酸	7.69±0.08[b]	8.62±0.34[a]	7.17±0.45[b]

脂肪酸名称	脂肪酸含量/（mg/g）		
	超临界 CO_2 萃取法	超声波辅助溶剂法	水酶法
硬脂酸	28.09±0.03[a]	26.04±0.73[a]	30.85±0.86[a]
油酸	302.89±0.15[b]	284.76±1.15[b]	338.30±2.25[a]
亚油酸	364.85±0.91[ab]	342.92±2.29[b]	391.90±2.19[a]
α-亚麻酸	58.99±0.14[a]	51.63±2.27[b]	56.99±1.54[ab]
花生酸	8.77±0.18[a]	9.37±0.49[a]	7.67±1.67[b]
二十碳一烯酸	12.04±0.38[a]	13.22±0.50[a]	12.37±0.95[a]
二十碳二烯酸	8.04±0.14[a]	8.27±0.54[a]	6.69±0.27[b]
总计	841.30±2.17[ab]	788.49±8.96[b]	896.45±10.94[a]
SFA/%	10.32±0.01[a]	10.06±0.05[a]	9.30±0.56[b]
MUFA/%	38.45±0.05[b]	38.90±0.79[b]	39.87±0.08[a]
PUFA/%	51.34±0.05[a]	51.04±0.84[a]	50.83±0.51[a]
UFA（不饱和脂肪酸）/%	89.68±0.01[b]	89.94±0.05[b]	90.70±0.56[a]
SFA：MUFA：PUFA	1：3.73：4.97[b]	1：3.87：5.07[b]	1：4.29：5.47[a]
（ω-6）：（ω-3）	6.19±0.01[c]	6.64±0.03[b]	6.87±0.03[a]

2．甾醇、生育酚及角鲨烯构成

通过不同提取方法在翅果油树籽油中均检测到 6 种甾醇和 3 种生育酚，分别是麦角甾醇、β-谷甾醇、Δ5-燕麦甾醇、环蒿烯醇、环桉烯醇、菜油甾醇和δ-生育酚、γ-生育酚、α-生育酚。由图 2-50 可得，3 种提取方法所提取的油脂活性物质含量存在差异，但差异不大。

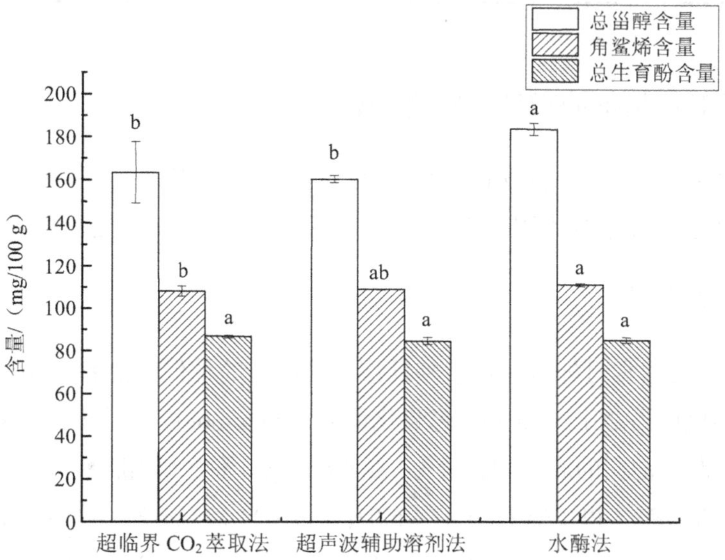

图 2-50　不同提取方法油脂活性物质含量比较

翅果油树籽油所含甾醇和生育酚的具体含量如表 2-40 所示。其中通过水酶法提取的甾醇和角鲨烯含量最高，分别为 183.82 mg/100 g 和 111.49 mg/100 g；超临界 CO_2 萃取法提取的籽油中甾醇的总含量为 163.43 mg/100 g，角鲨烯含量为 108.13 mg/100 g。超声波辅助溶剂法提取的籽油中甾醇的总含量为 160.53 mg/100 g，角鲨烯含量为 108.97 mg/100 g。通过超临界 CO_2 萃取法提取的籽油中生育酚总量最高，即 86.80 mg/100 g，超声波辅助溶剂法提取的籽油中生育酚含量为 84.74 mg/100 g，而通过水酶法提取的籽油中生育酚总计 85.24 mg/100 g。

表 2-40 不同提取方式油脂活性物质构成及含量

化合物种类		含量/（mg/100 g）		
		超临界 CO_2 萃取法	超声波辅助溶剂法	水酶法
甾醇	麦角甾醇	4.13 ± 0.36^{b}	4.93 ± 0.45^{a}	4.97 ± 0.23^{a}
	β-谷甾醇	109.38 ± 9.20^{b}	103.42 ± 1.58^{b}	123.36 ± 2.21^{c}
	Δ5-燕麦甾醇	22.62 ± 3.07^{a}	24.12 ± 0.14^{a}	26.02 ± 0.55^{a}
	环蒿烯醇	12.72 ± 0.75^{a}	11.54 ± 0.50^{b}	11.81 ± 0.13^{ab}
	环桉烯醇	9.79 ± 0.42^{b}	11.01 ± 0.37^{a}	11.30 ± 0.59^{a}
	菜油甾醇	4.79 ± 0.28^{b}	5.51 ± 0.43^{ab}	6.36 ± 0.43^{a}
	总计	163.43 ± 14.19^{b}	160.53 ± 1.74^{b}	183.82 ± 2.89^{a}
生育酚	δ-生育酚	2.36 ± 0.02^{a}	2.28 ± 0.04^{a}	2.14 ± 0.09^{b}
	γ-生育酚	77.55 ± 0.95^{a}	74.92 ± 1.64^{a}	75.81 ± 1.31^{a}
	α-生育酚	6.89 ± 0.45^{a}	7.54 ± 0.09^{a}	7.29 ± 0.30^{a}
	总计	86.80 ± 0.54^{a}	84.74 ± 1.68^{a}	85.24 ± 1.35^{a}
角鲨烯		108.13 ± 2.42^{b}	108.97 ± 0.04^{b}	111.49 ± 0.74^{a}

三、不同工艺制备油脂品质综合分析

利用直观的数据对比与更加科学的主成分对比，对不同工艺下制备的油脂进行品质的综合分析，旨在了解并掌握不同加工工艺对翅果油树籽油品质产生的影响。

（一）油脂品质

通过表 2-41 的数据可知，超声波辅助溶剂法所得的种仁得油率为 46.50%。分析所提取的油脂，其皂化值为 201.57 mg/g，过氧化值为 2.43 mmol/kg，酸价为 1.04 mg/g，碘值为 106.91 g/100 g；制得油脂的脂肪酸总量为 788.49 mg/g，不饱和脂肪酸占比为 89.94%；脂肪酸比例为 SFA∶MUFA∶PUFA=1∶3.87∶5.07；（ω-6）∶（ω-3）= 6.64；甾醇的总含量为 160.53 mg/100 g，角鲨烯含量为 108.97 mg/100 g，生育酚含量为 84.74 mg/100 g。

超临界 CO_2 萃取法制得的种仁得油率为 40.29%。在通过超临界 CO_2 萃取法提取的油脂中，皂化值为 189.10 mg/g，过氧化值为 1.91 mmol/kg，油脂的酸价为 1.12 mg/g，碘值为 109.73 g/100 g；制得油脂的脂肪酸总量为 841.30 mg/g，不饱和脂肪酸占比为 89.68%；脂肪酸比例为 SFA∶MUFA∶PUFA=1∶3.73∶4.97；（ω-6）∶（ω-3）=6.19；甾醇的总含量为

163.43 mg/100 g，角鲨烯含量为 108.13 mg/100 g，生育酚总量为 86.80 mg/100 g。

水酶法提取种仁得油率为 24.37%。通过水酶法制得油脂的基本理化指标，即皂化值为 191.80 mg/g，过氧化值为 1.52 mmol/kg，油脂的酸价为 0.88 mg/g，碘值为 113.38 g/100 g。水酶法制得油脂的脂肪酸总量最高，为 896.45 mg/g，不饱和脂肪酸占比为 90.70%，脂肪酸比例为 SFA∶MUFA∶PUFA=1∶4.29∶5.47；（ω-6）∶（ω-3）=6.87。通过水酶法提取的甾醇和角鲨烯含量分别为 183.82 mg/100 g 和 111.49 mg/100 g，而生育酚总计 85.24 mg/100 g。

表 2-41　不同工艺制备油脂品质综合分析

相关参数			超临界 CO_2 萃取法	超声波辅助溶剂法	水酶法
得油率/%			40.29	46.50	24.37
理化指标		皂化值/（mg/g）	189.10	201.57	191.80
		过氧化值/（mmol/kg）	1.91	2.43	1.52
		酸价/（mg/g）	1.12	1.04	0.88
		碘值/（g/100 g）	109.73	106.91	113.38
功能因子	脂肪酸	总量/（mg/g）	841.30	788.49	896.45
		不饱和脂肪酸占比/%	89.68	89.94	90.70
		SFA∶MUFA∶PUFA	1∶3.73∶4.97	1∶3.87∶5.07	1∶4.29∶5.47
		（ω-6）∶（ω-3）	6.19	6.64	6.87
	甾醇	总量/（mg/100 g）	163.43	160.53	183.82
	生育酚	总量/（mg/100 g）	86.80	84.74	85.24
	角鲨烯	总量/（mg/100 g）	108.13	108.97	111.49

（二）主成分分析

主成分分析法（PCA）通过采用一种数学降维的方法，将几个综合变量代替原来众多的变量，使这些综合变量尽可能地代表原来所有变量的信息，且彼此之间互不相关。利用 SPSS 20.0 软件对 3 种不同工艺制备的油脂成分中的功能因子进行 PCA 分析，共有 20 种功能因子。20 种功能因子的特征值和贡献率如表 2-42 所示，成分载荷矩阵分析结果如表 2-43 所示。

表 2-42　主成分的特征值和贡献率

主成分因子	特征值	方差贡献率/%	累积贡献率/%
1	11.119	55.596	55.596
2	8.881	44.404	100.000

表 2-43 主成分载荷矩阵

化合物名称	成分	
	1	2
棕榈酸	0.139	–0.990
棕榈油酸	–0.989	0.145
十七烷酸	–0.924	0.383
硬脂酸	0.989	–0.145
油酸	0.999	–0.047
亚油酸	0.985	–0.170
亚麻酸	0.523	–0.852
花生酸	–0.998	0.063
二十碳一烯酸	–0.516	0.857
二十碳二烯酸	–0.988	–0.157
麦角甾醇	0.270	0.963
谷甾醇	1.000	–0.003
燕麦甾醇	0.733	0.680
环蒿烯醇	–0.011	–1.000
环桉烯醇	0.401	0.916
菜油甾醇	0.719	0.695
角鲨烯	0.860	0.510
α-生育酚	–0.790	–0.613
δ-生育酚	0.108	–0.994
γ-生育酚	–0.160	0.987

根据特征值大于 1 的原则，共分析出两个主成分，贡献率分别为 55.596%、44.404%，累计贡献率达到了 100.000%，说明这两个主成分能够反映原始变量的绝大部分信息，分析结果将原有翅果油树籽油的 20 种共有化合物降到了两个不相关的主成分，达到了降维的目的。

由表 2-43 可分析得出，第一主成分（PC1）中载荷较高的化合物主要有棕榈油酸、十七烷酸、硬脂酸、油酸、亚油酸、花生酸、二十碳一烯酸、二十碳二烯酸、谷甾醇。第二主成分（PC2）中载荷较高的正影响化合物主要有棕榈酸、麦角甾醇、环蒿烯醇、环桉烯醇、δ-生育酚、γ-生育酚。

利用 SPSS 20.0 软件对 3 种油脂提取工艺进行主成分分析时，按照剔除最小特征值的主成分中对应的最大特征向量的变量的原则，每次剔除一个变量，然后对剩余变量进行主成分分析，分别可以得到样品得分图（图 2-51）和主成分载荷图（图 2-52）。

由图 2-51 可以看出，油脂功能因子几乎平均分散分布在每个象限，这说明不同的油脂提取工艺对功能因子的提取有很大影响。由图 2-52 不同油脂提取工艺得分情况发现，PC1 得分最高的是水酶法，PC2 得分最高的是超临界 CO_2 萃取法。3 种不同的油脂提取工艺分布于不同的象限内，表明油脂提取工艺存在较大的差异。

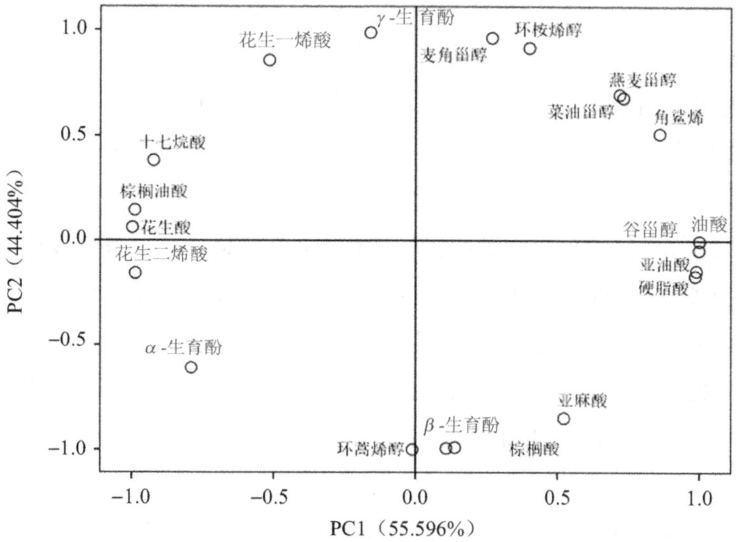

图 2-51 样品得分图

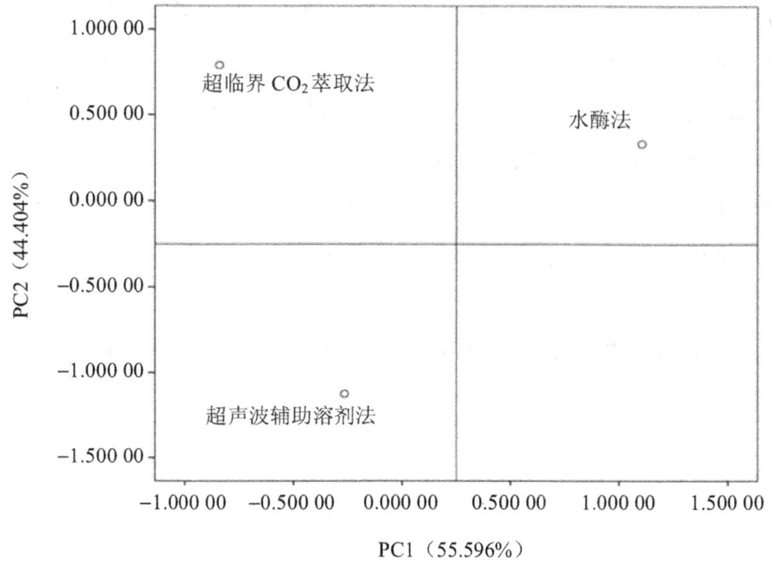

图 2-52 不同工艺在主成分上的载荷图

可见，采用水酶法、超临界 CO_2 萃取法、超声波辅助溶剂法 3 种不同的方法，提取翅果油树籽油，并对其酸价、过氧化值、碘值、皂化值、脂肪酸组成及含量等主要理化指标进行较全面的分析与比较的结果如下：超声波辅助溶剂法得油率较高，水酶法与超临界 CO_2 萃取法油脂品质较高。水酶法制得的脂肪酸总量中不饱和脂肪酸的占比高。超临界 CO_2 萃取法制得的油脂在脂肪酸比例方面更合理。水酶法提取的甾醇和角鲨烯含量也最高。超临界 CO_2 萃取法提取的籽油中生育酚总量最高，不过 3 种方法所测结果相差不大。

传统植物籽油提取方法如压榨法为传统工艺，虽然未使用有毒有害的有机溶剂，但其提取温度高、劳动强度大、生产效率低，不利于企业的长远发展。而水酶法、超临界 CO_2 萃取法完全不使用有机溶剂，比超声波、微波辅助提取技术更加绿色、环保，具有更广泛的工业应用和发展前景。到目前为止，水酶法、超临界 CO_2 萃取法均已被成功运用到多种果蔬籽油提取中。油脂加工业要实现持续发展，需要革新技术、采用环保的方式解决“瓶颈”问题，即采用绿色工艺进行油脂生产。但是这些技术也存在需要改进的地方，如水酶法容易出现微生物污染等问题，而超临界 CO_2 萃取法具有生产设备成本高、难以规模化等问题，使其应用受限。随着科学技术的发展、经济条件的改善、环保意识的提高，这些问题都可以得到有效解决。新兴环保的果蔬籽油提取技术，将有可能替代传统技术在油脂生产中大量应用，助力油脂加工工业的发展。

针对黄土高原不同地区的文冠果、翅果油树、长柄扁桃、紫斑牡丹，凤丹这 4 类 5 种油用灌木植物种仁，进行了油脂含油率测定，详细评测了 5 种油脂的皂化值、过氧化值、折射率、色泽四大油脂基本理化参数，综合研究讨论了 5 种油脂品质，初步得出 4 类 5 种油用灌木均具有较高的资源价值，在发展油料生产中，均具有广阔的发展前景。按照“ω健康理论”，油用牡丹籽油为脂肪酸配比最好的油脂；翅果油树籽油（ω-6）/（ω-3）接近 4∶1，可以使人体代谢得到较好保障；文冠果籽油和长柄扁桃籽油虽不如油用牡丹籽油脂肪酸配比好，但也是补充ω-3 脂肪酸良好的食品来源。联合使用一维及全二维气质联用技术，更加全面地分析了 4 类 5 种油用灌木油脂中的脂肪酸含量及种类。相较于常见油料作物，4 类 5 种油用灌木油脂的甾醇含量均十分可观。翅果油树籽油可作为角鲨烯提取较好的植物来源，而且油脂中生育酚总含量最高。本章还对水酶法、超临界 CO_2 萃取法、超声波辅助溶剂法 3 种不同制备工艺提取的特点及工艺条件进行了实验，结果表明 3 种工艺提取效果各有千秋。

参考文献

戴毅，2010. 植物甾醇降血脂作用的研究[D]. 西安：中国人民解放军空军军医大学.

雷茜茜，赵松林，陈卫军，等，2013. 角鲨烯和维生素 E 抗皮肤衰老作用的比较研究[J]. 食品工业科技，34（13）：91-93，98.

阮瑜琳，2016. 文冠果油和蛋白的制备及油脂氧化稳定性的研究[D]. 武汉：武汉轻工大学.

阮榆琳，万联，钟武，等，2016. 水酶法同时提取文冠果油及蛋白质的研究[J]. 中国油脂，41（9）：1-6.

杨春英，刘学铭，陈智毅，等，2013. 气相色谱—质谱联用法测定 14 种食用植物油中的植物甾醇[J]. 中国粮油学报，28（2）：123-128.

杨兆艳，白宏伟，王璇，2010. 石榴籽油提取工艺的研究[J]. 中国油脂，35（2）：18-20.

第三章

油用灌木花蕾精油成分及提取制备工艺

对黄土高原油用灌木资源花蕾精油展开深入研究，需要对精油含量、成分以及精油相关提取工艺进行概述，在此基础上提出研究路线，以为开发利用提供便利。

精油的传统提取方法主要是水蒸气蒸馏法和有机溶剂提取法。一些新的分离及纯化技术，如分子蒸馏技术和超临界流体萃取技术则是近些年才成功应用于精油提取的。除此之外，为了进一步提高植物精油的得油率和品质，可将多种提取法结合使用。

（1）提取方法

主要有 4 种。

1）水蒸气蒸馏法：该法是从花中提取精油的常用方法，现代化水蒸气蒸馏法可生产出稳定而优质的精油，对水蒸气蒸馏工艺的优化也在不断地研究与探索。其原理是利用精油中的主要组分易挥发、难溶于水、不与水反应的特点，将一定量的花瓣与适量的水放在一起共同加热，降低易挥发组分的蒸汽分压，使其与水蒸气共同蒸发出来，经冷凝收集到油水分离器中，由于馏出物难溶于水及与水的相对密度不同使其分离出来，最终得到植物精油。其工艺流程如图 3-1 所示。

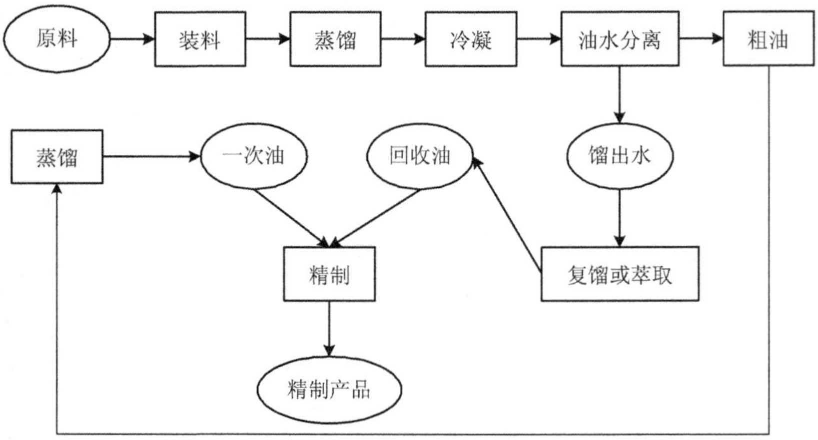

图 3-1　水蒸气蒸馏法提取玫瑰精油的工艺流程

马希汉等（2004）通过对水蒸气蒸馏法提取玫瑰精油过程的研究，得到了最佳工艺参数为：液料比 4∶1、蒸馏时间 4 h、蒸馏速度 200 mL/h、装料系数为 0.75，并且发现影响精油得油率的因素由大到小依次为蒸馏时间、蒸馏速度和液料比，花的粉碎情况和蒸馏时馏出液是否回流对得油率影响不大。张睿等（2014）研究出一种先低馏速、后高馏速的“二步变馏式回水蒸馏法”，最佳工艺参数为：水蒸气加热，以玫瑰与食盐 4∶1 盐渍保存 1～25 天，花水质量比为 1∶4，蒸馏时间 4 h，先用 100 L/h 的蒸馏速度蒸馏 3 h，然后再用 125 L/h 的高蒸馏速度蒸馏 1 h，最后经油水分离，脱水精制得产品。也有研究发现，加大蒸馏压强可以提高玫瑰精油中醇类物质的含量，与此同时也增加了烷烃类的含量，而单萜类和酯类物质则为恒量。用水蒸气蒸馏法提取玫瑰精油具有成本低、设备简单、操作方便等优点，但是由于试验温度接近 100℃，因此低沸点的玫瑰精油及水溶性的芳香成分（如 2-苯乙醇等）有可能受到破坏，导致玫瑰油的得率和品质有所下降。

2）有机溶剂提取法：该法是用适当的挥发性有机溶剂直接浸泡花瓣，经渗透、溶解、分配、扩散等一系列物理过程，将精油从植物花瓣中提取出来。但此过程只是第一步，所得产品一般为浸膏，还需要进一步加工才能得到精油，其工艺流程如图 3-2 所示。

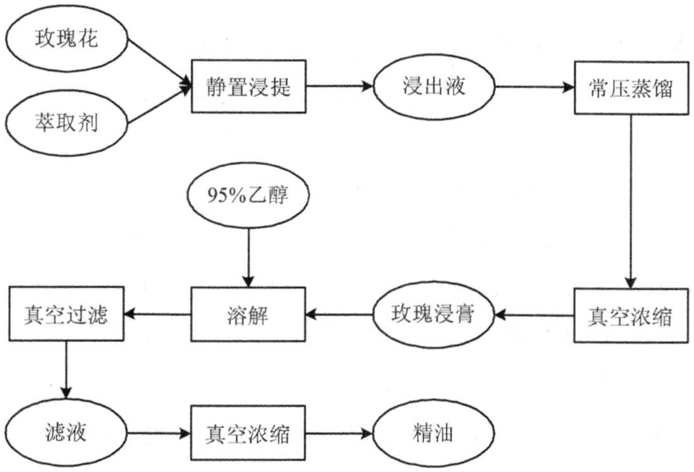

图 3-2 有机溶剂提取及精制工艺流程

王威等（1999）以石油醚为溶剂，采用罐组式强制循环逆流提取装置对玫瑰鲜花进行常温提取，料液比为 1∶4（kg/L），需浸提 3 次，每次 30 min 左右，提取液经过滤、浓缩后可得到玫瑰浸膏，得率为 0.2%。所得浸膏经 3 次脱蜡后可制成精油，由浸膏制得精油的得率为 39%。用有机溶剂提取玫瑰精油，得油率要高于水蒸气蒸馏法，而且可同时将低沸点组分和高沸点组分提取出来，从而减少芳香油成分的损失，所得玫瑰油的香气更接近于天然玫瑰花的香气。但缺陷是需要消耗大量的有机溶剂、要有严格的安全操作要求、提取时间较长、所得精油的头香略显不足、容易产生溶剂残留等，从而影响精油的质量。

3）超临界 CO_2 萃取法：超临界流体萃取技术是利用处于临界压力和临界温度以上的流体具有选择性的溶解能力，对不同物料进行分离的一种新型分离技术。当流体的温度和压力分别处于其临界温度和临界压力以上时，则称该状态下的流体为超临界流体。超临界 CO_2 萃取法是利用超临界状态 CO_2 所具有的良好的传热和传质性能来提取植物精油，其工艺流程如图 3-3 所示。

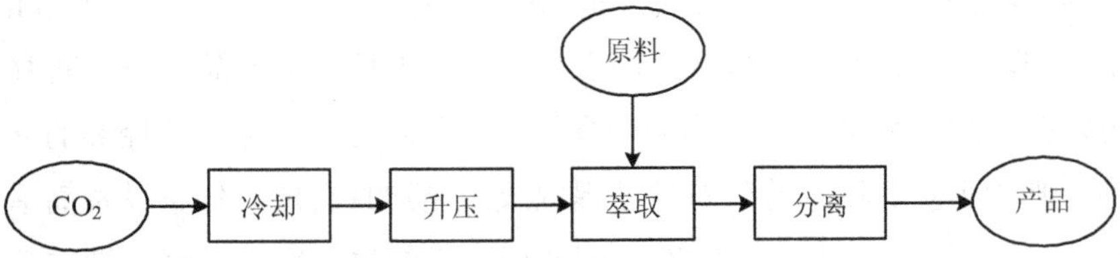

图 3-3 超临界 CO_2 萃取玫瑰精油的工艺流程

何熹（2002）研究了多种提取玫瑰精油的工艺，结果显示，有机溶剂萃取法萃取所得的浸膏的体香和尾香较足，而水蒸气蒸馏法所得的精油头香味重；超临界 CO_2 萃取法可将低沸点的头香物质和高沸点的体香和尾香物质同时萃取出来，所以香气更接近于天然香味。用超临界 CO_2 萃取法提取精油具有操作温度低、选择性好、萃取率高、速度快、无污染、工艺简单、可避免氧化、产品品质好、无溶剂残留等优点。但是用这种方法提取植物精油生产成本高、没有相应的标准规范来约束，且精油的组分没有水蒸气蒸馏法提取的精油纯度高。

4）同时蒸馏萃取（simultaneous distillation extraction，SDE）法：这是一种提取、分离和富集试样中挥发性、半挥发性成分的有效方法。由于 SDE 法所获得的是挥发油在有机溶剂中的溶液，避免了蒸馏法提取挥发油时在器壁上的吸附损失及转移微量挥发油时的损耗。该法将水蒸气蒸馏法和馏出液的溶剂萃取合二为一，提高了萃取效率，并减少了溶剂用量。SDE 法得到的挥发油不需要复杂的预处理，可直接进行气质联用分析，免去了操作污染，节省了萃取时间，得到的提取物气味浓郁，能把 mg/g 级的挥发性有机成分从脂质或水质介质中浓缩数千倍。

（2）检测技术

植物精油检测技术包括气相色谱质谱联用技术、全二维气相色谱-飞行时间质谱联用技术。

1）气相色谱质谱联用技术（GC-MS）：Ahmad 等（2009）通过 GC-MS 研究了印度不同农业气候区的大马士革玫瑰精油的组分。Baydar 等（2008）利用 GC-MS 研究了不同蒸馏时间下得到的大马士革玫瑰精油的构成。2016 年，Sharma 等（2016）通过 GC-MS 对比研究了不同冷藏处理条件下的大马士革玫瑰精油组分。

2）全二维气相色谱-飞行时间质谱联用技术（GC×GC-TOF/MS）：GC×GC-TOF/MS 在食品分析领域具有广泛的应用。2014 年，Welke 等（2014）利用 GC×GC-TOF/MS 分析了基础葡萄酒的挥发性特征及其相应起泡酒的主要变化。Jiang 等（2016）通过 GC×GC-TOF/MS

分析了樟树叶子、树枝和种子精油的成分。Dos 等（2015）利用 GC×GC-TOF/MS 研究了胡椒精油的挥发性成分。

精油研究工艺路线如图 3-4 所示。

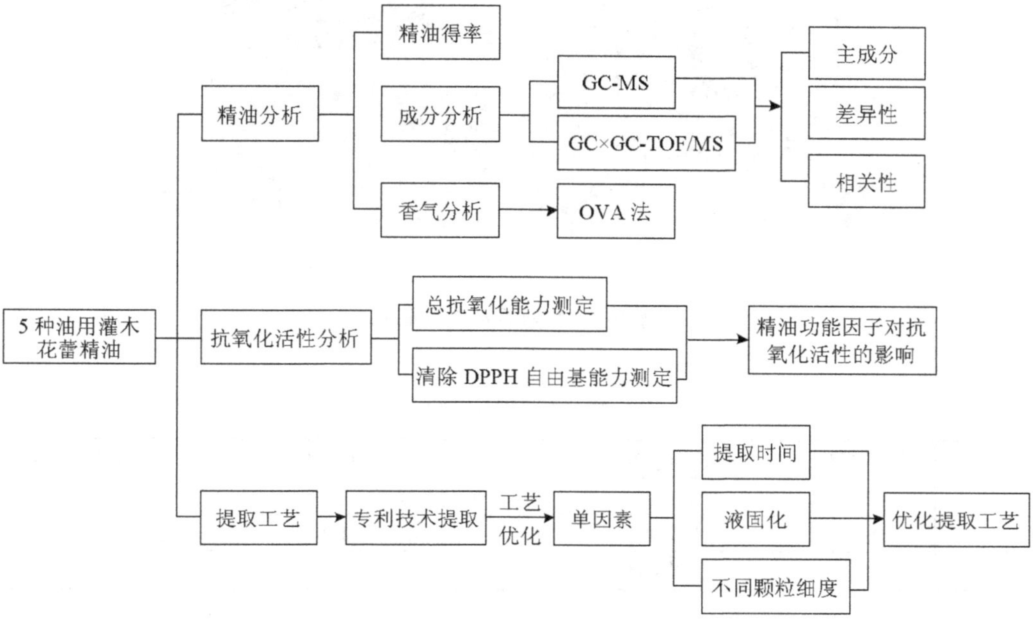

图 3-4　精油研究工艺路线

第一节　文冠果花精油

文冠果（图 3-5）具有结实早、产量高、抗寒抗旱能力强以及适应性极强的特点，在我国北方广泛应用于防风固沙、涵养水源。文冠果花是文冠果生长发育过程中的一个重要器官，花期在每年的 4—6 月，花朵可以散发清新、宜人的芬芳气味，有一定观赏价值。按照其颜色及形态可以分为单瓣白花型、单瓣粉花型、重瓣紫花型和重瓣黄花型。文冠果花朵可以被应用于植物精油开发研究，然而关于文冠果花精油的提取以及组分研究的相关文献还未见报道。

本试验以 3 种不同花色的文冠果花为原料，利用 GC-MS 技术研究文冠果花精油含量、精油成分构成，并对精油中各化合物类别差异进行统计分析。

（1）试验材料。

原料：采集来自内蒙古自治区赤峰市翁牛特旗花果营林场 3 种不同花色的文冠果花：白花（WF）、粉花（PF）、紫花（ZF），样品信息如表 3-1 所示，将花瓣自然阴干，用粉碎机粉碎至 10～20 目，装于密封袋中，冷冻保存，备用。

试剂：正己烷（分析纯），北京化工厂；无水硫酸钠；水为双蒸水。

（A）文冠果

（B）文冠果树

图 3-5　文冠果及文冠果树

表 3-1　样品信息

编号	样品编号	采摘时期	鲜花含水量/%	采集时间
1	WF	盛花期	82.35±2.03	2019 年 5 月中旬
2	PF	盛花期	80.07±1.27	
3	ZF	盛花期	85.17±2.92	

试验设备：

同第二章第一节。

（2）试验方法：本试验对文冠果花精油进行提取，并运用 GC-MS 技术检测精油的含量及构成，并对不同花色的文冠果花精油化合物类别差异进行分析。

1）提取精油：准确称取一定质量的文冠果花粉末，置于 2 L 圆底烧瓶中（图 3-6），按照料液比为 1∶20 加入双蒸水，加热回馏 6 h 以后，分离出有机相（图 3-7），用无水硫酸钠进行干燥，再在 35℃下用旋转蒸发仪脱除正己烷（图 3-8），得到文冠果花精油。提取时，用正己烷作有机相，这样提取过程中精油会富集到正己烷中。提取结束后再脱除正己烷，得到精油。

图 3-6　精油提取装置

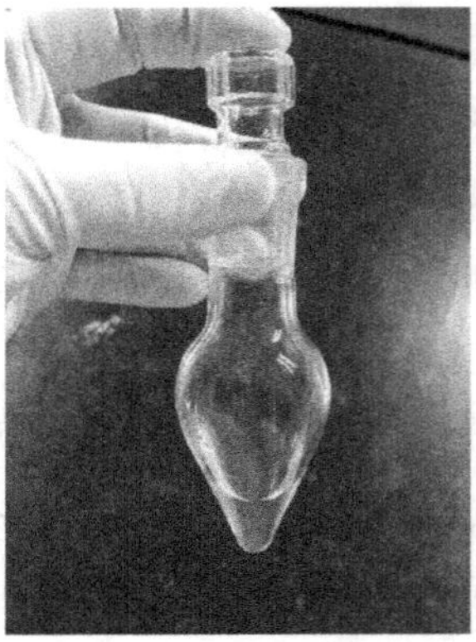

图 3-7　提取出的正己烷精油溶液

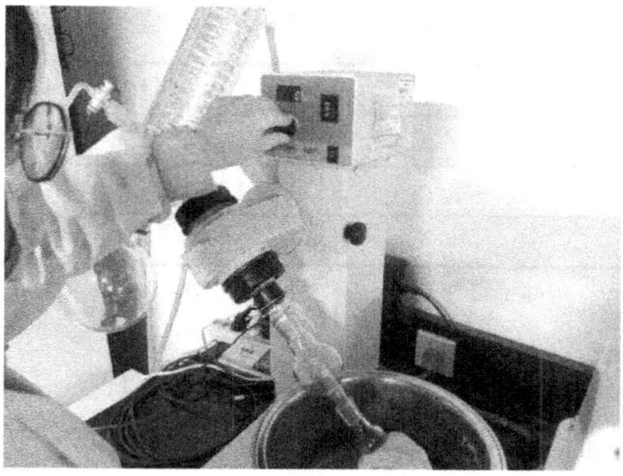

图 3-8　旋转蒸发仪去除正己烷

2）GC-MS 检测精油构成：将精油用正己烷溶解，配制成质量浓度为 5.0 mg/mL 的溶液，进行 GC-MS 测试。

气相色谱条件：色谱柱采用 Rtx-5MS 型毛细管柱（30 m×0.25 mm×0.25 μm）。升温程序：初始温度 60℃，保持 2 min，然后以 3℃/min 的速率升至 200℃；以 20℃/min 的速率升至 250℃，保持 5 min；继续以 15℃/min 的速率升至 280℃，保持 10 min。载气为高纯氦气，流量为 1 mL/min，分流进样，进样量 1 μL，分流比 40∶1，进样口温度 280℃。

质谱条件：电子轰击（EI）离子源电子能量为 70 eV；电子倍增器电压为 1.00 kV，质量扫描 *m/z* 30～550。离子源温度 250℃，接口温度为 250℃。

定性分析：利用 NIST14 和 NIST14s 标准质谱库对采集到的质谱图进行检索，并结合保留指数综合定性。

定量分析：采用色谱峰面积归一化法计算各化合物的相对含量。

一、精油成分构成

不同花色的文冠果花的精油得率有所不同（表 3-2），得率较高的是白花（0.502‰），较低的是紫花（0.422‰），但 3 种花色间的精油得率无显著差异（$p>0.05$）。相较于文献报道的牡丹花精油（得率 0.1‰）、芍药花精油（得率 0.33‰）、苦水玫瑰花精油（得率 0.392‰），文冠果花精油得率较高。不同颜色的文冠果花在生长过程中对于光的吸收程度不同，颜色较深的花瓣相较于颜色浅的花瓣吸收了更多的太阳光辐射，一定程度上会对花瓣造成光损伤，影响花瓣中精油的含量。在花型方面，紫花属于重瓣形，花瓣较为密集，内部的花瓣由于受到外部花瓣的遮挡，接收的太阳辐射较少。此外，品种、生境、花期、植株密度等，都是影响植物花朵精油含量的重要因素。

3 种不同花色文冠果花提取得到的精油化合物的种类依次为白色 62 种、粉色 65 种、紫色 47 种。

表 3-2 文冠果花精油得率

样品编号	精油得率/‰
WF	0.502±0.021 [a]
PF	0.479±0.024 [a]
ZF	0.422±0.079 [a]

注：得率为平均值±标准差（n=3）；角标字母相同表示差异不显著（p>0.05）。

表 3-3 对上述文冠果花精油的化合物进行了统计，3 种文冠果花精油中共得到 96 种化合物。其中文冠果白花精油鉴定出的 62 种化合物中，主要成分为二十一烷（31.46%）、二十四烷（14.16%）、二十烷（7.55%）、壬醛（7.28%）、诱虫烯（4.84%）、植酮（4.83%）；文冠果粉花精油鉴定出的 65 种化合物中，主要成分为二十一烷（31.96%）、四十四烷（20.83%）、壬醛（6.72%）、十八烷（3.86%）、植酮（3.76%）、十六烷（3.30%）；文冠果紫花精油鉴定出的 47 种化合物中，主要成分为二十一烷（30.33%）、三十六烷（25.09%）、二十四烷（14.44%）、二十烷（7.42%）、叶绿醇（3.95%）、十六烷（3.28%）。

表 3-3 不同花色文冠果花精油组分

化合物种类	序号	保留指数	精油成分名称	分子式	含量/%		
					WF	PF	ZF
醇类	1	868	3-己烯-1-醇	$C_6H_{12}O$	0.23	—	0.18
	2	868	叶醇	$C_6H_{12}O$	—	0.21	—
	3	868	2-已烯-1-醇	$C_6H_{12}O$	—	0.18	0.17
	4	860	正已醇	$C_6H_{14}O$	0.29	0.17	0.14
	5	960	1-庚醇	$C_7H_{16}O$	0.04	—	—
	6	969	1-辛烯-3-醇	$C_8H_{16}O$	2.58	1.72	1.50
	7	964	6-甲基-5-庚烯-2-醇	$C_8H_{16}O$	0.06	—	—
	8	995	3-甲基-1-庚醇	$C_8H_{18}O$	0.07	—	—
	9	995	2-乙基已醇	$C_8H_{18}O$	0.04	—	—
	10	1 059	正辛醇	$C_8H_{18}O$	0.49	0.34	0.20
	11	1 082	芳樟醇	$C_{10}H_{18}O$	0.88	0.32	1.09
	12	1 179	香茅醇	$C_{10}H_{20}O$	—	0.11	—
	13	1 071	2,3,4,5-四甲基环戊-2-烯醇	$C_9H_{16}O$	—	—	0.05
	14	1 072	3,7-二甲基-1,5,7-辛三烯-3-醇	$C_{10}H_{16}O$	—	—	1.18
	15	1 136	苯乙醇	$C_8H_{10}O$	0.06	—	0.06
	16	1 175	黄瓜醇	$C_9H_{16}O$	0.08	—	—
	17	1 159	1-壬醇	$C_9H_{20}O$	1.64	0.59	0.63
	18	1 143	α-松油醇	$C_{10}H_{18}O$	0.08	0.05	0.19
	19	1 230	2,6,6-三甲基环已-2-烯-1-甲醇	$C_{10}H_{18}O$	0.32	0.19	0.04
	20	1 228	香叶醇	$C_{10}H_{18}O$	0.15	0.07	0.18

化合物种类	序号	保留指数	精油成分名称	分子式	含量/%		
					WF	PF	ZF
	21	1 593	β-桉叶醇	$C_{15}H_{26}O$	—	—	0.07
	22	1 457	十二醇	$C_{12}H_{26}O$	0.20	—	—
	23	1 556	十三醇	$C_{13}H_{28}O$	—	0.07	—
	24	1 656	1-十四醇	$C_{14}H_{30}O$	—	0.15	—
醇类	25	1 710	金合欢醇	$C_{15}H_{26}O$	0.25	—	0.09
	26	1 563	3,7,11-三甲基-1-十二烷醇	$C_{15}H_{32}O$	0.14	0.14	0.09
	27	2 045	叶绿醇	$C_{20}H_{40}O$	1.48	1.34	3.95
	28	1 996	3,7,11,15-四甲基十六烷-1-醇	$C_{20}H_{42}O$	—	0.07	—
			醇类总计		9.08	5.72	9.81
	29	905	正庚醛	$C_7H_{14}O$	0.08	0.09	0.05
	30	1 104	壬醛	$C_9H_{18}O$	7.28	6.72	2.30
	31	1 186	2,3-二氢-2,2,6-三甲基苯甲醛	$C_{10}H_{14}O$	0.15	0.14	0.06
	32	1 204	癸醛	$C_{10}H_{20}O$	0.04	—	—
	33	1 303	2,6,6-三甲基-1-环己烯基乙醛	$C_{11}H_{18}O$	0.09	0.08	—
	34	1 402	十二醛	$C_{12}H_{24}O$	0.06	—	—
醛类	35	1 502	十三醛	$C_{13}H_{26}O$	—	0.04	—
	36	1 499	可卡醛	$C_{13}H_{16}O$	0.22	0.11	—
	37	1 663	α-戊基肉桂醛	$C_{14}H_{18}O$	—	—	0.13
	38	1 601	肉豆蔻醛	$C_{14}H_{28}O$	2.48	1.43	0.14
	39	1 701	十五醛	$C_{15}H_{30}O$	—	0.03	0.12
	40	1 800	十六醛	$C_{16}H_{32}O$	1.21	2.58	—
	41	1 999	十八醛	$C_{18}H_{36}O$	0.17	0.21	0.19
			醛类总计		11.78	11.43	2.99
	42	938	甲基庚烯酮	$C_8H_{14}O$	0.05	0.05	—
	43	952	3-辛酮	$C_8H_{16}O$	—	—	0.06
	44	1 097	3,5,5-三甲基-3-环己烯-1-酮	$C_9H_{14}O$	0.05	0.04	—
	45	1 097	异佛尔酮	$C_9H_{14}O$	0.10	0.07	0.03
	45	1 240	2-戊基-2-环戊烯-1-酮	$C_{10}H_{16}O$	0.10	0.07	
	47	1 199	优葛缕酮	$C_{10}H_{14}O$	0.95	0.87	0.28
	48	1 251	2-十一酮	$C_{11}H_{22}O$	0.18	0.13	—
	49	1 267	2-（2-丁炔基）环己酮	$C_{10}H_{14}O$	0.19	—	—
酮类	50	1 054	2,3,4,5-四甲基-2-环戊烯酮	$C_9H_{14}O$	0.72	0.48	—
	51	1 069	4-（1-甲基乙基）-2-环己烯-1-酮	$C_9H_{14}O$	—	—	0.09
	52	1 161	1-（1,4-二甲基-3-环己烯-1-基）乙酮	$C_{10}H_{16}O$	—	—	0.05
	53	1 119	马苄烯酮	$C_{10}H_{14}O$	—	—	0.25
	54	1 268	2,6,6-三甲基-2-环己烯-1,4-二酮	$C_9H_{12}O_2$	—	0.04	—
	55	1 440	大马士酮	$C_{13}H_{18}O$	0.48	0.30	0.31
	56	1 321	六氢假紫罗酮	$C_{13}H_{26}O$	—	0.06	—
	57	1 557	β-甲基紫罗兰酮	$C_{14}H_{22}O$	0.07	—	—
	58	1 648	2-十五酮	$C_{15}H_{30}O$	—	0.02	—

化合物种类	序号	保留指数	精油成分名称	分子式	含量/%		
					WF	PF	ZF
酮类	59	1 420	香叶基丙酮	$C_{13}H_{22}O$	0.23	0.23	0.14
	60	1 449	2-十三酮	$C_{13}H_{26}O$	0.09	0.10	—
	61	2 046	2-十九烷酮	$C_{19}H_{38}O$	0.05	—	—
	62	1 754	植酮	$C_{18}H_{36}O$	4.83	3.76	3.02
	63	2 161	3-十二烷基呋喃-2,5-二酮	$C_{16}H_{26}O_3$	0.28	—	—
	64	1 902	法尼基丙酮	$C_{18}H_{30}O$	—	0.05	—
	65	2 139	去氢表雄酮	$C_{19}H_{28}O_2$	—	0.47	—
	酮类总计				8.37	6.74	4.23
烃类	66	816	2,5,5-三甲基-2-已烯	C_9H_{18}	0.38	0.22	0.20
	67	1 185	2,8-二甲基十一烷	$C_{13}H_{28}$	—	—	0.05
	68	1 339	β-波旁烯	$C_{15}H_{24}$	—	0.06	—
	69	1 313	十三烷	$C_{13}H_{28}$	1.69	1.07	0.14
	70	1 612	十六烷	$C_{16}H_{34}$	4.12	3.30	3.28
	71	1 512	十五烷	$C_{15}H_{32}$	1.44	1.06	0.22
	72	1 386	（+）-香橙烯	$C_{15}H_{24}$	0.08	—	—
	73	1 711	十七烷	$C_{17}H_{36}$	0.44	0.45	0.20
	74	1 746	3-甲基十七烷	$C_{18}H_{38}$	—	1.01	—
	75	1 810	十八烷	$C_{18}H_{38}$	0.93	3.86	0.27
	76	1 910	十九烷	$C_{19}H_{40}$	0.14	—	—
	77	1 900	1-十九烯	$C_{19}H_{38}$	0.91	0.12	—
	78	2 009	二十烷	$C_{20}H_{42}$	7.55	—	7.42
	79	2 351	诱虫烯	$C_{23}H_{46}$	4.84	2.58	—
	80	2 109	二十一烷	$C_{21}H_{44}$	31.46	31.96	30.33
	81	2 407	二十四烷	$C_{24}H_{50}$	14.16	0.73	14.44
	82	2 208	二十二烷	$C_{22}H_{46}$	—	2.52	—
	83	3 600	三十六烷	$C_{36}H_{74}$	—	2.05	25.09
	84	3 997	四十烷	$C_{40}H_{82}$	—	1.44	—
	85	4 395	四十四烷	$C_{44}H_{90}$	—	20.83	—
	烃类总计				68.14	73.26	81.64
酯类	86	1 878	棕榈酸甲酯	$C_{17}H_{34}O_2$	0.10	—	—
	87	2 034	邻苯二甲酸二丁酯	$C_{16}H_{22}O_4$	2.41	1.24	1.02
	88	1 908	邻苯二甲酸二异丁酯	$C_{16}H_{22}O_4$	—	0.20	—
	89	1 779	肉豆蔻醇乙酸酯	$C_{16}H_{32}O_2$	—	0.31	—
	酯类总计				2.51	1.75	1.02

化合物种类	序号	保留指数	精油成分名称	分子式	含量/%		
					WF	PF	ZF
其他类	90	1 040	2-戊基呋喃	$C_9H_{14}O$	0.05	—	—
	91	1 114	4-乙基苯酚	$C_8H_{10}O$	0.03	—	—
	92	1 125	3,6-二氢-4-甲基-2-（2-甲基-1-丙烯基）-2H-吡喃	$C_{10}H_{16}O$	—	—	0.06
	93	1 371	乙烯基癸酸	$C_{12}H_{22}O_2$	—	0.14	—
	94	1 787	2-乙基己酸酐	$C_{16}H_{30}O_3$	0.04	0.07	—
	95	1 633	2,6-二叔丁基苯醌	$C_{14}H_{20}O_2$	—	0.32	—
	96	2 159	十二烯基丁二酸酐	$C_{16}H_{26}O_3$	—	0.57	0.25
	其他类总计				0.12	1.10	0.31

二、精油化合物类别差异

对不同花色文冠果花精油化合物成分进行分类，得到精油中主要有 6 类化合物，分别是醇类、醛类、酮类、烃类、酯类和其他。图 3-9、图 3-10 分别从种类及含量角度对文冠果各花色的精油成分进行对比分析。

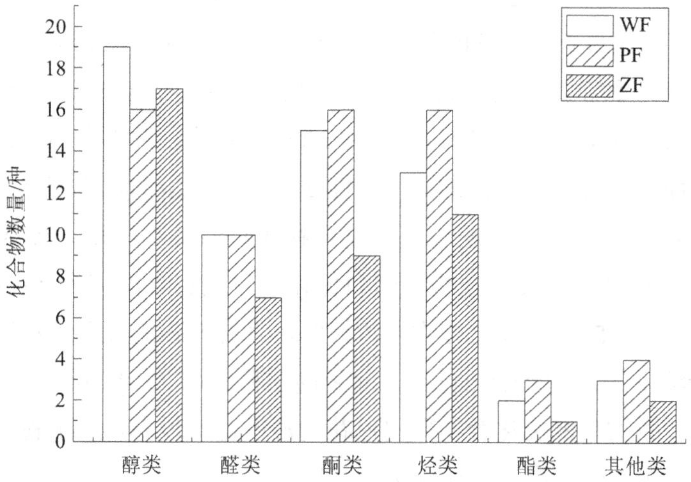

图 3-9　不同花色文冠果花精油化合物数量对比

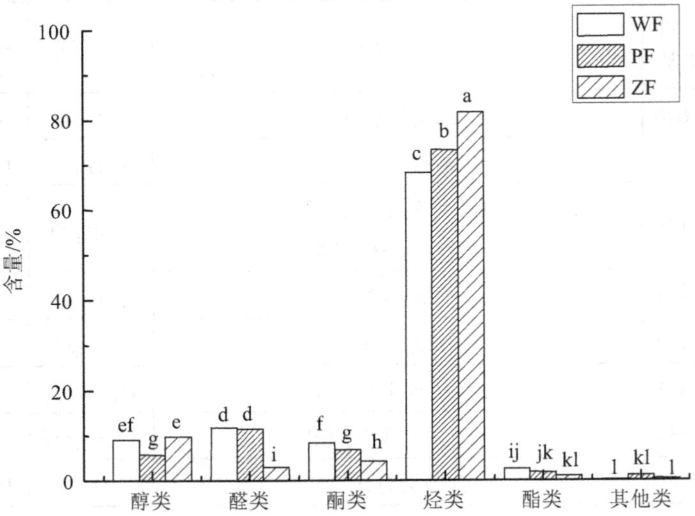

图 3-10 不同花色文冠果花精油不同类别化合物含量对比

白色文冠果花精油共检测到 19 种醇类化合物（9.08%）、10 种醛类化合物（11.78%）、15 种酮类化合物（8.37%）、13 种烃类化合物（68.14%）以及 2 种酯类化合物（2.51%）。粉色文冠果花精油检测到 16 种醇类化合物（5.72%）、10 种醛类化合物（11.43%）、16 种酮类化合物（6.74%）、16 种烃类化合物（73.26%）和 3 种酯类化合物（1.75%）。紫色文冠果花精油检测到 17 种醇类化合物（9.81%）、7 种醛类化合物（2.99%）、9 种酮类化合物（4.23%）、11 种烃类化合物（81.64%）以及 1 种酯类化合物（1.02%）。

烃类化合物在 3 种精油中含量皆显著高于其他几类化合物（$p<0.05$），且紫色花中的含量高于粉色花且显著高于白色花精油（$p<0.05$），但是烃类化合物阈值较高，对总体气味的贡献不大，烃类化合物含量高的原因可能是起保护作用的花瓣表面蜡质层，而蜡质层的主要成分为烷烃类化合物，长链烷烃类化合物在常温下难挥发，最终使得检测结果中烃类化合物的含量较高。醛类化合物方面白色花与粉色花含量相当（$p>0.05$）且显著高于紫色花精油（$p<0.05$），醛类化合物阈值较低，具有较强的挥发性和脂肪香味。醇类化合物在紫色花精油中的含量高于白色花且显著高于粉色花（$p<0.05$），醇类通常具有柔和的芳香、植物香。酮类与酯类化合物在白色花精油中含量最高，高于粉色花且显著高于紫色花（$p<0.05$），酮类化合物一般具有花果香味。

影响花朵颜色的因素有很多，如花瓣中的色素，包括花青素、类胡萝卜素、类黄酮等，同时，各种生态因子也会影响花色，如光照、温度、湿度、土壤养分含量，会影响花瓣细胞的 pH、酶、糖含量、花青素的稳定性等，进而影响花色素的合成或者引起一些花色素的分子结构改变，造成花瓣呈现出不同的颜色。这些因素相应地也会影响花瓣中提取的精油的化合物成分，导致不同花色文冠果花精油成分产生差异。

主成分分析法通过采用一种数学降维的方法，用几个综合变量来代替原来众多的变量，使这些综合变量尽可能地代表原来所有变量的信息量，且彼此之间互不相关。利用 SPSS 19.0 软件对 3 种花色文冠果花精油成分中的共有化合物进行 PCA 分析，3 种精油中有 29 种共有化合物，具体化合物成分及含量见表 3-4。

表 3-4 不同花色文冠果花精油共有成分

序号	精油成分名称	含量/%		
		WF	PF	ZF
1	正己醇	0.29	0.17	0.14
2	1-辛烯-3-醇	2.58	1.72	1.50
3	正辛醇	0.49	0.34	0.20
4	芳樟醇	0.88	0.32	1.09
5	1-壬醇	1.64	0.59	0.63
6	α-松油醇	0.08	0.05	0.19
7	2,6,6-三甲基环己-2-烯-1-甲醇	0.32	0.19	0.04
8	香叶醇	0.15	0.07	0.18
9	3,7,11-三甲基-1-十二烷醇	0.14	0.14	0.09
10	叶绿醇	1.48	1.34	3.95
11	正庚醛	0.08	0.09	0.05
12	壬醛	7.28	6.72	2.30
13	2,3-二氢-2,2,6-三甲基苯甲醛	0.15	0.14	0.06
14	肉豆蔻醛	2.48	1.43	0.14
15	十八醛	0.17	0.21	0.19
16	异佛尔酮	0.10	0.07	0.03
17	优葛缕酮	0.95	0.87	0.28
18	大马士酮	0.48	0.30	0.31
19	香叶基丙酮	0.23	0.23	0.14
20	植酮	4.83	3.76	3.02
21	2,5,5-三甲基-2-己烯	0.38	0.22	0.20
22	十三烷	1.69	1.07	0.14
23	十六烷	4.12	3.30	3.28
24	十五烷	1.44	1.06	0.22
25	十七烷	0.44	0.45	0.20
26	十八烷	0.93	3.86	0.27
27	二十一烷	31.46	31.96	30.33
28	二十四烷	14.16	0.73	14.44
29	邻苯二甲酸二丁酯	2.41	1.24	1.02
合计		81.83	62.64	64.63

29 种共有化合物的特征值和贡献率如表 3-5 所示，主成分载荷矩阵分析结果见表 3-6。根据特征值大于 1 的原则，共分析出 2 个主成分，贡献率分别为 69.248%、28.866%，累计贡献率达到了 98.114%，说明这两个主成分能够反映原始变量的绝大部分信息，分析结果将原有文冠果花中的 29 种共有化合物降到了两个不相关的主成分，达到了降维的目的。

表 3-5　主成分的特征值和贡献率

主成分因子	特征值	方差贡献率/%	累积贡献率/%
1	20.082	69.248	69.248
2	8.371	28.866	98.114
3	0.547	1.886	100

表 3-6　主成分载荷矩阵

精油成分名称	成分	
	1	2
正己醇	0.979	0.151
1-辛烯-3-醇	0.991	0.136
正辛醇	0.898	0.439
芳樟醇	0.202	−0.973
1-壬醇	0.994	−0.084
α-松油醇	−0.360	−0.933
2,6,6-三甲基环己-2-烯-1-甲醇	0.869	0.493
香叶醇	0.199	−0.979
3,7,11-三甲基-1-十二烷醇	0.508	0.829
叶绿醇	−0.509	−0.856
植酮	0.936	0.352
香叶基丙酮	0.533	0.841
大马士酮	0.992	−0.115
优葛缕酮	0.636	0.769
异佛尔酮	0.830	0.462
十八醛	−0.762	0.545
2,3-二氢-2,2,6-三甲基苯甲醛	0.612	0.783
壬醛	0.632	0.769
正庚醛	0.285	0.903
肉豆蔻醛	0.866	0.498
二十四烷	0.432	−0.891
二十一烷	0.274	0.955
十八烷	−0.287	0.947

精油成分名称	成分	
	1	2
十七烷	0.516	0.856
十五烷	0.783	0.618
十六烷	0.998	−0.030
十三烷	0.836	0.545
2,5,5-三甲基-2-己烯	0.990	0.061
邻苯二甲酸二丁酯	0.995	0.095

由表 3-6 可分析得出，第一主成分（PC1）中载荷较高的化合物主要有正己醇（飘逸的杂醇油果、酒精气味）、1-辛烯-3-醇（蘑菇、薰衣草、玫瑰香气）、正辛醇（水果、玫瑰、蘑菇气味）、1-壬醇（新鲜的脂肪玫瑰橙花香、柑橘味）、2,6,6-三甲基环己-2-烯-1-甲醇、植酮（油性草药、茉莉、芹菜、木香）、大马士酮（苹果、玫瑰、蜂蜜、烟草甜味道）、肉豆蔻醛（脂肪蜡状琥珀香、柑橘皮、麝香、水果味）、十六烷、2,5,5-三甲基-2-己烯和邻苯二甲酸二丁酯（微弱的脂肪味）。第二主成分（PC2）中载荷较高的正影响化合物主要有正庚醛（草药味）、二十一烷、十八烷和十七烷；载荷较高的负影响化合物有芳樟醇（甜嫩新鲜的花香，似铃兰香气）、α-松油醇（松萜烯、丁香、柑橘、木质、花香味）、香叶醇（温和、甜的玫瑰花气息）、叶绿醇（花香、脂粉、蜡状味道）和二十四烷。

利用 SPSS 19.0 软件对 3 种精油进行主成分分析时，按照剔除最小特征值的主成分中对应的最大特征向量的变量的原则，每次剔除一个变量，然后对剩余变量进行主成分分析，分别可以得到主成分载荷图（图 3-11）和样品得分图（图 3-12）。

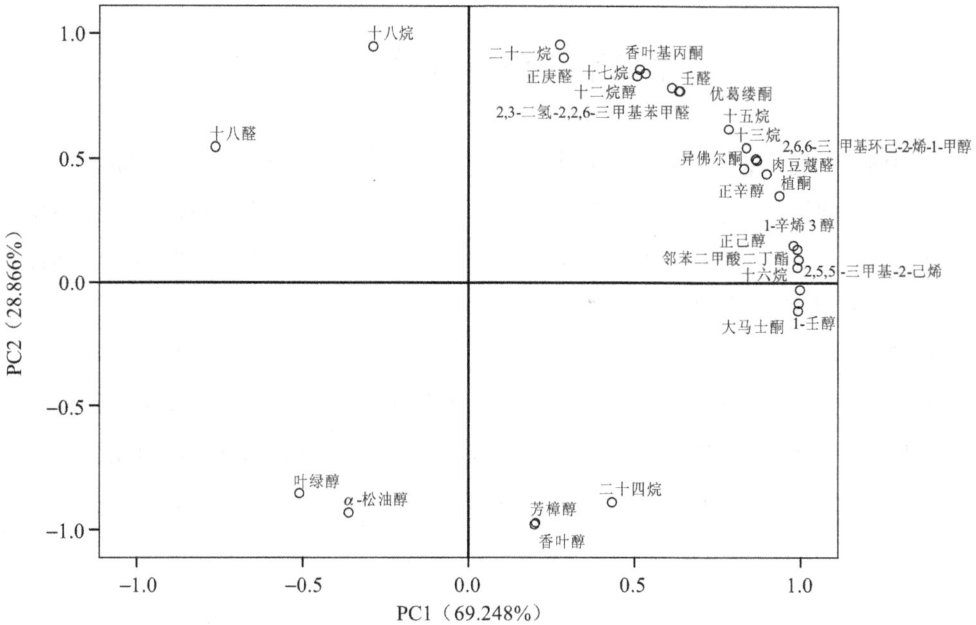

图 3-11　29 种化合物在主成分上的载荷图

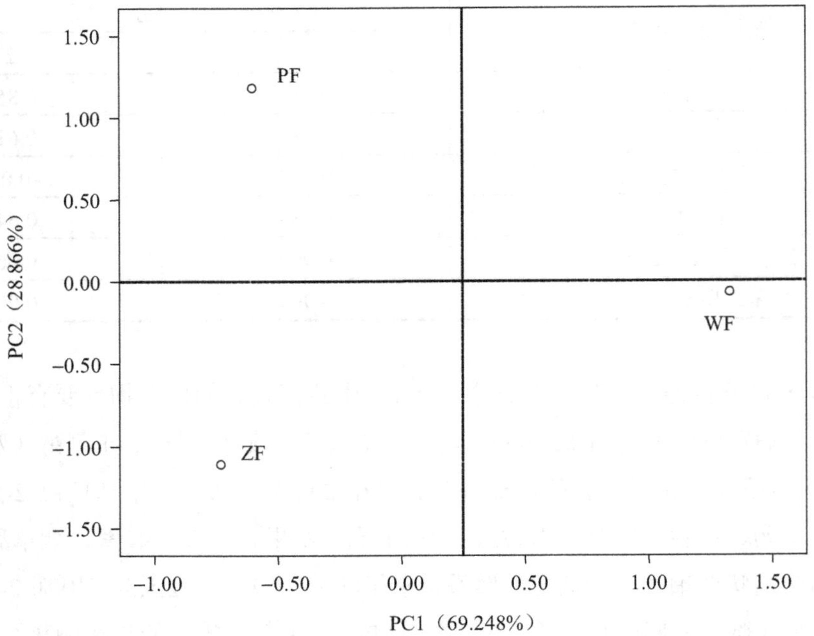

图 3-12 样品得分图

分析不同花色精油得分情况发现，PC1 得分最高的是白色花，PC2 得分最高的是粉色花。载荷图中的第一象限集中分布了大量的物质，其他几种物质零星分布在其他象限。由图 3-12 可以看出，3 种花色的文冠果精油分布于不同的象限内，表明 3 种精油存在较大的差异。

第二节 翅果油树花精油

翅果油树花的花期在每年的 4—5 月，花灰绿色，下垂，芳香，花梗被星状柔毛，萼筒钟状，裂片近三角形或近披针形，花药椭圆形，花柱直立，上部稍弯曲，下部密生绒毛。翅果油树作为一种丰富的植物资源，其花朵可以被应用于植物精油的开发研究，然而关于翅果油树花精油的提取以及组分研究的相关文献还未见报道。

（1）试验材料

本试验以翅果油树花（图 3-13）为原料，利用 GC-MS 技术研究翅果油树花精油组分构成，对精油中各化合物测试数据进行统计分析，并研究翅果油树花精油的功能因子。

试剂：正己烷（分析纯），北京化工厂；无水硫酸钠；水为双蒸水。

图 3-13 翅果油树花

试验设备：日本岛津 GCMS-QP2010Ultra 气质联用仪；RE-201D 旋转蒸发仪；电子天平；98-1-B 型电子调温电热套。

（2）试验方法：本试验对翅果油树花精油进行提取，并运用 GC-MS 技术检测精油的含量及构成，分析精油中所含的功能因子。

1）提取精油：利用吕兆林发明的精油提取专利装置（ZL200910180620.7）提取得到翅果油树花精油，准确称取一定质量的翅果油树花的粉末，置于圆底烧瓶中（2 L），按照料液比为 1∶20 加入双蒸水。在精油提取器“V”形管中先加入一定量的双蒸水，再加入一定体积的正己烷。加热回馏 6 h 以后，分离出有机相（正己烷），用无水硫酸钠进行干燥，再用旋转蒸发仪脱除正己烷（水浴温度 35℃），得到翅果油树花精油。

2）GC-MS 检测精油构成：将翅果油树花精油用正己烷溶解，进行 GC-MS 测试。检测精油的仪器如图 3-14 所示，精油上机样品及上样操作如图 3-15 所示。

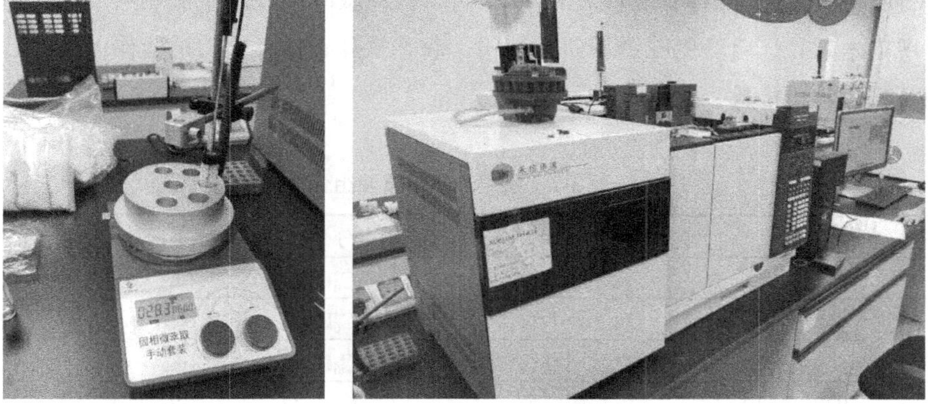

（A）固相微萃取加热设备　　（B）全二维气质联用仪

图 3-14 精油检测仪器

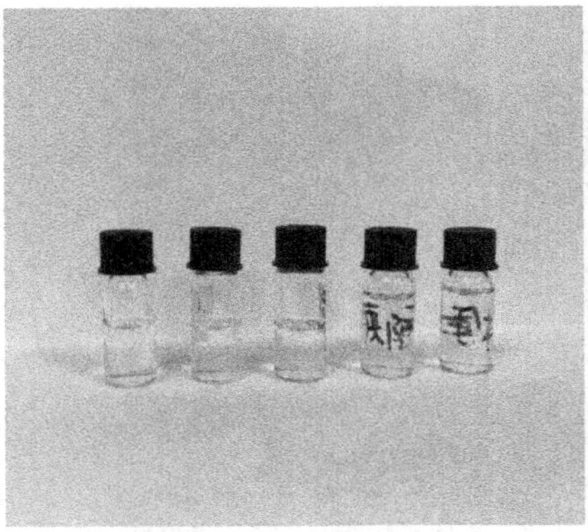

（A）上机样品

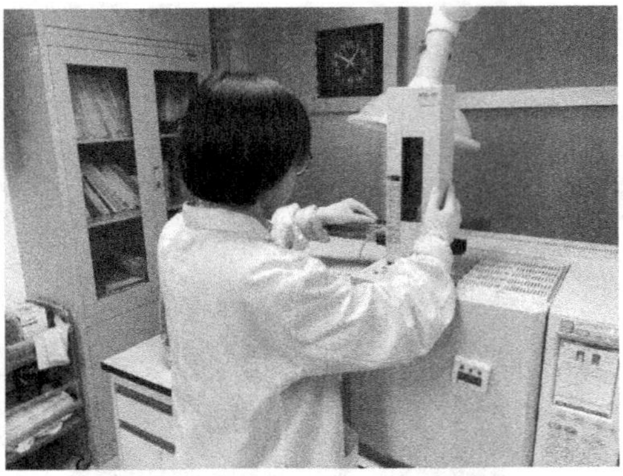

（B）上样操作

图 3-15　精油上机样品及上样操作

色谱条件：色谱柱采用 Rtx-5MS 型毛细管柱（30 m×0.25 mm×0.25 μm）。升温程序：初始温度 60℃，保持 2 min，然后以 3℃/min 的速率升至 200℃；以 20℃/min 的速率升至 250℃，保持 5 min；继续以 15℃/min 的速率升至 280℃，保持 10 min。载气为高纯氦气，流量为 1 mL/min，分流进样，分流比 40∶1，进样口温度 280℃。

质谱条件：电子轰击（EI）离子源电子能量为 70 eV；电子倍增器电压为 1.00 kV，质量扫描 *m*/*z* 30～550。离子源温度 250℃，接口温度为 250℃。

利用 NIST14 和 NIST14s 标准质谱库对采集到的质谱图进行检索，采用色谱峰面积归一化法定量分析。

一、精油组分构成

通过分析计算，得到翅果油树花精油含量为 0.412 ‰。

翅果油树花精油中含有的主要呈香物质（表 3-7）为：橙花叔醇（1.24%）、金合欢醇（8.95%）、香叶基香叶醇（1.58%）、茴香脑（10.24%）等。橙花叔醇呈现出柑橘和甜瓜的味道；金合欢醇呈现出木瓜花、百合的味道。研究表明，茴香脑具有抗氧化和抗菌作用，并具有促进免疫调节作用的可能性。

表 3-7　翅果油树花精油组分

序号	保留指数	精油成分名称	分子式	分子量	含量/%
1	814	2-己烯醛	$C_6H_{10}O$	98	4.66
2	868	2-己烯-1-醇	$C_6H_{12}O$	100	7.82
3	860	正己醇	$C_6H_{14}O$	102	3.91
4	938	甲基庚烯酮	$C_8H_{14}O$	126	0.46
5	1 081	苯乙醛	C_8H_8O	120	0.17
6	976	3,7-二甲基-1,3,6-十八烷三烯	$C_{10}H_{16}$	136	1.62

序号	保留指数	精油成分名称	分子式	分子量	含量/%
7	1 104	1-壬醛	$C_9H_{18}O$	142	1.09
8	1 190	茴香脑	$C_{10}H_{12}O$	148	10.24
9	1 410	2-甲氧基-4-（1-丙烯基苯酚）	$C_{10}H_{12}O_2$	164	0.92
10	1 420	6,10-二甲基十一碳-5,9-二烯-2-酮	$C_{13}H_{22}O$	194	0.58
11	1 379	异丁香酚甲醚	$C_{11}H_{14}O_2$	178	1.72
12	1 564	橙花叔醇	$C_{15}H_{26}O$	222	1.24
13	1 568	榄香素	$C_{12}H_{16}O_3$	208	2.93
14	1 710	金合欢醇	$C_{15}H_{26}O$	222	8.95
15	1 834	反,反-西基乙酸	$C_{17}H_{28}O_2$	264	9.89
16	2 037	邻苯二甲酸二丁酯	$C_{16}H_{22}O_4$	278	2.15
17	2 045	叶绿醇	$C_{20}H_{40}O$	296	0.41
18	2 246	黄葵内酯	$C_{16}H_{28}O_2$	252	0.3
19	2 192	香叶基香叶醇	$C_{20}H_{34}O$	290	1.58
20	2 009	二十烷	$C_{20}H_{42}$	282	0.81
21	2 252	1-二十醇	$C_{20}H_{42}O$	298	0.42
22	2 109	二十一烷	$C_{21}H_{44}$	296	0.54
23	2 208	二十二烷	$C_{22}H_{46}$	310	2.35
24	2 307	二十三烷	$C_{23}H_{48}$	324	6.8
25	2 407	二十四烷	$C_{24}H_{50}$	338	3.23
26	3 401	三十四烷	$C_{34}H_{70}$	478	12.25
27	3 600	三十六烷	$C_{36}H_{74}$	506	9.6
28	3 997	四十烷	$C_{40}H_{82}$	562	3.36

二、精油功能因子

通过分析翅果油树花精油的成分构成，可知其中含有橙花叔醇、金合欢醇、茴香脑等物质。

橙花叔醇又称苦橙花叔醇，是一种天然存在的非环状倍半萜烯醇，在许多植物和花卉的精油中存在。橙花叔醇有两种几何异构体，即反式和顺式形式。由于其疏水性，橙花叔醇容易穿过细胞膜，并可与细胞内蛋白质相互作用。目前有研究将橙花叔醇作为透皮给药的皮肤渗透增强剂。橙花叔醇具有很高的细胞毒性，可以破坏细胞膜。橙花叔醇具有多种药理和生物活性，包括抗氧化、抗微生物、抗生物膜、抗寄生虫、杀虫、抗溃疡、抗肿瘤、抗伤害和抗炎等。

金合欢醇具有一定的生物活性。在医药方面，金合欢醇可用作精神抑制药和保护皮肤的外用药物；还可以用在某些药物中，以增强药物的疗效；通过香叶基香叶醇和金合欢醇对磷酸转移酶的遏制效应，可以遏制卵磷脂的合成和防止人肺部细胞癌变。在化妆品方面，金合欢醇可有效抑制痤疮的形成，改善肌肤肤质，并可消除体臭和汗臭。IMRSE 公司已将金合欢醇作为天然除臭剂使用，抑菌选择实验表明，金合欢醇对汗臭产生菌有选择性抑制作用，而且对产生痤疮（青春痘）的细菌、皮肤的丝状菌有抑制功效。金合欢醇在化妆品应用中的抑菌作用与传统杀菌概念不同，传统杀菌剂通常杀灭皮肤保护层上的一切微生物，破坏皮肤的自然生态，长期使用会导致许多皮肤问题，如皮肤过敏、瘙痒等，并且会引起环境污染。金合欢醇抑菌效果温和，它仅抑制导致体癣、脚气、体臭、粉刺等皮肤问题的微生物，不破坏皮肤的天然保护层，维持皮肤自然生态，促进皮肤健康，被用于液体皂、沐浴液、护肤液和防晒霜等化妆品中。在杀菌消毒方面，金合欢醇是一种天然抗菌、除霉和去异味的化学物质，且高效低毒，因此在杀菌液体清洁剂和多种洗涤剂的配方里面，常常含有一定量的金合欢醇。

茴香脑具有一定的医学功效，如抗菌、抗病毒、抗肿瘤、抗寄生虫，还具有一定的镇痛、抗炎、解热作用。

第三节　油用牡丹精油

油用牡丹主要包括紫斑牡丹和凤丹两种。紫斑牡丹与观赏牡丹相比，花色相差不多，但紫斑牡丹果实含油量极高，同时，紫斑牡丹还具有耐高寒、耐干旱、耐贫瘠等特点。紫斑牡丹的诸多优势使其在食品、化妆品及水土保持等领域具有广阔的应用前景。

菏泽牡丹、野生牡丹等精油成分方面的研究多有报道，但紫斑牡丹主要位于甘肃等西北地区，鲜少有人对其精油进行深入的研究。李双等（2015）的研究指出提取方法不同，会对菏泽牡丹提取出的精油的成分及含量造成影响。Sun 等（2017）使用超临界流体萃取法提取 3 种野生牡丹的精油，并对其成分和抗氧化活性进行测定，研究表明其主要成分为芳樟醇氧化物、5-十二碳烯-1-乙酸酯、十九烷和二十一烷等。但对于不同地域、不同品种的紫斑牡丹精油的成分却几乎没有研究报道。

本试验以甘肃兰州中川牡丹基地不同立地条件相同品种及同一立地条件不同品种的紫斑牡丹为原料，利用 GC-MS 技术研究牡丹精油组分构成，对精油中各化合物测试数据进行统计分析，探讨不同立地条件、不同品种对紫斑牡丹精油含量及构成的影响。

（1）试验材料。

试剂：正己烷（分析纯），北京化工厂；水为双蒸水。

原料采集来自甘肃兰州新区中川镇的紫斑牡丹鲜花，样品信息见表 3-8、图 3-16。采集的牡丹及时放置在冰箱中冷冻保存，备用。

采样方法：每个样品选定长势良好的 50 株植株，每株采取 3～5 朵盛开牡丹花的花瓣，总量为 2 400 g。采集好的花瓣平均分为 3 份，装入密封袋，即时冷冻，记录样品信息（采样时间、采样地点、样品名称、颜色、采样量）。

表 3-8　紫斑牡丹样品信息

序号	样品信息	样品编号	采集地块信息
1	白色，半重瓣或重瓣	BZ-1	1 号地：海拔 1 930 m，北纬 36°26′45″，东经 103°36′38″
2	粉色，重瓣	FZ-1	1 号地：海拔 1 930 m，北纬 36°26′45″，东经 103°36′38″
3	紫色，半重瓣或重瓣	ZZ-1	1 号地：海拔 1 930 m，北纬 36°26′45″，东经 103°36′38″
4	粉色，重瓣	FZ-2	2 号地：海拔 1 910 m，北纬 36°26′59″，东经 103°36′16″
5	粉色，重瓣	FZ-3	3 号地：海拔 1 890 m，北纬 36°26′52″，东经 103°36′19″

（A）白色　（B）粉色　（C）紫色

图 3-16　紫斑牡丹

试验设备：日本岛津 GCMS-QP2010Ultra 气质联用仪；全二维气相色谱-飞行时间质谱联用仪（GC×GC-TOF/MS）；RE-201D 旋转蒸发仪；电子天平；98-1-B 型电子调温电热套。

（2）试验方法：本试验对油用牡丹精油进行提取，运用 GC-MS 技术检测精油的含量及构成，并首次运用 GC×GC-TOF/MS 检测精油构成，对不同立地条件、不同品种的油用牡丹进行分析。

1）提取精油。

准确称取一定质量的牡丹花，捣成泥浆（图 3-17），置于圆底烧瓶中，按固液比 1∶20 加入双蒸水，浸泡 6 h，加热回馏 4 h。在制备过程中，夹带有牡丹精油的水蒸气经冷凝管冷凝后，在正己烷层不断富集，分离出正己烷，用无水硫酸钠脱水，再利用旋转蒸发仪脱除正己烷（图 3-18），得到紫斑牡丹精油（图 3-19）。

图 3-17　制备鲜花瓣泥浆

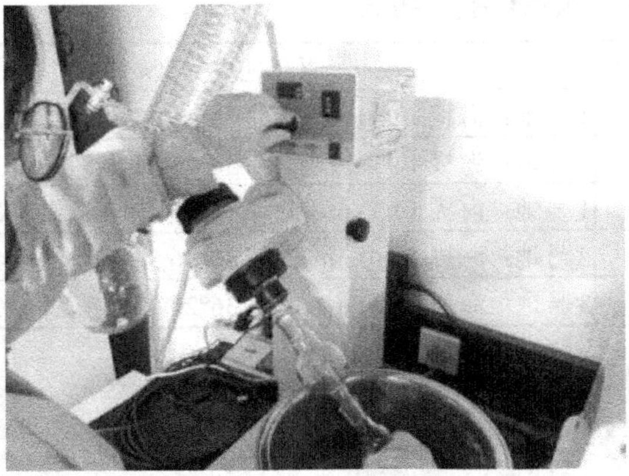

图 3-18　提取装置

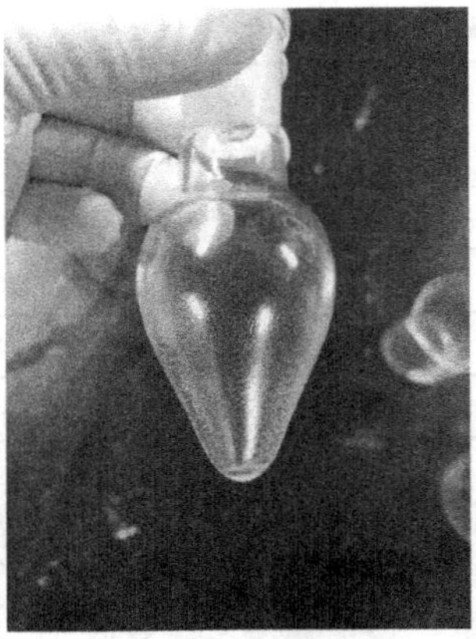

图 3-19　紫斑牡丹精油

2）GC-MS 检测精油构成。

同本章第一节。

3）GC×GC-TOF/MS 检测精油构成。

将油用牡丹精油用正己烷溶解，进行 GC×GC-TOF/MS 测试（图 3-20）。

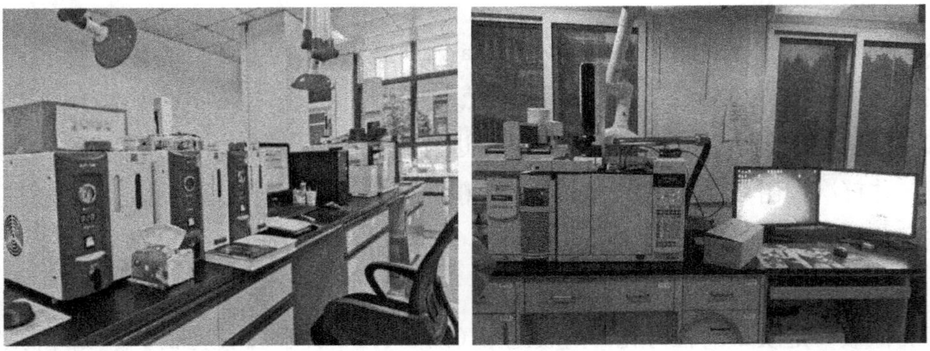

图 3-20　全二维仪器

GC 条件：一维柱采用 DB-Wax（30 m×0.25 mm×0.25 μm），二维柱采用 DB-17MS（1.195 m×0.25 mm×0.15 μm）；载气为高纯氦气，流量为 1 mL/min；进样口温度 250℃，不分流进样；柱温箱的升温程序为：初温 40℃，保持 10 min，以 3℃/min 的速率升到 230℃，76.67 min。调制柱：HV（C5-C30），1.1 m。

SSM 调制器：进口温度偏置：30℃（相对于 GC 柱箱温度）；出口温度：120℃（相对于 GC 柱箱温度），最高温度 320 ℃；冷区温度：–51℃；调制周期：6 s。

MS 条件：电子电离源；电离电压–70V；离子源温度 220℃；传输线温度 230℃。采用全扫描方式；质量扫描 *m*/*z* 40～500；扫描速率 100 谱/s。检测器电压：–1 750 V。

一、紫斑牡丹（GC-MS 技术）

表 3-9 为不同地块、不同类型的紫斑牡丹精油含量测定结果。

表 3-9　紫斑牡丹精油含量

样品编号	含量/‰
FZ-1	0.829±0.036
FZ-2	0.970±0.089
FZ-3	0.747±0.054
BZ-1	1.094±0.135
ZZ-1	1.031±0.103

（一）不同地块

对不同地块的紫斑牡丹的精油成分进行统计（表 3-10），共检测到 78 种化合物。其中，1 号地的粉色紫斑牡丹精油中鉴定出 54 种化合物，主要化合物为香叶醇（5.07%）、十四烷（5.99%）、7-十二碳烯-1-醇-乙酸酯（35.16%）、二十二烷（7.26%）、二十三烷（8.00%）；2 号地和 3 号地的粉色紫斑牡丹精油中分别检测到 53 种和 57 种化合物，两种牡丹精油的构成均以香叶醇（13.87%和 13.74%）、十四烷（9.86%和 7.25%）、7-十二碳烯-1-醇-乙酸酯（29.16%和 25.01%）、二十二烷（6.29%和 7.32%）和二十三烷（6.36%和 8.11%）为主。

表 3-10　紫斑牡丹精油构成（面积归一）

化合物种类	序号	保留指数	精油成分名称	分子式	含量/%				
					FZ-1	FZ-2	FZ-3	BZ-1	ZZ-1
醛类	1	1 104	1-壬醛	$C_9H_{18}O$	0	0.29	0.31	0.26	0.42
	2	1 174	3,7-二甲基-2,6-辛二烯醛	$C_{10}H_{16}O$	0	0.82	0.47	0.13	0.63
	3	1 174	柠檬醛	$C_{10}H_{16}O$	0	1.07	0.67	0.18	0.85
	4	1 311	2-十一烯醛	$C_{11}H_{20}O$	0	0.07	0	0	0
	5	1 999	十八醛	$C_{18}H_{36}O$	0	0	0	0.04	0
	醛类总计				0	2.25	1.45	0.61	1.90
酮类	6	1 754	植酮	$C_{18}H_{36}O$	0.33	0.53	0.38	0.51	0.70
	酮类总计				0.33	0.53	0.38	0.51	0.70
烯类	7	1 216	*β*-古巴烯	$C_{15}H_{24}$	0.32	0.22	0.16	0	0.13
	8	1 440	*β*-荜澄茄烯	$C_{15}H_{24}$	0.10	0	0	0	0
	9	1 458	*α*-法尼烯	$C_{15}H_{24}$	0	0	0	0	0.98
	10	1 494	1-石竹烯	$C_{15}H_{24}$	0.07	0.29	0.45	0.11	0.13
	11	1 655	2-甲基-7-十六碳烯	$C_{17}H_{34}$	0	0	0	0.03	0
	12	1 701	十七烯	$C_{17}H_{34}$	4.56	4.55	4.18	2.73	3.60
	13	1 900	1-十九烯	$C_{19}H_{38}$	0.45	0.22	0.28	0.23	0.32
	烯类总计				5.50	5.28	5.07	3.10	5.16

化合物种类	序号	保留指数	精油成分名称	分子式	含量/%				
					FZ-1	FZ-2	FZ-3	BZ-1	ZZ-1
醇类	14	868	叶醇	$C_6H_{12}O$	0.06	0.07	0	0.20	0.32
	15	860	正已醇	$C_6H_{14}O$	0	0.26	0.36	0.15	0
	16	1 082	芳樟醇	$C_{10}H_{18}O$	0.71	1.45	3.02	0.42	1.78
	17	1 136	苯乙醇	$C_8H_{10}O$	0.48	0.60	0.26	1.91	2.2
	18	1 143	α-松油醇	$C_{10}H_{18}O$	0	0	0.18	0	0.14
	19	1 179	香茅醇	$C_{10}H_{20}O$	0.27	0	0	0.03	0.09
	20	1 182	6-甲基-2-环氧乙烷-5-庚烯-2-醇	$C_{10}H_{18}O_2$	0.05	0.09	0.08	0	0.10
	21	1 228	香叶醇	$C_{10}H_{18}O$	5.07	13.87	13.74	3.91	9.52
	22	1 228	橙花醇	$C_{10}H_{18}O$	0.62	0.69	0.62	0.10	0.60
	23	1 556	十三醇	$C_{13}H_{28}O$	0	0	0.18	0.20	0.20
	24	1 771	6,9-十五碳二烯-1-醇	$C_{15}H_{28}O$	0.65	0	0	0	0
	25	1 787	1-乙基-9-十四碳烯-1-醇	$C_{16}H_{30}O_2$	0.26	0.24	0.23	0.32	0.45
	26	1 873	2-十七烷醇	$C_{17}H_{36}O$	0.26	0	0	0.17	0
	27	2 069	亚麻醇	$C_{18}H_{34}O$	0.41	0	0	0.05	0
	28	2 077	9,12,15-十八碳三烯-1-醇	$C_{18}H_{32}O$	0	0	0	0.16	0.18
	29	2 192	3,7,11,16-四甲基-2,6,10,14-四烯-十六烷醇	$C_{20}H_{34}O$	0	0	0	0	0.07
	醇类总计				8.84	17.27	18.67	7.62	15.65
酯类	30	981	甲酸已酯	$C_7H_{14}O_2$	0.10	0	0	0	0.61
	31	1 252	3,7-二甲基-2,6-辛二烯酸甲酯	$C_{11}H_{18}O_2$	0.25	0.08	0	0	0
	32	1 493	异戊酸苯乙酯	$C_{13}H_{18}O_2$	0	0.15	0	0.08	0
	33	1 588	7-十二碳烯-1-醇-乙酸酯	$C_{14}H_{26}O_2$	35.16	29.16	25.01	19.79	22.91
	34	1 925	苯甲酸香叶酯	$C_{17}H_{22}O_2$	0.28	0.16	0.29	0.10	0.18
	35	1 978	棕榈酸乙酯	$C_{18}H_{36}O_2$	0	0	0	0.04	0
	36	2 037	邻苯二甲酸二丁酯	$C_{16}H_{22}O_4$	1.24	0.64	0.65	0.77	1.10
	37	2 148	9-十五碳烯丙酸酯	$C_{18}H_{34}O_3$	0.42	0.23	0.14	0.19	0.15
	酯类总计				37.45	30.42	26.09	20.97	24.95
酸类	38	1 833	2-苯乙基酯苯甲酸	$C_{15}H_{14}O_2$	0.66	0.70	0.92	1.36	2.46
	39	2 183	亚油酸	$C_{18}H_{32}O_2$	0.10	0	0.18	0	0.09
	40	2 191	亚麻酸	$C_{18}H_{30}O_2$	2.69	2.58	2.02	2.49	1.76
	酸类总计				3.45	3.28	3.12	3.85	4.31
烷烃类	41	1 185	3-甲基-5-丙基-壬烷	$C_{13}H_{28}$	0	0	0	0	0.27
	42	1 214	十二烷	$C_{12}H_{26}$	0	0.06	0	0.04	0
	43	1 349	4-甲基十三烷	$C_{14}H_{30}$	0.19	0.34	0.33	0.47	0.30
	44	1 413	十四烷	$C_{14}H_{30}$	5.99	9.86	7.25	15.93	8.96
	45	1 548	3-甲基十五烷	$C_{16}H_{34}$	0.68	0.95	0.73	1.17	1.19
	46	1 612	十六烷	$C_{16}H_{34}$	0.24	0.28	0.34	0.44	0.39
	47	1 647	2-甲基十六烷	$C_{17}H_{36}$	0.25	0.31	0.28	0.23	0.43
	48	1 711	十七烷	$C_{17}H_{36}$	2.40	2.88	2.43	3.80	3.38
	49	1 746	3-甲基十七烷	$C_{18}H_{38}$	0.18	0.19	0.20	0.24	0.46
	50	1 810	十八烷	$C_{18}H_{38}$	0	0	0.17	0.21	0.24

化合物种类	序号	保留指数	精油成分名称	分子式	含量/%				
					FZ-1	FZ-2	FZ-3	BZ-1	ZZ-1
烷烃类	51	1 901	1,2-环氧十八烷	$C_{18}H_{36}O$	0.69	0	0	0.10	0
	52	1 980	2,3-二甲基-十九烷	$C_{21}H_{44}$	2.25	2.52	2.15	4.30	3.83
	53	2 022	2,4,10-三氧-7-烯-金刚烷	$C_{19}H_{32}O_3$	0.95	0.48	0.44	0.39	0.67
	54	2 045	2-甲基二十烷	$C_{21}H_{44}$	0	0	0.17	0.31	0.23
	55	2 109	二十一烷	$C_{21}H_{44}$	1.28	1.26	1.24	3.67	1.69
	56	2 144	5-甲基二十一烷	$C_{22}H_{46}$	0.40	0.35	0.41	0.72	0.41
	57	2 208	二十二烷	$C_{22}H_{46}$	7.26	6.29	7.32	12.40	6.60
	58	2 279	2,21-二甲基二十二烷	$C_{24}H_{50}$	1.00	0.85	1.20	1.08	0.99
	59	2 343	2-甲基二十三烷	$C_{24}H_{50}$	0.20	0.09	0.16	0	0.11
	60	2 307	二十三烷	$C_{23}H_{48}$	8.00	6.36	8.11	7.83	6.37
	61	2 407	二十四烷	$C_{24}H_{50}$	1.89	0.89	1.41	1.99	0.76
	62	2 442	2-甲基二十四烷	$C_{25}H_{52}$	0.56	0.42	0.77	0.41	0.54
	63	2 506	二十五烷	$C_{25}H_{52}$	0.50	0.24	0.25	0.38	0.26
	64	2 606	二十六烷	$C_{26}H_{54}$	4.07	2.83	3.33	2.93	3.41
	65	3 337	9-辛基-二十六烷	$C_{34}H_{70}$	3.79	1.40	3.32	2.73	2.38
	66	3 401	三十四烷	$C_{34}H_{70}$	0.13	0.09	0.49	0.13	0.21
	67	3 600	三十六烷	$C_{36}H_{74}$	0.57	0.47	0.69	0.42	0.67
	68	3 805	13,17,21-三甲基三十七烷	$C_{40}H_{82}$	0.15	0	0.06	0	0.12
	69	3 997	四十烷	$C_{40}H_{82}$	0	0	0.16	0	0
	70	4 395	四十四烷	$C_{44}H_{90}$	0	0	0.24	0	0.16
	烷烃类总计				43.62	39.41	43.65	62.32	45.03
其他类	71	1 040	2-戊基呋喃	$C_9H_{14}O$	0	0	0.13	0.04	0.09
	72	1 164	芳樟醇氧化物	$C_{10}H_{18}O_2$	0.07	0.15	0.18	0	0.17
	73	1 239	2-庚基呋喃	$C_{11}H_{18}O$	0	0.37	0.31	0.15	0.50
	74	1 629	十六炔	$C_{16}H_{30}$	0	0.25	0.25	0	0
	75	1 629	5-十六炔	$C_{16}H_{30}$	0	0	0	0.40	0.30
	76	1 863	2-甲基-7-十八炔	$C_{19}H_{36}$	0.14	0	0	0.10	0
	77	1 808	1-十八炔	$C_{18}H_{34}$	0.35	0.54	0.54	0.33	0.94
	78	1 899	2-丁基-5-己基-1H-茚	$C_{19}H_{36}$	0.25	0.25	0.16	0	0.30
	其他类总计				0.81	1.56	1.57	1.02	2.30

1 号地粉色紫斑牡丹（FZ-1）精油中含有 11 种醇类化合物（8.84%）、1 种醛酮类化合物（0.33%）、5 种烯类化合物（5.50%）、6 种酯类化合物（37.45%）、3 种酸类化合物（3.45%）和 24 种烷烃类化合物（43.62%）。2 号地粉色紫斑牡丹（FZ-2）精油中包含 8 种醇类化合物（17.27%）、5 种醛酮类化合物（2.78%）、4 种烯类化合物（5.28%）、6 种酯类化合物（30.42%）、2 种酸类化合物（3.28%）和 23 种烷烃类化合物（39.41%）。3 号地粉色紫斑牡丹（FZ-3）精油中含有 9 种醇类化合物、4 种醛酮类化合物、4 种烯类化合物、4 种酯类化合物、3 种酸类化合物、27 种烷烃类化合物，含量依次为 18.67%、1.83%、5.07%、26.09%、3.12%

和 43.65%（图 3-21、图 3-22）。

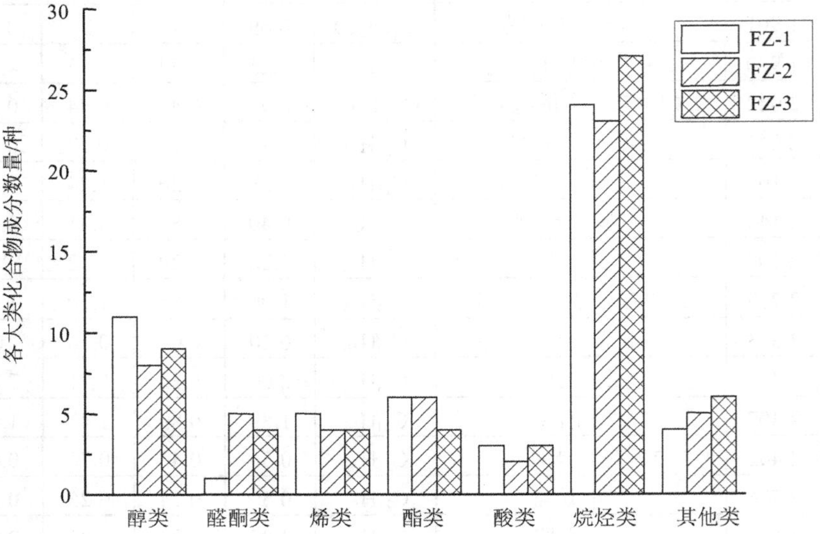

图 3-21　不同地块紫斑牡丹精油成分数量对比

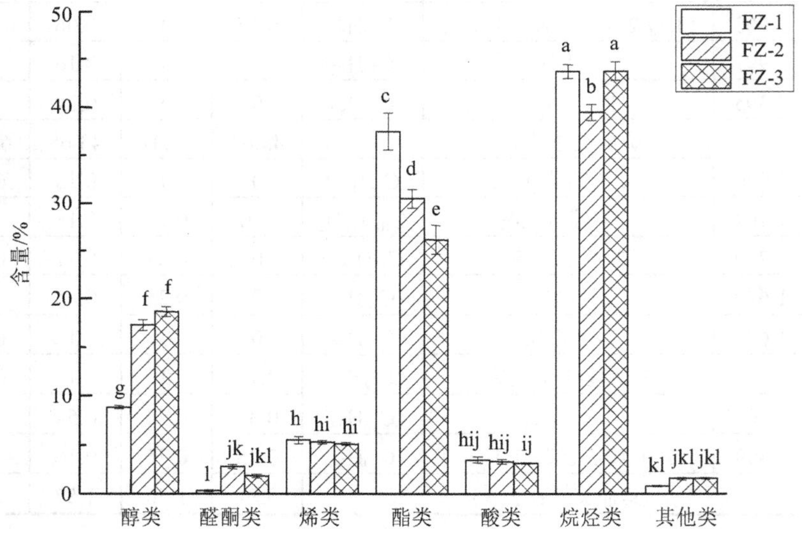

图 3-22　不同地块紫斑牡丹精油不同类别化合物含量对比

烷烃类物质在 1 号地和 3 号地的粉色紫斑牡丹精油中的含量相近，差异不显著（$p>0.05$），而与 2 号地的精油中的烷烃类含量相差 5%左右，差异显著（$p<0.05$）；酯类物质在 3 种紫斑牡丹精油中的含量均不相同，差异均为显著（$p<0.05$），在 1 号地的紫斑牡丹精油中含量最高；2 号地和 3 号地的紫斑牡丹精油中的醇类物质含量相近，差异不显著（$p>0.05$），而 1 号地的精油中的醇类物质含量最低，与前两者差异显著（$p<0.05$）；烯类

化合物在 2 号地和 3 号地的紫斑牡丹精油中的含量相近，差异不显著（$p>0.05$），但两者含量均低于 1 号地紫斑牡丹精油中的含量；酸类物质在 1 号地的紫斑牡丹精油中含量最高；醛酮类化合物在 1 号地紫斑牡丹精油中的含量最低，而在 2 号地紫斑牡丹精油中的含量最高。

不同立地条件紫斑牡丹造成以上差异的原因可能有以下几点：一是立地条件不同，植株在地域高度上存在一定的差异，使其接收的太阳辐射量不同，使得植株的生长受到一定影响；二是不同地块的紫斑牡丹种植地的干旱程度不同，据调研，3 号地立地条件最高，输水较困难，植株浇水量少，因此，紫斑牡丹长势较次于 1 号地和 2 号地；三是不同地块的紫斑牡丹的种植密度不同也会影响植株接收的太阳辐射量，从而影响植株的生长，影响花中精油的含量及组分构成。

（二）不同类型

对不同类型的紫斑牡丹的精油成分进行统计（表 3-10），共检测到 78 种化合物。其中，白色紫斑牡丹（BZ-1）精油中鉴定出 59 种化合物，主要化合物为十四烷（15.93%）、7-十二碳烯-1-醇-乙酸酯（19.79%）、二十二烷（12.40%）、二十三烷（7.83%）；粉色紫斑牡丹（FZ-1）精油和紫色紫斑牡丹（ZZ-1）精油中分别检测到 54 种和 62 种化合物，两种牡丹精油的构成均以香叶醇（5.07%和 9.52%）、十四烷（5.99%和 8.96%）、7-十二碳烯-1-醇-乙酸酯（35.16%和 22.91%）、二十二烷（7.26%和 6.60%）和二十三烷（8.00%和 6.37%）为主。

白色紫斑牡丹（BZ-1）精油中含有 12 种醇类化合物（7.62%）、5 种醛酮类化合物（1.12%）、4 种烯类化合物（3.10%）、6 种酯类化合物（20.97%）、2 种酸类化合物（3.85%）、25 种烷烃类化合物（62.32%）。粉色紫斑牡丹（FZ-1）精油中含有 11 种醇类化合物（8.84%）、1 种醛酮类化合物（0.33%）、5 种烯类化合物（5.50%）、6 种酯类化合物（37.45%）、3 种酸类化合物（3.45%）和 24 种烷烃类化合物（43.62%）。紫色紫斑牡丹（ZZ-1）精油中含有 12 种醇类化合物（15.65%）、4 种醛酮类化合物（2.60%）、5 种烯类化合物（5.16%）、5 种酯类化合物（24.95%）、3 种酸类化合物（4.31%）、27 种烷烃类化合物（45.03%）（如图 3-23 所示）。

由图 3-24 可知，白色紫斑牡丹（BZ-1）精油中的烷烃类化合物含量最高，与粉色（FZ-1）和紫色（ZZ-1）紫斑牡丹精油中的含量相差较大，差异显著（$p<0.05$），而粉色和紫色紫斑牡丹精油中的烷烃类化合物含量相差约 2%，差异较显著（$p<0.05$）；酯类化合物在粉色紫斑牡丹精油中含量最高，与白色和紫色紫斑牡丹精油差异显著（$p<0.05$）；紫色紫斑牡丹精油中的醇类化合物含量最高，粉色紫斑牡丹精油次之；烯类化合物在白色紫斑牡丹精油中含量最低，而粉色和紫色紫斑牡丹精油中的烯类化合物含量相近，差异不显著（$p>0.05$）；酸类化合物在 3 种精油中含量均不相近，彼此间差异显著（$p<0.05$）；粉色紫斑牡丹精油中的醛酮类化合物含量最低，与白色和紫色紫斑牡丹精油差异均显著（$p<0.05$）。

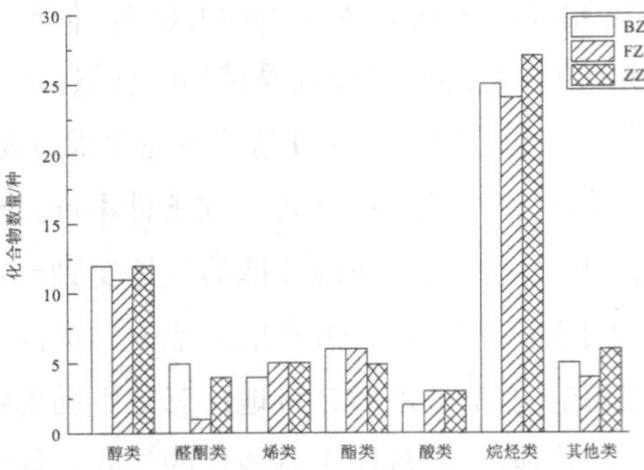

图 3-23 不同类型紫斑牡丹精油化合物数量对比

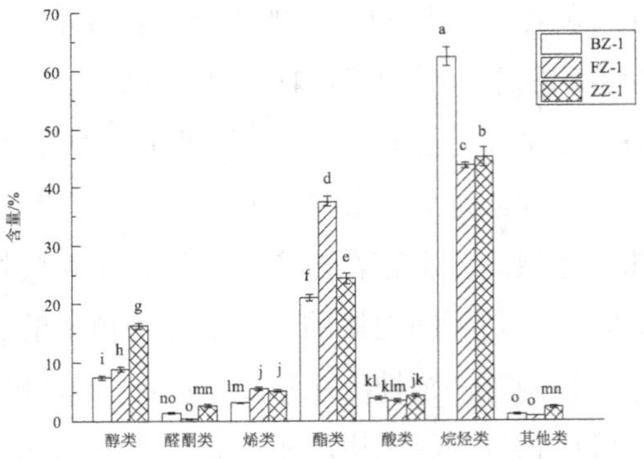

图 3-24 不同类型紫斑牡丹精油不同类别化合物含量对比

不同类型紫斑牡丹精油成分差异的原因有以下几点：一是不同类型的花型不同，有的紫斑牡丹为单瓣，有的为重瓣，使其接收的太阳辐射量和营养不同，从而影响其生长和成分组成；二是不同类型的紫斑牡丹抗旱性能不同，3 种紫斑牡丹种植在同一立地条件同一地区，但 3 种牡丹长势有所不同，白色紫斑牡丹长势较好，紫色紫斑牡丹次之；三是 3 种不同类型的紫斑牡丹的株龄可能不同，也会影响紫斑牡丹中精油的含量及组分。

主成分分析法是一种降维或者把多个指标转化为少数几个综合指标的多元数理统计方法，综合指标保留了原有指标的大多数信息，把复杂的问题简单化。本研究将不同立地条件、不同类型的 5 种精油进行 GC-MS 分析，共检测出 37 种共同化合物，具体信息见表 3-11。

表 3-11 不同地块不同类型紫斑牡丹精油共同化合物（面积归一）

序号	精油成分名称	含量/%				
		BZ-1	ZZ-1	FZ-1	FZ-2	FZ-3
1	芳樟醇	0.42	1.78	0.71	1.45	3.02
2	苯乙醇	1.91	2.20	0.48	0.60	0.26
3	橙花醇	0.10	0.60	0.62	0.69	0.62
4	香叶醇	3.91	9.52	5.07	13.87	13.74
5	4-甲基十三烷	0.47	0.30	0.19	0.34	0.33
6	1-石竹烯	0.11	0.13	0.07	0.29	0.45
7	十四烷	15.93	8.96	5.99	9.86	7.25
8	3-甲基十五烷	1.17	1.19	0.68	0.95	0.73
9	十六烷	0.44	0.39	0.24	0.28	0.34
10	2-甲基-十六烷	0.23	0.43	0.25	0.31	0.28
11	7-十二碳烯-1-醇-乙酸酯	19.79	22.91	35.16	29.16	25.01
12	亚麻酸	2.49	1.76	2.69	2.58	2.02

序号	精油成分名称	含量/%				
		BZ-1	ZZ-1	FZ-1	FZ-2	FZ-3
13	十七烯	2.73	3.60	4.56	4.55	4.18
14	十七烷	3.80	3.38	2.40	2.88	2.43
15	3-甲基十七烷	0.24	0.46	0.18	0.19	0.20
16	植酮	0.51	0.70	0.33	0.53	0.38
17	2-苯乙基酯苯甲酸	1.36	2.46	0.66	0.70	0.92
18	1-乙基-9-十四碳烯-1-醇	0.32	0.45	0.26	0.24	0.23
19	1-十九烯	0.23	0.32	0.45	0.22	0.28
20	2,3-二甲基十九烷	4.30	3.83	2.25	2.52	2.15
21	2,4,10-三氧-7-烯-金刚烷	0.39	0.67	0.95	0.48	0.44
22	9-十五碳烯丙酸酯	0.19	0.15	0.42	0.23	0.14
23	邻苯二甲酸二丁酯	0.77	1.10	1.24	0.64	0.65
24	苯甲酸香叶酯	0.10	0.18	0.28	0.16	0.29
25	1-十八炔	0.33	0.94	0.35	0.54	0.54
26	二十一烷	3.67	1.69	1.28	1.26	1.24
27	5-甲基二十一烷	0.72	0.41	0.40	0.35	0.41
28	二十二烷	12.40	6.60	7.26	6.29	7.32
29	2,21-二甲基二十二烷	1.08	0.99	1.00	0.85	1.20
30	二十三烷	7.83	6.37	8.00	6.36	8.11
31	二十四烷	1.99	0.76	1.89	0.89	1.41
32	2-甲基二十四烷	0.41	0.54	0.56	0.42	0.77
33	二十五烷	0.38	0.26	0.50	0.24	0.25
34	二十六烷	2.93	3.41	4.07	2.83	3.33
35	9-辛基-二十六烷	2.73	2.38	3.79	1.40	3.32
36	三十四烷	0.13	0.21	0.13	0.09	0.49
37	三十六烷	0.42	0.67	0.57	0.47	0.69
合计		96.93	92.70	95.93	95.71	95.42

采用 SPSS 17.0 对 37 种共有化合物进行主成分分析，探寻不同立地条件、不同类型紫斑牡丹精油的主要成分。37 种共同化合物的特征值和贡献率如表 3-12 所示，主成分载荷矩阵分析结果如表 3-13 所示。根据特征值大于 1 的原则，共分析出 4 个主成分，贡献率分别为 32.756%、26.427%、22.467%、18.350%。故前 3 个主成分能很好地代表不同立地条件、不同类型紫斑牡丹精油成分的信息。

表 3-12　主成分的特征值和贡献率

主成分因子	特征值	方差贡献率/%	累计贡献率/%
1	8.189	32.756	32.756
2	6.607	26.427	59.183
3	5.617	22.467	81.650
4	4.587	18.350	100.000

表 3-13　主成分载荷矩阵

精油成分名称	主成分		
	1	2	3
5-甲基二十一烷	0.991	−0.091	−0.067
橙花醇	−0.988	0.080	0.069
二十二烷	0.971	−0.220	−0.062
二十一烷	0.971	0.030	−0.121
十七烯	−0.930	−0.334	0.154
十四烷	0.826	0.050	−0.429
十六烷	0.791	0.470	−0.349
十七烷	0.744	0.489	−0.262
3-甲基十七烷	0.103	0.991	0.071
2-苯乙基酯苯甲酸	0.278	0.956	0.027
1-乙基-9-十四碳烯-1-醇	0.283	0.936	0.189
2-甲基-十六烷	−0.391	0.917	−0.084
1-十八炔	−0.353	0.911	−0.146
植酮	0.102	0.891	−0.322
1-十九烯	−0.266	−0.043	0.954
邻苯二甲酸二丁酯	−0.059	0.307	0.943
二十六烷	−0.261	−0.055	0.924
2,4,10-三氧-7-烯-金刚烷	−0.372	0.052	0.917
二十五烷	0.308	−0.418	0.831
9-十五碳烯丙酸酯	−0.220	−0.485	0.750

由表 3-13 可以看出，第一主因子在变量 5-甲基二十一烷、橙花醇、二十二烷、二十一烷、十七烯、十四烷、十六烷、十七烷有较高的载荷系数，则说明这些变量与第一主因子有高的相关性。第二主因子在变量 3-甲基十七烷、2-苯乙基酯苯甲酸、1-乙基-9-十四碳

烯-1-醇、2-甲基-十六烷、1-十八炔、植酮有较高的载荷系数，则说明这些变量与第二主因子有高的相关性。第三主因子在变量 1-十九烯、邻苯二甲酸二丁酯、二十六烷、2,4,10-三氧-7-烯-金刚烷、二十五烷、9-十五碳烯丙酸酯有较高的载荷系数，则说明这些变量与第三主因子有高的相关性。

由于总方差 81.650%的贡献率来自前 3 种主成分。采用 SPSS 17.0 软件对 37 个样品进行主成分分析时，按照剔除最小特征值的主成分中对应的最大特征向量的变量的原则，每次剔除一个变量，然后对剩余变量进行主成分分析，分别可以得到样品得分图（图 3-25）和主成分载荷图（图 3-26）。

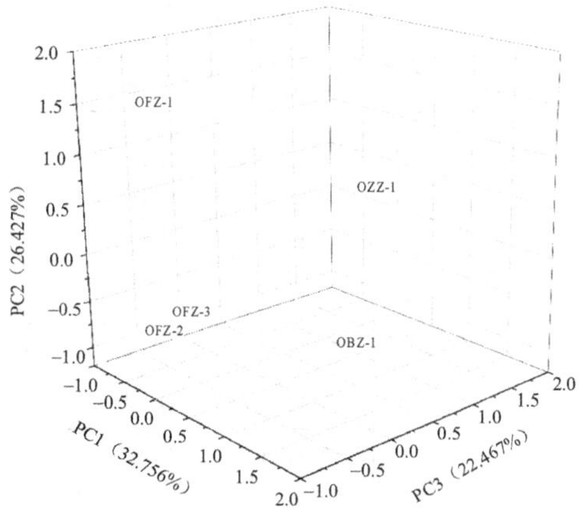

图 3-25 样品得分图

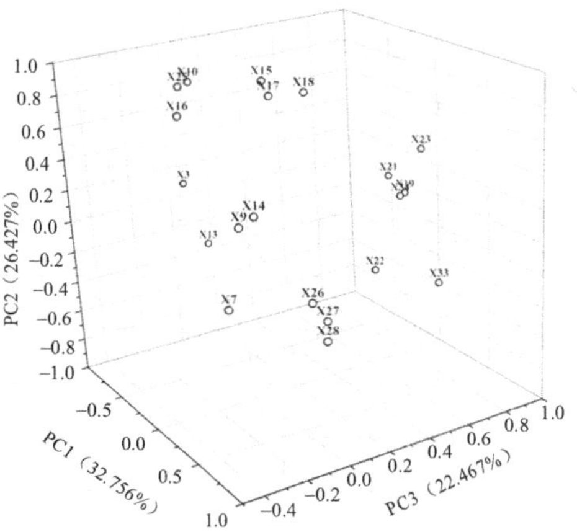

图 3-26 20 种成分在主成分上的载荷图

由图 3-25 可知，不同地块的粉色紫斑牡丹分布在同一区域，可推测出不同地块的紫斑牡丹精油成分差异较小的结论；白色、粉色和紫色紫斑牡丹分布在不同的区域，说明不同地块、不同类型的紫斑牡丹精油成分有较大的差异。白色紫斑牡丹样品（BZ-1）主要分布在 *xy* 象限，结合图 3-26 可知，二十一烷、5-甲基二十一烷、二十二烷可能为其主要成分；紫色紫斑牡丹样品（ZZ-1）主要分布在 *xz* 象限，结合图 3-26 可知，1-十九烯、2,4,10-三氧-7-烯-金刚烷、9-十五碳烯丙酸酯、邻苯二甲酸二丁酯、二十五烷、二十六烷可能为其主要成分；不同地块的粉色紫斑牡丹样品（FZ-1、FZ-2、FZ-3）主要分布在 *yz* 象限，结合图 3-26 可知，2-甲基-十六烷、1-十八炔、植酮为 1 号地紫斑牡丹精油的主要成分，十四烷可能是 2 号地和 3 号地紫斑牡丹精油的主要成分。

二、凤丹（GC-MS 技术）

凤丹的精油含量测定值为 0.695‰～1.006‰。

对不同花色的凤丹精油成分进行统计（表 3-14），共检测到 76 种化合物。其中，白色凤丹精油中鉴定出 69 种化合物，主要化合物为壬醛（4.51%）、1,3,5-三甲氧基苯（9.71%）、十七烷（5.36%）、2,3-二甲基-十九烷（7.39%）、二十二烷（11.91%）、二十三烷（12.56%）、二十六烷（8.52%）；粉色凤丹精油中鉴定出 54 种化合物，主要化合物为十四烷（12.40%）、7-十二碳烯-1-醇-乙酸酯（4.69%）、十七烷（5.16%）、二十二烷（15.11%）、二十三烷（17.15%）、二十六烷（5.04%）。

表 3-14　不同花色凤丹精油构成（面积归一）

化合物种类	序号	保留指数	精油成分名称	分子式	含量/%	
					BFD	FFD
醛类	1	905	庚醛	$C_7H_{14}O$	0.04	—
	2	1 104	1-壬醛	$C_9H_{18}O$	4.51	1.17
	3	1 112	壬烯醛	$C_9H_{16}O$	0.26	—
	4	1 174	3,7-二甲基-2,6-辛二烯醛	$C_{10}H_{16}O$	0.12	—
	5	1 174	柠檬醛	$C_{10}H_{16}O$	0.14	—
	6	1 189	肉桂醛	C_9H_8O	0.15	—
	7	1 303	十一醛	$C_{11}H_{22}O$	0.08	—
	8	1 701	十五醛	$C_{15}H_{30}O$	0.38	0.26
	9	1 800	十六醛	$C_{16}H_{32}O$	0.04	—
	10	1 999	十八醛	$C_{18}H_{36}O$	1.40	0.29
	醛类总计				7.12	1.72
烯类	11	868	2,6-二甲基-庚二烯	C_9H_{16}	0.04	—
	12	976	3,7-二甲基-1,3,6-十八烷三烯	$C_{10}H_{16}$	0.10	—
	13	1 421	7-十四碳烯	$C_{14}H_{28}$	0.06	0.20
	14	1 494	1-石竹烯	$C_{15}H_{24}$	—	0.07
	15	1 216	β-古巴烯	$C_{15}H_{24}$	0.62	0.11
	16	1 430	α-香柠檬烯	$C_{15}H_{24}$	—	0.08
	17	1 458	α-法尼烯	$C_{15}H_{24}$	—	7.55
	18	1 701	十七烯	$C_{17}H_{34}$	0.67	0.91
	19	1 900	1-十九烯	$C_{19}H_{38}$	2.07	1.49
	烯类总计				3.56	10.41
醇类	20	868	叶醇	$C_6H_{12}O$	1.11	0.63
	21	770	1-己烯-3-醇	$C_6H_{12}O$	0.19	0.10
	22	860	正己醇	$C_6H_{14}O$	2.06	1.16
	23	1 182	6-甲基-2-环氧乙烷-5-庚烯-2-醇	$C_{10}H_{18}O_2$	0.53	0.08
	24	1 082	芳樟醇	$C_{10}H_{18}O$	0.60	0.76
	25	1 167	3-壬烯-1-醇	$C_9H_{18}O$	0.19	—

化合物种类	序号	保留指数	精油成分名称	分子式	含量/%	
					BFD	FFD
醇类	26	1 143	α-松油醇	$C_{10}H_{18}O$	0.27	0.39
	27	1 228	橙花醇	$C_{10}H_{18}O$	0.97	0.94
	28	1 179	香茅醇	$C_{10}H_{20}O$	0.37	—
	29	1 228	香叶醇	$C_{10}H_{18}O$	1.25	1.03
	30	2 061	油醇	$C_{18}H_{36}O$	0.56	—
	31	2 069	亚麻醇	$C_{18}H_{34}O$	0.44	0.17
	32	2 192	3,7,11,16-四甲基-2,6,10,14-四烯十六碳-1-醇	$C_{20}H_{34}O$	0.13	—
	醇类总计				8.67	5.26
酯类	33	1 252	天竺葵甲酯	$C_{11}H_{18}O_2$	0.12	—
	34	1 588	7-十二碳烯-1-醇-乙酸酯	$C_{14}H_{26}O_2$	1.15	4.69
	35	1 908	邻苯二甲酸异二丁酯	$C_{16}H_{22}O_4$	0.06	—
	36	2 037	邻苯二甲酸二丁酯	$C_{16}H_{22}O_4$	1.48	1.44
	37	1 978	棕榈酸乙酯	$C_{18}H_{36}O_2$	0.27	0.09
	38	2 201	亚麻酸乙酯	$C_{20}H_{34}O_2$	0.15	0.05
	酯类总计				3.23	6.27
酮类	39	938	甲基庚烯酮	$C_8H_{14}O$	0.06	—
	40	1 420	香叶基丙酮	$C_{13}H_{22}O$	0.24	—
	41	1 754	植酮	$C_{18}H_{36}O$	0.19	0.20
	42	1 902	法尼基丙酮	$C_{18}H_{30}O$	0.36	—
	酮类总计				0.85	0.20
酚类	43	1 361	甲基丁香酚	$C_{11}H_{14}O_2$	0.24	—
	酚类总计				0.24	0
酸类	44	1 272	壬酸	$C_9H_{18}O_2$	0.16	—
	45	2 191	亚麻酸	$C_{18}H_{30}O_2$	—	0.68
	酸类总计				0.16	0.68
烷烃类	46	1 214	十二烷	$C_{12}H_{26}$	0.22	0.16
	47	1 121	十三烷	$C_{13}H_{28}$	0.06	0.53
	48	1 185	3-甲基-5-丙基-壬烷	$C_{13}H_{28}$	—	0.07
	49	1 413	十四烷	$C_{14}H_{30}$	2.29	12.40
	50	1 548	3-甲基十五烷	$C_{16}H_{34}$	—	0.21
	51	1 612	十六烷	$C_{16}H_{34}$	0.20	0.47
	52	1 647	2-甲基十六烷	$C_{17}H_{36}$	0.39	0.25

化合物种类	序号	保留指数	精油成分名称	分子式	含量/%	
					BFD	FFD
烷烃类	53	1 711	十七烷	$C_{17}H_{36}$	5.36	5.16
	54	1 746	3-甲基十七烷	$C_{18}H_{38}$	0.20	0.13
	55	1 810	十八烷	$C_{18}H_{38}$	0.28	0.16
	56	1 980	2,3-二甲基-十九烷	$C_{21}H_{44}$	7.39	3.49
	57	2 109	二十一烷	$C_{21}H_{44}$	4.73	2.50
	58	2 144	5-甲基二十一烷	$C_{22}H_{46}$	0.72	0.49
	59	2 208	二十二烷	$C_{22}H_{46}$	11.91	15.11
	60	2 279	2,21-二甲基二十二烷	$C_{24}H_{50}$	1.58	1.78
	61	2 343	2-甲基二十三烷	$C_{24}H_{50}$	1.19	0.26
	62	2 307	二十三烷	$C_{23}H_{48}$	12.56	17.15
	63	2 407	二十四烷	$C_{24}H_{50}$	1.01	3.52
	64	2 442	2-甲基二十四烷	$C_{25}H_{52}$	1.09	0.60
	65	2 506	二十五烷	$C_{25}H_{52}$	0.66	0.41
	66	2 606	二十六烷	$C_{26}H_{54}$	8.52	5.04
	67	3 337	9-辛基-二十六烷	$C_{34}H_{70}$	2.68	2.63
	68	3 401	三十四烷	$C_{34}H_{70}$	0.42	0.18
	69	3 600	三十六烷	$C_{36}H_{74}$	1.62	0.94
	70	3 997	四十烷	$C_{40}H_{82}$	0.16	—
	71	4 395	四十四烷	$C_{44}H_{90}$	0.38	0.30
	烷烃类总计				65.62	73.94
其他类	72	1 040	2-戊基呋喃	$C_9H_{14}O$	0.41	0.27
	73	1 164	反式-芳樟醇氧化物	$C_{10}H_{18}O_2$	0.27	—
	74	1 239	2-庚基呋喃	$C_{11}H_{18}O$	—	0.12
	75	1 244	4,7-二甲基苯并呋喃	$C_{10}H_{10}O$	0.16	0.09
	76	1 248	1,3,5-三甲氧基苯	$C_9H_{12}O_3$	9.71	1.04
	其他类总计				10.55	1.52

白色凤丹精油中含有 14 种醛酮类化合物（7.97%）、6 种烯类化合物（3.56%）、13 种醇类化合物（8.67%）、6 种酯类化合物（3.23%）、1 种酚类化合物（0.24%）、24 种烷烃类化合物（65.62%）和 1 种酸类化合物（0.16%）。粉色凤丹精油中包含有 4 种醛酮类化合物（1.92%）、7 种烯类化合物（10.41%）、9 种醇类化合物（5.26%）、4 种酯类化合物（6.27%）、25 种烷烃类化合物（73.94%）和 1 种酸类化合物（0.68%）（如图 3-27 所示）。

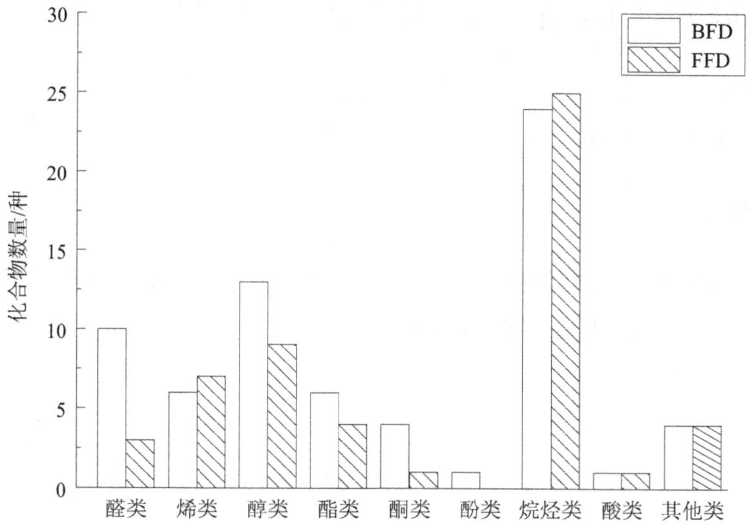

图 3-27　凤丹精油化合物数量对比

由图 3-28 可知，与粉色凤丹相比，白色凤丹精油中的醛类化合物和醇类化合物含量较高，两者均差异显著（$p<0.05$）；烯类化合物、酯类化合物和烷烃类化合物在粉色紫斑牡丹精油中含量较高，在两种精油中均差异显著（$p<0.05$）；酮类化合物和酸类化合物在两种精油中含量较少，但在两种精油中差异均显著（$p<0.05$）。

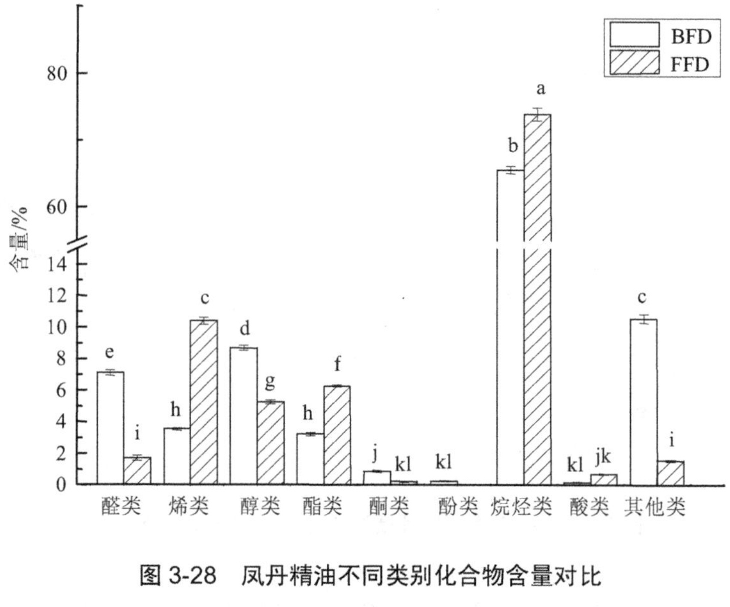

图 3-28　凤丹精油不同类别化合物含量对比

三、紫斑牡丹/凤丹精油（GC×GC-TOF/MS 技术）

GC×GC-TOF/MS 的分离能力强，仪器的检出限更低，灵敏度更高，可以更精准地得到油用牡丹精油的成分构成。

（一）紫斑牡丹

为进一步了解紫斑牡丹精油的成分，利用 GC×GC-TOF/MS 技术对紫斑牡丹精油的成分进行检测，结果如图 3-29 和图 3-30 所示。

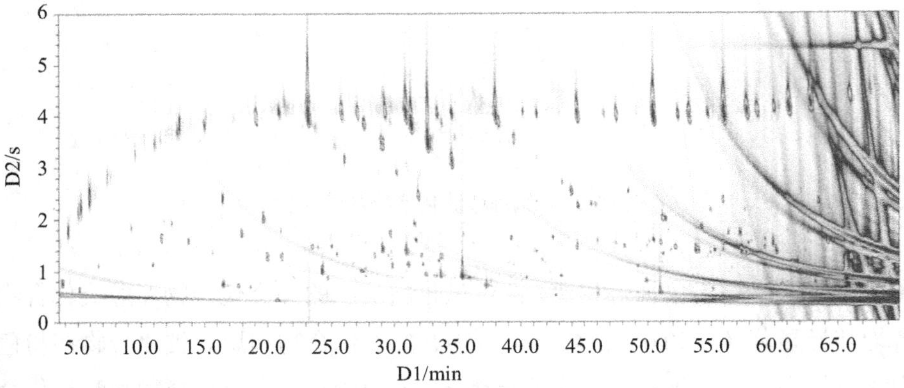

图 3-29　紫色紫斑牡丹精油成分的全二维色谱轮廓图

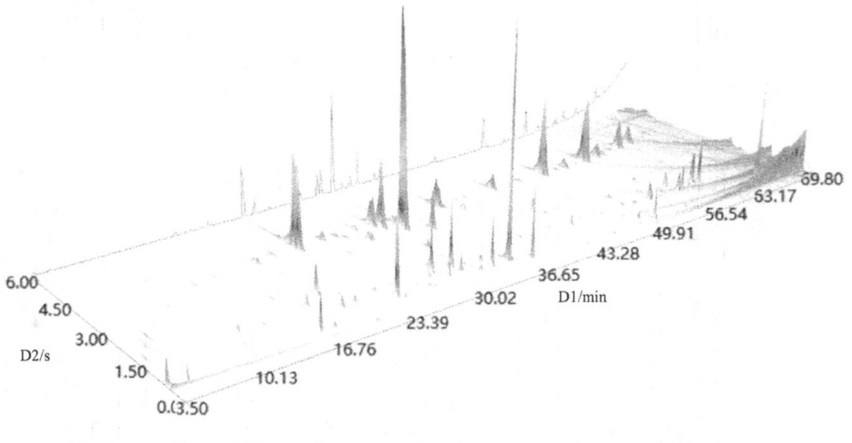

图 3-30　紫色紫斑牡丹精油成分的全二维 3D 色谱图

采用 GC×GC-TOF/MS 技术对紫斑牡丹精油的成分进行分析，共检测出 165 种化合物（表 3-15）。

表 3-15 紫色紫斑牡丹精油 GC×GC-TOF/MS 检测结果

序号	化合物种类	精油成分名称	正向匹配度	反向匹配度	NIST RI	含量/%
1	烷烃类	2,3-环氧丁烷	616	869	544-N	0.001
2		正己烷	909	909	600-A	0.257
3		2,5,9-三甲基癸烷	833	846	—	0.037
4		癸烷	814	823	1000-A	0.018
5		三氯甲烷	924	924	605-N	0.108
6		2,5,5-三甲基-庚烷	874	874	892-N	0.066
7		3,3-二甲基己烷	845	845	741-N	0.163
8		1,3-环氧-4-甲基-戊烷	819	819	—	0.021
9		6-乙基-2-甲基癸烷	856	856	—	0.113
10		十六烷	945	947	1600-A	8.461
11		2,6-二甲基-6-三氟乙酰氧基辛烷	798	798	—	0.013
12		1,2-二环丙基乙烷	831	831	—	0.015
13		3,7-二甲基-壬烷	857	865	1042-N	0.377
14		2-溴壬烷	772	772	—	0.009
15		1-碘壬烷	786	810	1327-N	0.030
16		双环[7.1.0]癸烷	792	810	—	0.013
17		2,7-二甲基辛烷	857	864	929-N	0.082
18		2-（1-丁烯基）-双环[2.2.1]庚烷	736	737	—	0.005
19		1-碘十二烷	852	852	1644-N	0.099
20		亚硝基甲烷	802	851	—	0.010
21		二十七烷	886	886	2700-A	9.550
22		2-溴十二烷	866	867	—	0.412
23		3,8-二甲基-癸烷	836	850	1140-N	0.712
24		2-甲基十八烷	856	858	—	1.106
25		1-乙氧基-1-甲氧基乙烷	782	793	641-N	0.003
26		1-（1-甲基乙氧基）-丙烷	727	743	—	0.007
27		3-甲氧基正己烷	709	816	—	0.006
28	醛类	正己醛	783	783	776-N	0.006
29		2-己烯醛	830	830	835-N	0.009
30		正辛醛	829	829	982-N	0.020
31		1-壬醛	890	890	1083-N	0.116
32		2-壬醛	861	861	1135-N	0.064
33		2-丁烯醛	830	851	622-N	0.008
34		苯乙醛	891	900	1011-N	0.028
35		橙花醛	904	904	1218-N	0.631
36		3,7-二甲基-2,6-辛二烯醛	919	919	1249-N	0.731
37		2,4-二甲基苯甲醛	861	861	1140-N	0.009
38		2,4-癸二烯醛	836	840	1285-N	0.080
39		低聚乙醛	765	847	1035-N	0.200
40		2-乙基-4,6-二甲基-1,3,5-三聚甲醛	574	617	—	0.004

序号	化合物种类	精油成分名称	正向匹配度	反向匹配度	NIST RI	含量/%
41	酮类	2,4-二甲基-3-己酮	820	820	—	0.021
42		2,2,5-三甲基-3,4-己二酮	782	782	—	0.042
43		2-羟基苯乙酮	878	879	—	0.008
44		苯乙酮	832	832	1042-N	0.008
45		4-庚烯-2-酮	780	832	—	0.012
46		3-甲基-2-戊酮	768	768	735-N	0.006
47		3-甲基-4-庚酮	756	756	—	0.002
48		2-十四酮	769	769	1579-N	0.034
49		2,5-二甲基-3-己酮	770	770	—	0.003
50		2-羟基-3-戊酮	735	779	787-N	0.001
51		2-羟基-3-己酮	786	786	—	0.007
52	醇类	2-甲基-1-丁醇	801	801	—	0.003
53		正己醇	924	924	854-N	0.408
54		3-己烯-1-醇	899	900	852-N	0.043
55		α,α-5-三甲基-5-乙烯基四氢化呋喃-2-甲醇	866	869	1064-N	0.153
56		芳樟醇	907	907	1086-N	1.407
57		α-松油醇	867	868	—	0.100
58		2-乙基己醇	791	801	1016-N	0.015
59		β-香茅醇	838	838	—	0.044
60		橙花醇	892	892	1213-N	0.422
61		香叶醇	912	912	1237-N	2.703
62		苯乙醇	899	911	1088-N	0.595
63		2,2,4-三甲基-5-己烯-3-醇	766	766	—	0.012
64		2-五癸醇	865	865	1690-N	0.090
65		1-苯基-2-丙醇	731	731	1212-N	0.001
66		5-甲基-1-庚醇	850	860	—	0.009
67		8-十二烯醇	840	872	1424-N	0.053
68		3,4-二甲基-2-己醇	708	708	—	0.011
69		10-十一炔醇	793	799	—	0.044
70		2,6,6-三甲基二环[3.1.1]-2-庚醇	724	735	1116-N	0.291
71		3-丁基-6-辛烯-1-醇	724	733	—	0.115
72		2,3-丁二醇	849	923	—	0.080
73		仲丁醇	791	901	586-N	0.130
74		4-氨基-1-丁醇	810	810	951-N	0.042
75		2-十二烯-1-醇	810	813	1457-N	0.376
76		2-十三烯醇	802	805	—	0.321
77		5-癸烯-1-醇	821	829	1247-N	0.020
78		异丙醇	801	804	489-N	0.004
79		三乙二醇	791	805	—	0.278
80		2-甲基-3-戊醇	729	729	758-N	0.009
81		3-甲基-2-丁醇	722	843	—	0.036

序号	化合物种类	精油成分名称	正向匹配度	反向匹配度	NIST RI	含量/%
82	醇类	2-乙烯氧基乙醇	751	756	—	0.406
83		2-戊醇	739	739	687-N	0.004
84		（3-甲基-2-环氧乙烷）-甲醇	815	815	—	0.093
85		2-硝基-1-辛醇	707	707	—	0.093
86		三缩四乙二醇	759	767	—	0.473
87		3-甲基-2-丁醇	723	770	—	0.012
88		4-甲基-2-己醇	753	799	—	0.114
89		3,6,9,12-四氧十四烷-1-醇	829	829	—	2.272
90		五甘醇	828	830	—	15.322
91		六乙二醇	850	850	—	7.696
92		3-己醇	729	766	783-N	0.048
93	烯类	9-甲基-1-十一碳烯	867	868	1161-N	0.151
94		1,10-十一碳二烯	861	869	1081-N	0.317
95		环癸烯	853	859	1122-N	0.120
96		2-甲基-4-壬烯	801	814	—	0.009
97		3-十八碳烯	912	917	—	2.679
98		3,7,11-三甲基十二烷-1,3,6,10-四烯	837	868	1483-N	0.162
99		8-甲基-1-癸烯	849	849	1062-N	0.017
100		1,11-十二碳二烯	811	832	1179-N	0.008
101		9-甲基-1-癸烯	794	813	—	0.008
102		7,8-二氧杂双环[4.2.2] -9-癸烯	668	684	—	0.005
103		（2-乙氧基-1-甲氧基乙氧基）-乙烯	717	717	—	0.061
104		3-甲基 1,2-二氮环丙烯	818	818	—	0.010
105		2-甲基-3-（1-甲基乙氧基）-1-丙烯	807	807	—	0.081
106	酯类	乙酸烯丙酯	837	837	672-N	0.004
107		苯甲酸乙酯	845	845	1150-N	0.035
108		香叶酸甲酯	859	880	1302-N	0.070
109		水杨酸甲酯	860	860	1174-N	0.008
110		5-十二烯醇乙酸酯	853	870	1577-N	9.371
111		11,14,17-顺-二十碳三烯酸甲酯	817	828	2279-N	0.868
112		2-甲基丁酸-2-苯乙酯	931	931	1469-N	0.018
113		苯甲酸己酯	811	817	1556-N	0.011
114		正己酸乙烯酯	767	767	—	0.011
115		月桂酸乙酯	741	743	1578-N	0.011
116		邻苯二甲酸二异丁酯	763	774	1850-N	0.099
117		11,14-二十二碳二烯酸甲酯	848	852	2276-N	0.049
118		1-缬氨酸-乙氧基羰基-壬酸酯	824	846	—	0.001
119		3,7-二甲基-2,6-辛二烯-1-醇苯甲酸酯	887	888	1950-N	0.245
120		草酸甲酯	736	785	—	0.005
121		邻苯二甲酸二丁酯	883	885	1924-N	0.590
122		苯甲酸-2-苯乙酯	889	889	1828-N	0.566
123		己二酸二异辛酯	763	779	2382-N	0.078

序号	化合物种类	精油成分名称	正向匹配度	反向匹配度	NIST RI	含量/%
124	酚类	3,5-二叔丁基苯酚	867	869	—	0.084
125	酸类	烯丙基丁酯草酸	829	870	—	0.008
126		2-甲基-3-甲基-3-丁烯基酯 2-丁烯酸	750	751	—	0.009
127		2-甲基-2-氨基乙酯-2-丙酸	710	756	—	0.005
128		辛酸	783	799	1173-N	0.009
129		壬酸	810	810	1272-N	0.020
130		2-甲基戊酸	743	743	—	0.002
131		香叶酸	878	878	1343-N	0.258
132		正癸酸	749	757	1362-N	0.016
133		十一烷酸	781	806	1472-N	0.056
134		4-甲基-2-戊酯-甲酸	715	726	—	0.047
135		3-甲基环氧乙烷-2-羧酸	747	747	—	0.006
136		棕榈酸	887	887	1954-N	1.750
137		2-乙基己基异己酯亚硫酸	828	857	—	0.859
138		2-（甲氧基甲氧基）-丙酸	732	732	—	0.017
139	其他类	苯	920	920	654-N	0.314
140		（3-甲基丁基）-羟胺	757	757	—	0.007
141		2-戊基呋喃	874	877	979-N	0.089
142		二叔丁基硝基氧	826	826	—	0.004
143		2-庚基呋喃	909	911	1182-N	0.409
144		乙酸铵	902	911	—	0.052
145		芳樟醇氧化物	847	847	1074-N	0.080
146		2,2-二甲基-丙烷亚砜	797	882	—	0.015
147		对苯二甲醚	920	921	1132-N	0.126
148		1-十四炔	867	867	1413-N	0.194
149		*N*-亚甲基-*N*-氧化物-环己胺	615	615	—	0.003
150		2-氨乙基异丙醚	849	849	—	0.012
151		1-癸炔	718	776	1013-N	0.011
152		2,3-亚乙炔基-呋喃糖	715	748	—	0.019
153		9-冠醚-3	773	803	—	0.014
154		二乙二醇单烯丙基醚	726	726	—	0.265
155		二乙二醇单乙烯基醚	761	780	—	2.575
156		1,4-二氧杂基-2-氢过氧化物	726	838	—	0.002
157		异丙基缩水甘油醚	747	747	—	0.001
158		三乙二醇单乙醚	831	834	—	3.433
159		乙基缩水甘油基醚	706	744	770-N	0.020
160		二乙二醇甲醚	745	771	920-N	0.119
161		四乙二醇单甲醚	760	760	—	0.021
162		五甘醇单甲醚	813	813	—	4.984
163		3-甲基-3-苯基氮杂啶	747	870	—	8.209
164		12-冠醚-4	810	810	—	1.022
165		15-冠醚-5	820	826	1554-N	1.094

通过对以上物质进行分析，可将其分为 8 类，其种类和含量如表 3-16 所示。紫斑牡丹精油成分的化合物种类中，化合物数量最多的是醇类化合物和其他类化合物，各有 41 种；烷烃类化合物、酯类化合物分别以 27 种和 18 种次之，酚类化合物数量最少，只有 1 种。

表 3-16　GC×GC-TOF/MS 分析紫斑牡丹精油化学成分的种类及其含量

种类		统计值	种类		统计值
醛类	种	13	酯类	种	18
	含量/%	1.906		含量/%	12.040
酮类	种	11	酚类	种	1
	含量/%	0.144		含量/%	0.084
烯类	种	13	烷烃类	种	27
	含量/%	3.628		含量/%	21.694
醇类	种	41	其他类	种	27
	含量/%	34.348		含量/%	23.094
酸类	种	14	—		
	含量/%	3.062			

由表 3-16 可知，醇类、烷烃类和酯类化合物是紫斑牡丹精油成分中含量较为丰富的化合物种类，相对含量分别为 34.348%、21.694%和 12.040%。烯类、醛类和酮类化合物次之，分别占总含量的 3.628%、1.906%和 0.144%。此外，酚类的种类和含量均为最低，只有 1 种，相对含量为 0.084%。

（二）凤丹

为进一步了解凤丹精油的成分，利用 GC×GC-TOF/MS 技术对其精油的成分进行检测，结果如图 3-31 和图 3-32 所示。

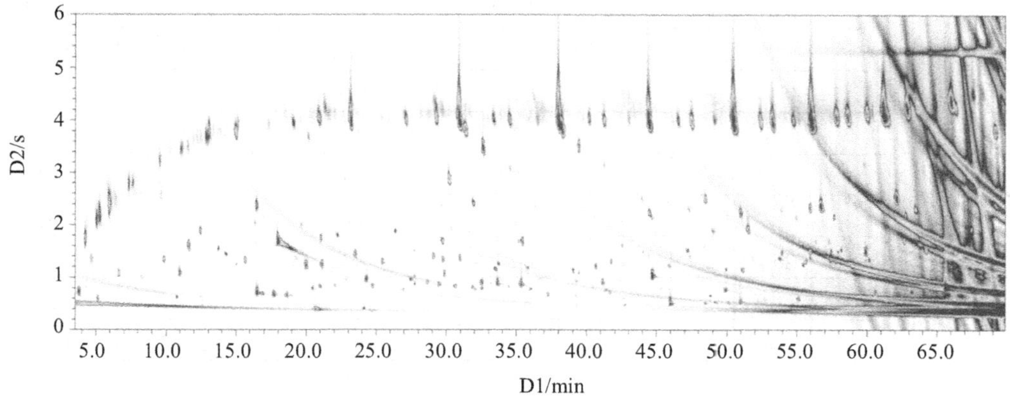

图 3-31　粉色凤丹精油成分的全二维色谱轮廓图

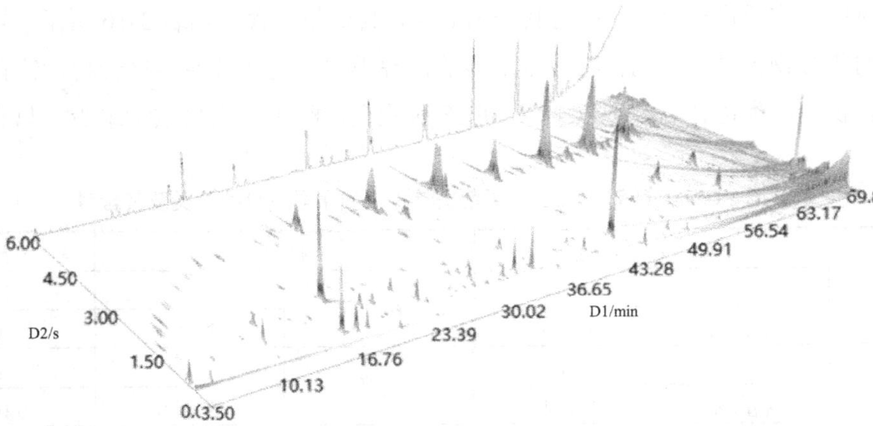

图 3-32 粉色凤丹精油成分的全二维 3D 色谱图

采用 GC×GC-TOF/MS 对凤丹精油的成分进行分析，共检测出 135 种化合物（表 3-17）。

表 3-17 粉色凤丹精油 GC×GC-TOF/MS 检测结果

序号	化合物种类	精油成分名称	正向匹配度	反向匹配度	NIST RI	相对含量/%
1	烷烃类	正己烷	906	906	600-A	1.072
2		三氯甲烷	930	930	605-N	0.423
3		硝基环戊烷	744	744	—	0.044
4		1-乙烯基-2-己烯基-环丙烷	706	815	—	0.033
5		1,2-二环丙基乙烷	809	816	—	0.023
6		正二十七烷	862	864	2700-A	4.019
7	醛类	己醛	886	886	776-N	0.211
8		庚醛	875	875	880-N	0.158
9		2-己烯醛	899	899	835-N	1.430
10		正辛醛	807	807	982-N	0.054
11		甜瓜醛	777	784	1038-N	0.097
12		1-壬醛	919	919	1083-N	11.661
13		癸醛	830	830	1185-N	0.063
14		苯甲醛	852	867	933-N	0.012
15		2-壬醛	911	911	1135-N	0.813
16		2,6-壬二醛	848	872	—	0.255
17		苯乙醛	851	874	1011-N	0.084
18		橙花醛	811	812	1218-N	0.262
19		三聚甲醛	933	933	—	0.004
20		3,7-二甲基-2,6-辛二烯醛	831	831	1249-N	0.489
21		2,4-二甲基苯甲醛	869	869	1140-N	0.083
22		2,4-壬二烯醛	709	718	1188-N	0.056

序号	化合物种类	精油成分名称	正向匹配度	反向匹配度	NIST RI	相对含量/%
23	醛类	反式肉桂醛	908	908	1237-N	0.654
24		丙醛二乙基乙缩醛	703	785	—	0.003
25		十五醛	893	893	1694-N	0.697
26		甲氧基乙醛	785	853	—	0.165
27		十五醛	900	902	1694-N	3.080
28	酮类	甲基庚烯酮	776	778	964-N	0.219
29		5-己烯-2-酮	763	763	745-N	0.020
30		环丁基甲基酮	722	769	—	0.031
31		2-氯-2-苯基苯乙酮	807	861	—	0.034
32		香叶基丙酮	816	818	1429-N	0.761
33		仲辛酮	762	773	971-N	0.286
34	醇类	正戊醇	823	831	753-N	0.043
35		正己醇	865	865	854-N	6.019
36		叶醇	915	915	839-N	2.074
37		2-己烯-1-醇	902	905	849-N	0.785
38		2-乙基-4-甲基戊醇	734	734	—	0.090
39		1-己烯-3-醇	786	802	770-N	0.041
40		正庚醇	815	815	953-N	0.007
41		6-甲基-5-庚烯-2-醇	792	797	974-N	0.091
42		芳樟醇	860	860	1086-N	1.752
43		正辛醇	887	887	1057-N	0.225
44		2-壬烯-1-醇	782	782	1153-N	0.056
45		2-戊烯醇	692	717	748-N	0.020
46		1-壬醇	890	892	1157-N	0.115
47		3-壬烯-1-醇	856	856	1139-N	0.225
48		松油醇	853	853	—	0.737
49		2-癸烯-1-醇	841	841	—	0.169
50		2,3-丁二醇	849	849	—	0.007
51		10-十一炔醇	715	715	—	0.054
52		*β*-香茅醇	882	882	—	0.746
53		橙花醇	889	889	1213-N	1.990
54		1-（4-甲基苯基）-1-乙醇	722	769	1118-N	0.021
55		香叶醇	898	898	1237-N	2.489
56		2,2,4-三甲基-5-己烯-3-醇	697	697	—	0.038
57		四氢糠醇	857	857	878-N	0.008
58		苯乙醇	880	880	1088-N	0.092
59		4,8-二甲基-1,7-壬二烯-4-醇	639	639	—	0.056
60		2-甲基-4-戊烯-2-醇	653	858	—	0.024
61		4-甲基-1-己醇	813	813	926-N	0.017
62		3-苯丙醇	874	874	1202-N	0.104
63		3,7,11-三甲基-1,6,10-十二烷三烯-3-醇	766	766	1527-N	0.073

序号	化合物种类	精油成分名称	正向匹配度	反向匹配度	NIST RI	相对含量/%
64	醇类	环丁醇	735	771	—	0.010
65		2-己醇	758	758	—	0.018
66		金合欢醇	752	761	—	0.157
67		仲丁醇	802	802	586-N	0.005
68		2-丁醇	690	854	—	0.012
69		1,2-丙二醇	792	854	—	0.021
70		异丙氧基乙醇	702	916	768-N	0.091
71		2-乙基-4-甲基戊醇	706	706	—	0.012
72		三乙二醇	719	719	—	0.049
73		1-十六烷醇	844	844	1863-N	0.294
74		里哪醇	752	756	1682-N	0.402
75		六乙二醇	765	765	—	3.651
76		五甘醇	796	803	—	2.585
77		3,6,9,12-四氧十四烷-1-醇	844	844	—	0.038
78	烯类	3,7-二甲基-1,3,6-十八烷三烯	806	806	1028-N	0.145
79		2,4,6-三甲基-1-壬烯	762	762	—	0.017
80		荜澄茄油烯	747	747	—	0.759
81		3,7,11-三甲基-1,3,6,10-十二碳四烯	818	819	1483-N	0.146
82		1,10-十一二烯	862	880	1081-N	2.643
83		1,11-十二碳二烯	846	857	1179-N	0.753
84		3,5-二甲基-1-己烯	785	796	713-N	0.033
85		6,10-二甲基-5,9-十一碳烯	733	733	1429-N	0.539
86		4,5-二甲基辛-2,6-二烯	706	706	—	0.013
87	酯类	丙内酯	659	918	—	0.011
88		丁内酯	749	931	—	0.008
89		香叶酸甲酯	812	834	1302-N	0.242
90		甲基丙烯酸乙烯酯	465	815	—	0.008
91		巴豆酸乙烯酯	704	886	—	0.003
92		苯甲酸异丁酯	790	795	1310-N	0.024
93		3-己烯醇苯甲酸酯	869	869	1550-N	0.017
94		8-（2-呋喃基）-辛酸甲酯	748	793	—	0.082
95		癸酸乙酯	823	824	1379-N	0.386
96		草酸二甲酯	784	784	824-N	0.009
97		齐墩果酸 3-乙酸酯	999	999	—	0.006
98		11,14-二十碳二烯酸甲酯	867	871	2276-N	0.674
99		亚麻酸甲酯	747	748	2078-N	0.100
100		邻苯二甲酸二丁酯	884	886	1924-N	2.823
101		13-十四烷酸甲酯	888	890	—	2.896
102		己二酸二异辛酯	818	819	2382-N	0.249

序号	化合物种类	精油成分名称	正向匹配度	反向匹配度	NIST RI	相对含量/%
103	酚类	甲基丁香酚	855	858	1372-N	0.394
104	酸类	乙酸	897	901	624-N	0.706
105		丙酸	889	901	714-N	0.051
106		2-硝基乙酯-丙酸	779	790	—	0.059
107		丙酮酸	807	807	—	0.003
108		正戊酸	780	780	901-N	0.006
109		正己酸	706	706	982-N	0.018
110		壬酸	857	858	1272-N	1.186
111		2-甲基庚酸	727	727	—	0.033
112		十一烷酸	773	777	1472-N	0.148
113		十三烷酸	778	779	1660-N	0.588
114		2-丁氧基乙酸	730	741	—	0.079
115		丙烯基十六烷基酯草酸	855	861	—	0.566
116	其他类	苯	929	929	654-N	1.853
117		2-戊基呋喃	856	856	979-N	1.048
118		2-正丁基呋喃	782	787	882-N	0.025
119		乙烯基异丁醚	691	691	655-N	0.026
120		乙酰肼	806	806	—	0.011
121		3,6-二氢-4-甲基-2-（2-甲基-1-丙烯基）-2H-吡喃	745	745	1138-N	0.119
122		乙烯亚胺	963	963	—	0.008
123		氰胺	899	899	—	0.017
124		四唑-1,5-二胺	675	918	—	0.013
125		异戊腈	763	763	689-N	0.028
126		甘油三酸酯过氧化物	518	797	1094-N	0.004
127		甲基丙烯酰氯	671	689	—	0.007
128		4,7-二甲基-1-苯并呋喃	857	857	—	0.320
129		对苯二甲醚	776	776	1132-N	0.005
130		*N*-乙基-1-（3,4-亚甲二氧基苯基）-2-丙胺	803	876	—	0.004
131		乙基五甲基苯	729	729	—	0.009
132		1,3,5-三甲氧基苯	929	929	1385-N	14.116
133		二乙二醇单乙烯基醚	816	816	—	0.140
134		五甘醇单甲醚	772	772	—	12.511
135		15-冠醚-5	786	786	1554-N	0.504

通过对以上物质进行分析，可将其分为 8 类，其种类和含量如表 3-18 所示。凤丹精油成分的化合物种类中，化合物数量最多的是醇类化合物，有 44 种，醛类化合物、其他类化合物分别以 21 种和 20 种次之，酚类化合物数量最少，只有 1 种。

表 3-18 GC×GC-TOF/MS 分析凤丹精油化学成分的种类及其含量

种类		统计值	种类		统计值
醛类	种	21	酯类	种	16
	含量/%	20.331		含量/%	7.538
酮类	种	6	酚类	种	1
	含量/%	1.351		含量/%	0.394
萜烯类	种	9	烷烃类	种	6
	含量/%	5.048		含量/%	5.614
醇类	种	44	其他类	种	20
	含量/%	25.513		含量/%	34.211

由表 3-18 可知，其他类、醇类和醛类化合物是凤丹精油成分中含量较为丰富的化合物种类，相对百分含量分别为 34.211%、25.513%和 20.331%。此外，酯类、烷烃类以及烯类化合物的相对含量相对较低，分别为 7.538%、5.614%和 5.048%。酚类化合物的相对含量最低，只有 0.394%。

四、香气分析

化合物的检测阈值与化合物的存在方式及其本身的结构有关，可以感觉到的化合物最低浓度通常被称为“检测阈值”。挥发性风味化合物的气味强度，取决于该化合物的浓度及其检测阈值。在相同浓度下，化合物阈值越低，气味强度越大；而在相同阈值下，化合物浓度越高，气味强度越大。仅考虑这些因素中的一个而获得的香气描述并不全面，并且仅通过结合两种影响就可以进行客观评估。由于嗅觉感知的复杂性和多样性，一种香气化合物中可能包含多个香气序列。

香气化合物的贡献主要取决于相对气味活性值（ROAV）。ROAV≥1 的成分是香精油的主要香气成分，而 0.1≤ROAV＜1 的化合物则具有香气修饰的作用。如表 3-19 所示，从紫斑牡丹精油中共鉴定出 26 种香气活性成分，而从凤丹精油中获得了 39 种挥发性化合物。

表 3-19 紫斑牡丹和凤丹的精油成分和香气成分

化合物种类	精油成分名称	阈值/（mg/kg）	紫斑牡丹		凤丹		香气系列	香气描述
			含量/%	ROAV	含量/%	ROAV		
醛类	2-丁烯醛		0.008		—			
	己醛	0.004 1	0.006	1.463	0.211	51.463	2，4	脂肪香气，强烈而透彻的特有水果香气
	2-已烯醛	0.03	0.009	0.3	1.430	47.667	1，4	甜香，芬芳的水果香气
	庚醛	0.031	—		0.158	5.097	2	肉质香气
	苯甲醛	0.1	—		0.012	0.12	6	苦味
	辛醛	0.001 4	0.020	14.286	0.054	38.571	1，2	脂肪香气，蜂蜜香气
	苯乙醛	0.004	0.028	7	0.084	21	6	难闻的、有刺激性的苦味

化合物种类	精油成分名称	阈值/（mg/kg）	紫斑牡丹		凤丹		香气系列	香气描述
			含量/%	ROAV	含量/%	ROAV		
醛类	乙醛四聚体		0.204		—			
	2,6-二甲基-5-庚醛	0.016	—		0.097	6.063	4	甜瓜香气
	壬醛	0.008	0.116	14.500	11.661	1 457.625	2，3，4	产生橙味和玫瑰味的脂肪香气
	2-壬烯醛		0.064		0.813			
	2,4-二甲基苯甲醛		0.009		0.083			微甜的苦杏仁香气
	癸醛	0.006	—		0.063	10.500	1，2，3	甜香，花香，柑橘香气，明显的脂肪香气
	2,4-壬二烯醛	0.00 005	—		0.056	1 120	2，3	强烈的脂肪香气，花香
	2,6-壬二烯醛	0.00 001	—		0.255	25 500	5	强烈的绿色蔬菜气味
	肉桂醛		—		0.654			
	2,4-癸二烯醛	0.01	0.080	8	—		2	油腻的鸡油气味
	十五烷醛		—		3.777			
	三恶烷		—		0.004			
	甲氧基乙醛		—		0.168			
	醛类总计		0.544		19.580			
酮类	3-甲基-2-戊酮		0.006		—			
	5-己烯-2-酮		—		0.020			
	2-羟基-3-戊酮		0.001		—			
	2,4-二甲基-3-已酮		0.031		—			
	2,2,5-三甲基-3,4-已二酮		0.042		—			
	3-甲基-4-庚酮		0.014		—			
	2-羟基-1-苯基乙酮		0.008		—			
	6-甲基-5-庚基-2-酮	0.05	—		0.219	4.380	2，4	脂肪香气，柑橘香气
	2-辛酮	0.041	—		0.286	6.976	3，4，6	花香，苦涩和水果味
	苯乙酮	0.17	0.008	0.047	—		1，6	甜而辛辣，有苦味
	2-氯-1,2-二苯乙酮		—		0.034			
	1-环丁基乙酮		—		0.031			
	香叶基丙酮		—		0.761			玫瑰花香
	2-十四烷酮		0.034		—			
	酮类总计		0.144		1.351			
醇类	1,2-丙二醇		—		0.021			
	异丙醇	40	0.004	0.000 1	—		6	酒精，难闻的气味
	2-丁醇		0.130		0.017			
	2-甲基-1-丁醇		0.003		—			
	2,3-丁二醇		0.080		0.007			
	3-甲基-2-丁醇		0.048		—			
	环丁醇		—		0.010			

化合物种类	精油成分名称	阈值/（mg/kg）	紫斑牡丹		凤丹		香气系列	香气描述
			含量/%	ROAV	含量/%	ROAV		
醇类	（3-甲基-2-环氧乙烷基）-甲醇		0.093		—			
	2-（乙烯基氧基）-乙醇		0.406		—			
	2-戊烯醇		—		0.020			扩散的香气
	戊醇	1.6	0.004	0.003	0.043	0.027	1	甜味
	2-甲基-3-戊醇		0.009		—			
	2-异丙氧基乙醇		—		0.091			
	1-己烯-3-醇		—		0.041			肉味
	3-己醇	0.82	0.048	0.059	0.018	0.022	7	酒精味
	2-甲基戊-4-烯-2-醇		—		0.024			
	三甘醇		0.278		0.049			
	叶醇	0.07	0.043	0.614	2.074	29.629	5	强烈的草绿色气味
	2-己烯-1-醇		—		0.785			
	己醇	0.2	0.408	2.040	6.019	30.095	5	草本、木质气味
	四氢糠醇		—		0.008			淡淡的油性焦糖味
	4-甲基-1-己醇		0.114		0.017			
	4-氨基-1-丁醇		0.042		—			
	庚醇	0.003	—		0.007	2.333	2，5	木质气味，脂肪气味
	5-甲基-1-庚醇		0.010		—			
	食菌甲诱醇		—		0.091			
	2-乙基-4-甲基-1-戊醇		—		0.102			
	2-乙基-1-己醇		0.015		—			温和的油味，甜味，淡淡的花香
	辛醇	0.042	—		0.225	5.357	4	新鲜的橙色气味
	2-硝基-1-辛醇		0.093		—			
	四甘醇		0.473		—			
	α,α,5-三甲基-5-乙烯基四氢-2-呋喃甲醇		0.153		—			
	苯乙醇	3.5	0.595	0.170	0.092	0.026	3	玫瑰香气
	2,6,6-三甲基-双环[3.1.1]庚烷-2-醇		0.291		—			
	1-（4-甲基苯基）-乙醇		—		0.021			薄荷味
	3-壬烯-1-醇		—		0.225			柑橘，甜瓜味
	2-壬烯醇	0.13	—		0.056	0.431	6	酒精味
	壬醇	0.05	—		0.115	2.300	4	橙子气味
	3-丁基-6-辛烯-1-醇		0.115		—			
	5-癸-1-醇		0.020		—			

化合物种类	精油成分名称	阈值/（mg/kg）	紫斑牡丹		凤丹		香气系列	香气描述
			含量/%	ROAV	含量/%	ROAV		
醇类	3,4-二甲基-2-己醇		0.011		—			
	2,2,4-三甲基-5-己烯-3-醇		0.012		0.038			
	2-癸烯醇		—		0.169			脂肪香气
	4,8-二甲基-1,7-壬二烯-4-醇		—		0.056			
	10-十一炔醇		0.044		0.054			
	3-苯基-1-丙醇		—		0.104			
	五乙二醇		15.322		2.585			
	3,6,9,12-四氧十四烷-1-醇		2.272		0.138			
	六甘醇		7.696		3.651			
	8-十二烯醇		0.053		—			
	2-十二烯-1-醇		0.376		—			
	橙花叔醇	10	—		0.073	0.007	3	玫瑰香气
	2-十三烯-1-醇		0.321		—			
	2-十五醇		0.090		—			
	1-十六烷醇		—		0.294			
	五氧杂十六烷醇		4.984		12.511			
	醇类总计		34.656		29.851			
萜烯类	芳樟醇	0.001 5	1.407	938	1.752	1 168	3	玫瑰百合花香气
	α-松油醇	0.3	0.100	0.333	0.737	2.457	6	丁香，樟脑气味，辛辣气味
	香茅醇	0.01	1.750	175	0.746	74.600	1，3	玫瑰香气，甜香
	橙花醇	0.68	0.422	0.621	2.500	3.676	3，4	宜人的橙花和玫瑰香气
	柠檬醛	0.005	1.362	272.400	0.751	150.200	4	柠檬香气
	香叶醇	0.04	2.703	67.575	2.489	62.225	3	温和、甜美的玫瑰香气
	金合欢醇	0.2	—		0.559	2.795	3	花香
	荜澄茄油烯		—		0.759		6	辛辣气味
	萜烯类总计		7.744		10.293			
酯类	β-丙内酯		—		0.011			
	丁内酯		—		0.008			
	乙酸烯丙酯		0.004		—			
	草酸一甲酯		0.005		—			
	草酸二甲酯		—		0.009			
	甲基丙烯酸乙烯酯		—		0.011			
	苯甲酸乙酯	0.1	0.035	0.35	—		4	果香
	水杨酸甲酯	0.04	0.008	0.2	—		1，5，6	薄荷气味，甜香，辛辣气味
	己酸乙烯酯		0.011		—			

化合物种类	精油成分名称	阈值/（mg/kg）	紫斑牡丹		凤丹		香气系列	香气描述
			含量/%	ROAV	含量/%	ROAV		
酯类	香叶酸甲酯		0.070		0.242			
	苯甲酸异丁酯		—		0.024			青草香，花香
	癸酸乙酯	0.012	—		0.386	32.167	4	带有葡萄香的果味
	2-甲基-2-苯基乙基丁酸酯		0.018		—			甜香，花香，水果味，草本味
	3-己烯基苯甲酸酯		—		0.017			绿色，草木味
	苯甲酸己酯		0.011		—			木质香，松树香，香脂味
	十二碳五烯基乙酸酯		9.371		—			
	月桂酸乙酯		0.011		—			花香，果香
	2-呋喃基-8-辛酸甲酯		—		0.082			
	13-十四烷酸甲酯		—		2.896			
	苯甲酸苯乙酯		0.566		—			甜香，玫瑰香气和蜂蜜般的气味
	邻苯二甲酸二异丁酯		0.099		—			
	邻苯二甲酸二丁酯		0.590		2.823			甜而芳香
	苯甲酸香叶酯		0.246		—			甜香
	亚油酸甲酯		—		0.100			
	11,14-二十二碳二烯酸甲酯		0.049		0.674			
	11,14,17-二十碳三烯酸甲酯		0.868		—			
	己二酸双（2-乙基己基）酯		0.078		0.249			
	齐墩果酸 3-乙酸酯		—		0.006			
	酯类总计		12.040		7.538			
苯酚类	甲基丁香酚	8.5	—		0.394	0.046	6	丁香味，烟味，苦味
	3,5-双(1,1-二甲基乙基）-苯酚		0.084		—			
	苯酚类总计		0.084		0.394			
烯烃类	3-甲基-1,2-二氮环丙烯		0.010		—			
	2-甲基-3-（1-甲基乙氧基）-1-丙烯		0.081		—			
	2-乙氧基-1-甲氧基乙氧基乙烯		0.061		—			
	3,5-二甲基-1-己烯		—		0.033			
	2-甲基-4-壬烯		0.009		0.017			
	7,8-二氧杂双环[4.2.2]-9-癸烯		0.005		—			

化合物种类	精油成分名称	阈值/(mg/kg)	紫斑牡丹		凤丹		香气系列	香气描述
			含量/%	ROAV	含量/%	ROAV		
烯烃类	3,7-二甲基-3,6-辛三烯		—		0.158			
	8-甲基-1-癸烯		0.025		—			
	1,10-十一碳二烯		0.317		2.643			
	环癸烯		0.120		—			
	9-甲基-1-十一碳烯		0.151		—			
	1,11-十二碳二烯		0.008		0.753			
	6,10-二甲基-5,9-十一烷二酮		—		0.539			
	3,7,11-三甲基-1,3,6,10-十二碳四烯		0.162		0.146			
	3-十八碳烯		2.679		—			
	烯烃类总计		3.628		4.289			
烷烃类	2,3-二甲基环氧乙烷		0.001		—			
	正己烷		0.257		1.072			
	三氯甲烷		0.108		0.423			
	亚硝基甲烷		0.010		—			
	1-乙氧基-1-甲氧基乙烷		0.003		—			
	硝基环戊烷		0.044		—			
	1-（1-甲基乙氧基）丙烷		0.007		—			
	1,3-环氧-4-甲基戊烷		0.021		—			
	3-甲氧基己烷		0.006		—			
	3,3-二甲基己烷		0.163		—			
	1,2-二环丙基乙烷		0.015		0.023			
	2,5,5-三甲基庚烷		0.066		—			
	双环[7.1.0]癸烷		0.013		—			
	2,7-二甲基辛烷		0.082		—			
	癸烷		0.018		—			
	3,7-二甲基壬烷		0.377		0.033			
	2-（1-丁烯基）-双环[2.2.1]庚烷		0.005		—			
	3,8-二甲基癸烷		0.712		—			
	6-乙基-2-甲基癸烷		0.113		—			
	2,5,9-三甲基癸烷		0.037		—			
	1-碘壬烷		0.030		—			
	2-溴壬烷		0.009		—			
	十六烷		8.461		—			
	1-碘十二烷		0.099		—			

化合物种类	精油成分名称	阈值/（mg/kg）	紫斑牡丹		凤丹		香气系列	香气描述
			含量/%	ROAV	含量/%	ROAV		
烷烃类	2-溴十二烷		0.412		—			
	庚烷		9.550		4.019			
	2-甲基十八烷		1.119		—			
	烷烃类总计		21.738		5.570			
酸类	醋酸		—		0.706			强烈酸味
	丙酸	5	—		0.051	0.010	6	刺鼻、腐烂味
	（2-硝基乙酯）-丙酸		—		0.059			
	丙酮酸		—		0.003			酸味
	戊酸	3	—		0.006	0.002	6	不愉快气味
	2-甲基戊酸		0.002		—			强烈的刺激性气味
	己酸	10	—		0.018	0.002	6	腐臭、酸、刺鼻味
	辛酸	0.91	0.014	0.015	—		6	中度不愉快气味
	2-甲基庚酸	29.5	—		0.033	＜0.001	2，6	脂肪味，酸味
	壬酸	3	0.020	0.007	1.186	0.395	2	脂肪味
	香叶酸		0.258		—			甜美，花香，木香
	癸酸	2.2	0.016	0.007	—		2，6	脂肪味，不愉快酸味
	十一酸	0.01	0.056	5.600	0.148	14.800	2	淡脂肪味，醛味
	十三烷酸		—		0.588		5	木香
	2-丁氧基乙酸		—		0.079			
	烯丙基丁酯草酸		0.008		—			
	2,3-二甲基-3-丁烯基酯-2-丁烯酸		0.009		—			
	3-甲基环氧乙烷-2-羧酸		0.006		—			
	2-（甲氧基甲氧基）-丙酸		0.017		—			
	4-甲基-2-戊酯甲酸		0.047		—			
	2-乙基己基异己酯亚硫酸		0.859		—			
	酸类总计		1.312		2.877			
其他类	聚乙烯亚胺		—		0.008			
	氰胺		—		0.017			
	醋酸铵		0.052		—			
	1,5-二氨基四唑		—		0.013			
	甲基丙烯酰氯		—		0.007			
	乙酰肼		—		0.011			
	苯		0.314		1.853			
	[（1-甲基乙氧基）甲基]-环氧乙烷		0.020		—			
	9-冠醚-3		0.014		—			

化合物种类	精油成分名称	阈值/（mg/kg）	紫斑牡丹		凤丹		香气系列	香气描述
			含量/%	ROAV	含量/%	ROAV		
其他类	2-[2-（乙氧基）乙氧基]-乙醇		2.575		—			
	2-[2-（乙烯基氧基）乙氧基]乙醇		—		0.140			
	1,4-二氧戊环-2-氢过氧化物		0.002		—			
	异丁基乙烯基醚		—		0.026			
	异戊腈		—		0.028			
	3-甲基丁基羟胺		0.007		—			
	2-异丙氧基乙胺		0.012		—			
	乙氧基甲基环氧乙烷		0.020		—			
	2-[2-（2-丙烯氧基）乙氧基]-乙醇		0.268		—			
	双（1,1-二甲基乙基）-硝基氧		0.004		—			
	12-冠醚-4		1.022		—			
	2-[2-(2-乙氧基乙氧基）乙氧基]-乙醇		3.433		—			
	2-丁基呋喃		—		0.025			辛辣气味
	2-（2-甲氧基乙氧基）-乙醇		0.119		—			
	2-戊基呋喃	0.006	0.089	14.833	1.048	174.667	4	果香
	1-癸炔		0.011		—			
	芳樟醇氧化物		0.080		—			甜香，果香
	1,4-二甲氧基苯		0.126		0.009			苦味
	4,7-二甲基-1-苯并呋喃		—		0.320			
	橙花醚		—		0.119			绿色植物的花香，叶香
	2-庚基呋喃		0.409		—			咖啡香气，坚果香气
	1,3,5-三甲氧基苯		—		14.116			
	15-冠醚-5		1.094		0.504			
	四乙二醇单甲醚		0.021		—			
	3,4-亚甲二氧基-N-乙基苯丙胺		—		0.004			
	1-乙基-2,3,4,5,6-五甲基苯		—		0.009			
	3-甲基-3-苯基氮杂环丁烷		8.209		—			
	2,2-二甲基丙烷亚砜基砜		0.015		—			
	1-十四炔		0.194		—			
	其他类总计		18.110		18.257			

注：香气系列：1 =甜香，2 =脂肪香气，3 =花香，4 =果香，5 =青草香，6 =不愉快气味。
“阈值”列和“ROAV”列为空的表格，表示未查到该成分的阈值或未测出含量，因此“ROAV”无法计算。

为了清楚地显示紫斑牡丹和凤丹精油的香气序列的多样性，采用 ROAV 的对数为 10 的底线来描绘两种精油的香气特征。如图 3-33 所示，紫斑牡丹精油的香气特征主要包括花香、甜味、水果味和脂肪味；而凤丹精油的香气特征主要包含甜味、脂肪味、花香、果味和青草味，表明两种牡丹精油的香气特征差异很大。

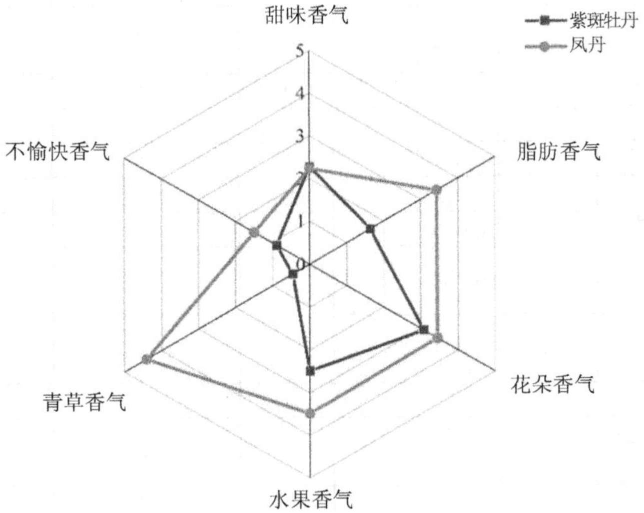

图 3-33　紫斑牡丹和凤丹精油不同香气的 ROAV 分布

在凤丹精油中，青草味类型的香气占主导地位，具有最高的 ROAV 值。如表 3-19 所示，该类型的主要成分是 2,6-壬二烯醛，其 ROAV 值大于 1 000。该物质的含量不高，但是其检测阈值极低。它在凤丹精油中的 ROAV 值最高，达到 25 500。但此香气系列在紫斑牡丹精油中并不强烈，并且叶醇和己醇是紫斑牡丹精油主要的香气贡献者，但这两种物质的 ROAV 值仅为 0.614 和 2.040。在紫斑牡丹精油中未能检测到具有较低检测阈值的 2,6-壬二醛。因此，这两种精油在青草味香气系列中差异很大。

水果系列香气是这项研究中的第二种主要香气类型。该系列的总 ROAV 由 3 种醛（己醛、2-己醛和壬醛）、1 种萜烯（柠檬醛）、1 种酯（癸酸乙酯）和 1 种呋喃（2-戊基呋喃）控制。在这些化合物中，壬醛、柠檬醛和 2-戊基呋喃的 ROAV 均超过 100，这是组成水果香气的主要物质。与草香系列相似，果香是凤丹精油的主要香气，紫斑牡丹精油的香气远弱于凤丹精油。

花香和甜味也是两个精油中必不可少的香气系列。然而，不同于苦水玫瑰精油，两种牡丹精油中花香和甜香的强度相对较低，而其他研究结果表明，苦水玫瑰精油具有很强的花香，其气味也比较甜。壬醛、2,4-壬二烯醛和芳樟醇是花香的主要贡献者，它们的 ROAV 均超过 1 000，而甜味系列则由 4 种化合物（2-己烯醛、辛醛、癸醛和香茅醇）主导。如图 3-33 所示，两种香精油的香气几乎相同，而凤丹精油的花香高于紫斑牡丹精油。

值得注意的是，脂肪香气表现出强烈的油性气味，通常被认为是香气的被动元素。在研究中，醛、酮和酯提供了强烈的脂肪气味。同时，凤丹精油具有较强的脂肪气味。

精油中令人不愉快的香气系列主要由酸组成。这些成分在低浓度下会增加香气的复杂性，而在高浓度下会破坏整体香气。

从总体香气概况来看，每种类型的凤丹精油的香气均高于紫斑牡丹精油，且每种香气成分在凤丹精油中的浓度相对相似，表明凤丹精油的香气更浓烈、更平衡，比紫斑精油的要高。

第四节　忍冬精油

忍冬的药用价值广泛，可以用于治疗痈肿疔疮、喉痹、丹毒、热毒血痢、风热感冒、温病发热等症。近年来，许多科研工作者对忍冬从资源、药效成分、药理等多方面进行了大量的研究，认为忍冬具有良好的发展前景。

以忍冬精油为例，其化学成分极其复杂，但关于其化学成分的调查数据比较匮乏，因此，研究忍冬精油的组分构成很有必要。

本试验以不同采集地的忍冬花蕾为原料，利用 GC-MS 技术研究忍冬精油组分构成，对精油中各化合物测试数据进行统计分析，探讨不同立地条件对忍冬精油含量及构成的影响。

（1）试验材料。

试验试剂：正己烷（分析纯）；水为双蒸水。

原料：试验所需忍冬样品采于 2019 年 10 月，详情如表 3-20 所示。

表 3-20　采样信息

序号	忍冬类别	样品编号	采集地信息
1	（陕西）忍冬	JY-1	陕西省咸阳市高新技术产业示范区
2	（庆阳）忍冬	JY-2	甘肃省庆阳市
3	“巨丰一号”忍冬	JY-JF	甘肃省天水市
4	（红花）忍冬	JY-H	甘肃省庆阳市

采样方法：本次样品采集的忍冬来自不同地区（图 3-34～图 3-37）。每个样品采集时选定长势良好的 80 株植株，每株采取 3～5 朵忍冬，总量为 2 400 g。采集好的样品平铺在纸上阴干，不可烘干。阴干至花瓣颜色变深，质感变脆（大约阴干 24 h）。阴干后的花瓣平均分为 3 份，装入密封袋，记录样品信息。样品信息包括采样时间、采样地点、样品名称、采样量。

图 3-34 （陕西）忍冬鲜花与干花

图 3-35 （庆阳）忍冬鲜花与干花

图 3-36 “巨丰一号”忍冬鲜花与干花

图 3-37 （红花）忍冬鲜花与干花

试验设备：日本岛津 GCMS-QP2010Ultra 气质联用仪；Agilent 7890B 气相色谱仪；固态热调制器 SSM1810，带 HV 系列调制柱（C_8～C_{30}）；禾信飞行时间质谱 EI-0610 TOF，EI 源；RE-201D 旋转蒸发仪；电子天平；98-1-B 型电子调温电热套。

（2）试验方法：本试验对忍冬精油进行提取，运用 GC-MS 技术检测精油的含量及构成，并首次对不同立地条件的忍冬精油进行分析。

1）提取精油：使用吕兆林等（2010）发明的精油专利提取装置制备油用精油。准确称取一定质量的忍冬干花瓣粉末（图 3-38），置于圆底烧瓶中，按固液比为 1∶35 加入双蒸水，浸泡 6 h，加热回馏 4.5 h。在制备过程中，夹带有忍冬精油的水蒸气经冷凝管冷凝后，在正己烷层不断富集，分离出正己烷，用无水硫酸钠脱水，再利用旋转蒸发仪脱除正己烷，得到忍冬精油（图 3-39）。

2）GC-MS 检测精油构成：方法同第二章第一节。

图 3-38　制备干花瓣粉末

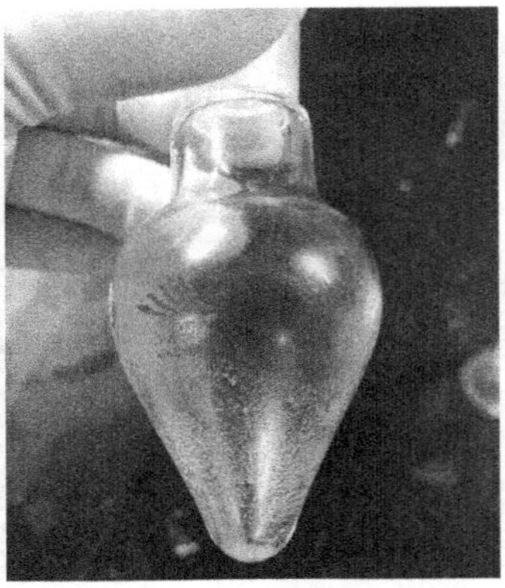

图 3-39　忍冬精油

一、精油成分构成

由表 3-21 可知，“巨丰一号”忍冬中含油量最高，达到了 0.95‰，达到优良品种等级；（庆阳）忍冬中的精油含量最低，仅为 0.37‰，（陕西）忍冬和（红花）忍冬含油量相差较小，都在 0.48‰～0.56‰。

表 3-21　不同产地或品种忍冬精油含量

产地或品种类别	样品编号	精油含量/‰
（陕西）忍冬精油	JY-1	0.56±0.12
（庆阳）忍冬精油	JY-2	0.37±0.03
“巨丰一号”忍冬精油	JY-JF	0.95±0.09
（红花）忍冬精油	JY-H	0.48±0.02

不同忍冬之间精油含量的差异，首先，主要是因为选育出的优良品种精油含量明显高于一般品种造成的；其次，可能是因为种植地的土壤情况、海拔等造成的；最后，可能是因为采花时间、样品运输和保存方式等造成的。

对忍冬精油的成分进行检测分析，得到如下总离子流色谱图（图 3-40～图 3-43）。

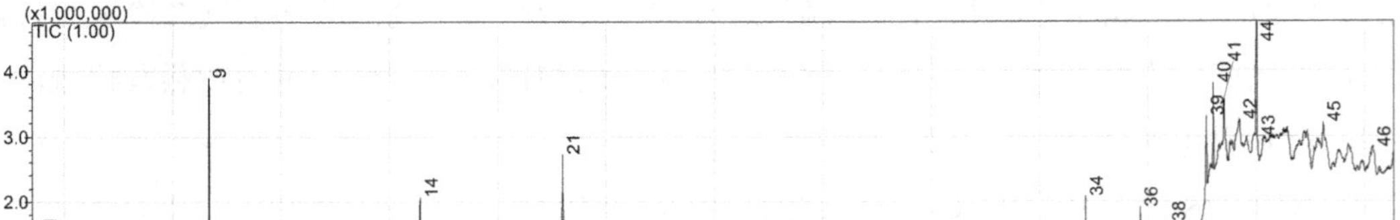

图 3-40　（陕西）忍冬精油总离子流色谱图

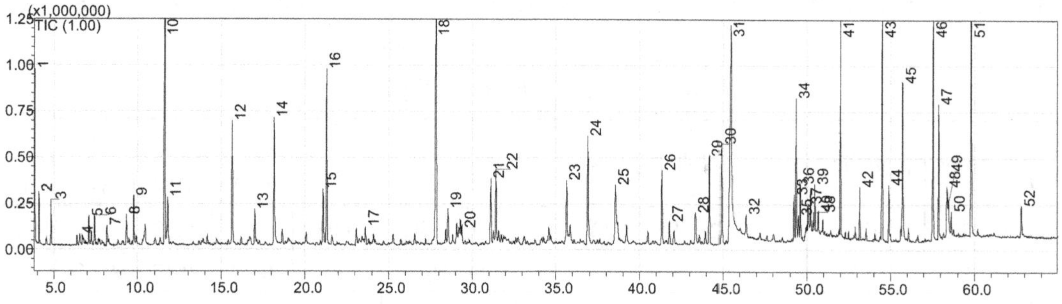

图 3-41　（庆阳）忍冬精油总离子流色谱图

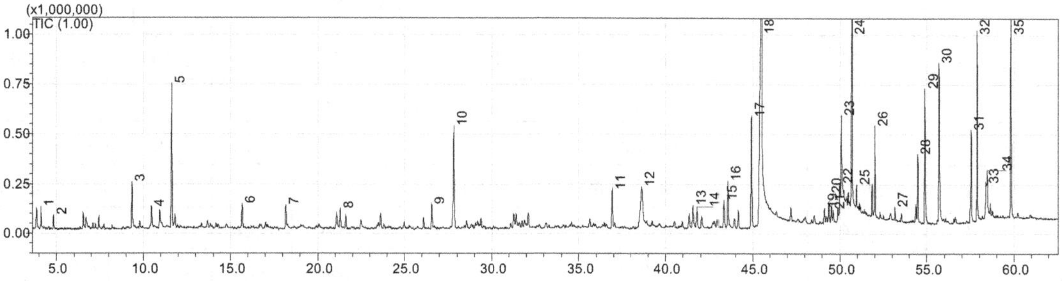

图 3-42　“巨丰一号”忍冬精油总离子流色谱图

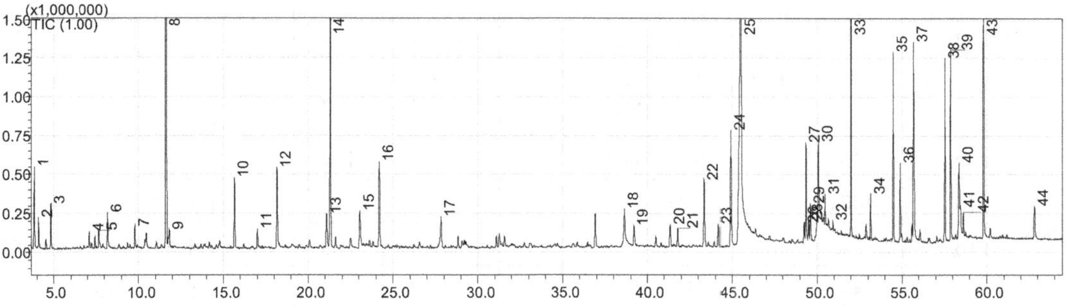

图 3-43　（红花）忍冬精油总离子流色谱图

利用 GC-MS 对忍冬精油的成分构成进行检测，共检测到 84 种化合物（含 1 种未知化合物），详情见表 3-22。由表可知，（陕西）忍冬精油中共检测到 46 种化合物，主要化合物为 1-甲基-5-亚甲基-8-（1-甲基乙基）-1,6-环癸二烯（10.54%）、芳樟醇（11.17%）、山嵛醇（4.69%）和三十四烷（12.51%）4 种物质。（庆阳）忍冬精油中共检测到 52 种化合物，芳樟醇（11.89%）、α-古巴烯（8.88%）、棕榈酸（8.35%）、二十二烷（4.33%）和三十六烷（6.72%）为其主要成分。“巨丰一号”忍冬精油中共检测到 35 种化合物，其中 3,7,11,15-四甲基-2,6,10,14-十六碳四烯-1-醇（15.12%）和棕榈酸（22.95%）的含量显著高于其他成分，为“巨丰一号”忍冬精油的主要成分。（红花）忍冬精油中共检测到 44 种化合物，主要成分为芳樟醇

（15.84%）、3-甲己基-2-甲丁基-2-烯酸酯（6.33%）、三十六烷（8.34%）和棕榈酸（16.05%）。

表 3-22 忍冬精油成分（面积归一）

化合物种类	序号	保留指数	精油成分名称	分子式	分子量	相对含量/%			
						JY-1	JY-2	JY-JF	JY-H
醛类	1	921	2,4-庚二烯醛	$C_7H_{10}O$	110	—	0.32	—	0.24
	2	982	苯甲醛	C_7H_6O	106	0.29	0.17	0.40	—
	3	1 081	苯乙醛	C_8H_8O	120	1.67	0.56	1.56	—
	4	1 104	壬醛	$C_9H_{18}O$	142	—	1.16	—	0.57
	5	1 197	2-（5-甲基-5-乙烯基四氢-2-呋喃基）丙醛	$C_{10}H_{16}O_2$	168	0.28	—	—	—
	6	1 220	2,4-癸二烯醛	$C_{10}H_{16}O$	152	—	1.29	—	0.91
	7	1 701	十五醛	$C_{15}H_{30}O$	226	—	—	1.42	—
	醛类总计					2.24	3.50	3.38	1.72
烯类	8	891	1-乙基环己烯	C_8H_{14}	110	—	—	—	0.74
	9	1 216	依兰烯	$C_{15}H_{24}$	204	0.26	—	—	—
	10	1 221	α-古巴烯	$C_{15}H_{24}$	204	0.43	8.88	4.04	0.63
	11	1 515	1-甲基-5-亚甲基-8-(1-甲基乙基）-1,6-环癸二烯	$C_{15}H_{24}$	204	10.54	—	—	—
	烯类总计					11.23	8.88	4.04	1.37
酮类	12	1 338	茉莉酮	$C_{11}H_{16}O$	164	0.95	—	—	2.12
	13	1 420	6,10-二甲基-5,9-十一碳二烯-2-酮	$C_{13}H_{22}O$	194	0.44	—	—	—
	14	1 420	香叶基丙酮	$C_{13}H_{22}O$	194	—	—	0.82	—
	15	1 440	大马士酮	$C_{13}H_{18}O$	190	—	0.27	—	—
	16	1 754	植酮	$C_{18}H_{36}O$	268	—	1.63	—	0.52
	17	1 847	十七烷酮	$C_{17}H_{34}O$	254	—	0.71	1.05	2.02
	18	1 902	法尼基丙酮	$C_{18}H_{30}O$	262	—	—	1.70	—
	19	2 046	2-十九烷酮	$C_{19}H_{38}O$	282	—	—	0.48	—
	酮类总计					1.39	2.61	4.05	4.66
醇类	20	860	正己醇	$C_6H_{14}O$	102	0.93	0.63	0.45	0.43
	21	868	叶醇	$C_6H_{12}O$	100	3.68	2.42	—	1.53
	22	868	3-己烯-1-醇	$C_6H_{12}O$	100	1.30	—	—	—
	23	879	2-庚醇	$C_7H_{16}O$	116	0.38	0.61	0.31	0.72
	24	969	蘑菇醇	$C_8H_{16}O$	128	0.42	0.43	—	0.28
	25	1 059	正辛醇	$C_8H_{18}O$	130	—	—	0.58	—
	26	1 067	3-辛烯醇	$C_8H_{16}O$	128	0.71	0.88	—	0.44
	27	1 082	芳樟醇	$C_{10}H_{18}O$	154	11.17	11.89	4.55	15.84

化合物种类	序号	保留指数	精油成分名称	分子式	分子量	相对含量/%			
						JY-1	JY-2	JY-JF	JY-H
醇类	28	1 143	α-松油醇	$C_{10}H_{18}O$	154	2.08	2.51	0.86	1.69
	29	1 228	橙花醇	$C_{10}H_{18}O$	154	0.50	0.71	—	0.45
	30	1 228	香叶醇	$C_{10}H_{18}O$	154	1.86	2.75	0.73	1.96
	31	1 536	桉油烯醇	$C_{15}H_{24}O$	220	0.57	—	—	—
	32	1 564	反式-橙花叔醇	$C_{15}H_{26}O$	222	1.09	1.44	—	—
	33	1 635	异长叶醇	$C_{15}H_{26}O$	222	—	1.36	—	—
	34	1 656	1-十四醇	$C_{14}H_{30}O$	214	—	—	—	0.50
	35	1 710	里哪醇	$C_{15}H_{26}O$	222	—	2.79	—	—
	36	2 045	植物醇	$C_{20}H_{40}O$	296	—	0.95	—	0.79
	37	2 069	9,12-十八碳二烯醇	$C_{18}H_{34}O$	266	—	0.30	—	—
	38	2 192	3,7,11,15-四甲基-2,6,10,14-十六碳四烯-1-醇	$C_{20}H_{34}O$	290	—	0.39	15.12	—
	39	2 451	山嵛醇	$C_{22}H_{46}O$	326	4.69	—	—	—
	醇类总计					29.38	30.06	22.60	24.63
酯类	40	1 267	己基-2-甲基丁基-2-烯酸酯	$C_{11}H_{20}O_2$	184	1.50	—	—	—
	41	1 275	3-甲己基-2-甲丁基-2-烯酸酯	$C_{11}H_{18}O_2$	182	—	3.69	0.58	6.33
	42	1 362	2-醛基苯甲酸甲酯	$C_9H_8O_3$	164	—	—	—	0.99
	43	1 394	苯甲酸异戊酯	$C_{12}H_{16}O_2$	192	1.55	—	—	—
	44	1 443	2-甲基-2-丁烯酸苯甲酯	$C_{12}H_{14}O_2$	190	0.82	0.80	—	—
	45	1 565	3-已烯醇苯甲酸酯	$C_{13}H_{16}O_2$	204	0.56	1.64	—	—
	46	1 557	苯甲酸己酯	$C_{13}H_{18}O_2$	206	0.22	—	—	—
	47	1 733	苯甲酸苄酯	$C_{14}H_{12}O_2$	212	0.56	1.26	—	—
	48	1 833	苯甲酸-2-苯乙酯	$C_{15}H_{14}O_2$	226	—	—	0.71	—
	49	1 878	棕榈酸甲酯	$C_{17}H_{34}O_2$	270	0.66	1.95	—	0.51
	50	1 908	邻苯二甲酸二异丁酯	$C_{16}H_{22}O_4$	278	—	0.40	0.63	0.42
	51	1 978	棕榈酸乙酯	$C_{18}H_{36}O_2$	284	—	0.37	—	—
	52	2 037	邻苯二甲酸二丁酯	$C_{16}H_{22}O_4$	278	1.86	2.24	4.55	3.17
	53	2 093	亚油酸甲酯	$C_{19}H_{34}O_2$	294	—	0.84	—	—
	54	2 093	10,13-十八碳二烯酸甲酯	$C_{19}H_{34}O_2$	294	—	—	—	0.40
	55	2 101	亚麻酸甲酯	$C_{19}H_{32}O_2$	292	0.69	2.68	0.54	2.10
	56	2 201	亚麻酸乙酯	$C_{20}H_{34}O_2$	306	—	—	—	0.49
	57	2 206	亚麻酸乙酯	$C_{20}H_{34}O_2$	306	—	0.65	—	—
	58	2 266	硬脂酸烯丙酯	$C_{21}H_{40}O_2$	324	3.02	0.69	1.26	0.67
	59	2 475	二十二烷酸甲酯	$C_{23}H_{46}O_2$	354	1.41	0.88	3.84	1.52
	60	2 674	木蜡酸甲酯	$C_{25}H_{50}O_2$	382	2.82	1.86	4.73	3.10
	酯类总计					15.67	19.95	16.84	19.70

化合物种类	序号	保留指数	精油成分名称	分子式	分子量	相对含量/%			
						JY-1	JY-2	JY-JF	JY-H
酸类	61	1 528	2-乙基环己基酯环丁烷羧酸	$C_{13}H_{22}O_2$	210	0.60	—	—	—
	62	1 769	肉豆蔻酸	$C_{14}H_{28}O_2$	228	—	—	0.85	0.85
	63	1 968	棕榈酸	$C_{16}H_{32}O_2$	256	—	8.35	22.95	16.05
	64	2 183	亚油酸	$C_{18}H_{32}O_2$	280	—	—	0.82	—
	65	2 191	α-亚麻酸	$C_{18}H_{30}O_2$	278	—	0.69	3.23	2.05
	酸类总计					0.60	9.04	27.85	18.95
烷烃类	66	1 810	十八烷	$C_{18}H_{38}$	254	—	0.48	0.42	0.53
	67	2 009	二十烷	$C_{20}H_{42}$	282	2.45	3.66	1.95	0.11
	68	2 109	二十一烷	$C_{21}H_{44}$	296	0.46	0.69	0.29	3.79
	69	2 182	二酮十九烷	$C_{19}H_{36}O_2$	296	—	3.27	5.73	4.89
	70	2 208	二十二烷	$C_{22}H_{46}$	310	3.08	4.33	1.80	0.69
	71	2 307	二十三烷	$C_{23}H_{48}$	324	—	—	—	3.55
	72	2 407	二十四烷	$C_{24}H_{50}$	338	3.27	3.59	2.85	3.31
	73	3 401	三十四烷	$C_{34}H_{70}$	478	12.51	0.41	6.78	0.50
	74	3 600	三十六烷	$C_{36}H_{74}$	506	1.59	6.72	—	8.34
	75	3 997	四十烷	$C_{40}H_{82}$	562	1.74	0.57	—	0.74
	烷烃类总计					25.10	23.72	19.82	26.45
其他类	76	1 040	2-戊基呋喃	$C_9H_{14}O$	138	—	0.43	—	—
	77	1 275	未知	$C_{11}H_{18}O_2$	182	6.77	—	—	—
	78	1 440	六氢-4,7-二甲基-1-（1-甲基乙基）-萘	$C_{15}H_{24}$	204	0.60	—	—	—
	79	1 469	1-异丙基-4,7-二甲基-1,2,3,5,6,8 a-六氢萘	$C_{15}H_{24}$	204	—	0.37	—	—
	80	2 192	3,7,11,15-四甲基-2,6,10,14-十六碳四烯-1-醇	$C_{20}H_{34}O$	290	1.38	—	—	—
	81	2 228	油酸酰胺	$C_{18}H_{35}NO$	281	—	—	1.42	—
	82	2 427	11-二十烯酰胺	$C_{20}H_{39}NO$	309	3.09	—	—	—
	83	2 625	芥酸酰胺	$C_{22}H_{43}NO$	337	—	1.44	—	2.52
	84		未知	—	—	2.55	—	—	—
	其他类总计					14.39	2.24	1.42	2.52

由图 3-44 可知，（陕西）忍冬精油中包含 3 种醛类化合物（2.24%）、3 种烯类化合物（11.23%）、13 种醇类化合物（29.38%）、12 种酯类化合物（15.67%）、2 种酮类化合物（1.39%）、1 种酸类化合物（0.60%）和 7 种烷烃类化合物（25.10%）；（庆阳）忍冬精油中包含 5 种醛类化合物（3.50%）、3 种酮类化合物（2.61%）、1 种烯类化合物（8.88%）、15 种醇类化合物（30.06%）、14 种酯类化合物（19.95%）、2 种酸类化合物（9.04%）和 9 种烷烃类化合物（23.72%）；“巨丰一号”忍冬精油中检测到 3 种醛类化合物（3.38%）、4 种酮类化合物（4.05%）、1 种烯类化合物（4.04%）、7 种醇类化合物（22.60%）、8 种酯类化合物（16.84%）、4 种酸类化合物（27.85%）和 7 种烷烃类化合物（19.82%）；（红花）忍冬精油中共检测到 3 种醛类化合物（1.72%）、3 种酮类化合物（4.66%）、2 种烯类化合物（1.37%）、11 种醇类化合物

合物（24.63%）、11 种酯类化合物（19.70%）、3 种酸类化合物（18.95%）和 10 种烷烃类化合物（26.45%）。

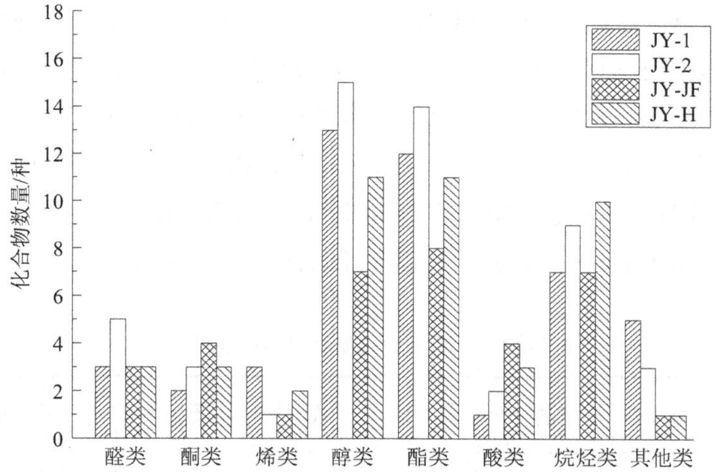

图 3-44　忍冬精油化合物数量对比

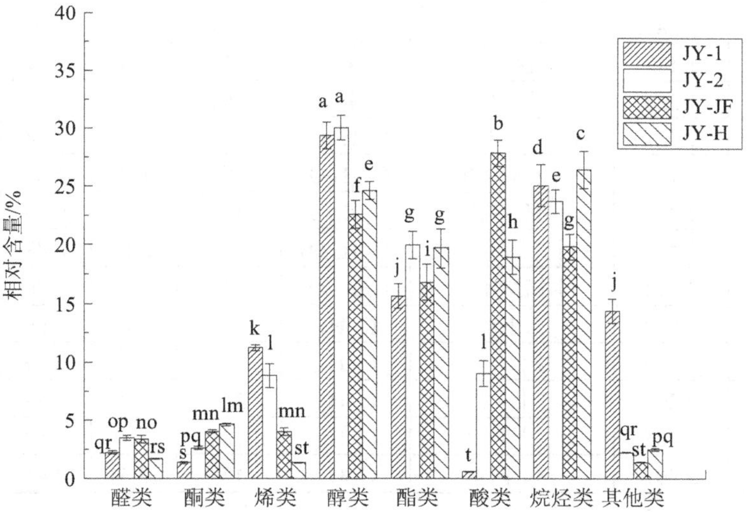

图 3-45　忍冬精油不同类别化合物含量对比

由图 3-45 可知，（陕西）忍冬精油和（庆阳）忍冬精油中均为醇类化合物含量最高，且两者之间无差异（$p>0.05$）。（陕西）忍冬精油中酯类化合物和烷烃类化合物的含量次于醇类化合物，但两者差异显著（$p<0.05$），酸类化合物的含量最低，与其他化合物的相对含量差异显著（$p<0.05$）。（庆阳）忍冬精油中同样为酯类化合物和烷烃类化合物的含量次于醇类化合物。“巨丰一号”忍冬精油中酸类化合物含量最多，与其他种类的化合物差异均比较显著（$p<0.05$），烷烃类化合物和醇类化合物相对含量次之；（红花）忍冬精油中烷烃类化合物含量最丰富，醇类化合物和酯类化合物次之，这 3 类化合物之间的相对含量差异显著（$p<0.05$），其中烯类化合物含量最低，与其他各类化合物含量差异均为显著（$p<0.05$）。

二、精油共有成分

由表 3-23 可知，在 4 种不同产地或品种的忍冬精油中共检测到 16 种共有物，其中包括 1 种烯类化合物、5 种醇类化合物、5 种酯类化合物和 5 种烷烃类化合物。这些共有物分别占 4 种忍冬精油成分总含量的 48.42%、48.30%、39.53%和 40.23%。

α-古巴烯、芳樟醇、邻苯二甲酸二丁酯、二十二烷酸甲酯、木蜡酸甲酯、二十烷和三十四烷这 7 种物质均为 4 种忍冬精油的主体部分，占比均比较高。其中，芳樟醇的含量在 4 种精油中均为含量最高，可能为其香气和功能活性的主要贡献物质。

表 3-23　不同产地或品种忍冬精油共有物

化合物种类	序号	保留指数	精油成分名称	分子式	分子量	相对含量/%			
						JY-1	JY-2	JY-JF	JY-H
烯类	1	1 221	α-古巴烯	$C_{15}H_{24}$	204	0.43	8.88	4.04	0.63
醇类	2	860	正己醇	$C_6H_{14}O$	102	0.93	0.63	0.45	0.43
	3	879	2-庚醇	$C_7H_{16}O$	116	0.38	0.61	0.31	0.72
	4	1 082	芳樟醇	$C_{10}H_{18}O$	154	11.17	11.89	4.55	15.84
	5	1 143	α-松油醇	$C_{10}H_{18}O$	154	2.08	2.51	0.86	1.69
	6	1 228	香叶醇	$C_{10}H_{18}O$	154	1.86	2.75	0.73	1.96
酯类	7	2 037	邻苯二甲酸二丁酯	$C_{16}H_{22}O_4$	278	1.86	2.24	4.55	3.17
	8	2 101	亚麻酸甲酯	$C_{19}H_{32}O_2$	292	0.69	2.68	0.54	2.10
	9	2 266	硬脂酸烯丙酯	$C_{21}H_{40}O_2$	324	3.02	0.69	1.26	0.67
	10	2 475	二十二烷酸甲酯	$C_{23}H_{46}O_2$	354	1.41	0.88	3.84	1.52
	11	2 674	木蜡酸甲酯	$C_{25}H_{50}O_2$	382	2.82	1.86	4.73	3.10
烷烃类	12	2 009	二十烷	$C_{20}H_{42}$	282	2.45	3.66	1.95	0.11
	13	2 109	二十一烷	$C_{21}H_{44}$	296	0.46	0.69	0.29	3.79
	14	2 208	二十二烷	$C_{22}H_{46}$	310	3.08	4.33	1.80	0.69
	15	2 407	二十四烷	$C_{24}H_{50}$	338	3.27	3.59	2.85	3.31
	16	3 401	三十四烷	$C_{34}H_{70}$	478	12.51	0.41	6.78	0.50

第五节　苦水玫瑰精油

苦水玫瑰主要分布于甘肃省永登县及周边地区，已有 200 多年的栽种历史，因苦水镇独特的气候、水质和海拔，逐渐形成了苦水玫瑰的独有香气。苦水玫瑰具有花繁汁多、清香纯正独特、含油量高等特点，苦水玫瑰的诸多优势使其广泛应用于食品及化妆品领域。

本试验以苦水玫瑰为原料，利用 GC-MS 技术研究苦水玫瑰精油得率、组分构成，对精油中各化合物测试数据进行统计分析，探讨盐渍对苦水玫瑰精油含量及构成的影响，利用 GC×GC-TOF/MS 对盐渍前后的苦水玫瑰精油进行了进一步的检测。

（1）试验材料。

试剂：正己烷（分析纯），北京化工厂；水为双蒸水。

原料：采集来自甘肃省永登县苦水镇的苦水玫瑰（图 3-46）。

具体采样方法：选定长势良好的 50 株植株，每株采取 5～8 朵盛开玫瑰花的花瓣（每朵 15～20 g），总量为 3 000 g。采集好的花瓣平铺在纸上阴干，不可烘干，阴干至花瓣颜色变深，质感变脆（大约阴干 24 h）。阴干后的花瓣平均分为 3 份，装入密封袋，记录样品信息。样品信息包括采样时间、采样地点、采样量。

试验设备：同本章第三节。

图 3-46　苦水玫瑰

（2）试验方法：本试验对苦水玫瑰精油进行提取，运用 GC-MS 技术检测精油的含量及构成，并首次运用 GC×GC-TOF/MS 检测精油构成，对盐渍前后苦水玫瑰精油进行分析。

1）提取精油（盐渍及非盐渍）：使用精油专利提取装置制备油用精油。准确称取一定质量的样品，捣成泥浆，置于圆底烧瓶中，按固液比为 1∶35 加入双蒸水/15%氯化钠溶液，浸泡 6 h，加热回馏 4.5 h。在制备过程中，夹带有苦水玫瑰精油的水蒸气经冷凝管冷凝后，在正己烷层不断富集，分离出正己烷，用无水硫酸钠脱水，再利用旋转蒸发仪脱除正己烷，得到苦水玫瑰鲜花精油和盐渍精油。

2）GC-MS 检测精油构成：同本章第一节。

3）GC×GC-TOF/MS 检测精油构成：同本章第三节。

一、盐渍前后精油成分（GC-MS 技术）

苦水玫瑰鲜花精油得率为 0.23‰±0.08‰，盐渍精油得率为 0.36‰±0.11‰。盐渍后，精油得率有所提高，一方面，氯化钠降低了精油在水中的溶解度，溶解在水中的那部分精油也被蒸出，故精油得率有所提高；另一方面，盐溶液是高渗透压溶液，植物细胞会发生质壁分离，使细胞内的物质溶出，提高了精油得率。

（一）精油成分

对苦水玫瑰鲜花精油及盐渍后精油的成分进行检测分析，得到如下总离子流色谱图（图 3-47、图 3-48）。

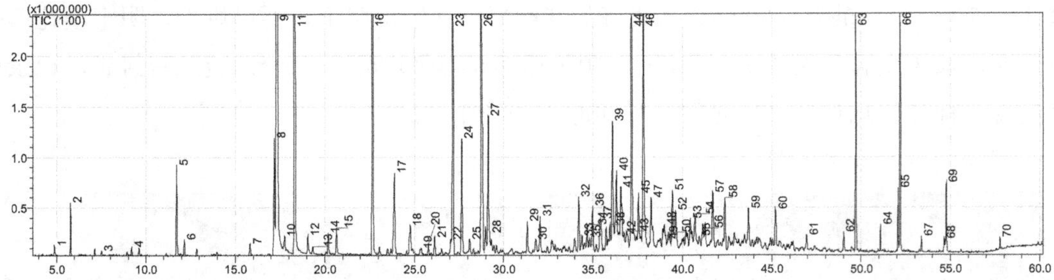

图 3-47　苦水玫瑰鲜花精油总离子流色谱图

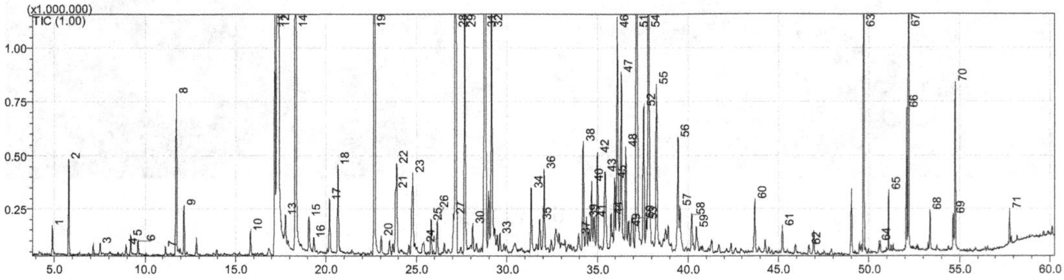

图 3-48　苦水玫瑰盐渍精油总离子流色谱图

对盐渍前后的苦水玫瑰精油进行 GC-MS 检测，共检出了 86 种化合物，详细见表 3-24。其中醛类化合物 4 种、酮类化合物 12 种、烯类化合物 22 种、醇类化合物 20 种、酯类化合物 9 种、酚类化合物 2 种、烷烃类化合物 9 种和其他类化合物 8 种。从苦水玫瑰鲜花精油的成分来看，以醛酮类化合物、烯类化合物、醇类化合物和酯类化合物为主；盐渍过后，苦水玫瑰精油的成分个数和含量的增加，以酮类化合物、烯类化合物和酯类化合物的增加为主。

表 3-24　盐渍前后苦水玫瑰精油成分（面积归一）

化合物种类	序号	保留指数	精油成分名称	化学式	相对含量/%	
					鲜花	盐渍
醛类	1	905	庚醛	$C_7H_{14}O$	0.08	0.11
	2	1 174	3,7-二甲基-2,6-辛二烯醛	$C_{10}H_{16}O$	0.09	0.09
	3	1 174	柠檬醛	$C_{10}H_{16}O$	0.22	0.19
	4	1 762	己基-肉桂醛	$C_{15}H_{20}O$	0.63	0.86
	醛类总计				1.02	1.25

化合物种类	序号	保留指数	精油成分名称	化学式	相对含量/%	
					鲜花	盐渍
烯类	5	948	莰烯	$C_{10}H_{16}$	0.40	0.35
	6	958	月桂烯	$C_{10}H_{16}$	0.05	0.05
	7	1 018	柠檬烯	$C_{10}H_{16}$	—	0.05
	8	976	罗勒烯	$C_{10}H_{16}$	0.08	0.07
	9	976	3,7-二甲基-1,3,6-十八烷三烯	$C_{10}H_{16}$	—	0.06
	10	919	4-蒈烯	$C_{10}H_{16}$	—	0.04
	11	1 279	2,3,4,5,7,7-六甲基-1,3,5-三烯	$C_{13}H_{20}$	—	0.36
	12	1 398	柏木烯	$C_{15}H_{24}$	0.13	0.12
	13	1 380	4,5,9,10-脱氢-异长叶烯	$C_{15}H_{20}$	0.13	0.19
	14	1 430	香柠檬烯	$C_{15}H_{24}$	0.21	0.18
	15	1 537	菖蒲烯	$C_{15}H_{22}$	0.12	0.20
	16	1 386	异香橙烯	$C_{15}H_{24}$	5.02	4.61
	17	1 344	荜茄澄烯	$C_{15}H_{24}$	1.52	1.71
	18	1 524	姜黄烯	$C_{15}H_{22}$	0.15	0.13
	19	1 469	杜松萜烯	$C_{15}H_{24}$	0.16	0.11
	20	1 490	愈创木烯	$C_{15}H_{24}$	—	0.70
	21	1 654	1,5,9-三甲基-1,5,9-环十二碳三烯	$C_{15}H_{24}$	0.90	0.65
	22	1 507	花柏烯	$C_{15}H_{24}$	—	0.21
	23	1 695	1,5,6,7-四甲基-3-苯基双环[3.2.0]庚-2,6-二烯	$C_{17}H_{20}$	0.69	—
	24	1 733	10,11-二氢-二苯并环庚烯	$C_{15}H_{14}$	0.46	—
	25	2 315	9-二十三烯	$C_{23}H_{46}$	0.43	0.46
	26	2 514	12-二十五碳烯	$C_{25}H_{50}$	—	0.18
	烯类总计				10.45	10.43
醇类	27	1 082	芳樟醇	$C_{10}H_{18}O$	0.97	0.80
	28	1 143	松油醇	$C_{10}H_{18}O$	0.12	0.11
	29	1 228	橙花醇	$C_{10}H_{18}O$	1.45	1.41
	30	1 179	香茅醇	$C_{10}H_{20}O$	33.07	38.60
	31	1 228	香叶醇	$C_{10}H_{18}O$	6.24	4.65
	32	1 227	2-十一烷醇	$C_{11}H_{24}O$	0.30	0.50
	33	1 575	2-十四烷醇	$C_{14}H_{30}O$	1.80	1.78
	34	1 564	橙花叔醇	$C_{15}H_{26}O$	0.39	0.38
	35	1 536	桉油烯醇	$C_{15}H_{24}O$	0.13	0.17
	36	1 541	喇叭烯醇	$C_{15}H_{24}O$	0.48	0.50
	37	1 454	檀香醇	$C_{15}H_{24}O$	0.21	0.21
	38	1 530	蓝桉醇	$C_{15}H_{26}O$	0.17	0.18
	39	1 662	诺卡醇	$C_{15}H_{24}O$	0.66	0.61
	40	1 522	4-乙烯基-3-（1-甲基乙烯基）-环己烷甲醇	$C_{15}H_{26}O$	0.66	—
	41	1 625	红没药醇	$C_{15}H_{26}O$	2.04	1.74
	42	1 530	喇叭茶醇	$C_{15}H_{26}O$	1.47	1.40
	43	1 774	2-十六烷醇	$C_{16}H_{34}O$	0.42	—
	44	1 710	法尼醇	$C_{15}H_{26}O$	4.04	4.41

化合物种类	序号	保留指数	精油成分名称	化学式	相对含量/%	
					鲜花	盐渍
醇类	45	2 199	1,2-二甲苯基-1,2-乙二醇	$C_{20}H_{30}O_2$	0.22	—
	46	2 749	1-戊醇	$C_{25}H_{52}O$	0.14	—
	醇类总计				54.98	57.45
酯类	47	1 300	甲酸香草酯	$C_{11}H_{20}O_2$	0.09	0.08
	48	1 302	乙酸香茅酯	$C_{12}H_{22}O_2$	6.42	5.58
	49	1 352	乙酸橙花酯	$C_{12}H_{20}O_2$	—	0.08
	50	1 352	乙酸香叶酯	$C_{12}H_{20}O_2$	1.37	0.48
	51	1 516	5-十二烷醇乙酸酯	$C_{14}H_{28}O_2$	—	0.14
	52	1 638	4-（4-甲基苯基）-4-戊烯酸乙酯	$C_{14}H_{18}O_2$	—	0.13
	53	2 037	邻苯二甲酸二丁酯	$C_{16}H_{22}O_4$	0.49	0.13
	54	1 978	棕榈酸乙酯	$C_{18}H_{36}O_2$	—	0.06
	55	2 391	9,12-十八碳二烯酸丁酯	$C_{22}H_{40}O_2$	—	0.03
	酯类总计				8.37	6.71
酮类	56	1 251	2-十一酮	$C_{11}H_{22}O$	0.23	0.30
	57	1 449	2-十三烷酮	$C_{13}H_{26}O$	5.50	5.03
	58	1 587	异长叶烯-9-酮	$C_{15}H_{22}O$	0.67	0.66
	59	1 429	紫罗兰酮	$C_{13}H_{20}O$	0.30	0.35
	60	1 576	1,5,5,8-四甲基-1,4-甲氨基-9-酮	$C_{15}H_{24}O$	—	0.21
	61	1 645	2-异丙烯基-6,10-二甲基螺[4.5]癸-6-烯-8-酮	$C_{15}H_{22}O$	0.48	0.55
	62	1 648	2-十五烷酮	$C_{15}H_{30}O$	1.15	0.72
	63	1 587	异长叶烯-5-酮	$C_{15}H_{22}O$	4.64	5.32
	64	1 743	3-[3,5-癸二烯基]-环戊酮	$C_{15}H_{24}O$	0.64	1.06
	65	1 673	3,5,6,7,8,8-六氢-4,8-二甲基-6-（1-甲基乙烯基）-萘酮	$C_{15}H_{22}O$	—	0.21
	66	1 765	5-甲基-4-（4,4-二甲基-2,3-二亚甲基环己基）-1,3-二氧戊环-2-酮	$C_{14}H_{20}O_3$	—	0.20
	67	1 923	4-甲基-查耳酮	$C_{16}H_{14}O$	0.59	—
	酮类总计				14.20	14.61
酚类	68	1 361	甲基丁香酚	$C_{11}H_{14}O_2$	0.31	0.66
	69	1 955	3,3-二甲基-1-苯基-1-苯二酚	$C_{16}H_{16}O_2$	0.88	—
	酚类总计				1.19	0.66
烷烃类	70	1 711	十七烷	$C_{17}H_{36}$	0.22	0.19
	71	1 810	十八烷	$C_{18}H_{38}$	0.48	0.28
	72	2 009	二十烷	$C_{20}H_{42}$	0.15	—
	73	2 109	二十一烷	$C_{21}H_{44}$	2.73	2.93
	74	2 208	二十二烷	$C_{22}H_{46}$	0.16	0.18
	75	2 307	二十三烷	$C_{23}H_{48}$	3.20	3.70
	76	2 407	二十四烷	$C_{24}H_{50}$	0.11	0.14
	77	3 401	三十四烷	$C_{34}H_{70}$	0.69	0.77
	78	3 600	三十六烷	$C_{36}H_{74}$	0.09	0.12
	烷烃类总计				7.83	8.31

化合物种类	序号	保留指数	精油成分名称	化学式	相对含量/%	
					鲜花	盐渍
其他类	79	1 114	玫瑰醚	$C_{10}H_{18}O$	0.16	0.23
	80	1 462	香橙烯氧化物	$C_{15}H_{24}O$	—	0.35
	81	1 818	9,10-二氢-9-氨基蒽	$C_{14}H_{13}N$	0.29	—
	82	1 782	菲	$C_{14}H_{10}$	0.11	—
	83	1 792	3,4-二乙基-1,1′-联苯	$C_{16}H_{18}$	0.24	—
	84	1 927	1-乙基-4-乙基苯基-苯	$C_{18}H_{22}$	0.19	—
	85	1 820	3,3′,4,4′-四甲基联苯	$C_{16}H_{18}$	0.37	—
	86	2 020	3-乙基-2-（2-吡啶基）-1H-吲哚	$C_{15}H_{14}N_2$	0.60	—
	其他类总计				1.96	0.58

表 3-24 对盐渍前后苦水玫瑰精油成分进行统计，共检测到 86 种化合物。其中，鲜花精油鉴定出 70 种化合物，主要化合物为异香橙烯（5.02%）、香茅醇（33.07%）、香叶醇（6.24%）、乙酸香茅酯（6.42%）、2-十三烷酮（5.50%）和异长叶烯-5-酮（4.64%）；盐渍精油检测到 71 种化合物，以异香橙烯（4.61%）、香茅醇（38.60%）、香叶醇（4.65%）、乙酸香茅酯（5.58%）、2-十三烷酮（5.03%）和异长叶烯-5-酮（5.32%）为主。

（二）精油化合物类别

鲜花苦水玫瑰精油中含有 13 种醛酮类化合物（15.22%）、15 种烯类化合物（10.45%）、20 种醇类化合物（54.98%）、4 种酯类化合物（8.37%）、2 种酚类化合物（1.19%）和 9 种烷烃类化合物（7.83%）。盐渍苦水玫瑰精油中包含 15 种醛酮类化合物（15.86%）、20 种烯类化合物（10.43%）、16 种醇类化合物（57.45%）、9 种酯类化合物（6.71%）、1 种酚类化合物（0.66%）和 8 种烷烃类化合物（8.31%）（图 3-49）。

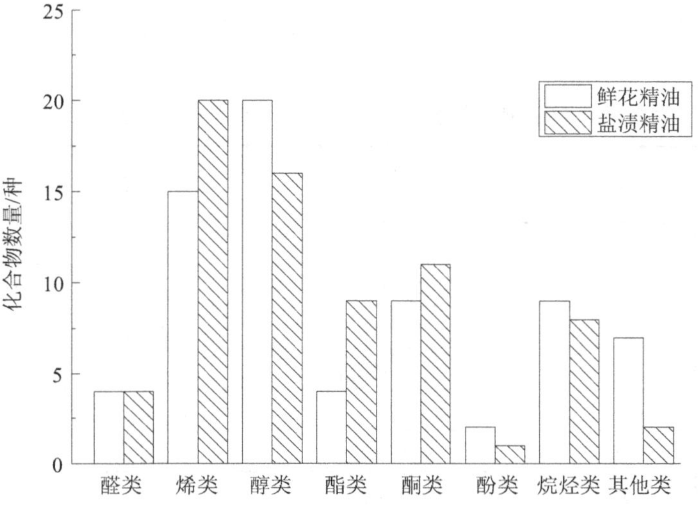

图 3-49 盐渍前后苦水玫瑰精油化合物数量对比

由图 3-50 可知，醛类、烯类和酮类物质在两种精油中含量相近，差异不显著（$p>0.05$）；醇类和烷烃类物质在盐渍精油中含量较高，在两种精油中差异显著（$p<0.05$）；酯类和酚类物质在鲜花精油中含量较高，且在两种精油中差异显著（$p<0.05$）。

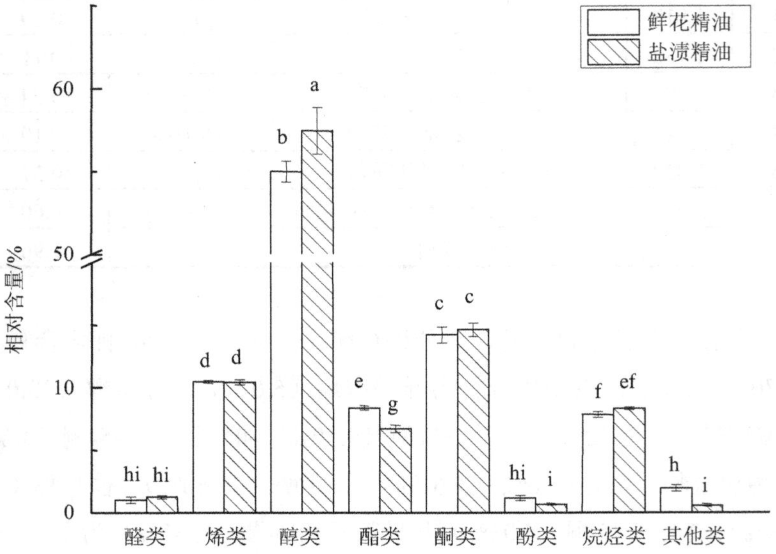

图 3-50　盐渍前后苦水玫瑰精油不同类别化合物含量对比

（三）精油共有物

由表 3-25 可知，盐渍前后苦水玫瑰精油共有化合物有 53 种，分别为庚醛、蒎烯、芳樟醇、松油醇、橙花醇等，其中有 12 种醛酮类化合物、12 种烯类化合物、15 种醇类化合物、4 种酯类化合物、8 种烷烃类化合物和 1 种酚类化合物。以上 53 种化合物均为鲜花精油和盐渍精油的主体部分，分别占两类精油成分总含量的 89.05%和 91.93%。

表 3-25　盐渍前后苦水玫瑰精油共有化合物成分（面积归一）

化合物种类	序号	保留指数	精油成分名称	化学式	相对含量/%	
					鲜花	盐渍
醛类	1	905	庚醛	$C_7H_{14}O$	0.08	0.11
	2	1 174	3,7-二甲基-2,6-辛二烯醛	$C_{10}H_{16}O$	0.09	0.09
	3	1 174	柠檬醛	$C_{10}H_{16}O$	0.22	0.19
	4	1 762	己基-肉桂醛	$C_{15}H_{20}O$	0.63	0.86
烯类	5	948	蒎烯	$C_{10}H_{16}$	0.40	0.35
	6	958	月桂烯	$C_{10}H_{16}$	0.05	0.05
	7	976	罗勒烯	$C_{10}H_{16}$	0.08	0.07
	8	1 398	柏木烯	$C_{15}H_{24}$	0.13	0.12

化合物种类	序号	保留指数	精油成分名称	化学式	相对含量/%	
					鲜花	盐渍
烯类	9	1 380	4,5,9,10-脱氢-异长叶烯	$C_{15}H_{20}$	0.13	0.19
	10	1 430	香柠檬烯	$C_{15}H_{24}$	0.21	0.18
	11	1 537	菖蒲烯	$C_{15}H_{22}$	0.12	0.20
	12	1 386	异香橙烯	$C_{15}H_{24}$	5.02	4.61
	13	1 344	毕茄橙烯	$C_{15}H_{24}$	1.52	1.71
	14	1 524	姜黄烯	$C_{15}H_{22}$	0.15	0.13
	15	1 469	杜松萜烯	$C_{15}H_{24}$	0.16	0.11
	16	2 315	9-二十三烯	$C_{23}H_{46}$	0.43	0.46
醇类	17	1 082	芳樟醇	$C_{10}H_{18}O$	0.97	0.8
	18	1 143	松油醇	$C_{10}H_{18}O$	0.12	0.11
	19	1 228	橙花醇	$C_{10}H_{18}O$	1.45	1.41
	20	1 179	香茅醇	$C_{10}H_{20}O$	33.07	38.6
	21	1 228	香叶醇	$C_{10}H_{18}O$	6.24	4.65
	22	1 227	2-十一烷醇	$C_{11}H_{24}O$	0.3	0.5
	23	1 575	2-十四烷醇	$C_{14}H_{30}O$	1.8	1.78
	24	1 564	橙花叔醇	$C_{15}H_{26}O$	0.39	0.38
	25	1 536	桉油烯醇	$C_{15}H_{24}O$	0.13	0.17
	26	1 541	喇叭烯醇	$C_{15}H_{24}O$	0.48	0.5
	27	1 454	檀香醇	$C_{15}H_{24}O$	0.21	0.21
	28	1 530	蓝桉醇	$C_{15}H_{26}O$	0.17	0.18
	29	1 662	诺卡醇	$C_{15}H_{24}O$	0.66	0.61
	30	1 625	红没药醇	$C_{15}H_{26}O$	2.04	1.74
	31	1 530	喇叭茶醇	$C_{15}H_{26}O$	1.47	1.40
酯类	32	1 300	甲酸香草酯	$C_{11}H_{20}O_2$	0.09	0.08
	33	1 302	乙酸香茅酯	$C_{12}H_{22}O_2$	6.42	5.58
	34	1 352	乙酸香叶酯	$C_{12}H_{20}O_2$	1.37	0.48
	35	2 037	邻苯二甲酸二丁酯	$C_{16}H_{22}O_4$	0.49	0.13
酮类	36	1 251	2-十一酮	$C_{11}H_{22}O$	0.23	0.3
	37	1 449	2-十三烷酮	$C_{13}H_{26}O$	5.5	5.03
	38	1 587	异长叶烯-9-酮	$C_{15}H_{22}O$	0.67	0.66
	39	1 429	紫罗兰酮	$C_{13}H_{20}O$	0.3	0.35
	40	1 645	2-异丙烯基-6,10-二甲基螺[4.5]癸-6-烯-8-酮	$C_{15}H_{22}O$	0.48	0.55
	41	1 648	2-十五烷酮	$C_{15}H_{30}O$	1.15	0.72
	42	1 587	异长叶烯-5-酮	$C_{15}H_{22}O$	4.64	5.32
	43	1 743	3-[3,5-癸二烯基]-环戊酮	$C_{15}H_{24}O$	0.64	1.06

化合物种类	序号	保留指数	精油成分名称	化学式	相对含量/%	
					鲜花	盐渍
酚类	44	1 361	甲基丁香酚	$C_{11}H_{14}O_2$	0.31	0.66
烷烃类	45	1 711	十七烷	$C_{17}H_{36}$	0.22	0.19
	46	1 810	十八烷	$C_{18}H_{38}$	0.48	0.28
	47	2 109	二十一烷	$C_{21}H_{44}$	2.73	2.93
	48	2 208	二十二烷	$C_{22}H_{46}$	0.16	0.18
	49	2 307	二十三烷	$C_{23}H_{48}$	3.20	3.70
	50	2 407	二十四烷	$C_{24}H_{50}$	0.11	0.14
	51	3 401	三十四烷	$C_{34}H_{70}$	0.69	0.77
	52	3 600	三十六烷	$C_{36}H_{74}$	0.09	0.12
其他类	53	1 114	玫瑰醚	$C_{10}H_{18}O$	0.16	0.23

两类精油中异香橙烯、香茅醇、香叶醇、乙酸香茅酯、2-十三烷酮和异长叶烯-5-酮含量均比较高，说明这 6 种物质是鲜花精油和盐渍精油的主要化合物。经盐渍处理后，香茅醇和异长叶烯-5-酮的含量均有所增长，而其他 4 种物质的含量均无太大差异。这可能是因为加入氯化钠后，蒸煮水沸点升高，使香茅醇和异长叶烯-5-酮挥发量增大。也可能是因为盐溶液是高渗透压溶液，植物细胞会发生质壁分离，使玫瑰花细胞内的物质大量溶出，提高了精油中香茅醇和异长叶烯-5-酮的含量。

二、盐渍前后精油成分

为了对盐渍前后苦水玫瑰精油的成分进行全面深入的分析，本研究采用全二维技术（GC×GC-TOF/MS）对盐渍前后的苦水玫瑰精油进行进一步检测（图 3-51～图 3-54），同时，利用外标法对各种物质的含量进行准确的定量。

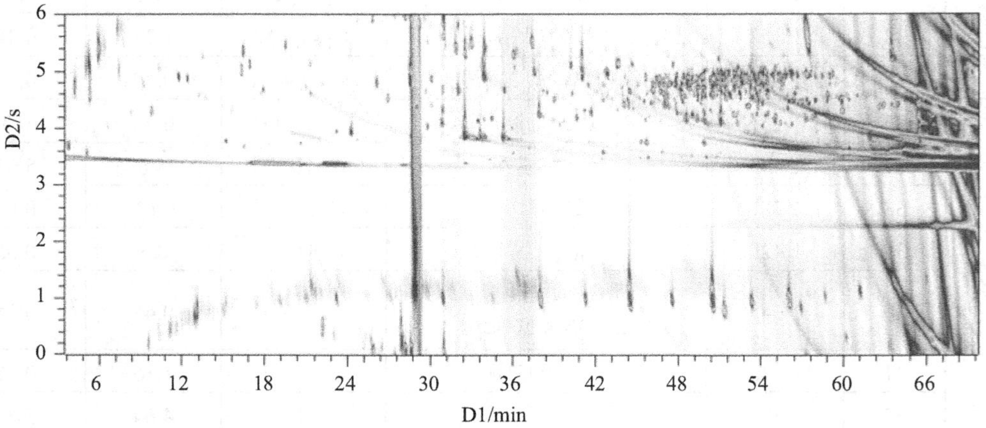

图 3-51 苦水玫瑰鲜花精油成分的全二维色谱轮廓图

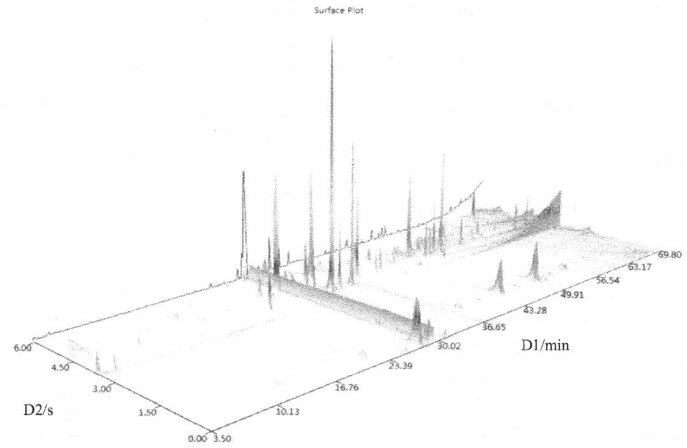

图 3-52　苦水玫瑰鲜花精油成分的全二维 3D 色谱图

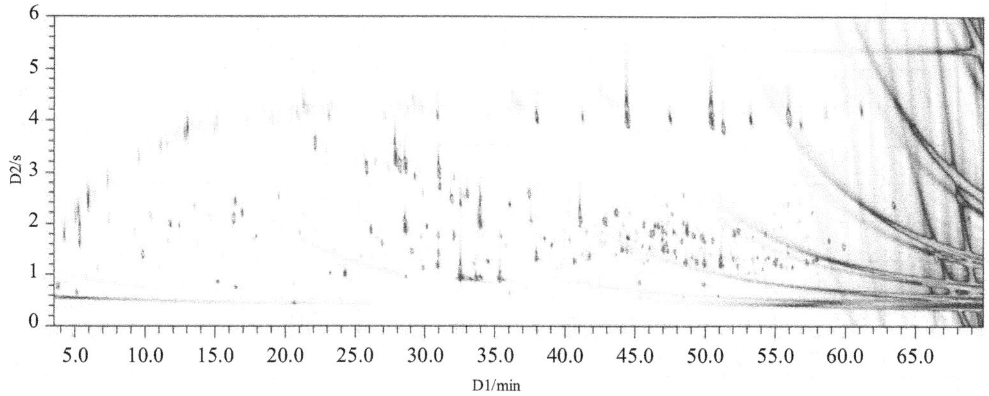

图 3-53　苦水玫瑰盐渍精油成分的全二维色谱轮廓图

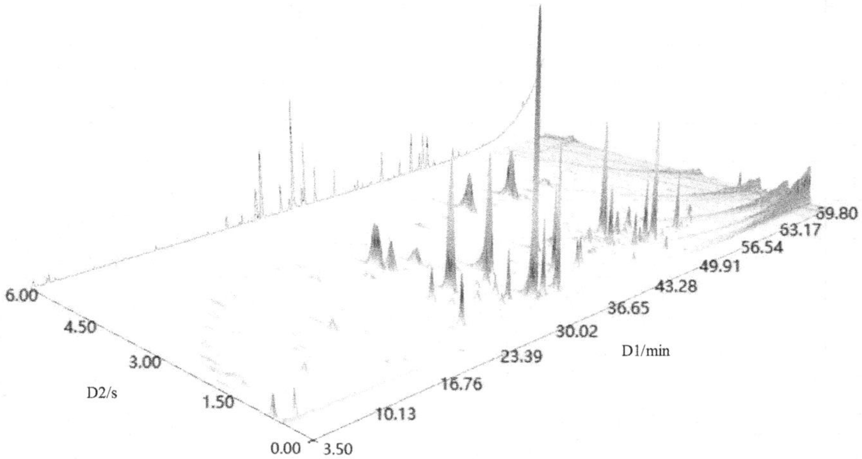

图 3-54　苦水玫瑰盐渍精油成分的全二维 3D 色谱图

利用 GC×GC-TOF/MS 对盐渍前后的苦水玫瑰精油进行检测，共检出了 248 种化合物，如表 3-26 所示。其中醛类 17 种、酮类 20 种、萜烯类 26 种、醇类 54 种、酯类 31 种、酚类 5 种、烷烃类 33 种和其他类化合物 40 种，此外，还检测出一维气质未检测出的羧酸类物质，共 22 种。从苦水玫瑰鲜花精油的成分来看，以醇类、烷烃类和酯类为主。盐渍过后，苦水玫瑰精油的成分个数和含量的增加，以醇类、萜烯类和醛酮类物质的增加为主。

表 3-26　盐渍前后苦水玫瑰精油 GC×GC-TOF/MS 结果汇总　　单位：mg/kg

类别	序号	精油成分名称	NIST RI	鲜花精油	盐渍精油
醛类	1	戊醛	675-N	—	55.15
	2	2-甲基戊醛	743-N	135.79	—
	3	己醛	776-N	—	141.00
	4	庚醛	880-N	229.61	2 090.14
	5	癸醛	1058-N	3 747.62	—
	6	壬醛	1083-N	—	331.01
	7	3,7-二甲基-2,6-辛二烯醛	1218-N	—	1 735.54
	8	柠檬醛	1249-N	—	3 446.56
	9	金合欢醛	—	—	470.39
	10	十一醛	1287-N	171.21	—
	11	苯乙醛	—	22 773.45	—
	12	对羟基苯甲醛	1318-N	2 501.80	—
	13	十二醛	—	442.20	—
	14	3,7,11-三甲基-2,6,10-十二碳三烯醛	1715-N	—	1 002.87
	15	3,7-二甲基-六氢-1H-茚-2-甲基丙基-2-烯醛	—	—	36 571.76
	16	7-甲基-3-亚甲基-6-辛烯醛	—	—	1 560.95
	17	低聚乙醛	—	—	2 475.43
酮类	18	苯乙酮	1042-N	58.32	—
	19	2,2,5-三甲基-3,4-已二酮	—	—	433.96
	20	2,2-二甲基-3-已酮	—	—	557.56
	21	2-癸酮	1172-N	1 146.20	694.81
	22	2-十一酮	1273-N	—	6 810.05
	23	4-庚烯-2-酮	—	—	354.30
	24	2,5-二甲基-3-已酮	—	—	342.02
	25	3-羟基苯乙酮	1358-N	771.36	—
	26	2-十二烷酮	1377-N	2 414.94	479.46
	27	香叶基丙酮	1429-N	2 309.55	—
	28	2-十三烷酮	1477-N	17 693.24	50 017.56
	29	2-十四烷酮	1579-N	—	8 364.51
	30	1-(2-甲基苯基)-2-丙烯-1-酮	—	692.09	—
	31	4-(2,6,6-三甲基-2-环已烯-1-亚基)-2-丁酮	—	586.74	—
	32	二苯甲酮	1604-N	857.87	—

类别	序号	精油成分名称	NIST RI	鲜花精油	盐渍精油
酮类	33	9,10-二氢-9,9-二甲基-环庚萘-11-酮	—	73.44	—
	34	对羟基苯乙酮	—	9 502.73	—
	35	3-双-(2-环丙基-2-甲基环丙基)-2-丁烯-1-酮	—	—	2 379.20
	36	香柏酮	1780-N	—	3 008.15
	37	β-紫罗兰酮	—	—	3 757.66
萜烯类	38	4-甲基-2-戊烯	566-N	217.32	—
	39	3,5-二甲基-1-己烯	713-N	96.51	—
	40	壬烯	889-N	—	113.94
	41	2,5-二甲基-3-亚甲基-1,5-庚二烯	915-N	173.13	—
	42	月桂烯	983-N	—	81.87
	43	蒎烯	—	—	2 747.36
	44	罗勒烯	1038-N	—	393.62
	45	3,7-二甲基-1,3,6-十八烷三烯	1028-N	—	237.19
	46	3-甲基-6-(1-甲基亚乙基)-环己烯	1067-N	—	119.50
	47	荜澄茄油烯	1380-N	—	1 497.02
	48	柑油烯	1432-N	—	1 462.83
	49	榄香烯	1432-N	366.69	6 450.04
	50	丁香三环烯	1444-N	—	279.45
	51	金合欢烯	1448-N	152.95	699.17
	52	丁香烯	1464-N	5 244.15	21 825.38
	53	大牻牛儿烯	1477-N	1 603.44	8 334.09
	54	2,6-二甲基-1,5-庚二烯	—	50.66	—
	55	2-十二碳烯	—	127.07	—
	56	姜黄烯	1473-N	—	532.54
	57	3,7,11-三甲基-1,3,6,10-十二碳四烯	1483-N	—	2 070.73
	58	5-(1,5-二甲基-4-己烯基)-2-甲基-1,3-环己二烯	1488-N	—	57.36
	59	菖蒲烯	1510-N	—	361.31
	60	2-乙氧基-1-甲氧基乙氧基-乙烯	—	87.68	—
	61	三甲基-1,5,9-三烯	—	—	3 565.76
	62	2,6,6,10-四甲基-1-氧杂螺[4.5]癸-3,9-二烯	—	—	768.76
	63	1-二十二烯	2192-N	272.08	—
醇类	64	2-丁醇	586-N	187.02	521.50
	65	3-甲基-2-丁醇	—	—	1 082.91
	66	2-戊醇	—	61.64	—
	67	2-乙基-1-己醇	—	15 855.14	—
	68	糠醇	830-N	50.93	—
	69	2-庚醇	—	—	604.35
	70	2-壬醇	1089-N	—	378.91
	71	芳樟醇	1086-N	3 498.79	13 469.80
	72	2,3-丁二醇	—		159.00
	73	松油醇	—	9 522.79	1 658.48

类别	序号	精油成分名称	NIST RI	鲜花精油	盐渍精油
醇类	74	苯甲醇	1012-N	—	157.69
	75	3,4-二甲基苯甲醇	—	—	1 529.39
	76	2-癸醇	1089-N	—	522.14
	77	3,7-二甲基-6-辛烯-3-醇	1121-N	266.80	—
	78	橙花醇	1213-N	4 394.43	15 102.63
	79	香茅醇	—	56 474.34	112 308.35
	80	香榧醇	—	204.71	—
	81	2,7,7-三甲基-乙酸酯-双环[3.1.1]庚-2-烯-6-醇	—	—	1 788.27
	82	3,7-二甲基-3,6-辛二烯-1-醇	1237-N	—	840.97
	83	香叶醇	1237-N	13 874.82	29 226.04
	84	2-十一醇	1287-N	2 911.66	9 812.39
	85	2-十二碳烯醇	—	255.16	—
	86	月桂醇	1462-N	6 153.32	182.44
	87	2-十三醇	1500-N	—	17 110.10
	88	橙花叔醇	1527-N	828.00	4 221.76
	89	桉油烯醇	—	—	1 125.07
	90	4-乙烯基-三甲基-3-(1-甲基乙烯基)-环己烷甲醇	1537-N	—	1 380.36
	91	2-十三碳烯醇	—	242.08	—
	92	杜松醇	1642-N	—	616.91
	93	四氢-三甲基-5-(4-甲基-3-环已烯)-2-呋喃甲醇	1644-N	—	901.52
	94	红没药醇	1668-N	2 671.19	11 763.38
	95	法尼醇	1681-N	—	12 190.47
	96	合金欢醇	1682-N	—	33 101.89
	97	2-五癸醇	1690-N	4 675.54	1 199.13
	98	金合欢醇	1704-N	14 373.59	—
	99	澳白檀醇	1753-N	—	845.10
	100	环丙基甲醇	—	1 926.66	—
	101	4-甲基-2-己醇	—	296.34	—
	102	3,7,11-三甲基-6,10-十二碳二烯-1-醇	—	4 307.53	6 069.96
	103	3-乙基-2-庚醇	—	132.56	—
	104	7-甲基-3-亚甲基-6-辛-1-醇	—	294.89	—
	105	三甘醇	—	489.16	—
	106	1-庚烯-4-醇	—	963.06	—
	107	3,5-二叔丁基-4-羟基苄醇	—	53.91	—
	108	2-甲基-2,3-戊二醇	—	80.69	—
	109	戊乙二醇	—	1 948.48	—
	110	四甘醇	—	3 332.74	—
	111	2-乙烯氧基乙醇	—	—	717.70
	112	三缩四乙二醇	—	—	26 126.09
	113	2,5,8,11,14-五氧杂-16-十六烷醇	—	—	15 069.42
	114	五甘醇	—	—	6 207.47

类别	序号	精油成分名称	NIST RI	鲜花精油	盐渍精油
醇类	115	六乙二醇	—	—	3 510.61
	116	3,6,9,12-四氧十四烷-1-醇	—	—	9 281.20
	117	5-乙基庚-2-醇	—	—	856.50
酯类	118	醋酸炔丙酯	672-N	61.57	—
	119	乙酸丁氧基乙酯	1066-N	485.73	—
	120	2,2-二甲基-丙酸己酯	1163-N	—	164.58
	121	甲酸香茅酯	1261-N	—	662.37
	122	香叶酸甲酯	1302-N	—	106.01
	123	苯甲酸异丁酯	1310-N	27.11	46.82
	124	乙酸香茅酯	1335-N	11 454.03	35 781.98
	125	乙酸橙花酯	1343-N	1 504.33	4 422.65
	126	乙酸香叶酯	1343-N	—	739.72
	127	2,2-二甲基丙酸苯甲酯	—	—	43.11
	128	乙酸癸酯	1393-N	—	25.77
	129	苄基-2-甲基巴豆酸酯	—	—	95.55
	130	穿心莲内酯	—	—	517.58
	131	3,7-二甲基-6-辛烯-1-醇苯甲酸酯	—	—	693.11
	132	丙酸癸酯	1477-N	1 702.74	—
	133	对乙氧基苯甲酸乙酯	1521-N	2 296.83	—
	134	2,2,4-三甲基-1,3-戊二醇二异丁酸酯	1591-N	55 445.58	—
	135	十三酸甲酯	1608-N	1 782.80	—
	136	月桂酸异丙酯	1614-N	285.38	—
	137	己二酸二异丁酯	1657-N	97.82	—
	138	2-丙烯酸十二烷基酯	1675-N	3 925.17	—
	139	苯甲酸苄酯	1732-N	—	1 042.72
	140	肉豆蔻酸异丙酯	1827-N	951.90	—
	141	邻苯二甲酸二异丁酯	1850-N	1 326.04	—
	142	邻苯二甲酸二丁酯	1924-N	1 109.68	1 475.13
	143	棕榈酸异丙酯	2012-N	1 401.21	—
	144	硬脂酸异丙酯	—	745.24	—
	145	3,7-二甲基-6-辛烯-1-醇苯甲酸酯	—	438.23	—
	146	己二酸二辛酯	2382-N	2 180.00	1 507.32
	147	磷酸三(2-氯丙基)酯	—	1 023.01	—
	148	邻苯二甲酸二(2-乙基)己酯	2505-N	9 008.10	—
酚类	149	苯酚	957-N	41.47	—
	150	甲基丁香酚	1372-N	406.62	4 508.45
	151	丁香酚	1335-N	56.76	663.16
	152	3,5-二叔丁基苯酚	—	360.61	2 606.90
	153	2,4,6-三叔丁基苯酚	—	—	230.09

类别	序号	精油成分名称	NIST RI	鲜花精油	盐渍精油
烷烃类	154	三氯甲烷	605-N	413.42	4 921.44
	155	2,2,4,4-四甲基戊烷	773-N	—	43.85
	156	3,3-二甲基已烷	741-N	—	1 324.22
	157	1,3-环氧-4-甲基-戊烷	—	—	191.67
	158	2,4,6-三甲基辛烷	—	—	2 828.68
	159	2,5,9-三甲基癸烷	—	—	99.47
	160	6-乙基-2-甲基癸烷	—	—	468.16
	161	十一烷	1100-A	61 210.28	—
	162	5-乙基-十一烷	—	—	936.36
	163	十二烷	1200-A	7 926.06	—
	164	4,6-二甲基-十二烷	1300-A	2 792.29	—
	165	2-甲基-十二烷	1265-N	4 175.55	—
	166	2,7,10-三甲基-十二烷	—	3 730.83	—
	167	十一烷基环已烷	—	1 758.13	—
	168	十三烷	1300-A	90 608.17	—
	169	十四烷	1400-A	44 591.92	—
	170	十五烷	1500-A	58.32	—
	171	十六烷	1600-A	50.93	36 843.05
	172	1-碘十二烷	1644-N	—	1 724.09
	173	十七烷	1700-A	2 420.37	—
	174	十八烷	1800-A	7 504.81	—
	175	四(1-甲基亚乙基)-环丁烷	—	—	1 428.14
	176	2-甲基-十八烷	—	1 860.26	45 602.37
	177	十九烷	1900-A	1 997.69	—
	178	6-苯基十二烷	1718-N	354.38	—
	179	二十烷	2000-A	6 562.45	8 655.07
	180	1-丁氧基-2-乙氧基乙烷	—	1 295.97	—
	181	二十一烷	2100-A	6 840.30	430.95
	182	1-乙烯基-1-甲基-2,4-双(1-甲基乙烯基)-环已烷	—	—	3 344.93
	183	1,2-二苯基环丙烷	—	375.19	—
	184	3,3′,4,4′-四甲基二苯乙烷	—	210.97	—
	185	3-甲基-3-苯基氮杂环丁烷	—	31 054.02	—
	186	3-甲氧基-已烷	—	—	17 844.21
酸类	187	草酸	512-N	10 657.34	—
	188	烯丙基壬基酯草酸	—	148.56	—
	189	环丁基壬基酯草酸	—	379.65	—
	190	乙酸	624-N	98 957.99	1 117.42
	191	2,3-二甲基-3-丁烯基酯 2-丁烯酸	—	—	182.46
	192	丙酸	714-N	46 361.85	82.34
	193	丁酸	807-N	2 969.49	—
	194	戊酸	901-N	9 522.79	—

类别	序号	精油成分名称	NIST RI	鲜花精油	盐渍精油
酸类	195	己酸	982-N	1 894.35	—
	196	辛酸	1173-N	962.90	—
	197	壬酸	1272-N	2 795.19	—
	198	2-甲基-癸酸	—	362.57	—
	199	癸酸	1362-N	785.41	—
	200	3-甲基-2-氧代-2-苯乙酯苯甲酸	—	—	264.38
	201	2-乙基己基己酯亚硫酸	—	—	2 633.36
	202	香叶酸	1343-N	—	361.00
	203	烯丙基十八烷基酯草酸	—	—	3 775.94
	204	环丁基十三烷基酯邻苯二甲酸	—	—	1 341.62
	205	5-氧代四氢呋喃-2-羧酸	—	1 463.17	—
	206	十三烷酸	1660-N	2 665.16	—
	207	棕榈酸	1954-N	—	3 736.99
	208	2-(甲氧基甲氧基)-丙酸	—	—	638.25
其他类	209	苯	654-N	1 017.55	5 194.78
	210	2-戊基呋喃	979-N	—	100.91
	211	四氢化-4-甲基-2-(2-甲基-1-丙烯基)-2H-吡喃	—	—	3 383.36
	212	玫瑰醚	—	414.73	867.14
	213	二乙二醇二丁醚	—	58.32	—
	214	二乙二醇丁醚	1169-N	1 402.28	—
	215	苯并噻唑	1187-N	811.67	—
	216	乙二醇苯醚	1193-N	91.43	—
	217	己内酰胺	1255-N	2 434.94	—
	218	二甲基砜	—	—	145.33
	219	1-碘壬烷	1327-N	167.03	—
	220	二乙二醇单己醚	1369-N	818.87	—
	221	2-(1,3-丁二烯基)-1,3,5-三甲基-苯	1373-N	—	218.05
	222	1,3,5-三甲基-2-(1,2-丙二烯基)-苯	—	—	294.09
	223	3-十六碳烯-7-炔	—	—	1 099.54
	224	2,2′,5,5′-四甲基联苯基	—	1 205.78	—
	225	邻苯二甲酰亚胺	—	314.84	—
	226	二甲基-2-(1-烯-2-丙基)-六氢萘	1511-N	—	4 552.01
	227	3-十六碳烯-7-炔	—	—	1 127.10
	228	3,9-十二烷二炔	—	—	251.42
	229	别香橙烯氧化物	—	—	1 051.93
	230	喇叭烯氧化物	1646-N	—	10 745.58
	231	3-甲基-9H-芴	1694-N	159.86	—
	232	4-甲基-9H-芴	1707-N	358.27	—
	233	3,3′,4,4′-四甲基联苯	—	181.56	—
	234	2,3-二氢-1,1,3-三甲基-3-苯基-1H-茚	1716-N	65.63	—
	235	二甘醇单烯丙基醚	—	342.56	—
	236	2,2-三亚甲基二-1,3-二噁戊环	—	75.54	—
	237	1,6-脱水吡喃葡萄糖	—	495.49	—
	238	2,3-二甲基-芴	—	101.84	—

类别	序号	精油成分名称	NIST RI	鲜花精油	盐渍精油
其他类	239	三乙二醇单乙醚	—	1 481.33	2 217.37
	240	二乙二醇单乙烯基醚	—	1 918.78	6 257.49
	241	2-甲基蒽	1921-N	400.32	—
	242	2-*N*-丙氧基乙胺	—	—	611.93
	243	三乙二醇单甲醚	—	—	11 908.19
	244	二乙二醇甲醚	—	—	1 371.44
	245	四乙二醇单甲醚	—	—	900.89
	246	3-甲基-3-苯基氮杂啶	—	—	172 276.78
	247	二乙二醇单烯丙基醚	—	—	1 365.22
	248	15-冠醚-5	—	—	7 328.75

采用 GC×GC-TOF/MS 对盐渍前后苦水玫瑰精油的成分进行分析，可将其分为 9 类，其种类和含量如表 3-27 所示。苦水玫瑰鲜花精油检测出 142 种化合物，鲜花精油成分的化合物种类中，化合物数量最多的是醇类物质，有 30 种，烷烃类化合物、酯类化合物分别以 22 种和 21 种次之，酚类化合物数量最少，只有 4 种。苦水玫瑰盐渍精油共检测出 145 种化合物，盐渍精油成分的化合物种类中，醇类化合物的数量最多，达 36 种，其他类化合物和萜烯类化合物分别以 22 种和 19 种次之，酚类化合物的数量最少，只有 4 种。

表 3-27　GC×GC-TOF/MS 分析盐渍前后苦水玫瑰精油化学成分的种类及其总含量

种类		鲜花精油	盐渍精油	种类		鲜花精油	盐渍精油
醛类	种	7	11	酚类	种	4	4
	含量/（mg/kg）	3.00×10^4	4.98×10^4		含量/（mg/kg）	8.65×10^2	8.00×10^3
酮类	种	11	12	烷烃类	种	22	16
	含量/（mg/kg）	3.61×10^4	7.72×10^4		含量/（mg/kg）	2.78×10^5	1.27×10^5
萜烯类	种	11	19	酸类	种	14	10
	含量/（mg/kg）	8.39×10^3	5.16×10^4		含量/（mg/kg）	1.80×10^5	1.41×10^4
醇类	种	30	36	其他类	种	22	22
	含量/（mg/kg）	1.50×10^5	3.42×10^5		含量/（mg/kg）	1.43×10^4	2.33×10^5
酯类	种	21	15	—			
	含量/（mg/kg）	9.73×10^4	4.73×10^4				

由表 3-27 可知，烷烃类、酸类和醇类化合物是苦水玫瑰鲜花精油成分中含量较为丰富的化合物种类，总含量分别为 2.78×10^5 mg/kg、1.80×10^5 mg/kg 和 1.5×10^5 mg/kg，分别占总含量的 34.94%、22.63%和 18.91%。酯类、酮类和醛类化合物次之，分别占总含量的 12.23%、4.54%和 3.77%。此外，萜烯类以及其他类化合物的含量相对较低，分别为 8.39×10^3 mg/kg 和 1.43×10^4 mg/kg，酚类化合物的含量最低，只有 865 mg/kg。而在苦水玫瑰盐渍精油成分中，醇类物质的含量明显高于其他种类化合物的含量，其含量高达 3.42×10^5 mg/kg，占总含量的 35.97%；其次为其他类物质和烷烃类化合物，总含量分别为 2.33×10^5 mg/kg 和 1.27×10^5 mg/kg，分别占总含量的 24.56%和 13.34%；同样，在盐渍精油中酚类化合物的含量最低，仅为 8.00×10^3 mg/kg，仅占总含量的 8.43%。

三、一维与全二维色谱结果对比

全二维色谱的分离能力强，仪器的检出限更低，灵敏度更高，因此，相较一维，能检测出更多的精油成分。

（一）鲜花精油

采用 GC×GC-TOF/MS 分离鉴定苦水玫瑰鲜花精油中的化合物共 142 种，有 18 种醛酮类化合物、11 种萜烯类化合物、30 种醇类化合物、21 种酯类化合物、4 种酚类化合物、22 种烷烃类化合物、14 种酸类化合物和 22 种其他种类的化合物。这与一维技术（GC-MS）的检测结果相符，主要成分都是醇类化合物，除此之外，全二维比一维的检测结果多了 72 种化合物，还检测到了一维没有检测到的酸类成分。

如表 3-28 所示，一维色谱与全二维色谱结果对比分析，共有 19 种化合物被共同检测出来。这些化合物在 GC×GC-TOF/MS 检测中的正反匹配度均超过 700。

表 3-28 鲜花精油中 GC-MS 与 GC×GC-TOF/MS 共同检测到的化合物

编号	CAS 号	精油成分名称	正向匹配度	反相匹配度
1	111-71-7	庚醛	709	709
2	106-26-3	3,7-二甲基-2,6-辛二烯醛	856	861
3	593-08-8	2-十三烷酮	903	903
4	78-70-6	芳樟醇	902	902
5	98-55-5	松油醇	835	835
6	106-25-2	橙花醇	914	914
7	106-22-9	香茅醇	921	921
8	106-24-1	香叶醇	910	910
9	1653-30-1	2-十一烷醇	867	868
10	40716-66-3	橙花叔醇	890	899
11	515-69-5	红没药醇	892	896
12	150-84-5	乙酸香茅酯	911	911
13	84-74-2	邻苯二甲酸二丁酯	900	901
14	93-15-2	甲基丁香酚	886	890
15	629-78-7	十七烷	819	828
16	593-45-3	十八烷	886	886
17	112-95-8	二十烷	857	859
18	629-94-7	二十一烷	904	907
19	16409-43-1	玫瑰醚	718	753

（二）盐渍精油

采用 GC×GC-TOF/MS 分离鉴定苦水玫瑰盐渍精油中的化合物共 145 种，有 23 种醛酮类化合物、19 种萜烯类化合物、36 种醇类化合物、15 种酯类化合物、4 种酚类化合物、16 种烷烃类化合物、10 种酸类化合物和 22 种其他种类的化合物。二维比一维的检测结果多了 74 种化合物，醇类化合物多检测出了 20 种，醛酮类化合物多检测出 8 种，烷烃类多检测出 8 种，此外，还检测到了一维没有检测到的酸类成分。

如表 3-29 所示，一维色谱与全二维色谱结果对比分析，共有 26 种化合物被共同检测出来。这些化合物在 GC×GC-TOF/MS 检测中的正反匹配度均超过 700。

表 3-29 盐渍精油中一维（GC-MS）和全二维（GC×GC-TOF/MS）共同检测到的化合物

编号	CAS 号	精油成分名称	正向匹配度	反相匹配度
1	111-71-7	庚醛	904	904
2	106-26-3	3,7-二甲基-2,6-辛二烯醛	839	839
3	5392-40-5	柠檬醛	818	818
4	112-12-9	2-十一烷酮	891	891
5	593-08-8	2-十三烷酮	904	904
6	8013-90-9	紫罗兰酮	735	740
7	7785-70-8	蒎烯	862	862
8	3779-61-1	罗勒烯	806	811
9	3338-55-4	3,7-二甲基-1,3,6-十八烷三烯	818	818
10	123-35-3	月桂烯	752	752
11	78-70-6	芳樟醇	878	878
12	98-55-5	松油醇	853	853
13	106-25-2	橙花醇	900	900
14	106-22-9	香茅醇	914	915
15	106-24-1	香叶醇	909	909
16	1653-30-1	2-十一烷醇	894	894
17	40716-66-3	橙花叔醇	897	903
18	515-69-5	红没药醇	896	904
19	4602-84-0	法尼醇	887	887
20	150-84-5	乙酸香茅酯	905	905
21	141-12-8	乙酸橙花酯	866	866
22	105-87-3	乙酸香叶酯	789	789
23	84-74-2	邻苯二甲酸二丁酯	892	894
24	93-15-2	甲基丁香酚	903	911
25	629-94-7	二十一烷	812	815
26	16409-43-1	玫瑰醚	801	815

因此，利用全二维色谱可对一维色谱的结果进行进一步核实和补充，更准确、深入地检测盐渍前后苦水玫瑰精油的成分，提高了分析的准确性。同时，可更加精准地判断盐渍对苦水玫瑰精油成分的影响。

四、香气分析

气味活性值（OAV）和香气系列是用于评估挥发性化合物对精油香气的贡献的参数，可用于评价本研究中检测到的挥发性物质。OAV 的计算为单个化合物的浓度与文献中发现的感知阈值之间的比率。为了根据从 GC-MS 分析获得的数据的绝对大小来预测油的总体香气特征，基于相似的气味描述符，将香气活性化合物分为 7 个香气系列。它们分别是脂香、青香、花香、果香、甜香、木香、刺激气味。由于嗅觉感知的高度复杂性，一些香气化合物包含在两个或多个香气系列中。将每个香气系列的总强度计算为分配给该香气系列的每种化合物的 OAV 之和。

OAV 决定了香气化合物的作用。基本上，OAV≥1 的化合物被认为具有芳香活性。因此，从新鲜玫瑰精油中获得了这 23 种香气化合物的 OAV，而在盐渍玫瑰精油中共检测到 25 种特征性挥发物，其中醇、醛和萜烯含量最高。表 3-30 列出了所有鉴定出的挥发性化合物及其香气描述和阈值。

表 3-30　不同处理条件下苦水玫瑰的化学成分及其香气参数

化合物名称		RI	阈值/(mg/kg)	鲜花精油/（mg/kg）		盐渍精油/（mg/kg）		香气系列	香气描述
				质量	OAV	质量	OAV		
醛类	庚醛	905	0.031	305.77	9 863.44	619.59	19 986.75	1	脂肪、肉质香气
	3,7-二甲基-2,6-二辛烯醛	1 174		37.16		0.23			
	柠檬醛	1 174	0.005	1 020.67	204 133.65	886.34	177 267.51	4	柠檬香气
	己基肉桂醛	1 762	1	4 241.74	4 241.74	6 821.65	6 821.65	3	茉莉花香气
	醛类总计			5 605.33	218 238.83	8 327.80	204 075.91		
酮类	2-十一烷酮	1 251	0.01	1 162.49	116 248.94	1 926.70	192 670.29	1	奶油、脂肪香气
	2-十三烷酮	1 449	20	42 150.99	2 107.55	43 435.30	2 171.76	1，4	椰子、脂肪香气
	异长叶烯-9 酮	1 587		4 553.35		5 056.79			
	紫罗兰酮	1 429	0.005	1 658.14	331 627.80	2 342.05	468 410.02	2，3，6	甜香、木质香、玫瑰香
	1,5,5,8-四甲基-1,4-甲基氨基-9-酮	1 576		—		1 068.45			

化合物名称		RI	阈值/(mg/kg)	鲜花精油/（mg/kg）		盐渍精油/（mg/kg）		香气系列	香气描述
				质量	OAV	质量	OAV		
酮类	2-异丙烯基-6,10-二甲基螺[4.5]异构-6-烯-8-酮	1 645		3 095.89		4 071.31			
	2-十五烷酮	1 648		8 307.62		5 582.72			
	异丁香烯-5-酮	1 587		35 437.83		45 940.23			木质香气
	3- [3,5-癸二烯基]-环戊酮	1 743		4 326.42		8 562.02			
	3,5,6,7,8,8-六氢-4,8-二甲基-6-（1-甲基乙烯基）-萘酮	1 673		—		1 063.39			
	5-甲基-4-（4,4-二甲基-2,3-二亚甲基环己基）-1,3-二氧戊环-2-酮	1 765		—		1 004.63			
	4-甲基查尔酮	1 923		3 924.42		—			
	酮类总计			104 617.15	449 984.28	120 053.57	663 252.08		
萜烯类	莰烯	948	0.033	2 833.29	85 857.29	2 782.17	84 308.30	6	松木香、金合欢香
	月桂烯	958	0.099	125.23	1 264.94	143.03	1 444.76	1，2	香醋香
	柠檬烯	1 018	1.2	—		117.39	97.82	4	新鲜的橙子香气和柠檬香气
	罗勒烯	976	0.034	329.93	9 703.77	242.87	7 143.36	3	绿草香、花香、橙子香气
	1,3,7-二甲基-3,6-辛三烯	976		—		187.99			
	4-蒈烯	919	0.11	—		63.28	575.29	6	木质香气
	2,3,4,5,7,7-六甲基-1,3,5-环庚三烯	1 279		—		2 811.30			
	β-雪松烯	1 398		740.42		690.82		6	木质香气
	4,5,9,10-脱氢异龙脑烯	1 380		694.19		1 321.69		3，6	木质香、花香
	α-香柠檬烯	1 430		1 363.67		1 209.34			
	卡拉烯	1 537		647.60		1 451.51			
	香树烯	1 386		38 779.57		40 122.11			
	立方烯	1 344		11 561.08		14 688.18			

类别	化合物名称	RI	阈值/(mg/kg)	鲜花精油/（mg/kg）		盐渍精油/（mg/kg）		香气系列	香气描述
				质量	OAV	质量	OAV		
萜烯类	姜黄烯	1 524		890.66		796.77		7	辛辣香气
萜烯类	杜松烯	1 469		925.96		611.25			
萜烯类	瓜烯	1 490		—		5 804.06			
萜烯类	1,5,9-三甲基-1,5,9-环十二碳三烯	1 654		6 739.58		5 360.79			
萜烯类	花柏烯	1 507		—		1 508.87			
萜烯类	1,5,6,7-四甲基-3-苯基双环[3.2.0]庚烷-2,6-二烯	1 695		5 045.50		—			
萜烯类	10,11-二氢-二苯并环庚烯	1 733		3 265.88		—			
萜烯类	9-二十三烯	2 315		3 073.46		3 272.43			
萜烯类	12-戊四烯	2 514		—		799.40			
萜烯类	萜烯类总计			77 016.00	96 826.00	83 985.27	93 569.54		
醇类	芳樟醇	1 082	0.0015	6 887.84	4 591 892.08	6 240.25	4 160 167.07	3	玫瑰香、百合花香
醇类	α-松油醇	1 143	0.3	276.38	921.26	205.56	685.20	6，7	丁香、樟脑香、辛辣香气
醇类	橙花醇	1 228	0.68	10 651.22	15 663.56	11 671.76	17 164.35	3	宜人的橙花和玫瑰香气
醇类	香茅醇	1 179	0.01	256 491.61	25 649 160.54	338 314.45	33 831 444.75	3，5	轻微玫瑰香气、甜香
醇类	香叶醇	1 228	0.04	47 909.22	1 197 730.50	40 080.63	1 002 015.63	3，5	温和、甜美的玫瑰香气
醇类	2-十一烷醇	1 227	0.041	1 679.84	40 971.71	3 624.86	88 411.17	1，4	脂香气、果香
醇类	2-十四烷醇	1 575		13 319.11		14 894.96			
醇类	橙花叔醇	1 564	10	2 408.17	240.82	2 606.45	260.65	3	玫瑰香气
醇类	芦丁烯醇	1 536		347.29		786.54			
醇类	烯醇	1 541		3 064.56		3 616.29			
醇类	α-檀香醇	1 454		980.39		1 061.64			
醇类	蓝桉醇	1 530		663.98		873.81		4	果香
醇类	β-努特卡扁柏醇	1 662		4 502.23		4 597.37			
醇类	4-乙烯基-3-（1-甲基乙烯基）-环己烷甲醇	1 522		4 438.67		—			
醇类	α-红没药醇	1 625		15 229.82		14 548.64			
醇类	喇叭茶醇	1 530		10 757.01		11 581.44			

类别	化合物名称	RI	阈值/(mg/kg)	鲜花精油/（mg/kg）		盐渍精油/（mg/kg）		香气系列	香气描述
				质量	OAV	质量	OAV		
醇类	2-十六醇	1 774		2 627.17		—		3	花香、蜡质香气
醇类	金合欢醇	1 710	0.2	30 726.07	153 630.36	37 978.34	189 891.71	3	花香
醇类	1,2-二甲基烯基-1,2-乙二醇	2 199		1 029.71		—			
醇类	1-戊二醇	2 749	64	402.25	6.29	—		7	机油气味
醇类	醇类总计			414 392.56	31 650 217.13	492 682.98	39 290 040.52		
酯类	香茅基甲酸酯	1 300		2 876.18		3 215.74		1，3，6	花香、脂肪香、木质香
酯类	乙酸香茅酯	1 302	1	45 078.04	45 078.04	44 582.18	44 582.18	4	果香
酯类	橙花乙酸酯	1 352	2	—		3 188.09	1 594.04	3	橙花和玫瑰香气
酯类	乙酸香叶酯	1 352	0.1	11 436.28	114 362.85	6 235.43	62 354.35	4，5	佛手柑橘甜香、玫瑰香
酯类	5-十二烷醇乙酸酯	1 516		—		3 677.73			
酯类	4-(4-甲基苯基)-4-戊烯酸酯	1 638		—		3 533.84			
酯类	邻苯二甲酸二丁酯	2 037		5 542.71		3 602.46		5	甜香、芳香
酯类	棕榈酸乙酯	1 978	1.5	—		3 041.63	2 027.76	5	甜香
酯类	9,12-十八烷基癸酸酯	2 391		—		2 809.03			
酯类	酯类总计			64 933.22	159 440.89	73 886.12	110 558.33		
酚类	甲基丁香酚	1 361	8.5	4 321.54	508.42	7 592.46	893.23	3，7	丁香，烟味，苦味
酚类	3,3-二甲基-1-苯基-1-邻苯二酚	1 955		6 194.08		—			
酚类	酚类总计			10 515.62	508.42	7 592.46	893.23		
烷烃类	十七烷	1 711		1 014.95		929.30			
烷烃类	十八烷	1 810		3 075.17		1 677.01			
烷烃类	二十烷	2 009		487.74		—			
烷烃类	二十一烷	2 109		20 560.95		24 963.39			
烷烃类	二十二烷	2 208		569.13		799.15			
烷烃类	二十三烷	2 307		24 597.16		31 726.38			
烷烃类	二十四烷	2 407		572.55		518.10			
烷烃类	三十四烷	3 401		4 682.59		6 043.97			
烷烃类	三十六烷	3 600		37.27		342.75			
烷烃类	烷烃类总计			55 597.51		67 000.06			

化合物名称		RI	阈值/(mg/kg)	鲜花精油/（mg/kg）		盐渍精油/（mg/kg）		香气系列	香气描述
				质量	OAV	质量	OAV		
其他类	玫瑰醚	1 114	0.000 1	579.18	5 791 773.16	1 306.40	13 063 979.47	2，5	甜香、果香
	香橙烯氧化物	1 462		—		2 347.29			
	9,10-二氢-9-蒽胺	1 818		1 569.20		—			
	菲	1 782		233.68		—			
	3,4-二乙基-1,1′-联苯	1 792		1 176.04		—			
	1-乙基-4-乙基苯基苯	1 927		849.97		—			
	3,3′,4,4′-四甲基联苯	1 820		2 242.78		—			
	3-乙基-2-（2-吡啶基）-1H-吲哚	2 020	0.5	6 274.55	12 549.10	—		6	樟脑味，木香
	其他类总计			12 925.39	5 804 322.26	3 653.69	13 063 979.47		

注：RI-Rtx-5 MS 色谱柱上的保留指数；香气系列：1＝脂香，2＝青香，3＝花香，4＝果香，5＝甜香，6＝木香，7＝刺激气味。“阈值”列和“OAV”列为空的表格，表示未查到该成分的阈值，或未测出质量，故 OAV 无法计算出。

根据上述分类，添加相应物质的 OAV 以获得香气类型的直方图，如图 3-55 所示。为了直观反映新鲜玫瑰精油和盐渍玫瑰精油之间的香气差异，以 10 为底的对数来绘制香气曲线，香气活性值如图 3-56 所示。香气系列的应用使通过化学分析获得的定量信息与样品的感官特征相关联成为可能。

根据表 3-30 中香气成分的系统化，香气序列的强度模式显示，两种精油的香气特征主要包括香草香气、花香、甜味和木质香气；果味，脂肪和刺激性系列也有助于提升整体精油香气。

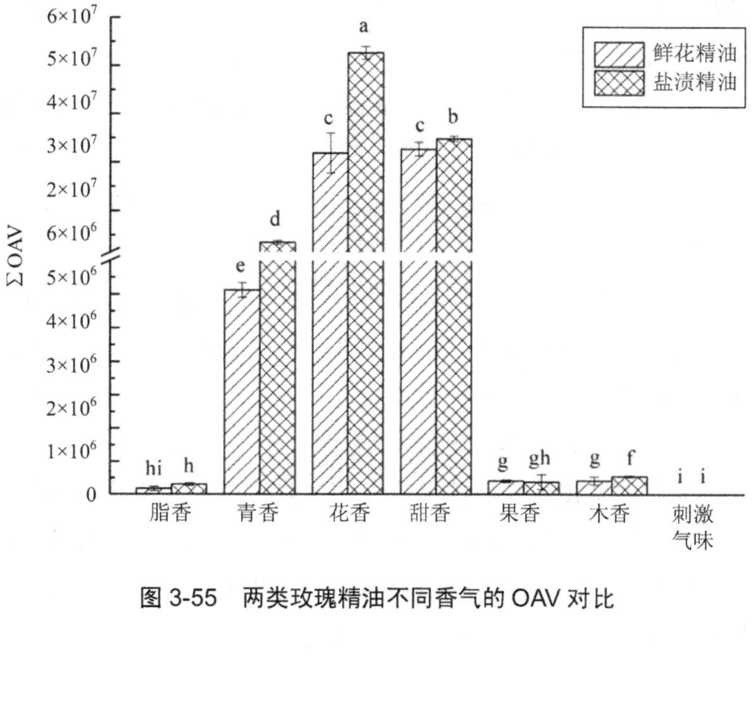

图 3-55 两类玫瑰精油不同香气的 OAV 对比

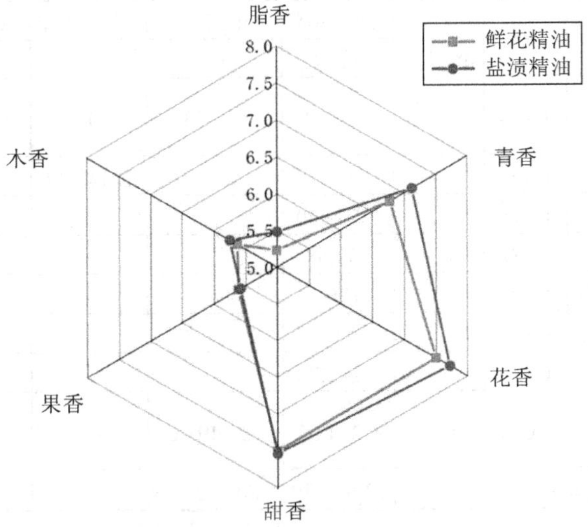

图 3-56 两类玫瑰精油不同香气的 OAV 分布

花香系列是在所有处理中强度最高的主要香气系列。该系列的主要贡献者是 6 种高级醇（芳樟醇、神经醇、香茅醇、香叶醇、2-十一烷醇和法尼醇）和一种萜烯（β-奥美浓）。盐处理导致精油中的花香系列的∑OAV 显著增加，并达到最高的花香强度，而与新鲜玫瑰精油相比，仅在盐渍玫瑰精油中发现一种酯类化合物（乙酸神经醇酯）。值得注意的是，尽管两种精油中特征性化合物的类型相同，但它们的含量却不同，这会导致 OAV 值不同。

香气片段系列是本研究中的另外两个主要香气系列。对于甜味系列，∑OAV 以 4 种化合物（香茅醇、香叶醇、香叶基乙酸香叶酯和氧化玫瑰）为主，片段系列以 3 种化合物（紫罗兰酮、月桂烯和氧化玫瑰）为主。与花香系列相似，在盐渍玫瑰精油中通过盐处理增加了片段系列，而新鲜玫瑰精油与之相比，甜味系列有所增加。

从理论上讲，脂肪香气应该基于酯类、醛类和酮类化合物，这些香气通常被认为是精油香气的负面因素，它们具有强烈的油腻感。在这项研究中，只有 2-十一碳烷酮、2-三癸酮和一种庚醛超过了其阈值，是该系列的主要贡献者。与其他系列相比，盐处理对该香气系列的影响不显著。

最后，另一个“不愉快的”香气系列主要由杂醇和挥发性酚类物质的存在而引起。在低浓度下，这些化合物会增加精油香气的复杂性，而在高浓度下，它们会破坏整体香气。盐处理对两种杂醇，α-萜品醇和 1-戊糖醇均超过其阈值，是该系列的主要贡献者。在两种精油中，化学香气系列的∑OAV 不显著。

尽管新鲜玫瑰精油和盐渍玫瑰精油的成分和含量存在一些差异，但两种精油之间的香气特征相似。一些物质含量虽然高，但是其阈值却较低，因此在形成香气中起关键作用。例如，新鲜玫瑰精油中的月桂烯含量为 125.23 mg/kg，但其阈值仅为 0.099 mg/kg，因此表现出较高的气味活性值。同时，也有一些物质的阈值远高于其含量，因此其芳香活性较低。例如，新鲜玫瑰精油中的1-戊油醇含量为402.25 mg/kg，其阈值为64 mg/kg，其OAV较低。

本节研究了苦水玫瑰精油的两种制备方法（直接提取和盐浸提取），发现盐渍苦水玫瑰精油的成分和含量发生了显著变化。最重要的是，经过盐渍干预后，苦水玫瑰精油的产量几乎翻了一番。同时，两种精油的组分与含量也发生了较大变化。由于添加氯化钠会增加水的饱和度，因此玫瑰花瓣中的物质可以更完全地释放。尽管盐渍精油的香气比鲜花精油香，但香气特征几乎相同，这表明盐化处理对香气系列没有太大影响。以上结果为苦水玫瑰精油的进一步开发提供了理论依据。

在工业上，许多企业为了提高精油的得率，在提取过程中加入了大量氯化钠，最后形成高盐度废水，企业为降低废水处理经费，通常会将其直接排放，而高盐度废水的直接排放会使水体溶氧量降低，破坏水中的浮游生物的生存环境，同时高盐度废水中不仅含盐量高，还有各种重金属和化学试剂，会对环境产生较大危害。效益与污染防治的成本也是需要综合考虑的因素。

第六节 油用牡丹、忍冬、苦水玫瑰3类精油抗氧化活性初探

花蕾精油有一定的抗氧化活性，不同的花蕾精油抗氧化活性不同。本节对牡丹、忍冬、苦水玫瑰精油3类精油的抗氧化活性进行初探，为今后品种的种植及产品的研发提供理论依据。3类精油原料取样信息如表3-31所示。

表3-31 3类植物精油取样信息

地块	油用灌木名称	样品编号	采样地信息
1号地	（粉色）紫斑牡丹	FZ-1	甘肃省兰州新区中川镇
1号地	（白色）紫斑牡丹	BZ-1	甘肃省兰州新区中川镇
1号地	（紫色）紫斑牡丹	ZZ-1	甘肃省兰州新区中川镇
2号地	（粉色）紫斑牡丹	FZ-2	甘肃省兰州新区中川镇
2号地	（白色）紫斑牡丹	BZ-2	甘肃省兰州新区中川镇
2号地	（紫色）紫斑牡丹	ZZ-2	甘肃省兰州新区中川镇
3号地	（粉色）紫斑牡丹	FZ-3	甘肃省兰州新区中川镇
3号地	（白色）紫斑牡丹	BZ-3	甘肃省兰州新区中川镇
3号地	（紫色）紫斑牡丹	ZZ-3	甘肃省兰州新区中川镇
	（粉色）凤丹	FFD	甘肃省兰州新区中川镇
	（白色）凤丹	BFD	甘肃省兰州新区中川镇
	苦水玫瑰	KS	甘肃省永登县苦水镇
	（陕西）忍冬	JY-1	陕西省咸阳市高新技术产业示范区

（1）试验材料。

试验试剂：1,1-二苯基-2-苦肼基（DPPH）、Fluka Chemie GmbH；无水乙醇；V_C标样；钼酸铵；磷酸钠；浓硫酸。

试验设备：CU420 型电热恒温水箱、UV-1800 紫外分光光度计。

（2）试验方法：通过测定 3 种精油（牡丹精油、忍冬精油、苦水玫瑰精油）的总抗氧化能力及清除 DPPH 自由基的能力来比较 3 种精油的抗氧化活性。

1）总抗氧化能力测定：将各种精油配制成 0.5 mg/mL 的精油乙醇溶液。

采用钼酸铵还原法。其原理是精油溶液可以使 Mo（Ⅵ）还原为 Mo（Ⅴ），并且在酸性条件下形成绿色的 Mo（Ⅴ）的磷酸盐。0.4 mL 的精油乙醇溶液或 V_C标样溶液加入 4 mL 磷钼试剂反应体系中（0.6 mol/L 硫酸，28 mmol/L 磷酸钠，4 mmol/L 钼酸铵），混合均匀，于 95℃水浴加热 1.5 h。反应物冷却到室温后，于 695 nm 处测定 OD 值。用不加样品的空白试剂调零，每个试样做 3 个平行，取平均值。精油总抗氧化试验结果如图 3-57 所示。

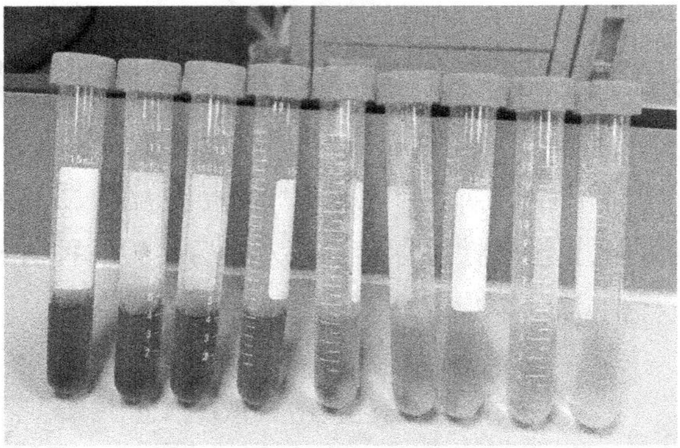

图 3-57 精油总抗氧化试验

2）清除 DPPH 自由基能力的测定：DPPH 自由基在乙醇中呈现紫色，于 517 nm 处有强吸收，加入抗氧化剂后，其褪色程度可反映抗氧化剂对自由基的清除能力。将 DPPH 自由基用无水乙醇配制成 0.1 mmol/L 的溶液，将被测物配制成 0.5 mg/mL 浓度。各取 2 mL 精油乙醇溶液加入 2 mL DPPH 自由基溶液中，室温、避光反应 30 min，以无水乙醇做参比，测定 517 nm 波长处的吸光度值 A，同时测定 2 mL 样品溶液与 2 mL 无水乙醇混合后的吸光度值 A_1，2 mL DPPH 自由基溶液与 2 mL 无水乙醇混合溶液的吸光度值 A_0。每个试样做 3 个平行，取平均值。DPPH 自由基溶液如图 3-58 所示，精油 DPPH 自由基清除试验结果如图 3-59 所示。

图 3-58　DPPH 自由基溶液

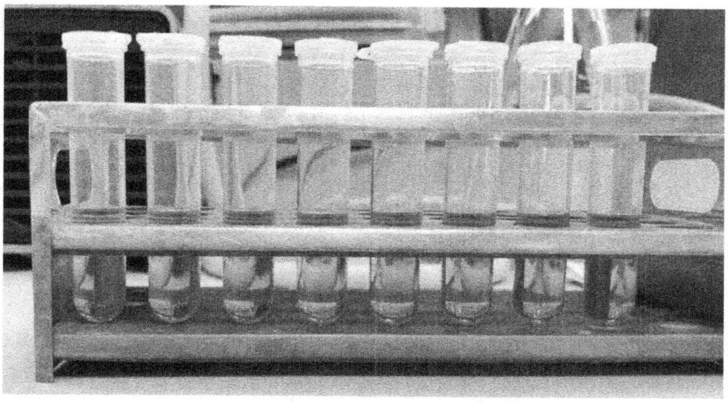

图 3-59　精油 DPPH 自由基清除试验

一、总抗氧化能力

V_C具有较强的抗氧化性，常作为抗氧化能力的参照物。本试验为了比较不同精油的抗氧化能力，首先测试了 V_C的抗氧化能力，即配置一系列不同浓度的 V_C水溶液，按照上述方法测定不同浓度对应的 OD 值，绘制标准曲线，标准曲线中横坐标为 V_C的浓度（mg/mL），纵坐标为吸光度值，即 y=6.536 x+0.0438，线性范围为 0.05～0.2 mg/mL，相关系数 R^2=0.9903，如图 3-60 所示。配制不同种类的精油乙醇溶液，测定其吸光度值，根据标准曲线，计算出精油溶液相当的 V_C的质量。

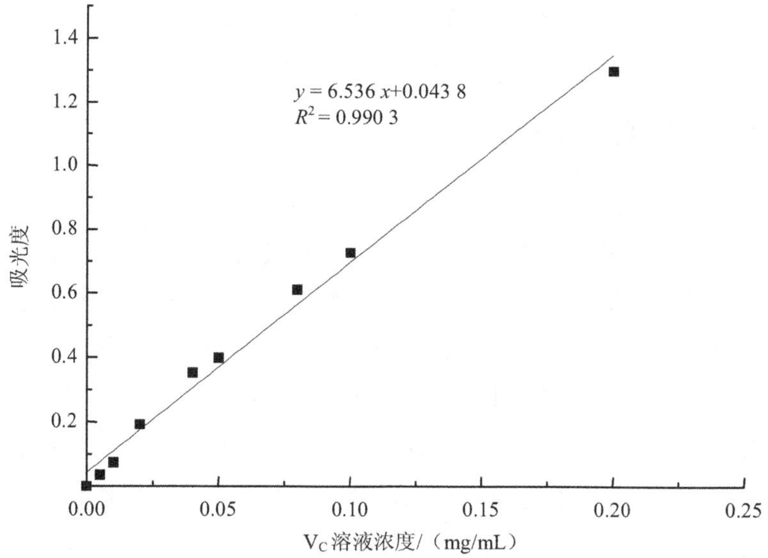

图 3-60　V_C抗氧化能力标准曲线

由图 3-61 可知，1 号地中，紫色紫斑牡丹精油的抗氧化能力最强，远高于粉色紫斑牡丹精油和白色紫斑牡丹精油；2 号地中，白色紫斑牡丹精油和紫色紫斑牡丹精油的抗氧化能力几乎相同，而粉色紫斑牡丹精油的抗氧化能力最强，几乎是紫色紫斑牡丹精油和白色紫斑牡丹精油的 2 倍；3 号地中，紫色紫斑牡丹精油的抗氧化能力最强，白色紫斑牡丹精油次之。在 12 种精油中，2 号地的粉色紫斑牡丹精油的抗氧化能力最强，忍冬精油的总抗氧化能力要优于苦水玫瑰精油。

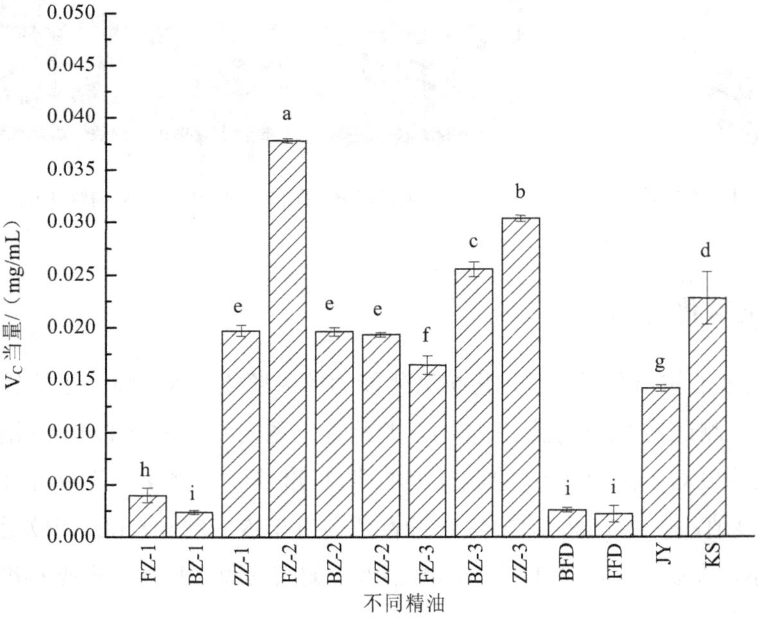

图 3-61　精油总抗氧化能力测定

二、清除 DPPH 自由基能力

DPPH 自由基是一种性质稳定的自由基，其结构含有 3 个苯环，1 个氮原子上有 1 个孤对电子，其乙醇溶液呈紫色，在 517 nm 波长处有最大吸光度值。当有自由基清除剂存在时，DPPH 自由基的单电子被配对而使其颜色变浅。在最大吸收波长处的吸光度变小，而且这种颜色变浅的程度与配对电子数是成化学剂量关系的。若被测物质能清除 DPPH 自由基，则表明该物质具有降低氢自由基、烷自由基或过氧自由基等物质的有效浓度，从而打断脂质过氧化的链反应。因此，可用于物质清除自由基的研究与天然抗氧化剂的筛选。

本试验以不同的 13 种精油为研究对象，分别将其配制成一定浓度的精油乙醇溶液，按照上述方法测定溶液的吸光度值，按照清除率公式计算不同精油 DPPH 自由基的清除率。

由图 3-62 可知，1 号地和 3 号地中均为紫色紫斑牡丹精油清除自由基能力最强，即抗氧化能力最强，白色紫斑牡丹精油抗氧化能力次之；2 号地中，白色紫斑牡丹精油的抗氧化能力最强，粉色紫斑牡丹精油次之。紫色紫斑牡丹精油总体的 DPPH 自由基清除能力高于粉色紫斑牡丹精油和白色紫斑牡丹精油，稍低于苦水玫瑰精油的 DPPH 自由基清除能力。

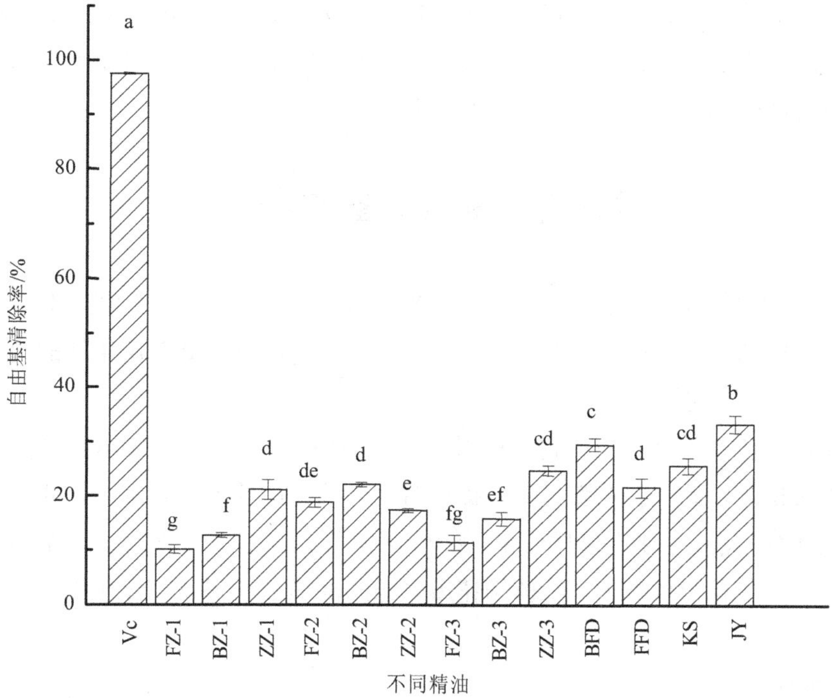

图 3-62 精油清除 DPPH 自由基能力测定

同时发现，白色凤丹精油的抗氧化能力高于粉色紫斑牡丹精油，且凤丹精油的抗氧化能力总体稍高于紫斑牡丹精油的抗氧化能力。在 12 种精油中，忍冬精油清除 DPPH 自由基的能力最强，即抗氧化能力最强。

三、精油功能因子对抗氧化活性的影响

精油的组分决定其化学性质和功能活性。2 号地粉色紫斑牡丹精油总抗氧化能力强与精油中的主要化学成分有密切关系，由前述油用牡丹不同类型精油研究内容可知，2 号地粉色紫斑牡丹精油的主要成分是 7-十二碳烯-1-醇-乙酸酯（29.16%）和香叶醇（13.87%），因此，2 号地粉色紫斑牡丹精油的强抗氧化性是由以上两种物质较强的抗氧化性引起的。

苦水玫瑰精油的抗氧化能力可能与其中含有异香橙烯、香茅醇、红没药醇等物质有关。童周（2017）对比了玫瑰精油、胡柚精油和桂花精油的抗氧化能力，发现玫瑰精油的抗氧化能力高于其他两种精油，并发现玫瑰精油中含有大量的香茅醇，其可能是玫瑰精油具有较强的抗氧化能力的重要原因之一。邱海荣（2008）研究发现，红没药醇对白介素 IL-1 和前列腺 PGE2 有很好的抑制作用，同时具有高效的抗炎活性和抗氧化活性。

（陕西）忍冬精油也具有较强的抗氧化能力，可能与精油的主要成分芳樟醇（11.17%）有关。任洪涛等（2014）对不同发酵条件下普洱茶的挥发性物质和不同发酵阶段普洱茶挥发性物质的抗氧化进行研究，研究结果表明，普洱茶挥发性物质的抗氧化活性与芳樟醇的

相对含量具有显著的正相关性。杨海清等（2013）研究了以芳樟醇为原料的复配精油，并利用动物试验研究其镇静、抗氧化和抗衰老作用，研究结果表明，添加了芳樟醇的复配精油表现出良好的镇静止痛、抗氧化和抗衰老作用。

第七节　精油制备工艺优化

精油在植物中的含量一般为0.001%～10%，少数达到20%。现阶段，对低含量植物挥发油提取工艺的研究报道较少，对于植物花瓣这类含高活性、低含量精油的植物材料，其精油提取工艺的报道亦较少。

本试验以白色紫斑牡丹为材料，利用改造后的精油提取装置，提取植物花朵精油。首先通过单因素试验，确定花瓣粉目数、提取时间及液固比的各因素水平，并采用三因素三水平的响应面分析法，依据回归分析确定较优提取工艺条件，旨在为低含量高活性的植物精油的提取工艺优化提供参考，为植物花瓣资源的深加工利用及工业化生产的实现提供理论依据。

（1）试验材料。

原料：采集来自甘肃省兰州新区中川镇的油用牡丹鲜花，自然阴干，用万能粉碎机粉碎成不同目数的花粉，密封于塑料袋中，室温放置，备用。

试验试剂：正己烷（分析纯），北京化工厂；水为双蒸水。

试验设备：RE-201D旋转蒸发仪，郑州市亚荣仪器有限公司；电子天平，赛多利斯仪器（北京）；98-1-B型电子调温电热套，天津市泰斯特仪器有限公司。

（2）试验方法：本试验利用专利技术方法，先以植物叶片为材料，对精油的制备工艺进行优化，之后采用优化后的工艺提取花蕾精油。

1）精油制备：准确称取一定质量一定目数的花瓣粉碎物，置于圆底烧瓶中，按一定的液固比，加热回馏一定时间。在制备过程中，夹带有精油的水蒸气经冷凝管冷凝后，在正己烷层不断富集，分离出正己烷，用无水硫酸钠脱水，再利用旋转蒸发仪脱除正己烷，得到精油。用天平称量精油的质量，计算精油得率，挥发油得率以每克花粉对应的挥发油的克数来计算。

2）精油提取的单因素试验：分别以植物叶片粉碎物颗粒不同的目数（小于10目、10目、20目、40目、60目、80目）、提取时间（2 h、4 h、6 h、8 h、10 h）及液固比（10∶1、20∶1、30∶1、40∶1、50∶1）为单因素，考察各因素水平对精油得率的影响。

3）精油提取工艺的设计试验：在单因素试验的基础上，确定Box-Behnken设计的自变量，以精油提取得率为响应值，通过响应面分析进行提取条件的优化。

一、影响精油得率的因素分析

因为牡丹花样品量有限，不足以做下面的各种单因素实验和响应面实验用。因此，以植物叶片为材料，对专利技术的提取条件进行优化，之后再用较优条件提取制备花蕾精油。

（一）提取时间

提取时间是影响精油得率的一个重要因素，对生产成本也有很大影响。本研究在植物叶片粉碎物目数为 20 目、液固比为 20∶1 的条件下，分别提取 2 h、4 h、6 h、8 h、10 h，不同的提取时间对应不同的精油得率，如图 3-63 所示，随着提取时间的延长，挥发油提取得率呈现上升的趋势，但提取时间为 6 h、8 h 时，提取得率反而有所下降，原因可能是精油在高温条件下发生了降解、缩合、氧化等化学反应，从而使提取得率下降。综合考虑提取得率及成本因素，选取 4 h 为最佳提取时间。

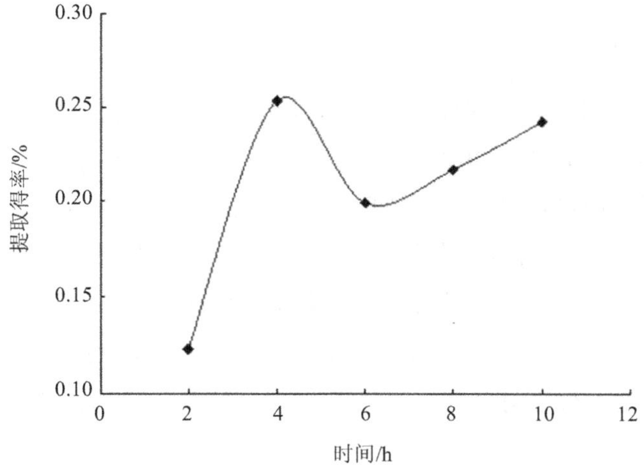

图 3-63　提取时间对提取得率的影响

（二）液固比

液固比对提取得率亦有重要影响，水量多有利于精油扩散介质，但水量过多会给蒸发处理带来困难。本试验在植物叶片粉碎物目数为 20 目，浸提时间 4 h，液固比分别为 10∶1、20∶1、30∶1、40∶1、50∶1 进行单因素试验，试验结果如图 3-64 所示。随着水量的增大，提取得率呈抛物线的形状，液固比 30∶1 时提取得率达到最大。原因可能是水量多有利于精油的扩散和溶解，但当水量过大时，蒸发处理的困难又导致挥发油得率的降低。所以选择液固比为 30∶1 为宜。

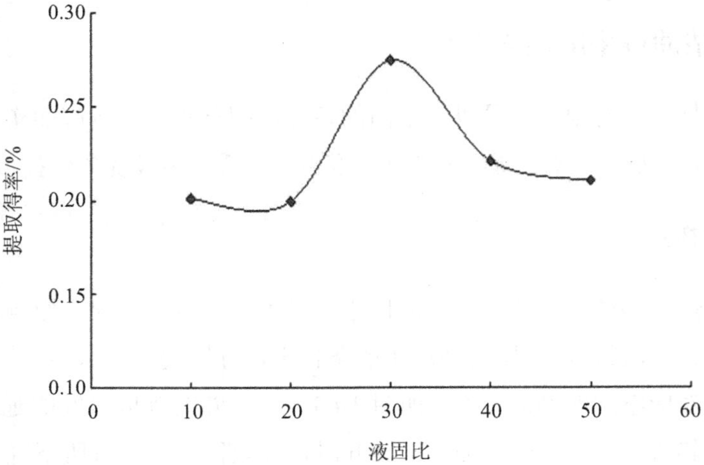

图 3-64　液固比对提取得率的影响

（三）不同颗粒细度

颗粒细度的不同，精油的提取得率也有一定的影响。浸提时间 4 h、液固比为 30∶1，目数分别是小于 10 目、10 目、20 目、40 目、60 目、80 目进行试验，试验结果如图 3-65 所示。随着粉碎物粉碎程度的提高，提取得率也随之提高，这是因为植物叶片粉碎物碎得越细，表面积就越大，有利于精油的浸出，目数为 10 的时候精油得率最高。但随着粉碎物粉碎程度的增加，精油得率又出现了下降的趋势，这是因为随着粉碎物粉碎程度的增加，颗粒表面积也同时增大，吸附作用也会增强，反而影响了精油的扩散，20 目、40 目、60 目、80 目水平下的精油得率明显低于 10 目的水平。因此，认为精油提取的适宜颗粒细度为 10 目。

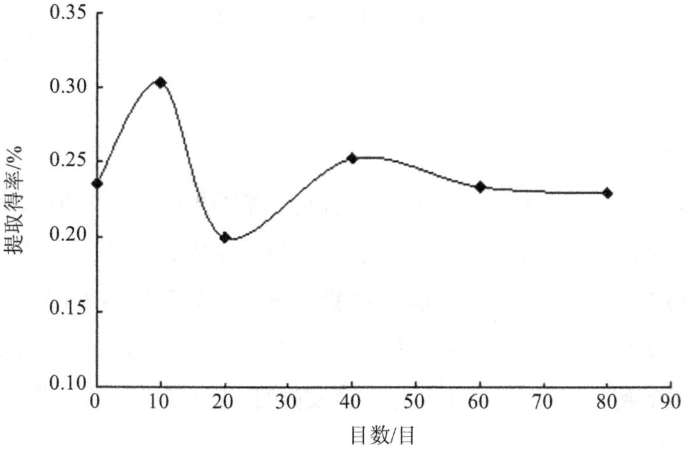

图 3-65　目数对提取得率的影响

二、响应面法优化提取工艺条件

响应面分析是一种优化反应条件和加工工艺参数的有效方法，广泛应用于化工、生物工程、食品工业等方面。它与正交试验设计法不同，具有试验周期短、求得的回归方程精度高、可研究几种因素间交互作用等优点。

（一）分析因素水平选取

本试验在单因素试验的基础上，利用响应面分析法对精油提取工艺条件进行优化，根据 Box-Benhnken 的中心组合试验设计原理，采用三因素三水平的响应面分析方法设计试验，分析因素与设计见表 3-32。

表 3-32　响应面分析因素与水平

试验因素	水平		
	−1	0	1
X_1 粒度/目数	小于 10	10	20
X_2 时间/h	2	4	6
X_3 液固比/（mL：g）	20	30	40

（二）分析方案及结果

对颗粒细度、提取时间、液固比做如下变换：X_1=（Z_1−10）/10，X_2=（Z_2−4）/2，X_3=（Z_3−30）/10，以紫斑牡丹精油提取得率的平均值为响应值（Y），试验设计与试验结果见表 3-33（15 个试验中，1～12 是析因试验，13～15 是中心试验，用来估算试验误差）。

表 3-33　响应面试验设计及数据处理

试验号	X_1	X_2	X_3	挥发油得率/%
1	−1	−1	0	0.142 3
2	−1	1	0	0.182 8
3	1	−1	0	0.153 6
4	1	1	0	0.183 5
5	0	−1	−1	0.132 5
6	0	−1	1	0.196 0
7	0	1	−1	0.152 6
8	0	1	1	0.272 4
9	−1	0	−1	0.133 4
10	1	0	−1	0.123 2
11	−1	0	1	0.234 5
12	1	0	1	0.193 2
13	0	0	0	0.304 6
14	0	0	0	0.284 5
15	0	0	0	0.291 6

采用 SAS RAREG 程序对响应值与各因素进行回归拟合后，得到的回归方程：

Y=0.293 567−0.004 937X_1+0.020 863X_2+0.044 3X_3−0.072 658X_1^2−0.002 65X_1X_2−0.007 775X_1X_3−0.055 358X_2^2 +0.014 075X_2X_3−0.049 833X_3^2

回归方程中各变量对指标（响应值）影响的显著性，由 F 检验来判定，概率 p（F>F_α）的值越小，则相应变量的显著程度越高。由表 3-34 可知，一次项 X_2、X_3 是极显著的，二次项 X_1^2、X_2^2、X_3^2 也是极显著的，由此可见，各具体试验因素对响应值的影响不是简单的线性关系，回归方程也是极显著的，相关系数 R^2 =0.055 313÷0.056 129=0.985 5，说明响应值（提取得率）的变化有 98.55%来源于所选变量，即颗粒细度、提取时间和液固比。因此，回归方程可以较好地描述各因素与响应值之间的真实关系，可以利用回归方程确定最佳提取工艺条件。对回归方程取一阶偏导数等于零，整理可得如下三式：

$$0.004\,9+0.145\,4X_1+0.002\,7X_2+0.007\,8X_3=0 \qquad (3\text{-}1)$$

$$0.020\,9-0.002\,7X_1-0.110\,8X_2+0.014X_3=0 \qquad (3\text{-}2)$$

$$0.044\,3-0.007\,8X_1+0.014\,1X_2-0.099\,6X_3=0 \qquad (3\text{-}3)$$

式（3-1）、式（3-2）、式（3-3）联立方程组，解得 X_1=0.063 5，X_2=0.248，X_3=0.47，代入前述的变换公式得到的粉碎物的颗粒细度 Z_1= 10.635 目，提取时间 Z_2=4.5 h，液固比 Z_3=34.7，但考虑到实际操作的便利，将精油的最佳提取条件修正为颗粒细度 10 目，提取时间 4.5 h，液固比 35∶1，在此修正条件下，实际测得提取得率为 0.324 5%，回归模型预测提取得率理论值可达 0.345 7%，实际测定值比理论预测理论值低 6.1%，说明该数学模型能较好地预测各因素同提取得率之间的关系。

表 3-34 提取回归分析的结果

方差来源	自由度	平方和	均方	F 值	p（F>F_α）	显著性
X_1	1	0.000 195	0.000 195	1.195 639	0.324 054	—
X_2	1	0.003 482	0.003 482	21.346 1	0.005 734	**
X_3	1	0.015 7	0.015 7	96.248 36	0.000 187	**
X_1^2	1	0.019 493	0.019 493	119.499 1	0.000 111	**
X_1X_2	1	0.000 028	0.000 028	0.172 206	0.695 364	—
X_1X_3	1	0.000 242	0.000 242	1.482 37	0.277 724	—
X_2^2	1	0.011 315	0.011 315	69.368 1	0.000 408	**
X_2X_3	1	0.000 792	0.000 792	4.857 946	0.078 689	—
X_3^2	1	0.009 169	0.009 169	56.212 6	0.000 667	**
回归	9	0.055 313	0.006 146	37.677 33	0.000 457	**
误差	5	0.000 816	0.000 163	—	—	—
总和	14	0.056 129	—	—	—	—

注： **为差异极显著（p<0.01）。

（三）响应面与等高线

根据拟合函数，每两个因素对提取得率画出响应面和等高线图，此时考虑到定性分析各因素对提取得率的关系，固定另外两个因素时，均做“0”处理，具体因素水平如表 3-32 所示，图 3-66～图 3-68 直观地反映了各因素对响应值的影响。

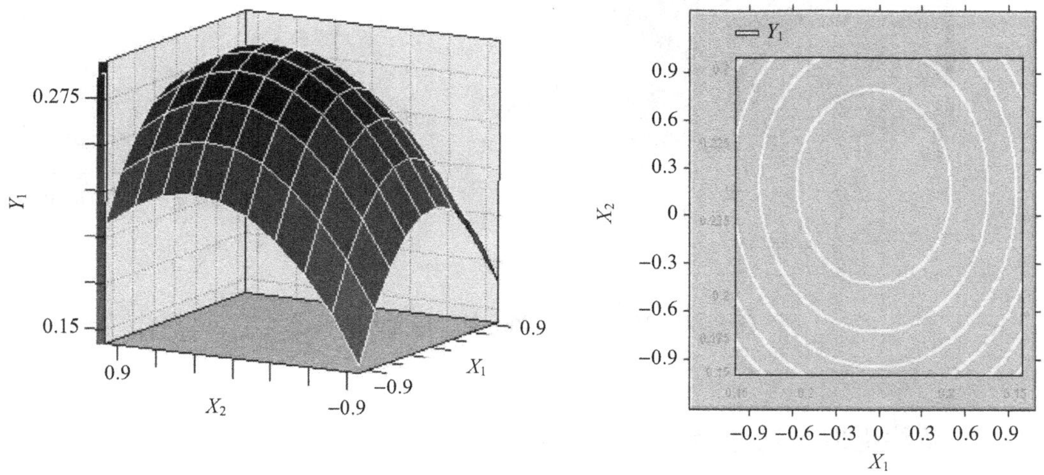

X_3=0　　X_3=0

图 3-66　$Y=f$（X_1，X_2）的响应面和等值线

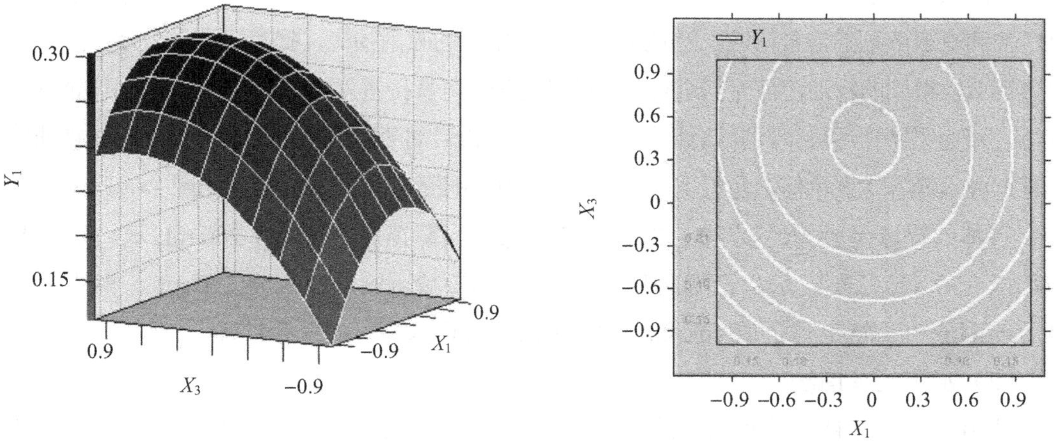

X_2=0　　X_2=0

图 3-67　$Y=f$（X_1，X_3）的响应面和等值线

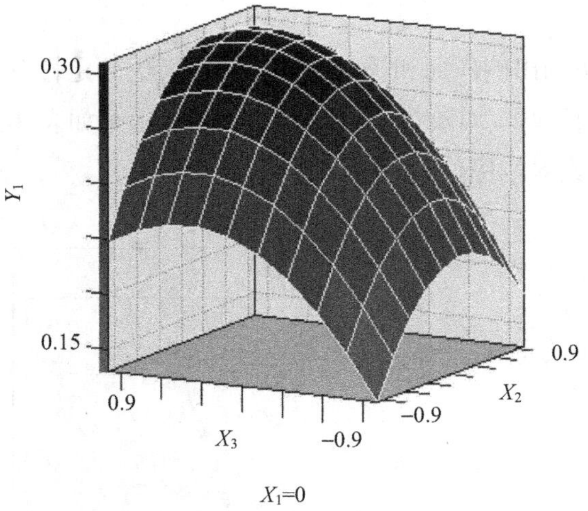

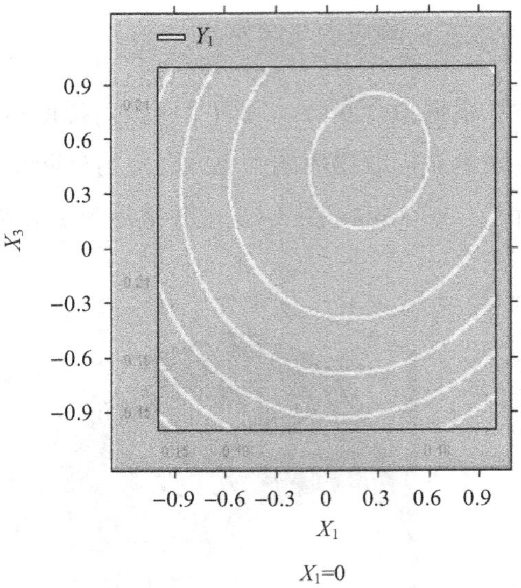

图 3-68 $Y = f（X_2，X_3）$的响应面和等值线

三、精油提取工艺选择

目前常用的精油提取方法有同时蒸馏萃取法、水蒸气蒸馏法、索氏提取法以及超临界CO_2提取法。

（1）同时蒸馏萃取法

同时蒸馏萃取法是分离和富集样品中挥发性成分的有效方法。由于同时蒸馏萃取法所得的是精油和有机溶剂的混合溶液，避免了精油在器壁上的吸附损失，提高了萃取效率。此外，同时蒸馏萃取得到的精油溶液无需进行复杂的预处理，可直接进入气相色谱-质谱联用仪进行成分分析，避免了操作污染。同时蒸馏萃取具有水蒸气和溶剂萃取同时进行的特性，植物精油提取率高、成本低等优点，但存在占用空间较大、操作不便的特点。提取装置如图 3-69 所示。

具体的提取步骤为：取 10～20 目原料 10 g，大蒸馏瓶中加入 1 200 mL 水，小蒸馏瓶中加入 150 mL 乙醚，水、乙醚同时回流 8 h。35℃减压脱除乙醚约 130 mL。将淡黄色脱溶后的溶液用乙醚定容至 10 mL 棕色容量瓶中，4℃冰箱密封保存。

（2）水蒸气蒸馏法

从植物中提取精油的常用方法。其原理是利用精油中主要成分易挥发，难溶于水且不与水反应的特点，将植物与水按一定比例混合后加热，使易挥发成分与水蒸气被共同蒸馏出来，经冷凝后回流至收集器中。由于馏出物难溶于水且与水的密度不同，使其成分相互分离，得到植物精油。水蒸气蒸馏法具有操作方便、设备简单、成本低等优点，但由于提取温度较高，低沸点的精油成分和水溶性的芳香成分会有可能丢失或被破坏，导致植物精油得率和品质降低。提取装置如图 3-70 所示。

图 3-69　同时蒸馏萃取装置

图 3-70　水蒸气蒸馏法提取装置

具体步骤为：取 10～20 目原料 10 g，加入 1 000 mL 蒸馏水。回流 10 h，水面上会出现一定量的油滴，冷凝器中也有油状物黏附。用滴管吸取水面上的油滴，用正己烷溶解，并分去少量水，将冷凝器上的油滴用正己烷冲下；合并两正己烷相，氮吹后用正己烷定容至 5 mL，4℃冰箱密封保存。

（3）索氏提取法

索氏提取法是通过索氏提取装置利用有机溶剂浸泡植物材料，经渗透、溶解、分配、扩散等一系列物理过程，将精油从植物材料中提取出来。利用有机溶剂提取法所得精油含量要高于水蒸气蒸馏法。此外，有机溶剂提取法可将低沸点和高沸点成分同时提取出来，使所得精油的香气更接近于植物的天然香气，但提取过程会消耗大量有机溶剂，且易产生溶剂残留，进而影响精油品质。

具体步骤为：取 10～20 目原料 20 g，用 300 mL 石油醚回流提取，每 15 min 一个循环，至索氏提取器内液体颜色变浅，共用时 3.5 h，蒸馏瓶中的溶液颜色变至深黄色，减压脱除部分石油醚，剩余约 10 mL 石油醚溶液，4℃冰箱密封保存。

（4）超临界 CO_2 提取法

利用超临界流体具有良好的传热和传质的特点进行植物精油的提取。利用超临界 CO_2 提取法和水蒸气蒸馏法提取油松针叶中的萜烯类化合物研究结果表明，相较于水蒸气蒸馏法，超临界 CO_2 提取法既省时，样品回收率又高。何熹研究了超临界 CO_2 提取所得玫瑰精油的香气，结果表明，超临界 CO_2 提取法可同时将低沸点的头香物质和高沸点的体香、尾香物质萃取出来，使其香气更自然、更接近于天然香气。超临界 CO_2 提取精油具有无溶剂残留、选择性好、速度快、操作温度低等优点，但此生产过程成本较高且没有相应的约束标准。提取装置如图 3-71 所示。

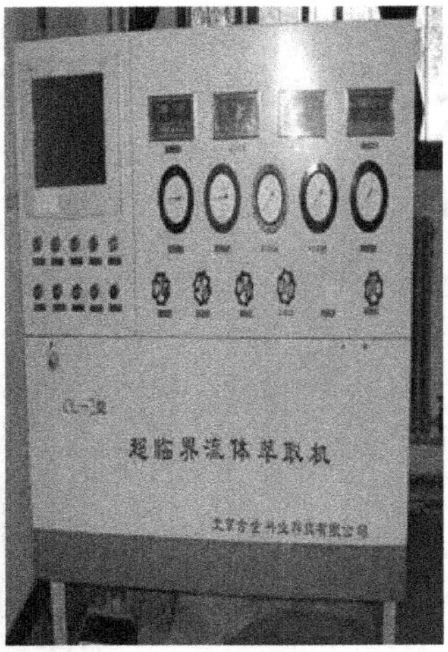

图 3-71　超临界 CO_2 提取法提取装置

具体步骤为：将 10～20 目样品 10 g 放入细金属网内，压实放入 2 L 萃取釜中，萃取釜条件设定为 15 MPa，温度 40℃，当压力、温度达到设定值时，保持 1 h。然后经 0.5 L 分离釜动态提取，分离釜压力设定为 5 MPa，温度为 40℃，分离流量为 25～30 L/min，动态提取时间 4 h。提取结束后，经分离釜底部阀门回收得到挥发油。正己烷溶解得到样品，4℃冰箱密封保存。

本研究是利用吕兆林发明的精油专利技术（图 3-72）。在精油提取器 V 形管中先加入一定量的双蒸水，再加入一定体积的正己烷，随着电热套的加热，产生夹带精油的水蒸气，夹带精油的水蒸气不断地被冷凝管冷却成液体，冷凝液穿过停留在 V 形管水面上的正己烷层，正己烷层起萃取冷凝液中精油的作用，剩余的水液经过 V 形管回到圆底烧瓶中，含有精油的正己烷层一直停留在水面上。此法具有操作简单、精油提取率高、应用范围广的特点。

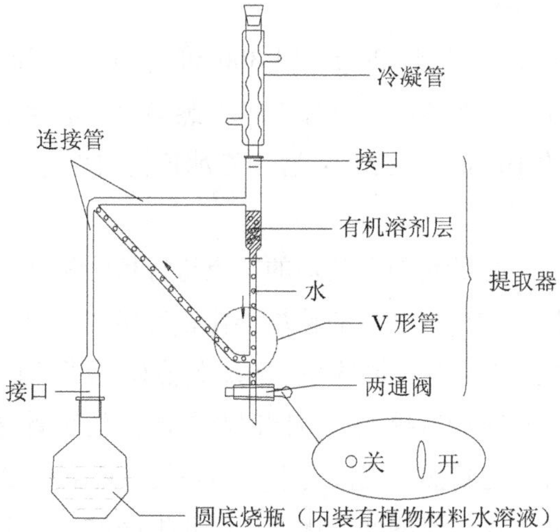

图 3-72　精油提取专利装置

结合以往研究经验，同时采用同时蒸馏萃取法和水蒸气蒸馏法能够获得较为完整的精油组分。由于同时蒸馏萃取法具有水蒸气蒸馏和溶剂萃取同时进行的特点，精油得率相比水蒸气蒸馏法和索氏提取法要高，但是同时蒸馏萃取装置相比水蒸气蒸馏装置和索氏提取装置复杂，占的空间较大，日常使用很不方便。本试验结合上述提取方法的优缺点，对水蒸气蒸馏法装置的使用进行了改进，即得到本试验所用的改良后的精油提取装置，在水蒸气蒸馏法装置V形管中先加入一定量的水，再加入一定体积的正己烷，使得该装置具备了水蒸气蒸馏和溶剂萃取同时进行的特点，不仅可以满足操作者对设备的简易性要求，还可以满足对挥发油高提取得率的要求。

白色花、粉色花和紫色花的文冠果花蕾精油得率分别为0.502‰、0.479‰和0.422‰，白色花的精油得率相对较高，但3种花色的文冠果花精油得率无显著差异。翅果油树花精油的得率为0.412‰。不同品种的紫斑牡丹精油含量为0.747‰~1.094‰，同为白色紫斑牡丹，不同地块的精油含油量差异较大，为0.244‰~1.031‰；凤丹精油含量为0.695‰~1.006‰；采用全二维技术（GC×GC-TOF/MS），对紫斑牡丹、凤丹精油分别检测出165种和135种化合物，与一维技术（GC-MS）相比，紫斑牡丹精油多检测出近100种化合物，凤丹精油多检测出约60种化合物。通过GC-MS技术，测得来自陕甘两省3地4种忍冬花的精油分别含35种、44种、46种、52种化合物，共有化合物为16种。利用GC-MS对盐渍前后的苦水玫瑰精油成分进行分析，共检测到86种化合物，其中鲜花精油含70种，盐渍精油含71种；用GC×GC-TOF/MS鉴定得到鲜花精油化合物共142种、盐渍精油中的化合物145种。还对油用牡丹、苦水玫瑰、忍冬花中的精油成分和抗氧化活性进行了全面测试，发现油用牡丹精油的抗氧化能力最强，忍冬精油的总抗氧化能力要优于苦水玫瑰精油。利用改造后的精油提取器装置（专利技术），通过响应面方法优化精油的提取工艺，确定紫斑牡丹精油的最佳工艺参数为：花粉目数10目，提取时间4.5 h，液固比为35∶1；按照此工艺条件提取精油的得率较高，可达到1.094‰。

参考文献

何熹，2002. 玫瑰精油提取新工艺的研究及相关动物实验探讨[D]. 济南：山东师范大学.

李双，王成忠，唐晓璇，等，2015. 不同提取方法对牡丹精油理化性质和成分的影响[J]. 食品工业，36（7）：170-174.

吕兆林，张柏林，姚永红，等，2010-04-14. 一种植物精油提取装置及用该装置制备竹叶精油的方法：200910180620.7[P].

马希汉，王永红，尉芹，等，2004. 玫瑰精油提取工艺研究[J]. 林产化学与工业，（S1）：80-84.

邱海荣，2008. 红没药醇和姜醇的协同抗炎性研究[D]. 无锡：江南大学.

任洪涛，周斌，秦大峰，等，2014. 普洱茶挥发性成分抗氧化活性研究[J]. 茶叶科学，34（3）：213-220.

童周，2017. 浙江玫瑰精油成分、抑菌抗氧化能力及稳定性研究[D]. 杭州：浙江工商大学.

王威，王春利，1999. 天然玫瑰鲜花应用研究[J]. 农牧产品开发，（10）：35-36.

杨海清，李忠海，张慧，等，2013. 以左旋芳樟醇为主要原料配制复方精油的研究[J]. 中南林业科技大学学报，33（3）：112-114，128.

张睿，2014. 二步变馏式回水蒸馏法提取玫瑰油的工艺[D]. 咸阳：西北农林科技大学.

Ahmad A，Sahoo D，Ahmad J，et al.，2009. GC-MS composition of rose oil（Rosa Damascena） of different agro climatic regions of north India[J]. Asian Journal of Chemistry，21（6）：4643-4647.

Baydar H，Schulz H，Kruger H，et al.，2008. Influences of fermentation time，hydro-distillation time and fractions on essential oil composition of Damask rose（Rosa Damascena Mill.）[J]. Journal of Essential Oil-Bearing Plants，11（3）：224-232.

Dos S A L，Dos P A，Schneider J K，et al.，2015. Comprehensive two-dimensional gas chromatography time-of-flight mass spectrometry（GC×GC/TOFMS）for the analysis of volatile compounds in Piper regnellii（Miq.） C. DC. essential oils[J]. Microchemical Journal，（118）：242-251.

Jiang H，Wang J，Song L，et al.，2016. GC×GC-TOFMS analysis of essential oils composition from leaves，twigs and seeds of Cinnamomum camphora L. Presl and their insecticidal and repellent activities[J]. Molecules，21（4）：423.

Sharma S，Kumar R.，2016. Effect of temperature and storage duration of flowers on essential oil content and composition of Damask rose（Rosa × Damascena Mill.） under western Himalayas[J]. Journal of Applied Research on Medicinal & Aromatic Plants，3（1）：10-17.

Sun J Y，Zhang X X，Niu L X，et al.，2017. Chemical compositions and antioxidant activities of essential oil extracted from the petals of three wild tree peony species and eleven cultivars[J]. Chemistry & Biodiversity，14（11）：1-15.

Welke J E，Zanus M，Lazzarotto M，et al.，2014. Main differences between volatiles of sparkling and base wines accessed through comprehensive two-dimensional gas chromatography with time-of-flight mass spectrometric detection and chemometric tools[J]. Food Chemistry，（164）：427-437.

第四章

油用灌木提取物精深加工产品研发

油用灌木资源的精深加工产品研发对于进一步提升这类植物在工业等领域的价值具有重要意义。本章针对文冠果籽油、翅果油树籽油、油用牡丹籽油、长柄扁桃籽油进行了油脂微胶囊、生物活性肽的初步研发，同时针对苦水玫瑰进行了纯露制品的研发，为黄土高原油用灌木资源应用领域的拓展提供了参考。

油脂微胶囊产品、植物纯露以及生物活性肽都是当前食品、化妆品以及药品工业中热门的研究对象。微胶囊化技术是解决油脂氧化等问题的有效途径；纯露则具有多种生物活性，如抗氧化性、抑菌性等，又因其感官特性和生物学特性，在香精香水、化妆品中广泛应用；生物活性肽不仅能够提供人体生长发育所需营养物质，而且具有调节人体生理机能的功效。这3类制品都具有广阔的应用前景。

微胶囊化技术可以有效保护油脂，延长油脂产品的货架期。通过选择合适的材料包裹小油颗粒，可以防止油脂产品核心成分因光照、水分、氧气等不利环境条件而变质，从而提高产品的保质期。微胶囊化技术有多种加工方式，如喷雾干燥、挤压涂层、复合凝聚和脂质体包封。但最常用的是喷雾干燥，具有成本低、设备广泛的有点。共挤出技术也是一种微封装技术，在泵送压力下，液体芯和壳材料的双流体流通过同心喷嘴，并在振动的影响下形成液滴。共挤出技术是一种新颖的、有很大发展前景油微胶囊化方法。这种工艺可以在温和、无毒的条件下进行，并且很容易扩大规模。

壁材配方和乳化条件是影响微胶囊理化性质和储存稳定性最重要的因素。壁材作为保护芯材和控制扩散的屏障，对制备稳定、高效的微胶囊起着至关重要的作用。要求具有良好的乳化性、溶解性、干燥性和适当的流变性能，便于在喷雾干燥机中使用。食品工业中最常用的微胶囊化壁材是乳清蛋白、酪蛋白酸钠、大豆蛋白、明胶、麦芽糊精、淀粉和阿拉伯胶等。麦芽糊精（一种水解淀粉）因其成本低、溶解度好、香气和口感中性、在高浓度下黏度低、乳化能力差等特点，适宜与其他壁材结合作为加工助剂。卵磷脂是一种离子磷脂，广泛用于制备单层和双层微胶囊，具有无毒、良好的相容性和营养作用（如降低血液中的胆固醇水平）。在制备微胶囊中加入卵磷脂可以提高微胶囊的性能，如更高的包被效率、更好的氧化稳定性和更小的粒径。海藻酸钠是一种从褐藻中提取的天然阴离子多糖，通常用于微胶囊的生产，形成具有多价阳离子的刚性壁基质，以增加被包裹的油（如橄榄油）的氧化稳定性。大豆蛋白以其高蛋白含量和良好的功能特性，成为豆类蛋白的最重要代表。由于其营养价值、低成本和功能特性（如持水能力和结合油能力），被广泛应用于食品工业。

纯露是精油生产过程中的副产物，即在水蒸气蒸馏法制备精油的过程中，精油组分随水蒸气蒸出，在冷凝器中冷凝后，分层得到轻相精油及重相水相，重相即为纯露。纯露中含有少量精油和水溶性的生物活性物质，使纯露具有多种生物活性，如抗氧化性、抑菌性等。又因其感官特性和生物学特性，常被用于香精香水、化妆品和食品的生产中。刘亚（2018）对竹叶纯露的制备工艺进行了优化，得到了最佳竹叶纯露的制备工艺为：竹叶粉粒径为 10 目，固液比为 1∶25，提取时间为 6 h。温馨（2018）对黑龙江雪菊纯露的抗氧化活性和抑菌性进行了研究，结果表明，黑龙江雪菊纯露对大肠杆菌、枯草芽孢杆菌、白色葡萄球菌、金黄色葡萄球菌具有显著的抑菌作用，并具有一定的抗氧化能力。廖瑟静等（2019）通过小鼠的防醉、解酒及酒精性肝损伤实验发现，桧木纯露具有显著的防醉解酒作用，同时可增强酒精中毒小鼠的抗氧化能力，并对小鼠酒精性肝损伤具有一定的缓解作用。

功能性生物活性肽是指具有生物活性的多肽，包括只有两个氨基酸的双肽以及复杂长链或环状的多肽。目前获得活性肽的方法主要有 3 种：天然活性肽（生物体中存在）、蛋白水解肽（体内消化或体外水解）、人工合成（重组 DNA、酶法等技术合成）。生物活性肽不仅能够提供人体生长发育所需的营养物质，还具有调节人体生理机能的功效（如抗氧化、免疫调节、抗菌、抗高血压等），因此具有良好的开发价值和前景。降血压肽可以治疗因体内血管紧张素转换酶（angiotensin converting enzyme，ACE）活性过高而引起的高血压疾病。人体内有一对调节血压的拮抗系统，其中肾素-血管紧张素系统（RAS）为升压系统，激肽释放酶-激肽系统（KKS）为降压系统。ACE 可以将 RAS 中不具活性的血管紧张素Ⅰ（AngⅠ）转换为具有升压作用的血管紧张素Ⅱ（AngⅡ），同时会降解 KKS 中具有降压作用的激肽，因此抑制 ACE 的活性可达到降血压的效果。1979 年，Oshima 等（1979）首次获得了食源性的 ACE 抑制肽，他们利用细菌胶原酶水解明胶获得了 6 种活性较强的 ACE 抑制肽。随后又有许多食源性蛋白的酶解产物被发现可以显著抑制 ACE 的活性，如玉米、大豆、菜籽、核桃等。Kawasaki 等（2002）从沙丁鱼蛋白中分离出了 ACE 抑制肽（Val-Tyr），经过高血压和正常血压受试者服用后，ACE 抑制肽（Val-Tyr）对中度高血压患者有降血压作用，而对血压正常者和重度高血压者无作用，这表明 ACE 抑制肽对适用人群有一定要求。ACE 抑制肽具有安全性高、无副作用、降压效果温和专一以及易被人体消化吸收等优点，具有广阔的发展空间。ACE 抑制肽的活性与氨基酸组成、顺序、表面疏水性、分子量等密切相关。关于 ACE 抑制肽的氨基酸构效与结构的关系目前尚无完全明确的结论，普遍认为当 N-端氨基酸为长链或具有支链的疏水性氨基酸时有较高的 ACE 抑制活性；在 C-端最具活性的是具环状结构的芳香族氨基酸或脯氨酸。关于 ACE 抑制肽活性与分子量之间的关系，有学者认为 ACE 抑制肽的分子量越小，其抑制活性越强，也有学者认为大分子量多肽降压效果也很好，因此这一问题有待进一步研究。

油用灌木精深加工产品研究工艺路线如图 4-1 所示。

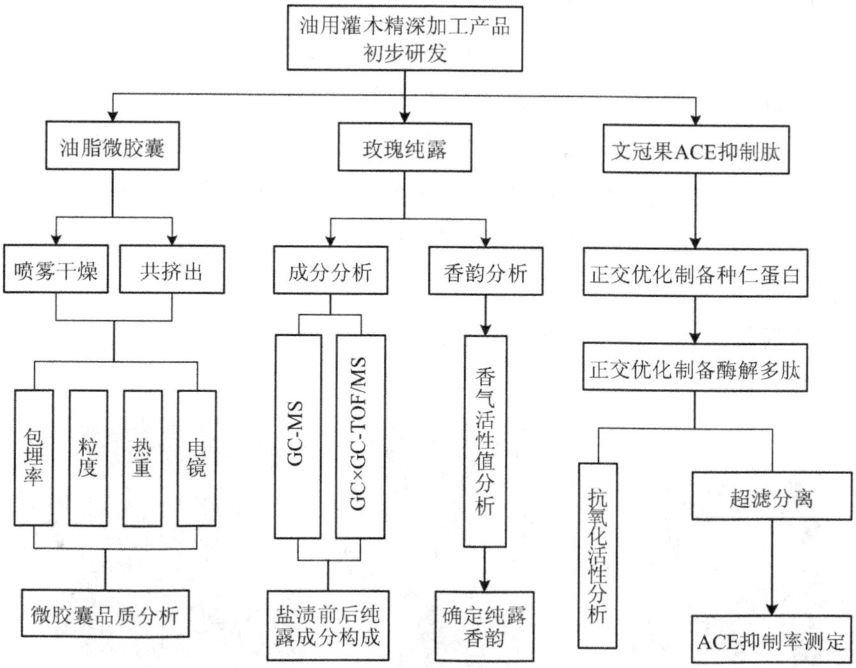

图 4-1　油用灌木精深加工产品研究工艺路线

第一节　油脂微胶囊产品

本节以翅果油树种仁油为例，通过两种不同的微胶囊化工艺制备油脂微胶囊，分别是喷雾干燥技术和共挤出技术。目前关于同时使用这两种技术进行微胶囊化翅果油树种仁油及其他油脂的报道较少。本研究的主要研究内容是制备两种工艺油脂微胶囊产品，并对微胶囊品质进行分析。本节研究为提高油脂品质、扩展油脂产品类别提供数据支撑。

（1）试验材料。

原料：翅果油树种仁油，由天亚农林科技有限公司提供；牡丹籽油，由甘肃中川牡丹农业科技有限公司提供；长柄扁桃种仁油，由榆林亿利沙漠生态科技有限公司提供。

试剂：大豆分离蛋白、海藻酸钠、麦芽糊精、果胶、氯化钙、壳聚糖等。

试验设备：Buchi Advanced Mini-B-290 喷雾干燥机，瑞士布奇、Buchi Encapsulator B-390 造粒机，瑞士布奇；JSM 6330F 扫描电子显微镜，日本日立；YS100 光学显微镜，日本尼康；

激光粒度分析仪，英国马尔文公司；电子天平，赛多利斯仪器（北京）有限公司。

（2）试验方法。

1）微胶囊制备：采用喷雾干燥技术和共挤出技术来制备油脂微胶囊。

2）微胶囊包埋率：采用分光光度法。首先确定油脂的最大吸收波长，然后绘制油脂浓度的标准曲线。称取一定量的油脂微胶囊。将微胶囊表面的油脂用正己烷洗涤干净，在确定的最大吸收波长处测定被洗涤油脂的吸光度，确定洗涤下来的油脂的含量。通过质量差计算微胶囊内部的油脂含量，再进一步确定微胶囊的包埋率。

3）微胶囊微观结构观察：通过扫描电镜观察喷雾干燥技术制备得到的微胶囊。设置电压 10 kV，样品室压力为 6.67×10^{-4} 托。为了使样品具有导电性，在微囊上涂上薄薄的溅射金，并在 8 000 放大倍率下以 15 mm 的工作距离进行观察。通过电子显微镜观察共挤出技术制备得到的微胶囊。

4）微胶囊粒径测试：将微胶囊稀释到酒精中，直至激光衰减为 0.8～0.85。粒度表示为体积质量平均直径，如图 4-2 所示。

图 4-2　微胶囊粒径测试

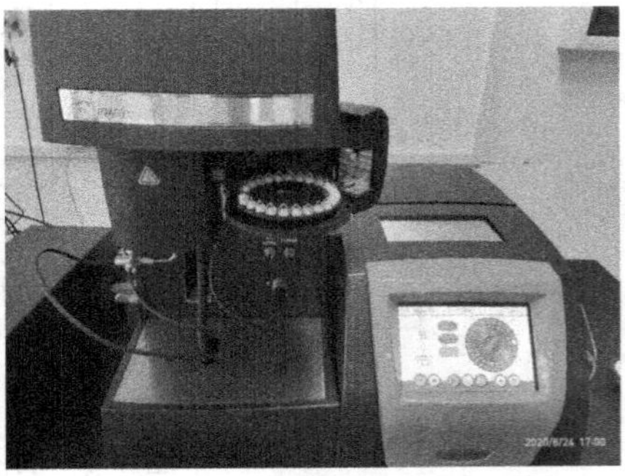

图 4-3　微胶囊热重分析

5）微胶囊热重分析：将适量微胶囊样品放在铝制坩埚中，并在恒定 N_2 流量（30 mL/min）下以 10℃/min 的速度从 30℃加热到 500℃对微胶囊进行热重分析（图 4-3）。

一、产品制备工艺

本研究采用了喷雾干燥与共挤出两种技术制备油脂微胶囊。

（一）喷雾干燥技术

喷雾干燥（图 4-4）是食品工业中应用最普遍的一种微胶囊技术，其工艺过程经济且灵活，所使用的设备适应性强、产品质量好。喷雾干燥法也是最古老的包埋方法之一，早在 1930 年就已应用于香料的包埋。喷雾干燥法的一般步骤是：首先制备乳化分散相，即把芯材分散在已液化的壁囊材中混合形成溶液，后加入乳化剂，热分散体系经均质变成水包油型乳状液，最后进行喷雾干燥即可。

图 4-4　喷雾干燥设备及微胶囊产品

本研究采用的喷雾干燥技术具体步骤为：将适量大豆分离蛋白溶解于蒸馏水中，并调节 pH 至 3.0，然后在 4℃下以 500 r/min 搅拌过夜；将适量海藻酸钠溶于蒸馏水中，并在室温下以 500 r/min 搅拌 3 h；将适量麦芽糊精溶于 100 g 水中，并在室温下以 500 r/min 搅拌 3 h。然后将油脂加入蛋白溶液中，均化 5 min，再将其加入海藻酸钠溶液中，均化 3 min，最后将上述溶液加到糊精溶液中，均化 3 min。然后进行喷雾干燥。喷雾干燥程序设置：进料速率 25 r/min（5 mL/min），进风温度 190℃，出风温度 90～95℃，得到油脂微胶囊。

（二）共挤出技术

共挤出技术（图 4-5）是一种微封装技术，在泵送压力下，液体芯和壳材料的双流体流通过同心喷嘴，并在振动的影响下形成液滴，是一种较为新颖的微胶囊制备方法。

本研究采用的共挤出技术的具体步骤为：通过将海藻酸钠溶解在蒸馏水中来制备海藻酸钠溶液，然后均化 2 min。将高甲氧基果胶溶解在蒸馏水中制备高甲氧基果胶溶液，均质 1 min。通过将藻酸盐溶液和 HM 果胶溶液以 2∶1 的体积比混合，得到壁材溶液，并将其在 4℃下储存过夜。将油脂和壁材溶液分别以 0.2 mL/min 和 7.0 mL/min 的流速同时泵入同心喷嘴，得到核—壳层流体流，该流体在 500 Hz 的振动频率和 1.5 kV 的电压下通过喷嘴喷出。喷出的液体流收集在含有 $CaCl_2$ 的壳聚糖溶液中并孵育 10 min。然后将微胶囊在 50℃的烤箱中干燥 2 h，直到达到恒重。最后将微胶囊保存在冰箱（–20℃）中，以备后用。

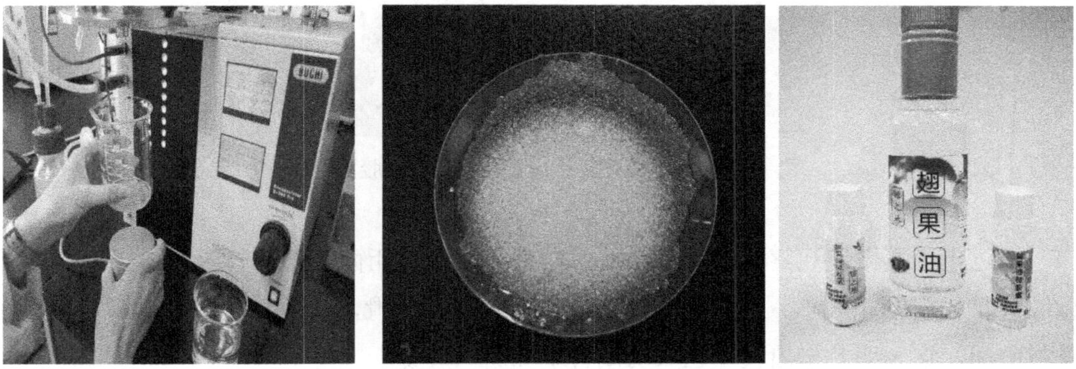

图 4-5　共挤出设备及喷雾干燥所得微胶囊产品

二、产品性能

油脂是食品中重要的功能性成分，对食品质量有着重要影响。它们不仅是人体主要的能源物质来源，还影响着食品的风味、气味、颜色和质地，还赋予食物一种饱腹感和适口感。然而，当前油脂的主要问题在于储存或食品加工过程中的脂质氧化，这可能导致酸败和由于活性氧等降解产物造成的营养缺陷，对人类健康造成有害影响。微胶囊化是一种解决油脂上述问题的有效途径。该技术定义为将固体、液体或气体物质（即核心）包围在连续的聚合材料薄膜中。这种方法是目前新兴的应用于生产粉状油脂制品的方法。微胶囊化可以利用乳蛋白、糊精等包封剂保护油脂，延长产品的货架期。通过选择合适的材料包裹小油颗粒，可以防止油脂制品的核心成分因光照、水分、氧气等不利环境条件影响而变质，从而提高产品的保质期。

（一）包埋率

油脂被壁材包裹后，有一部分包不住，一部分包住了，通过测定没有被包裹住的油脂的含量，可测得包埋率。翅果油树种仁油通过两种技术来制备油脂微胶囊，其中喷雾干燥技术制得的微胶囊包埋率为 75.38%，共挤出技术制得的微胶囊包埋率为 73.93%。两种技术的包埋率都达到了 73%以上。

（二）微观结构

用扫描电镜观察了喷雾干燥技术制备获得的油脂微胶囊的形态。如图 4-6 所示，油脂微胶囊呈现较为规则的球形，表面光滑，这说明通过喷雾干燥技术成功制备了油脂微胶囊。

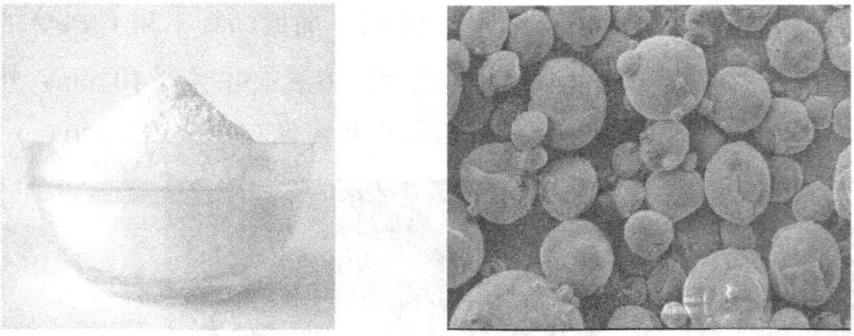

图 4-6　由喷雾干燥技术制得的微胶囊

通过电子显微镜观察了由共挤出技术制备获得的油脂微胶囊。如图 4-7 所示，油脂微胶囊呈较现颗粒大小、形状较为规则的球形，表面光滑，内部可以看到油脂被包封在壁材中间，这表明共挤出技术也成功制备了油脂微胶囊。

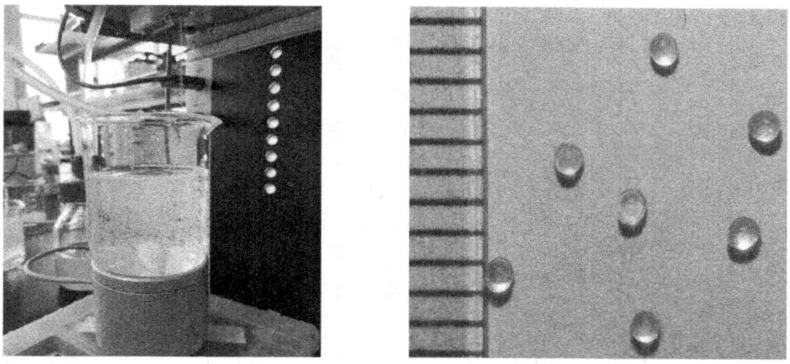

图 4-7 由共挤出技术制得的微胶囊

通过比较两种技术制得的微胶囊发现，由喷雾干燥技术制得的微胶囊为乳白色粉末状，颗粒较细，而由共挤出技术制得的微胶囊为半透明的球状，颗粒较大，但两种微胶囊都具有完整的颗粒结构，制备较为成功。

（三）粒径分析

由激光粒度分析仪测得的油脂微胶囊的粒径分布如图 4-8 和图 4-9 所示。由喷雾干燥技术制得的微胶囊（图 4-8）的大小分布正常，呈明显的单峰分布，平均粒径为 20 μm，直径分布于 5～30 μm。而由共挤出技术制得的微胶囊（图 4-9）大小也分布正常（图中为 3 个平行试验的粒径分布曲线，基本上是重合的），也呈明显的单峰分布，但平均粒径为 1 000 μm 左右，直径分布于 700～1 300 μm。这与我们在微观结构观察的结构相符，由共挤出技术制得的微胶囊粒径较大。

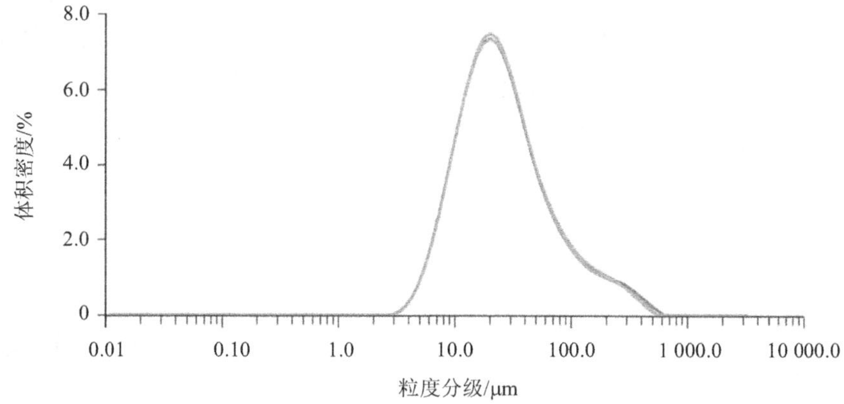

图 4-8 由喷雾干燥技术制得的微胶囊粒径分布

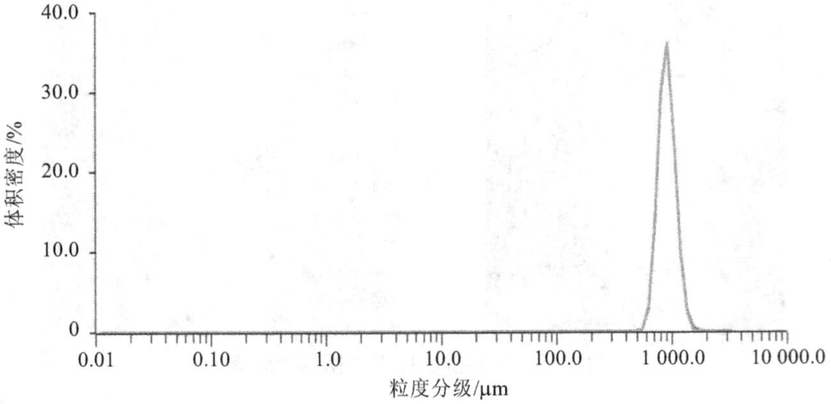

图 4-9 由共挤出技术制得的微胶囊粒径分布

（四）热重分析

热重分析是评价样品热稳定性的指标，体现温度与样品质量的关系。

通过观察喷雾干燥制得的微胶囊的热重分析图［图 4-10（A）为微胶囊芯材（即油脂）的热重图，图 4-10（B）为微胶囊壁材的热重图，图 4-10（C）为微胶囊热重分析］可知，在 350℃以下时，油脂基本未发生热分解，在 350～480℃时，油脂基本上 100%的质量都发生了热损失，最快的损失发生在 420℃。通过观察壁材的热重图发现，主要发生了两次热损失，第二次出现在温度为 220～280℃时的热损失推测为壁材中的麦芽糊精和大豆分离蛋白发生了热分解。图 4-10（C）为油脂微胶囊的热重图，从图中可以观察到相应壁材、芯材的热损失温度，其中前三次热损失对应壁材，第四次对应芯材油脂。在这幅图中可观察到油热损失温度为 375～500℃。这些结果都表明由喷雾干燥技术制得的油脂微胶囊具有很强的耐热性，并且微胶囊在一定程度上增强了油脂本身的热稳定性。

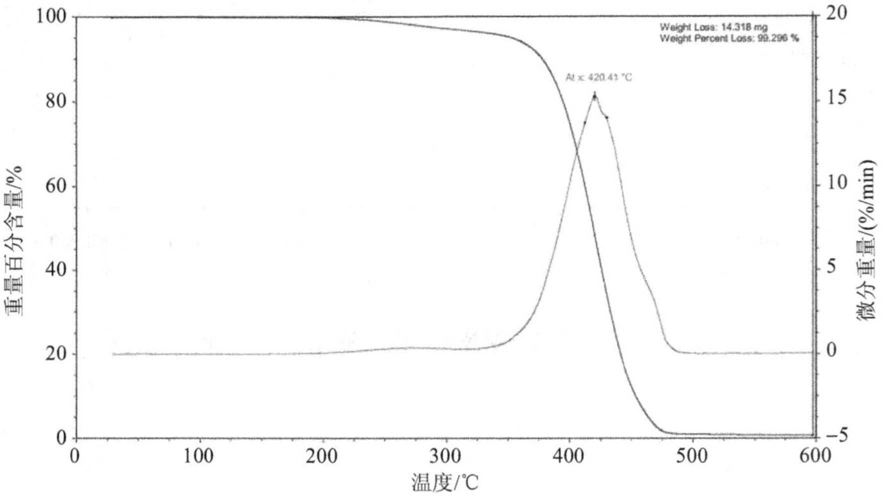

（A）微胶囊芯材

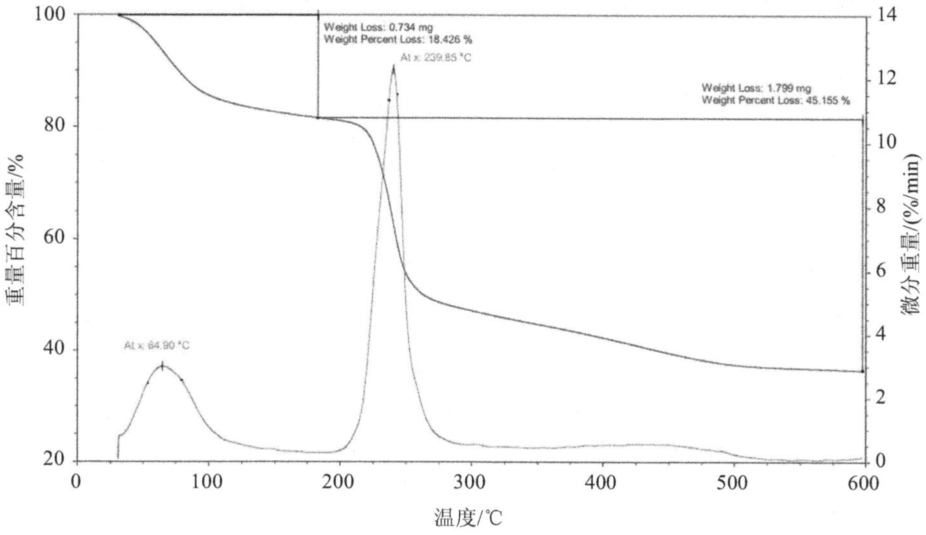

（B）微胶囊壁材

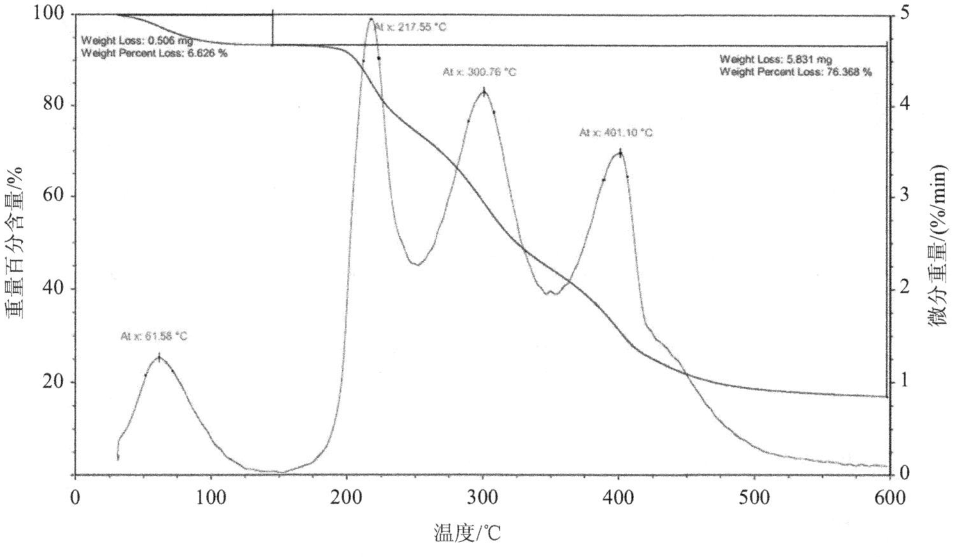

（C）微胶囊

图 4-10　由喷雾干燥制得的油脂微胶囊热重分析

图 4-11 为由共挤出技术制得的油脂微胶囊的热重分析图。图 4-11（A）为微胶囊芯材质（即油脂）热重分析，图 4-11（B）为微胶囊壁材热重分析，图 4-11（C）为微胶囊热重分析。在图 4-11（C）中也可以观察到相应壁材材料的热损失温度范围，还可以发现其中的油脂热损失温度为 375～500℃。因此可以得出由共挤出技术制得的油脂微胶囊具有很强的耐热性，并且在一定程度上增强了油脂本身的热稳定性。

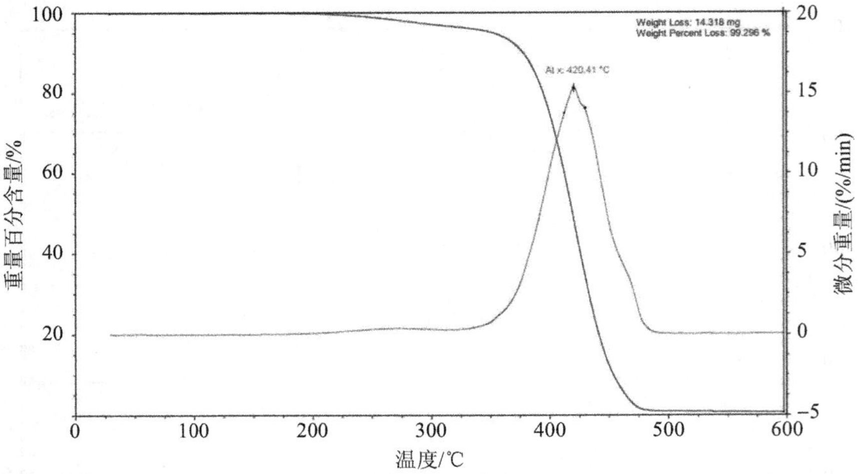

（A）微胶囊芯材

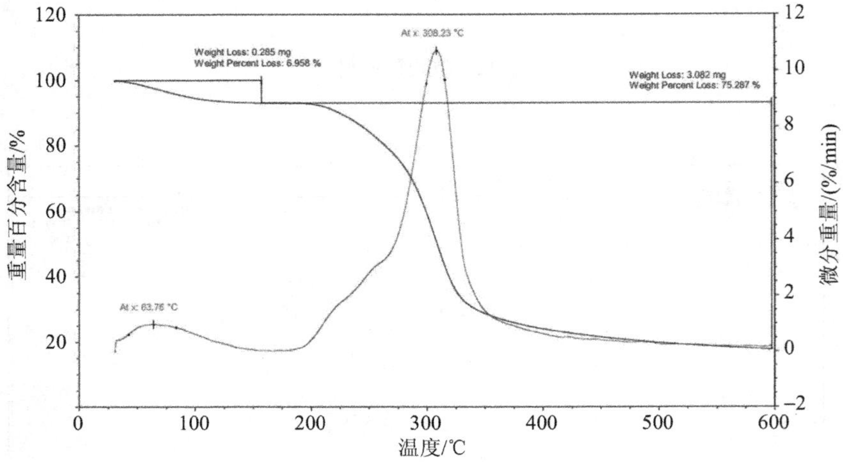

（B）微胶囊壁材

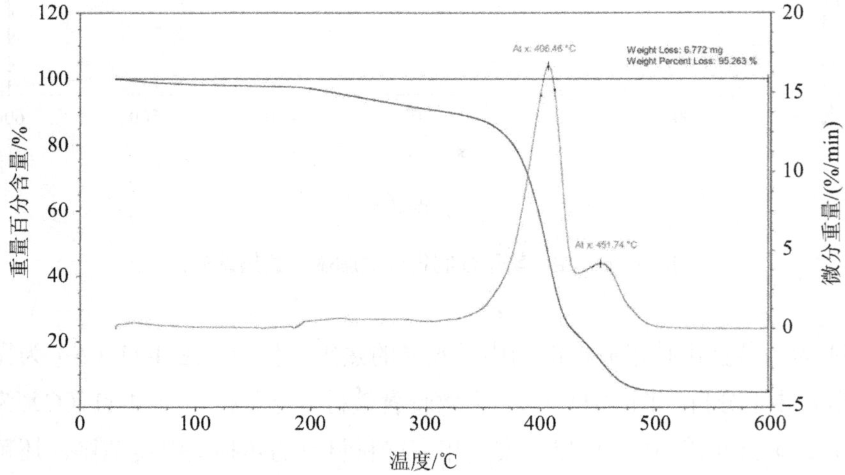

（C）微胶囊

图 4-11　由共挤出技术制得的油脂微胶囊热重分析

通过以上这些微胶囊基本参数的表征，证实本研究制备获得的油脂微胶囊具有较高的包埋率，适当的粒径分布，完整的颗粒结构以及良好的热稳定性。本研究通过两种技术成功制备获得了油脂微胶囊产品，此产品可应用于冰激凌、焙烤食品等多个食品加工领域。

油脂微胶囊技术是一种利于油脂贮存、提高油脂稳定性的技术。通过两种技术（即喷雾干燥技术、共挤出技术）可以获得品质优良的油脂微胶囊产品。其中由喷雾干燥技术制得的油脂微胶囊为乳白色粉末状，使液态的油脂变成微细的可流动性固体粉末，这增加了油脂的可操作性，拓展了其在食品加工领域的应用，同时也便于运输和保存；由共挤出技术制得的油脂微胶囊呈半透明颗粒状，微胶囊颗粒晶莹剔透，可观察到内部的淡黄色油脂，在外观上呈现出了良好的感官品质。这两种产品可以应用于不同的领域。由喷雾干燥技术制得的油脂微胶囊可用在：① 焙烤食品中应用：将其加入面包中可以使面包具有良好的保湿性、柔韧的口感，延缓了淀粉的老化，提高产品的货架期；应用于蛋糕中具有提高蛋糕的膨发性及持气性的作用，并且可以延缓淀粉的老化，简化生产过程。② 固体饮料即市售咖啡、奶茶等固体饮料中的应用：可使固体饮料冲调后有奶质感，提高产品的速溶性，提升产品的柔滑感。③ 在冰激凌中的应用：粉末油脂在软冰激凌预拌粉中的添加能显著提高软冰激凌的膨化率和抗融性，粉末油脂与奶粉搭配可起到协同增效作用，改善奶粉重头香、轻尾香的缺陷，使软冰激凌奶质感更饱满、更绵长，进一步提高产品品质。共挤出技术是一种较为新型的微胶囊化技术，在油脂微胶囊制备的应用是近年来才发展起来的，但其具有良好的物化性质以及感官品质，因此在功能性食品等领域具有广阔的应用前景。

第二节　纯露产品

以苦水玫瑰为材料，采用植物精油专利提取装置，采用盐渍处理及非腌渍处理制备精油的同时，制备纯露。利用 SPME-GC-MS 技术对纯露的挥发性成分进行表征。就盐渍处理对精油成分产生影响的同时，是否会对纯露的挥发性成分产生影响这一问题进行探究，为工业上纯露的制备以及加大纯露的应用提供理论依据。

（1）试验材料。

原料：苦水玫瑰，采于甘肃省永登县苦水镇。

试剂：β-蒎烯、芳樟醇、正辛酸乙酯（色谱纯）；液体石蜡、氯化钠、正己烷、无水硫酸钠。

试验设备：日本岛津 GCMS-QP2010Ultra 气质联用仪；固相微萃取操作平台，57730-U 型 SPME 手动进样手柄；SAAB-57328-U 型 50/30UM DVB/CAR on PDMS 固相微萃取头，上海安谱实验科技股份有限公司；电子天平，赛多利斯仪器（北京）有限公司；98-1-B 型电子调温电热套，天津市泰斯特仪器有限公司。

（2）试验方法。

1）制备苦水玫瑰纯露：使用精油专利提取装置，采用刘亚（2018）制备纯露的方法制备苦水玫瑰纯露。

2）标准溶液的配制：采用外标溶液配制，即将β-蒎烯、芳樟醇和正辛酸乙酯配制成不同浓度梯度的标准溶液。

3）固相微萃取：量取 3 mL 纯露或标准品溶液加入萃取瓶中，同时加入转子和一定量的 NaCl，40℃下在磁力加热搅拌装置上加热搅拌 20 min，利用活化好的萃取头于萃取瓶顶空处吸附 20 min，完成吸附后，萃取头立即使用气质联用仪测定挥发性成分。

4）气相色谱-质谱分析：

GC 条件：Rtx-5MS 毛细管柱（30 m×0.25 mm×0.25 μm）；升温程序：初始温度 60℃保持 2 min，3℃/min 升至 200℃；然后 20℃/min 升至 250℃，保持 5 min；继续以 15℃/min 升至 280℃，保持 10 min。载气为氦气，流速为 1 mL/min，分流进样，分流比 40∶1，进样口温度 280℃。

MS 条件：EI 离子源，电子能 70 eV；接口温度为 280℃，离子源温度 250℃，无溶剂切割时间。

5）关键呈香物质的分析方法：测定香气成分的气味活度值（odor activity value，OAV）来评定苦水玫瑰精油、纯露的关键香气成分，进行香韵的划分。OAV 值等于化合物的浓度与水中香味的觉察阈值之间的比值。一般来说，OAV≥1 的组分即为纯露的关键呈香物质。

标准品试验结果如图 4-12 所示，用 SPME-GC-MS 技术得到β-蒎烯、芳樟醇和正辛酸乙酯 3 种标样对应的总离子流图。图中 1 号峰为β-蒎烯，2 号峰为芳樟醇，3 号峰为正辛酸乙酯。

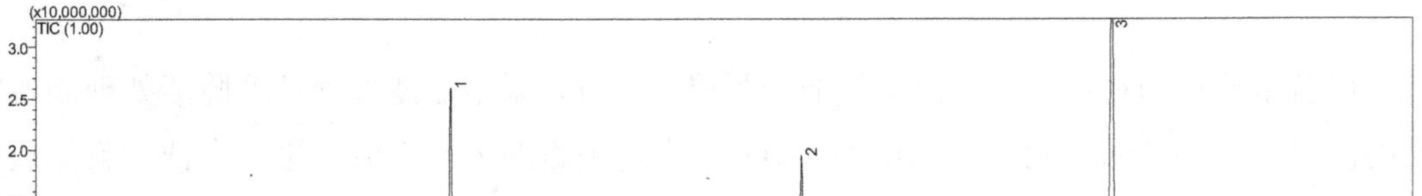

图 4-12　3 种标样总离子流色谱图

图 4-13～图 4-15 分别为β-蒎烯、芳樟醇和正辛酸乙酯的线性回归方程，结果表明，各组分均呈现良好的线性关系，且相关系数 R^2 值均在 0.99 以上。

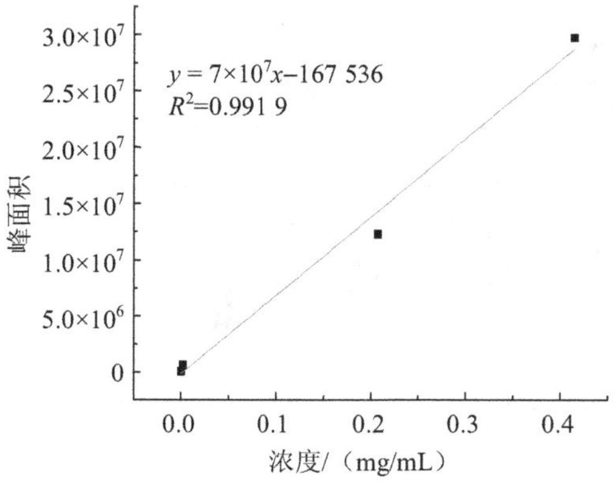

图 4-13　β-蒎烯标准曲线

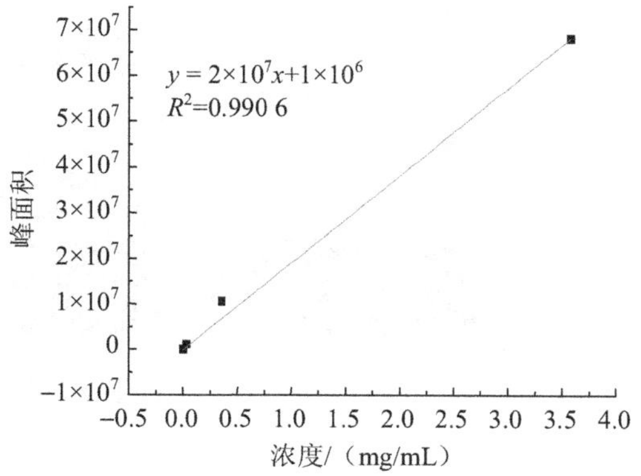

图 4-14　芳樟醇标准曲线

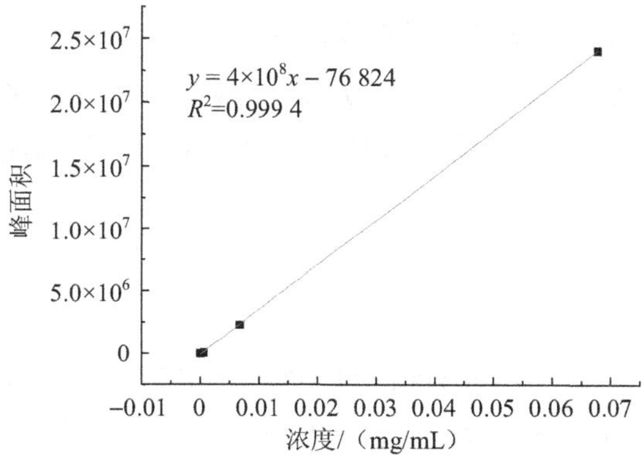

图 4-15　正辛酸乙酯标准曲线

一、产品制备工艺

本研究用于制备纯露的工艺为“水蒸气蒸馏法制备玫瑰纯露”。以玫瑰纯露的抗氧化综合评分（基于其清除 DPPH 自由基的能力和总抗氧化能力）为评价指标，以物料粉碎度、料液比和提取时间为影响因素，通过响应面实验，优化玫瑰纯露的最佳制备工艺条件。研究结果显示：粉碎度 10 目，料液比 1∶20，提取时间 6 h，制得的纯露综合评分较高。基于上述结果，以综合评分和感官评价为评价指标，当馏出体积为总水提液体积的 1/4 时，能够制得高活性、无色、有愉悦芳香气味的玫瑰纯露。

具体工艺如下：准确称取一定质量的玫瑰花，捣成泥浆，置于圆底烧瓶中，按固液比 1∶20 加入双蒸水或 15% NaCl 水溶液，浸泡 3 h，加热回馏 6 h。在制备过程中，夹带有玫瑰精油的水蒸气经冷凝管冷凝后，精油在有机相不断富集，而玫瑰纯露被留在 V 形管中。通过两通阀收集纯露，收集过程中冷凝液滴下速度与纯露收集速度一致，收集总水提液体积的 1/4 的馏出体积，制得高活性、无色、有愉悦芳香气味的玫瑰纯露，如图 4-16 所示。

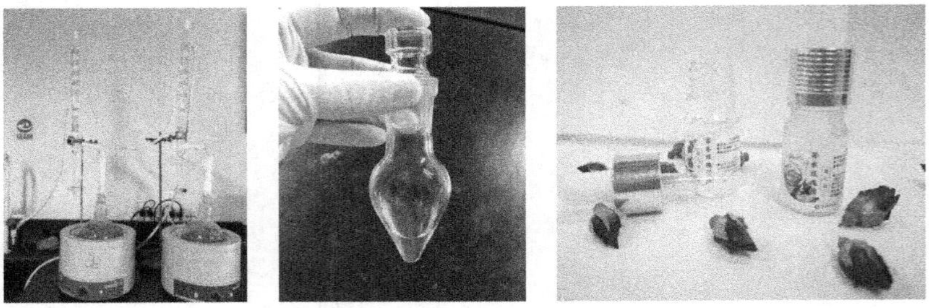

图 4-16　玫瑰纯露制备

二、产品质量评价

挥发性成分的构成决定着玫瑰纯露的芳香性，同时也决定着其生物活性。现阶段，可以采用静态顶空、吹扫捕集和固相微萃取分别与气质联用的方法来研究纯露挥发性物质。本研究采用固相微萃取与气质联用技术研究盐渍处理前后的苦水玫瑰纯露挥发性物质，对其挥发性成分和香气进行对比分析。

（一）挥发性成分

对盐渍处理前后的苦水玫瑰纯露进行 SPME-GC-MS 检测，共检出 85 种挥发性化合物，总离子流图见图 4-17、图 4-18，含量如表 4-1 所示。其中醛类 3 种、酮类 13 种、烯类 3 种、醇类 38 种、酯类 6 种、酚类 3 种、烷烃类 5 种和其他类化合物 14 种。从苦水玫瑰鲜花纯露的挥发性成分来看，主要以醇类化合物为主；盐渍处理过后，苦水玫瑰纯露的挥发性成分个数有所增加，主要以酮类和酯类化合物的增加为主。

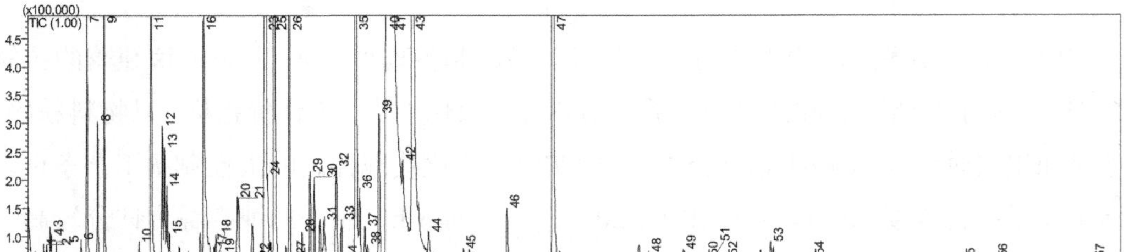

图 4-17　鲜花纯露挥发性化合物总离子流色谱图

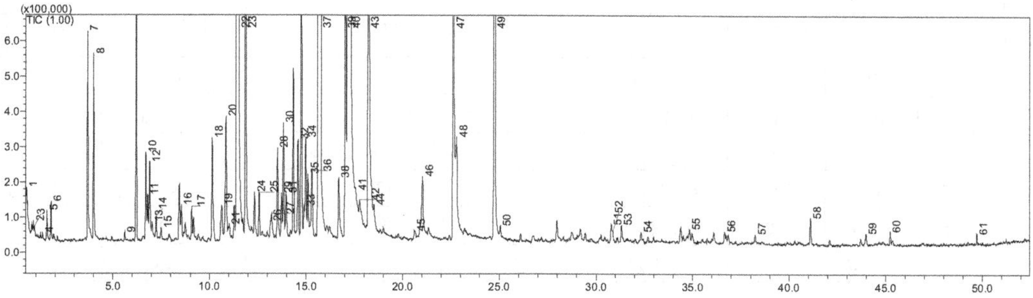

图 4-18　盐渍纯露挥发性化合物总离子流色谱图

表 4-1　苦水玫瑰纯露成分构成汇总　　单位：mg/kg

化合物种类	序号	保留指数	分子量	分子式	化合物名称	鲜花纯露	盐渍纯露
醛类	1	1 112	140	$C_9H_{16}O$	2-壬烯醛	14.38	—
	2	1 204	152	$C_{10}H_{16}O$	1,3,4-三甲基-3-环己烯-1-甲醛	4.24	—
	3	1 174	152	$C_{10}H_{16}O$	柠檬醛	6.20	—
	醛类总计					24.82	0
酮类	4	690	100	$C_6H_{12}O$	3-甲基-2-戊酮	—	1.31
	5	654	86	$C_5H_{10}O$	2-戊酮	—	2.84
	6	654	86	$C_5H_{10}O$	3-戊酮	—	1.84
	7	690	100	$C_6H_{12}O$	2-甲基-3-戊酮	2.96	0.98
	8	861	112	$C_7H_{12}O$	3-庚烯-2-酮	—	6.10
	9	853	114	$C_7H_{14}O$	2-庚酮	22.37	33.14
	10	888	128	$C_8H_{16}O$	6-甲基-2-庚酮	4.25	2.02
	11	938	126	$C_8H_{14}O$	6-甲基-5-庚烯-2-酮	23.35	25.97
	12	1 051	126	$C_8H_{14}O$	2-乙基环己酮	2.71	—
	13	1 192	140	$C_9H_{16}O$	2-甲基环辛酮	2.91	—
	14	1 052	142	$C_9H_{18}O$	2-壬酮	1.96	7.31
	15	1 151	154	$C_{10}H_{18}O$	甲基-（2,2-二甲基环己基）-酮	—	8.79
	16	1 646	208	$C_{13}H_{20}O_2$	紫罗兰酮	—	2.28
	酮类总计					60.51	92.58
烯类	17	958	136	$C_{10}H_{16}$	月桂烯	10.12	14.66
	18	1 220	164	$C_{12}H_{20}$	1,4,8-十二碳三烯	11.32	—
	19	1 426	206	$C_{15}H_{26}$	3,7,11-三甲基-2,4,10-十二碳三烯	3.99	—
	烯类总计					25.43	14.66
醇类	20	697	88	$C_5H_{12}O$	异戊醇	2.87	—
	21	761	88	$C_5H_{12}O$	1-戊醇	5.35	—
	22	868	100	$C_6H_{12}O$	4-己烯-1-醇	4.52	—
	23	860	102	$C_6H_{14}O$	正己醇	22.58	—

化合物种类	序号	保留指数	分子量	分子式	化合物名称	鲜花纯露	盐渍纯露
醇类	24	879	116	$C_7H_{16}O$	2-庚醇	36.38	17.86
	25	960	116	$C_7H_{16}O$	庚醇	131.56	—
	26	964	128	$C_8H_{16}O$	6-甲基-5-庚烯基-2-醇	5.67	5.81
	27	1 059	154	$C_{10}H_{18}O$	桉叶油醇	—	10.25
	28	1 036	108	C_7H_8O	苯甲醇	64.94	—
	29	1 114	140	$C_9H_{16}O$	3,5,5-三甲基-2-环己烯-1-醇	1.43	—
	30	1 164	170	$C_{10}H_{18}O_2$	α,α,5-三甲基-5-乙烯基四氢化-2-呋喃甲醇	12.93	11.07
	31	1 189	172	$C_{10}H_{20}O_2$	2,6-二甲基-7-辛烯-2,6-二醇	—	36.65
	32	1 082	154	$C_{10}H_{18}O$	芳樟醇	3 434.27	8 510.10
	33	1 078	144	$C_9H_{20}O$	2-壬醇	20.58	—
	34	1 064	154	$C_{10}H_{18}O$	月桂烯醇	—	16.19
	35	1 131	152	$C_{10}H_{16}O$	6,6-二甲基-2-亚甲基二环[3.1.1]-3-庚醇	5.74	—
	36	1 196	154	$C_{10}H_{18}O$	异蒲勒醇	—	31.24
	37	1 230	154	$C_{10}H_{18}O$	环香叶醇	20.40	—
	38	1 082	154	$C_{10}H_{18}O$	2,6-二甲基-5,7-辛二烯-2-醇	—	11.42
	39	1 196	154	$C_{10}H_{18}O$	5-甲基-2-（1-甲基乙烯基）-环己醇	—	17.43
	40	1 143	154	$C_{10}H_{18}O$	2-（4-甲基-2,4-环己二烯基）-2-丙醇	—	32.33
	41	1 236	152	$C_{10}H_{16}O$	3,7-二甲基-2,4,6-辛三烯-1-醇	28.30	9.62
	42	1 230	154	$C_{10}H_{18}O$	4-萜品醇	12.09	4.74
	43	1 137	154	$C_{10}H_{18}O$	2-（3,3-二甲基环己基）-乙醇	2.36	22.14
	44	1 281	154	$C_{10}H_{18}O$	对甲基苯异丙醇	—	29.11
	45	1 197	150	$C_{10}H_{14}O$	松油醇	707.13	6 395.11
	46	1 138	154	$C_{10}H_{18}O$	2-莰醇	9.36	—
	47	1 230	154	$C_{10}H_{18}O$	2-（4-甲基-1-环己烯-1-基）-1-丙醇	5.70	—
	48	1 161	156	$C_{10}H_{20}O$	3,7-二甲基-7-辛烯醇	26.42	28.12
	49	1 228	154	$C_{10}H_{18}O$	橙花醇	255.53	120.13
	50	1 179	156	$C_{10}H_{20}O$	香茅醇	21 352.85	6 860.54
	51	1 281	154	$C_{10}H_{18}O$	4,7,7-三甲基-双环[4.1.0]庚-3-醇	—	1.05
	52	1 228	154	$C_{10}H_{18}O$	异香叶醇	6.81	5.71
	53	1 228	154	$C_{10}H_{18}O$	香叶醇	1 396.19	713.04
	54	1 476	200	$C_{13}H_{28}O$	2-十三醇	4.24	3.26
	55	1 564	222	$C_{15}H_{26}O$	橙花叔醇	—	4.93
	56	1 536	220	$C_{15}H_{24}O$	桉油烯醇	3.94	—
	57	1 707	238	$C_{15}H_{26}O_2$	α,α,5-三甲基-5-（4-甲基-3-环己烯-1-基）-2-呋喃甲醇	12.43	1.78
	醇类总计					27 592.57	22 899.63

化合物种类	序号	保留指数	分子量	分子式	化合物名称	鲜花纯露	盐渍纯露
酯类	58	984	144	$C_8H_{16}O_2$	正己酸乙酯	—	0.78
	59	1 224	194	$C_{12}H_{18}O_2$	4-亚甲基-1-（1-甲基乙基）-双环[3.1.0]己-3-醇-乙酸酯	—	0.62
	60	1 160	150	$C_9H_{10}O_2$	乙酸苯甲酯	1.21	—
	61	1 333	196	$C_{12}H_{20}O_2$	乙酸松油酯	—	0.38
	62	1 814	270	$C_{17}H_{34}O_2$	肉豆蔻酸异丙酯	—	0.95
	63	2 037	278	$C_{16}H_{22}O_4$	邻苯二甲酸二丁酯	0.55	0.60
	酯类总计					1.76	3.33
酚类	64	1 392	164	$C_{10}H_{12}O_2$	丁香酚	1.62	16.09
	65	1 361	178	$C_{11}H_{14}O_2$	甲基丁香酚	57.45	33.62
	66	1 555	206	$C_{14}H_{22}O$	2,4-二叔丁基苯酚	0.43	—
	酚类总计					59.50	49.71
烷烃类	67	1 825	268	$C_{19}H_{40}$	5,5-二乙基十五烷	—	2.35
	68	1 810	254	$C_{18}H_{38}$	十八烷	3.06	—
	69	2 045	296	$C_{21}H_{44}$	8-己基-十五烷	—	1.76
	70	2 009	282	$C_{20}H_{42}$	二十烷	3.25	3.38
	71	2 109	296	$C_{21}H_{44}$	二十一烷	2.29	2.40
	烷烃类总计					8.60	9.89
其他类	72	794	92	C_7H_8	甲苯	5.02	5.56
	73	804	112	$C_7H_{12}O$	1-甲基-1,2-环己烯氧化物	3.90	—
	74	969	122	$C_8H_{10}O$	苄甲醚	24.09	15.86
	75	1 132	152	$C_{11}H_{20}$	3-十一炔	—	3.00
	76	1 068	154	$C_{10}H_{18}O$	2,2-二甲基-5-（1-甲基-1-丙烯基）四氢呋喃	—	10.28
	77	1 073	130	$C_7H_{14}O_2$	庚酸	—	18.17
	78	1 114	154	$C_{10}H_{18}O$	玫瑰醚	923.22	279.23
	79	1 114	154	$C_{10}H_{18}O$	4-甲基-2-（2-甲基-1-丙烯基）四氢-2H-吡喃	111.82	13.27
	80	1 125	152	$C_{10}H_{16}O$	橙花醚	19.22	13.94
	81	1 293	170	$C_{10}H_{18}O_2$	香茅酸	—	29.82
	82	1 342	168	$C_{10}H_{16}O_2$	香叶酸	—	28.25
	83	1 248	168	$C_9H_{12}O_3$	1,3,5-三甲氧基苯	—	5.25
	84	1 550	208	$C_{12}H_{16}O_3$	榄香素	8.92	6.14
	85	1 605	286	$C_{16}H_{30}O_4$	2-甲基-1-（1,1-二甲基乙基）-2-甲基-1,3-丙二基酯-丙酸	2.42	2.26
	其他类总计					1 098.61	431.03

苦水玫瑰鲜花纯露含有 57 种挥发性化合物，醇类物质的个数及含量最多，达到了 28 种，其总含量为 27 592.57 mg/kg。醇类物质中香茅醇的含量最高，达到了 21 352.85 mg/kg，其次为芳樟醇，含量为 3 434.27 mg/kg。其他类化合物的个数和含量仅次于醇类化合物，

达 8 种，含量为 1 098.61 mg/kg。

苦水玫瑰盐渍纯露含有 61 种挥发性化合物，醇类物质的个数最多，达 25 种。其次为其他类和酮类化合物，分别为 13 种和 11 种。醇类化合物中，芳樟醇的含量最高，含量为 8 510.10 mg/kg，其次为香茅醇和松油醇。相较于鲜花纯露，香茅醇的含量大大减少，由 21 352.85 mg/kg 降至 6 860.54 mg/kg，而松油醇的含量大幅提高，由 707.13 mg/kg 增至 6 395.11 mg/kg。

（二）共有挥发性化合物

由表 4-2 可知，鲜花纯露和盐渍纯露含有共有挥发性化合物 33 种，分别是 2-甲基-3-戊酮、月桂烯、2-庚醇、芳樟醇、香茅醇、邻苯二甲酸二丁酯、丁香酚、玫瑰醚等，总含量分别是 28 518.48 mg/kg、23 185.46 mg/kg。虽然两种纯露的共有挥发性化合物较多，但是每种化合物的含量却存在较大的差异，以下将分类进行讨论。

表 4-2　苦水玫瑰鲜花纯露和盐渍纯露共有挥发性化合物　　单位：mg/kg

化合物种类	序号	保留指数	分子量	分子式	化合物名称	鲜花纯露	盐渍纯露
酮类	1	690	100	$C_6H_{12}O$	2-甲基-3-戊酮	2.96	0.98
	2	853	114	$C_7H_{14}O$	2-庚酮	22.37	33.14
	3	888	128	$C_8H_{16}O$	6-甲基-2-庚酮	4.25	2.02
	4	938	126	$C_8H_{14}O$	6-甲基-5-庚烯-2-酮	23.35	25.97
	5	1 052	142	$C_9H_{18}O$	2-壬酮	1.96	7.31
	酮类总计					54.89	69.42
烯类	6	958	136	$C_{10}H_{16}$	月桂烯	10.12	14.66
	烯类总计					10.12	14.66
醇类	7	879	116	$C_7H_{16}O$	2-庚醇	36.38	17.86
	8	964	128	$C_8H_{16}O$	6-甲基-5-庚烯基-2-醇	5.67	5.81
	9	1 164	170	$C_{10}H_{18}O_2$	α,α,5-三甲基-5-乙烯基四氢化-2-呋喃甲醇	12.93	11.07
	10	1 082	154	$C_{10}H_{18}O$	芳樟醇	3 434.27	8 510.10
	11	1 236	152	$C_{10}H_{16}O$	3,7-二甲基-2,4,6-辛三烯-1-醇	28.30	9.62
	12	1 230	154	$C_{10}H_{18}O$	4-萜品醇	12.09	4.74
	13	1 137	154	$C_{10}H_{18}O$	2-（3,3-二甲基环已基）-乙醇	2.36	22.14
	14	1 197	150	$C_{10}H_{14}O$	松油醇	707.13	6 395.11
	15	1 161	156	$C_{10}H_{20}O$	3,7-二甲基-7-辛烯醇	26.42	28.12
	16	1 228	154	$C_{10}H_{18}O$	橙花醇	255.53	120.13
	17	1 179	156	$C_{10}H_{20}O$	香茅醇	21 352.85	6 860.54
	18	1 228	154	$C_{10}H_{18}O$	异香叶醇	6.81	5.71
	19	1 228	154	$C_{10}H_{18}O$	香叶醇	1 396.19	713.04
	20	1 476	200	$C_{13}H_{28}O$	2-十三醇	4.24	3.26
	21	1 707	238	$C_{15}H_{26}O_2$	α,α,5-三甲基-5-（4-甲基-3-环已烯-1-基）-2-呋喃甲醇	12.43	1.78
	醇类总计					27 293.60	22 709.03

化合物种类	序号	保留指数	分子量	分子式	化合物名称	鲜花纯露	盐渍纯露
酯类	22	2 037	278	$C_{16}H_{22}O_4$	邻苯二甲酸二丁酯	0.55	0.60
	酯类总计					0.55	0.60
酚类	23	1 392	164	$C_{10}H_{12}O_2$	丁香酚	1.62	16.09
	24	1 361	178	$C_{11}H_{14}O_2$	甲基丁香酚	57.45	33.62
	酚类总计					59.07	49.71
烷烃类	25	2 009	282	$C_{20}H_{42}$	二十烷	3.25	3.38
	26	2 109	296	$C_{21}H_{44}$	二十一烷	2.29	2.40
	烷烃类总计					5.54	5.78
其他类	27	794	92	C_7H_8	甲苯	5.02	5.56
	28	969	122	$C_8H_{10}O$	苄甲醚	24.09	15.86
	29	1 114	154	$C_{10}H_{18}O$	玫瑰醚	923.22	279.23
	30	1 114	154	$C_{10}H_{18}O$	4-甲基-2-（2-甲基-1-丙烯基）四氢-2H-吡喃	111.82	13.27
	31	1 125	152	$C_{10}H_{16}O$	橙花醚	19.22	13.94
	32	1 550	208	$C_{12}H_{16}O_3$	榄香素	8.92	6.14
	33	1 605	286	$C_{16}H_{30}O_4$	2-甲基-1-(1,1-二甲基乙基)-2-甲基-1,3-丙二基酯-丙酸	2.42	2.26
	其他类总计					1 094.71	336.26
合计						28 518.48	23 185.46

1．醇类化合物

由表4-2可知，鲜花纯露和盐渍纯露含有共有醇类化合物15种，分别是芳樟醇、松油醇、橙花醇、香茅醇和香叶醇等。虽然这些醇类化合物在两种纯露中均存在，但它们的含量却相差较大。盐渍处理后，芳樟醇和松油醇的含量显著增大，这可能主要由以下几个因素所致：① 在盐渍过程中，由于氯化钠的存在，降低了芳樟醇和松油醇在水中的溶解度，使得芳樟醇和松油醇挥发度增大，释放量增加，因此在盐渍纯露中的含量相应增加；② 由于加入氯化钠，蒸煮水沸点升高，使芳樟醇和松油醇挥发量增大；③ 盐溶液是高渗透压溶液，植物细胞会发生质壁分离，使玫瑰花细胞内的物质大量溶出，也会提高盐渍纯露中芳樟醇和松油醇的含量。

同时，盐渍纯露中的香茅醇含量大大降低，由21 352.85 mg/kg降至6 860.54 mg/kg，分析原因，可能有以下两点：① 存在于鲜花纯露中的香茅醇可能为左旋香茅醇，沸点较低，约100℃。当加入氯化钠后，蒸煮水沸点升高，香茅醇扩散性增强，稳定性变差；② 香茅醇的溶解性受其他物质在水中溶解性的影响，当芳樟醇和松油醇在水中的溶解度增大时，对香茅醇的溶解存在一定的竞争力，使得香茅醇含量降低。

2．烯类化合物

鲜花纯露和盐渍纯露含有1种共有烯类化合物——月桂烯。经盐渍处理后，月桂烯的含量略有上升。月桂烯是一种重要的香气贡献物质，其含量的上升可为纯露提供较浓的令人愉快的香脂气味。

3．酚类化合物

由表4-2可知，两种纯露含有共有酚类化合物2种，分别是丁香酚和甲基丁香酚。经盐渍处理后，甲基丁香酚的含量由57.45 mg/kg降至33.62 mg/kg，丁香酚的含量由1.62 mg/kg增至16.09 mg/kg。丁香酚带有强烈的丁香香味，是玫瑰精油和纯露香气中不可或缺的物质，曾有研究利用酶去除了玫瑰精油中的丁香酚，其香气发生了较大的变化，很容易被识别出来，这表明丁香酚对玫瑰精油的香气有显著的影响。

4．其他类化合物

鲜花纯露和盐渍纯露含有7种共有其他类化合物，分别是甲苯、苄甲醚和玫瑰醚等。经盐渍处理后，玫瑰醚含量变化最为明显，由923.22 mg/kg降至279.23 mg/kg，结合盐渍处理前后玫瑰精油中玫瑰醚的含量变化（鲜花精油579.18 mg/kg，盐渍精油1 306.40 mg/kg，详见第三章），大致可推断出盐渍处理后玫瑰醚虽大量挥发出来，但是几乎都被有机溶剂萃取，只剩一小部分被留在了纯露中，因此，盐渍处理后纯露中的玫瑰醚的含量有所下降。

由上述内容可知，苦水玫瑰鲜花纯露和盐渍纯露虽然有较多的共有挥发性化合物，但是每种共有物在两种纯露中的含量却大不相同，说明盐渍处理对苦水玫瑰纯露的挥发性化合物含量存在显著的影响。

（三）不同挥发性化合物

鲜花纯露除上述的33种共有挥发性化合物，还含有24种挥发性化合物，总含量为353.32 mg/kg；盐渍纯露除上述共有的挥发性化合物外，还含有28种挥发性化合物，总含量为315.37 mg/kg。

醇类化合物是盐渍处理前后苦水玫瑰纯露挥发性化合物中的主要物质，经盐渍处理后醇类物质的含量有一定程度的降低，由2.76×10^4 mg/kg降至2.29×10^4 mg/kg，这可能是因为醇类化合物扩散性强，经盐渍处理后，其在有机溶剂中的富集量增大，使得在纯露中的溶解量减少。而醇类化合物的种类也由28种减到25种，虽然醇类化合物个数相差不大，但由表4-3可知，醇类化合物的种类却有所不同。除上述共有的15种醇类化合物外，鲜花纯露还有异戊醇、正己醇、苯甲醇等13种醇类化合物，盐渍纯露还有桉叶油醇、月桂烯醇异蒲勒醇等10种醇类化合物。

醛酮类化合物也是苦水玫瑰纯露挥发性化合物中种类比较丰富的物质。鲜花纯露中检测到3种醛类物质，分别是2-壬烯醛、1,3,4-三甲基-3-环己烯-1-甲醛和柠檬醛。经盐渍处理后，纯露中不含有醛类物质。酮类化合物的个数和含量经盐渍处理后均有所提高，由盐渍处理前的7种增加到11种，含量由60.51 mg/kg增至92.59 mg/kg。除共有的5种酮类化合物，鲜花纯露还含有2种酮类化合物，分别是2-乙基环己酮和2-甲基环辛酮；盐渍纯露还含有2-戊酮、紫罗兰酮等6种酮类化合物。

由表 4-3 可知，鲜花纯露中除了共有的 1 种烯类化合物月桂烯外，还含有 2 种烯类化合物，分别是 1,4,8-十二碳三烯和 3,7,11-三甲基-2,4,10-十二碳三烯，但是在盐渍纯露中不含有上述两种烯类化合物。

酯类化合物是苦水玫瑰纯露香气的贡献物质。鲜花纯露除共有的 1 种酯类化合物外，还含有乙酸苯甲酯，但这种化合物不存在于盐渍纯露中。盐渍纯露除共有的 1 种酯类化合物外，还含有乙酸松油酯、肉豆蔻酸异丙酯等 4 种化合物。

除了醇类、醛酮类、酯类等化合物外，烷烃类化合物的种类也有一定的变化。鲜花纯露中除共有的 2 种烷烃类化合物外，还含有十八烷，但此种烷烃不存在于盐渍纯露中。盐渍纯露除共有的 2 种烷烃类化合物外，还含有 5,5-二乙基十五烷和 8-己基十五烷。

由上述可知，经盐渍处理后，苦水玫瑰纯露的挥发性成分种类也发生了较大的改变，因此，盐渍处理对纯露的挥发性成分有较显著的影响。

（四）香气对比

苦水玫瑰鲜花纯露中含量最高的物质为醇类（27 592.57 mg/kg），其次为其他类化合物（1 098.61 mg/kg）；而苦水玫瑰盐渍纯露中同样醇类化合物的含量最高（22 899.63 mg/kg），其次为其他类化合物（431.03 mg/kg）。

OAV 方法认为，OAV≥1 的组分为所分析样品的关键呈香化合物（陈芝飞等，2018）。鲜花纯露的挥发性香气有 21 种，分别为 2-壬烯醛、柠檬醛、2-庚酮、月桂烯、异戊醇、2-庚醇、2-壬醇、芳樟醇等；盐渍纯露有 20 种，分别为 3-庚烯-2-酮、2-庚酮、紫罗兰酮、月桂烯、桉叶油醇、异蒲勒醇、4-萜品醇、庚酸、玫瑰醚等。

由表 4-3 可知，盐渍处理前后纯露共有关键呈香物质 8 种，分别为呈清香、香脂香的月桂烯，呈玫瑰、百合花香的芳樟醇，呈樟脑、松木香气的松油醇，呈橙花、玫瑰香气的橙花醇，呈淡玫瑰醇甜、暖香的香茅醇，呈温和、甜玫瑰香气的香叶醇，呈丁香味、烟味、苦味的甲基丁香酚以及呈辛甜、青花香的玫瑰醚，它们对精油、纯露香气的形成起到了关键作用。

香气的呈现是物质含量和阈值共同呈现的。在这里存在一些物质的含量较低，但其阈值更低，因此，也会在香气形成的过程中起到关键作用。如盐渍纯露中紫罗兰酮的含量虽只有 2.28 mg/kg，但其阈值却低至 0.005，因此呈现出较高的气味活性值；也存在一些物质，含量相对很高，但其阈值同样很高，因此，在香气形成过程中起到的作用较小。例如，鲜花纯露中的庚醇，含量为 131.56 mg/kg，但其阈值为 580，故呈现出较低的气味活性。

将表 4-3 中的香气成分进行分类，可分为脂香、青香（青草香气）、花香、果香、甜香、木香和刺激气味 7 种类型。为了更好地体现盐渍处理前后纯露的香气差异，对纯露香气组分的 OAV 值取以 10 为底数的对数值，绘制出盐渍处理前后纯露的香气轮廓图，见图 4-20。

表 4-3 盐渍处理前后苦水纯露香气值分析

化合物种类	序号	化合物名称	阈值	香气活性值 OAV		香气分类	气味描述
				鲜花纯露	盐渍纯露		
醛类	1	2-壬烯醛	0.000 065	221 282.19	—	1，2，4	脂肪气味、青香、果香
	2	柠檬醛	0.005	1 240.23	—	4	浓郁柠檬香气
酮类	3	2-戊酮	2150	—	0.001 3	7	苦味
	4	3-戊酮	860	—	0.002 1	7	苦味
	5	3-庚烯-2-酮	0.056	—	108.97	2	强烈的青草气味
	6	2-庚酮	0.68	32.90	48.74	4	香蕉味
	7	6-甲基-5-庚烯-2-酮	1	23.35	25.97	2，4	新鲜的青香、柑橘气息
	8	2-壬酮	210	0.01	0.03	7	苦味
	9	紫罗兰酮	0.005	—	455.93	2，3，6	清甜、木香、玫瑰香
烯类	10	月桂烯	0.099	102.26	148.10	1，2	清香、香脂香
醇类	11	异戊醇	0.7	4.11	—	4，7	果香、辛辣味
	12	1-戊醇	880	0.01	—	7	苦味
	13	4-已烯-1-醇	0.4	11.30	—	3	青香
	14	正已醇	1.62	13.94		4	水果芬芳的诱人香气
	15	2-庚醇	0.1	363.76	178.56	4	果香，草本气味
	16	庚醇	580	0.23	—	1，7	脂肪味、辛辣味
	17	桉叶油醇	0.01	—	1 025.29	6	樟脑和清凉的草药气味
	18	苯甲醇	5.5	11.81	—	4，5	果香味，刺激性甜味
	19	芳樟醇	0.001 5	2 289 515.43	5 673 402.74	3	玫瑰、百合花香
	20	2-壬醇	0.28	73.51	—	1，2	脂肪、青草味
	21	异蒲勒醇	1	—	31.24	2	薄荷气味
	22	5-甲基-2-（1-甲基乙烯基）-环已醇	2 000	—	0.01	—	—
	23	4-萜品醇	0.25	48.38	18.97	6	泥土味、木材味
	24	松油醇	0.14	5 050.93	45 679.33	6	樟脑、松木香气
	25	橙花醇	0.68	375.78	176.66	3	橙花、玫瑰香气
	26	香茅醇	0.01	2 135 284.62	686 053.59	3，5	淡玫瑰醇甜、暖香
	27	香叶醇	0.04	34 904.87	17 825.89	3，5	温和、甜的玫瑰香气
	28	橙花叔醇	10	—	0.49	3	蔷薇花香
酯类	29	正已酸乙酯	0.000 5	—	1 554.98	4	果香
	30	4-亚甲基-1-（1-甲基乙基）-双环[3.1.0]已-3-醇-乙酸酯	0.27	4.49	—	3	茉莉花香
	31	乙酸松油酯	1	—	0.38	—	—
酚类	32	丁香酚	0.1	16.17	160.86	3，7	丁香花香、辛辣刺激味
	33	甲基丁香酚	8.5	6.76	3.96	3，7	丁香味、烟味、苦味
烷烃类	34	甲苯	6	0.84	0.93		—
	35	庚酸	13	—	1.40	1，7	脂肪气味，不愉快的刺激气味
	36	玫瑰醚	0.000 1	9 232 223.11	2 792 346.17	2，5	辛甜、青花香

注：香气分类中，1 代表脂香，2 代表青香（青草香气），3 代表花香，4 代表果香，5 代表甜香，6 代表木香，7 代表刺激气味。

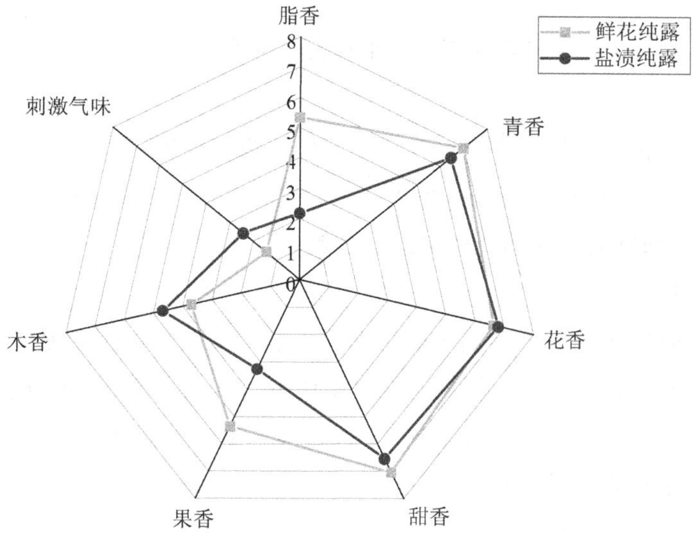

图 4-19 基于香气活性值的苦水玫瑰纯露香气轮廓

由图 4-19 可以看出，盐渍处理前后的苦水玫瑰纯露香气特征整体表现出青香、花香、甜香、脂香、果香和木香的气味特征。鲜花纯露香气以青香、花香、甜香、脂香、果香为主，而盐渍处理后，盐渍纯露香气以青香、花香和甜香为主。相对于鲜花纯露而言，盐渍纯露的脂香和果香大大减少，而木香有所增加。两者的香气轮廓图在脂香、木香和果香 3 种香气类型方面相差较大，这也说明了盐渍处理对纯露的香气特征和香气轮廓产生了显著影响。

三、其他

在颜色方面，鲜花纯露质地透明，无杂质。而盐渍纯露颜色发黄，不澄清透亮，使其品质劣于鲜花纯露。盐渍纯露颜色不透亮是因为氯化钠溶液是高渗透压溶液，植物细胞会发生质壁分离，使细胞内的其他物质溶出，使溶液不澄清透亮。

在工业上，纯露是提取精油时的副产物，许多企业为了提高精油的得率，在提取过程中大量加入氯化钠，最后形成高盐度废水。企业为降低废水处理经费，通常会将高盐度废水直接排放，而高盐度废水的直接排放会使水体溶氧量降低，破坏水中的浮游植物和动物的生存环境，同时高盐度废水中不仅含盐量高，还有各种重金属和化学试剂，会对环境产生较大危害。

苦水玫瑰作为我国著名的玫瑰品种，其表现出的诸多优势使其可与国际上久负盛名的大马士革玫瑰相媲美。在“谈食品添加剂色变”的时代，纯露作为精油生产的副产物，是一种天然的食品添加剂，且越来越受到食品产业的欢迎。工业上，通常先加入氯化钠对玫瑰花瓣进行盐渍来提高玫瑰精油得油率，但盐渍处理过后，纯露的成分构成、香气和功能活性也会发生变化。所以对盐渍处理前后苦水玫瑰纯露的成分、香气进行研究，有助于为进一步夯实玫瑰纯露品质提供理论依据，提高玫瑰纯露在不同领域的应用价值。

第三节　生物活性肽产品

本节以文冠果种仁籽粕中的蛋白为原料，优化蛋白的提取、酶解的工艺，同时评价了多肽的抗氧化性和进行 ACE 抑制肽的制备，为文冠果蛋白的利用奠定了基础，并对具有抗氧化性和 ACE 抑制活性的功能性食品开发提供了理论依据。

（1）试验材料。

原料：本实验所用的文冠果由内蒙古赤峰市翁牛特旗经济林场提供。

试剂：考马斯亮蓝 G-250、氢氧化钠、氯化钠、盐酸、磷酸、硼酸、硼酸钠、硫酸、磷酸钠、钼酸铵、二苯代苦味酰自由基（DPPH）、甲醛、正己烷、乙醇、乙酸乙酯、无水甲醇、乙酸、马尿酰-组氨酰-亮氨酸（HHL）、马尿酸、超滤离心管、牛血清白蛋白、碱性蛋白酶、中性蛋白酶、木瓜蛋白酶、ACE。

试验设备：高速万能粉碎机，FW100，天津泰斯特；双频数控超声波清洗器，KQ-500VDE，昆山市超声仪器；可见分光光度计，UV1800，日本岛津；BILON 真空冷冻干燥机，上海比朗；pH 计，上海仪电科学仪器；小型台式离心机，德国 Sigma；电热恒温水箱，CU420，上海一恒；电子天平，BS223S，赛多利斯；高效液相色谱仪，LC-20AT，日本岛津。

（2）试验方法。

1）种仁蛋白的提取：选择碱提、水提及盐提 3 种方法对蛋白质进行提取。

2）蛋白质得率测定方法：采取考马斯亮蓝法测定蛋白质含量。

蛋白质得率测定：

$$蛋白质得率/\%=\frac{提取液中蛋白质量/g}{籽粕质量/g}\times 100$$

3）酶解产物水解度的测定：

甲醛滴定法：取灭酶后的水解液 8.0 mL 放入三角瓶中。三角瓶中加蒸馏水 60 mL，调节 pH 至 7.0 后，加入 10.0 mL 中性甲醛溶液并摇匀，放置于磁力搅拌器上。用 0.05 mol/L 的 NaOH 标准溶液滴定 pH 至 9.2，记录此时滴定管中消耗 NaOH 的体积 V_1。

空白试验：取 8 mL 相同浓度未水解的蛋白溶液，重复上述步骤，记录此时滴定管中消耗 NaOH 的体积 V_2。

水解度（DH）计算公式如下：

$$\mathrm{DH}/\% = M(V_1 - V_2)1\,000\times\frac{1}{C_V}\times\frac{1}{H_{\mathrm{tot}}}\times 100 \tag{4-1}$$

式中：M—— NaOH 标准溶液浓度，mol/L；

V_1—— 水解液消耗 0.05 mol/L 的 NaOH 标准溶液的体积，mL；

V_2—— 空白试验消耗 0.05 mol/L 的 NaOH 标准溶液的体积，mL；

C—— 所用酶解液和蛋白液浓度，g/L；

V—— 酶解液和水解液体积，mL；

H_{tot}—— 底物蛋白中肽键总数，文冠果蛋白取 7.75 mmol/g。

4）文冠果种仁蛋白酶解液抗氧化性能的研究：

a. 总抗氧化能力测定。

样品液配制：无水乙醇配制 1 mL 样品液（浓度分别为 0.2 mg/mL、0.4 mg/mL、0.6 mg/mL、0.8 mg/mL、1.0 mg/mL）。

磷钼试剂：0.6 mol/L 硫酸，28 mmol/L 磷酸钠和 4 mmol/L 钼酸铵配制 200 mL。

反应：0.4 mL 样品液或 V_C 溶液和 4 mL 磷钼试剂混合均匀，95℃水浴中恒温 90 min，在 695 nm 波长下测其吸光度，做三次平行。

b. 对 DPPH 清除能力测定。

样品液配制：无水乙醇配制 5 mL 样品液（浓度分别为 0.2 mg/mL、0.4 mg/mL、0.6 mg/mL、0.8 mg/mL、1.0 mg/mL）。

试剂配制：0.1 mmol/L DPPH-乙醇溶液。

样品组：不同浓度梯度样品液 2 mL 和试剂 2 mL，充分混匀室温避光放置 30 min，在 517 nm（乙醇调零）下测量吸光度 $A_{样品}$。

空白组：不同浓度梯度样品液 2 mL 和 95%乙醇 2 mL，充分混匀室温避光放置 30 min，在 517 nm（乙醇调零）下测量吸光度 $A_{空白}$。

对照组：试剂和 95%乙醇 2 mL，充分混匀室温避光放置 30 min，在 517 nm（乙醇调零）下测量吸光度 $A_{对照}$。

$$\text{DPPH自由基清除率/\%} = \left(1 - \frac{A_{样品} - A_{空白}}{A_{对照}}\right) \times 100 \tag{4-2}$$

5）ACE 抑制肽的分离纯化和活性研究：

a. 超滤技术对文冠果 ACE 抑制肽的分离纯化：分别采用 10 kDa 和 30 kDa 的超滤离心管在 6 500×g，25℃条件下对文冠果多肽进行分离纯化。

b. 高效液相色谱法测定 ACE 抑制率。

色谱条件：柱温 30℃，流速 1 mL/min；流动相：甲醇∶水（0.1%乙酸）= 1∶1 等度洗脱；检测波长 228 nm；自动进样：进样量 20 μL。

色谱柱参数：C18 柱，250 mm×4.6 mm×5 μm

所有溶液均是由 100 mmol/L 的硼酸钠缓冲液（含 400 mmol/L 的 NaCl，pH 为 8.3）配制而成。先将 30 μL HHL（5 mmol/L）、20 μL 酶解液（不同分子量）加入 2 mL 离心管中，37℃水浴 3 min 后再加入 20 μL ACE（酶活 0.1 U/mL）。样品于 37℃恒温水浴锅中保温 30 min，最后加入 60 μL HCl（1 mol/L）终止反应。反应终止后，冷却到室温，采取自动进样，进样量 20 μL。取 20 μL 的硼酸钠缓冲液代替酶解液作为空白对照组。

ACE 抑制率计算公式如下：

$$\text{ACE抑制率}/\% = \frac{A-B}{A}\times 100 \qquad (4\text{-}3)$$

式中：A——空白组马尿酸峰面积；

B——反应液在马尿酸保留时间处的峰面积。

一、产品和工艺

现阶段对文冠果籽油及其产品的开发利用正处于新兴发展的阶段，而对文冠果种仁蛋白和多肽的相关研究鲜少有报告，故蛋白质是文冠果籽粕利用的重点。

（一）种仁蛋白的制备

碱提：种仁籽粕与蒸馏水按 1∶30 的料液比混合，用 1 mol/L 的 NaOH 调节 pH 至 10.0，并于 40℃下超声波辅助提取 1 h，超声功率 100 W。样品在 4℃、5 000 r/min 的条件下离心 20 min，收集上清液。用 0.5 moL/L HCl 从上清液中沉淀蛋白，收集沉淀物，水洗至中性，并冷冻干燥。

水提：种仁籽粕与蒸馏水按 1∶30 的料液比混合，40℃下超声波辅助提取 1 h，超声功率 100 W。样品在 4℃、5 000 r/min 的条件下离心 20 min，收集上清液。用 0.5 mol/L HCl 从上清液中沉淀蛋白，收集沉淀物，水洗至中性，并冷冻干燥。

盐提：种仁籽粕与 0.15 mol/L NaCl 按 1∶30 的料液比混合，40℃下超声波辅助提取 1 h，超声功率 100 W。样品在 4℃、5 000 r/min 的条件下离心 20 min，收集上清液。用 0.5 mol/L HCl 从上清液中沉淀蛋白，收集沉淀物，水洗至中性，并冷冻干燥。

从图 4-20 中可以看出，蛋白质得率比较结果为碱提法好于盐提法，水提法最差，且 3 种提取方法差异性显著（$p<0.05$），碱提法测得的蛋白质得率可以达到 43.67%，故可选择 NaOH 作为提取液提取蛋白质并进行接下来的单因素实验。

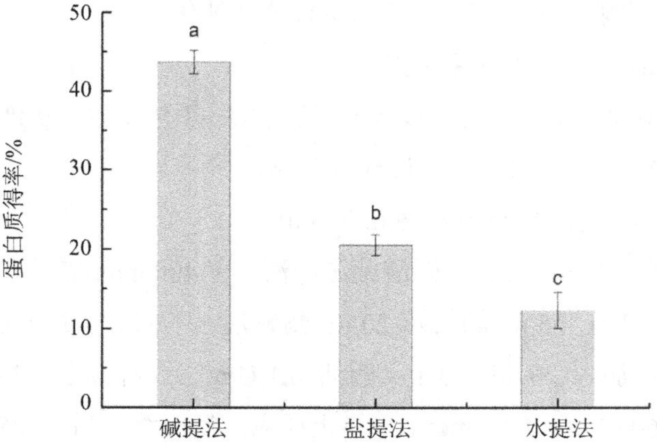

图 4-20　3 种蛋白质提取方法比较

（二）种仁蛋白提取方法优化

种仁蛋白质提取方法，做了单因素和正交两类试验。

1．蛋白质得率单因素试验

以文冠果种仁蛋白为原料，选择碱提法作为提取方法，对提取条件进行优化。

根据预试验的结果，按照表 4-4 确定单因素试验条件。

表 4-4　蛋白提取条件单因素试验

因素	固定条件	改变条件
料液比	pH 10.0，提取温度 40℃，提取时间 40 min	1∶25、1∶30、1∶35、1∶40、1∶45
提取温度	料液比 1∶50，pH 10.0，提取时间 40 min	30℃、40℃、50℃、60℃、70℃
提取时间	料液比 1∶50，pH 10.0，提取温度 40℃	20 min、40 min、60 min、80 min、100 min
pH	料液比 1∶5，提取温度 40℃，提取时间 40 min	8.0、9.0、10.0、11.0、12.0

（1）料液比

固定提取温度 40℃，提取时间 40 min，用 1 mol/L 的 NaOH 调节 pH 至 10.0，考察不同料液比（1∶25、1∶30、1∶35、1∶40、1∶45）对蛋白质提取的影响，结果如图 4-21 所示，蛋白质得率先增加后稳定，在料液比为 1∶30 附近达到最大，为 40.98%。料液比小于 1∶30 时，物料与提取液无法充分接触，造成蛋白质得率下降。当料液比大于 1∶30 时，蛋白质得率变化不明显，原因是在溶解度一定的情况下，蛋白质已基本溶解在溶剂中，增加溶剂量对蛋白质得率并无影响。考虑节省成本以及溶剂量过大可能会溶出其他物质，选择 1∶25、1∶30、1∶35 三个水平进行正交实验。

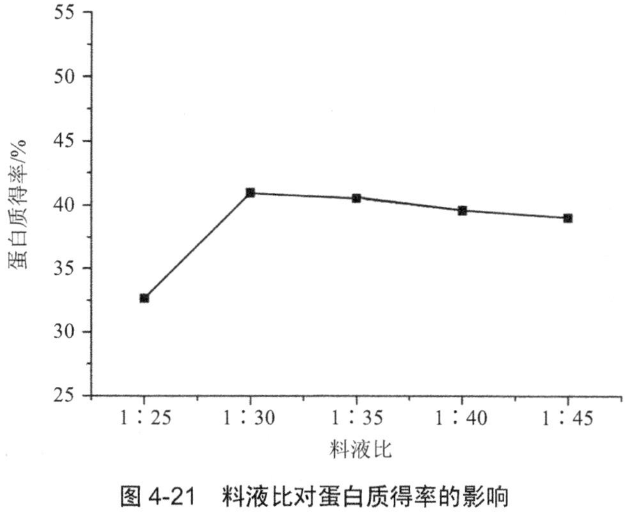

图 4-21　料液比对蛋白质得率的影响

（2）提取温度

固定料液比 1∶50，用 1 mol/L 的 NaOH 调节 pH 至 10.0，提取声时间 40 min，考察不

同提取温度（30℃、40℃、50℃、60℃、70℃）对蛋白质提取的影响，结果如图 4-22 所示，蛋白质得率随提取温度的升高先增加后减少，在 50℃达到最大，蛋白质得率为 44.63%。温度升高时，分子运动加快，蛋白质容易从籽粕中溶解出来，50 min 后蛋白得率降低原因推测是温度继续增加引起了蛋白质的变性，选择 40℃、50℃、60℃三个水平做正交实验。

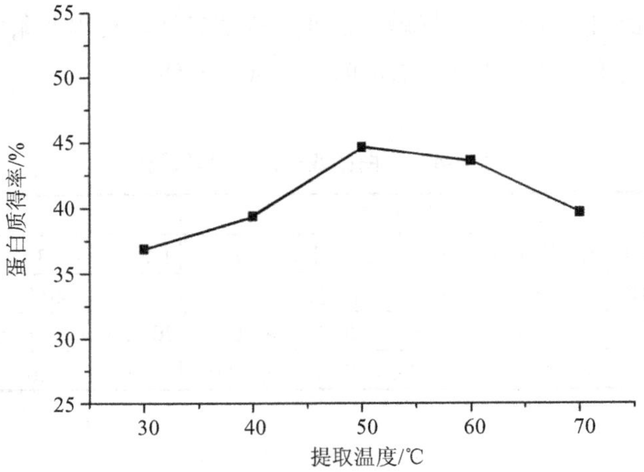

图 4-22　提取温度对蛋白质得率的影响

（3）提取时间

固定料液比 1∶50，用 1 mol/L 的 NaOH 调节 pH 至 10.0，提取温度 40℃，考察不同提取时间（20 min、40 min、60 min、80 min、100 min）对蛋白质提取的影响，结果如图 4-23 所示，蛋白质得率随提取时间的延长变化不大，甚至在 80 min 后有下降的趋势，蛋白质得率降低的原因可能是长时间超声提取破坏了蛋白质的结构，选择 20 min、40 min、60 min 三个水平做正交实验。

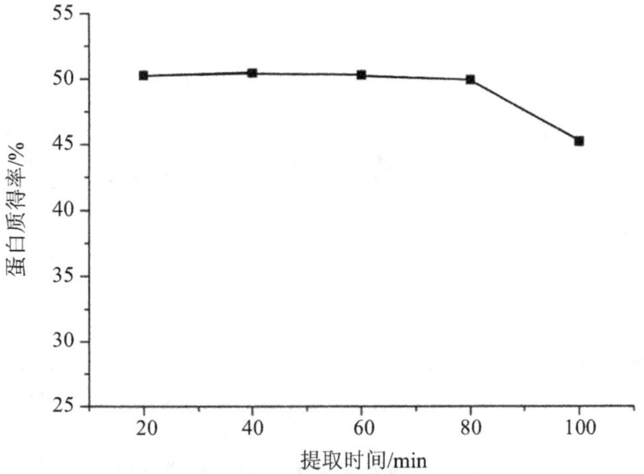

图 4-23　提取时间对蛋白质得率的影响

（4）pH

固定料液比 1∶50，提取温度 40℃，提取时间 40 min，考察用 1 mol/L 的 NaOH 调节至不同 pH（8、9、10、11、12）对蛋白质提取的影响，结果如图 4-24 所示，pH 小于 10 时，随着 pH 的增大，蛋白质得率先上升，且 pH 由 9 到 10 的范围内增长迅速。pH 大于 10 后得率下降。过高 pH 会使蛋白质空间结构被破坏，从而导致蛋白质得率降低，但 pH 为 12 时的蛋白质得率仍大于 pH 为 9 时的得率，故选择 pH 环境为 10、11、12 三个水平进行正交实验。

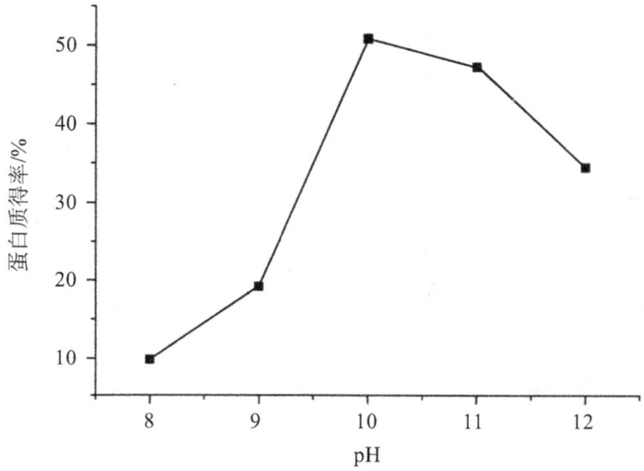

图 4-24 pH 对蛋白质得率的影响

2．蛋白质得率正交试验

正交实验方法：通过单因素实验确定影响种仁蛋白的影响因素和最佳水平范围，以料液比、提取温度、提取时间进行四因素三水平 L_9（3^4）正交试验，试验设计如表 4-5 所示。

表 4-5 正交因素水平表

水平	因素			
	A 料液比/（g/mL）	B 提取温度/℃	C 提取时间/min	D pH
1	1∶25	40	20	10
2	1∶30	50	40	11
3	1∶35	60	60	12

确定最佳方案后，用 0.5 moL/L HCl（pH=4.6）从上清液中沉淀蛋白，经静置沉淀后，以双蒸水洗涤沉淀 3 次，搅拌，使沉淀复溶后真空冷冻干燥，即为文冠果蛋白质粉末。

通过正交实验结果（表 4-6）可知，影响文冠果种仁蛋白质得率的因素主次顺序为料液比＞pH＞提取温度≫提取时间，最佳工艺条件为 $A_3B_1C_2D_2$，即料液比为 1∶35，提取温度为 40℃，提取时间为 40 min，pH 为 11。在此条件下提取蛋白质，蛋白质得率可达 57.30%。

表 4-6 正交试验结果分析

实验号	因素				蛋白质得率/%
	A 料液比	B 提取温度/℃	C 提取时间/min	D pH	
1	1	1	1	1	46.214
2	1	2	2	2	48.859
3	1	3	3	3	50.213
4	2	1	2	3	52.145
5	2	2	3	1	44.658
6	2	3	1	2	51.585
7	3	1	3	2	56.276
8	3	2	1	3	52.952
9	3	3	2	1	51.634
k1	48.429	51.545	50.437	47.502	—
k2	50.463	48.823	50.879	52.240	—
k3	53.621	51.144	50.382	51.770	—
R	5.192	3.389	0.497	4.268	—

（三）生物活性肽的制备

称取最佳工艺所得的蛋白质粉末，配得一定底物浓度蛋白溶液，调节温度，用 1 mol/L 的 NaOH 调节 pH 到蛋白酶所作用的范围，加入一定量的蛋白酶。超声水浴水解一定时间后，酶解液 100℃灭酶 10 min，冷却至室温，1 mol/L 的 HCl 调节 pH 至文冠果种仁蛋白的等电点 4.6，5 000 r/min 室温下离心 15 min，取上清液，调节 pH 至 7，冷冻干燥得到肽。

1．水解酶选择及最佳酶解条件优化

以文冠果种仁蛋白为原料，优化酶解工艺。

文冠果种仁蛋白酶解物的制备：利用蛋白酶对蛋白质进行酶解。

酶的种类对水解度的影响：在适宜的条件下，比较中性蛋白酶、碱性蛋白酶和木瓜蛋白酶 3 种酶对文冠果蛋白的水解度，筛选出合适的蛋白酶种类。

以水解度（DH）为评价标准，碱性、木瓜和中性 3 种蛋白酶在适当条件下水解度如表 4-7 所示。

表 4-7 不同酶对文冠果蛋白水解度

酶种类	底物浓度/%	温度/℃	时间/min	加酶量/%	pH	DH/%
碱性蛋白酶	6	35	30	6	9.0	11.08±0.25 [a]
木瓜蛋白酶	6	45	30	6	7.0	6.08±0.08 [c]
中性蛋白酶	6	50	30	6	7.5	8.33±0.17 [b]

由表 4-7 可知，在适当条件下水解后，碱性蛋白酶的水解度显著优于其他两种蛋白酶（$p<0.05$），达到 11.08%，故本实验选择碱性蛋白酶为文冠果种仁蛋白水解酶。

2．酶解条件的选择

碱性蛋白酶酶解文冠果种仁蛋白的工艺优化，按照表 4-8 确定单因素试验条件。

表 4-8　酶解条件单因素试验

因素	固定条件	改变条件
温度	底物浓度 6%，加酶量 6%，pH 9.0，时间 30 min	25℃，30℃，35℃，40℃，45℃
时间	底物浓度 6%，加酶量 6%，pH 9.0，温度 35℃	0 min，10 min，20 min，30 min，40 min，50 min
加酶量	底物浓度 6%，pH 9.5，温度 35℃，时间 30 min	4%，6%，8%，10%，12%
pH	底物浓度 6%，加酶量 6%，温度 35℃，时间 30 min	8.0，8.5，9.0，9.5，10.0

（1）温度

在底物浓度 6%、加酶量 6%、pH 9.0、时间 30 min 的条件下，考察温度对文冠果蛋白的影响，结果如图 4-25 所示，随着温度的升高，文冠果蛋白的水解度先升高后降低，在 40℃时水解度最大，达到 11.67%。在 40℃以下，随着温度的升高，酶的活力逐渐增强，反应速度加快，在 40℃左右达到最佳条件。当温度高于酶的最适温度后，随着温度升高，酶活力受到抑制，水解度下降。另外，在温度较高时，种仁蛋白质空间结构松散更利于碱性蛋白酶的接近。因此在正交实验中选择 35℃、40℃、45℃三个水平。

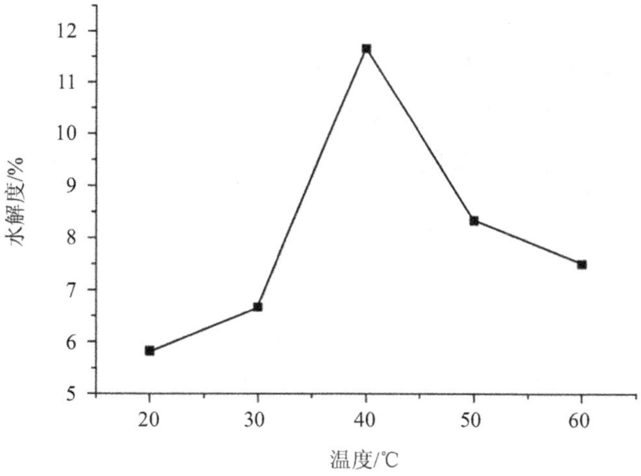

图 4-25　温度对水解度的影响

（2）时间

在底物浓度 6%、加酶量 6%、pH 9.0、温度 35℃的条件下，考察时间对文冠果蛋白的影响，结果如图 4-26 所示，随着时间的延长，文冠果蛋白的水解度先增加后缓慢稳定，在 20 min 左右时水解度最大，并达到平衡（达到 12.34%）。刚开始反应时，酶和底物之间的结合位点较多，故酶解产物可以迅速生成，但反应时间过长，酶解产物对酶促反应有抑制作用，并且酶在长时间高温条件下活力会下降。综合考虑长时间高温对酶的影响以及实验成本等因素，选择 15 min、20 min、25 min 三个水平进行正交试验。

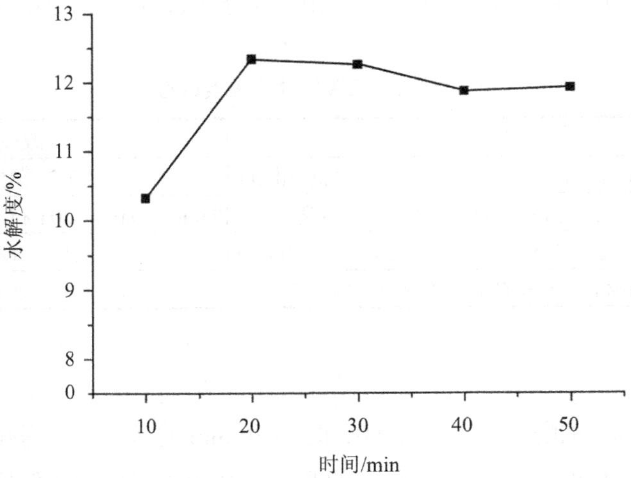

图 4-26 时间对水解度的影响

（3）加酶量

在底物浓度 6%、pH 9.5、温度 35℃、时间 30 min 的条件下，考察加酶量对文冠果蛋白的影响，结果如图 4-27 所示，水解度随着加酶量的增加而上升，但 4%～8%的增幅并不明显，主要是由于刚开始反应时底物充足，蛋白酶与底物结合的位点较多，水解度随酶含量增加而上升，但是当加酶量增大时，底物结合位点不够充足，二者结合已接近饱和状态，水解度变化不明显。考虑节省用酶的成本等综合原因，选择 3%、4%、5%三个水平做正交试验。

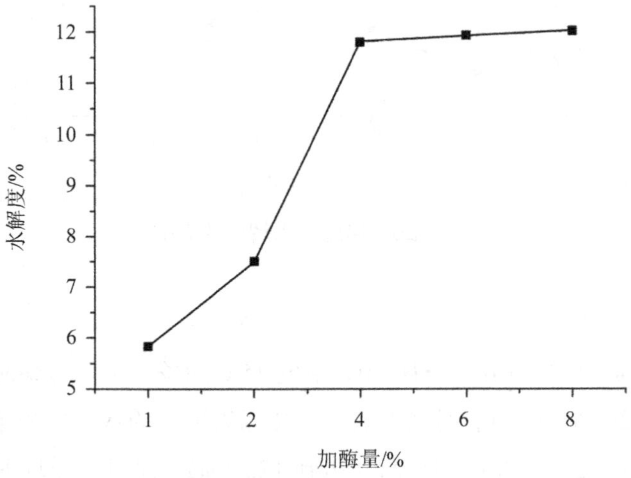

图 4-27 加酶量对水解度的影响

（4）pH

在底物浓度 6%、加酶量 6%、温度 35℃、时间 30 min 的条件下，考察 pH 对文冠果蛋白的影响，结果如图 4-28 所示，在 pH 为 8.0～9.0，随着 pH 上升，水解度明显上升，9.0 左右达到最大，pH 大于 9.0 后，水解度降低。蛋白质的水解应在酶具有最优活性的条件下进行，当 pH 过高时，抑制了酶的活性，同时影响了底物的解离状态，阻止了酶解物的产生，故选择 pH 8.5、9.0、9.5 三个水平做正交试验。

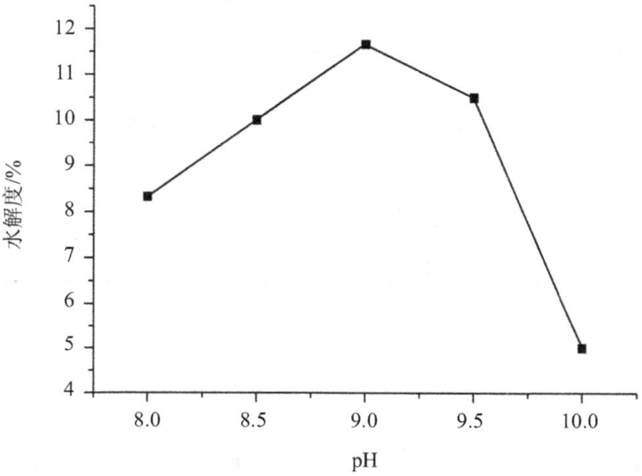

图 4-28　pH 对水解度的影响

3．正交试验优化

通过单因素试验确定提取种仁蛋白的影响因素和最佳水平范围，以提取温度、提取时间、加酶量、pH 进行四因素三水平 L^9（3^4）正交试验，试验设计见表 4-9。

表 4-9　正交因素水平表

水平	因素			
	A 提取温度/℃	B 提取时间/min	C 加酶量/%	D pH
1	35	15	3	8.5
2	40	20	4	9
3	45	25	5	9.5

通过正交试验（表 4-10）得知，影响文冠果蛋白水解度的因素主次顺序为提取温度＞pH＞加酶量＞提取时间，最佳工艺条件为 $A_3B_2C_2D_1$，即温度 40℃，时间 25 min，加酶量 4%，pH 8.5。在此条件下进行酶解，水解度可达 12.83%。

表 4-10 正交试验结果

试验号	因素				水解度/%
	A 时间/min	B 温度/℃	C 加酶量/%	D pH	
1	1	1	1	1	8.33
2	1	2	2	2	11.62
3	1	3	3	3	6.53
4	2	1	2	3	8.21
5	2	2	3	1	12.52
6	2	3	1	2	9.17
7	3	1	3	2	10.02
8	3	2	1	3	10.33
9	3	3	2	1	11.67
k1	8.827	8.853	9.277	10.840	—
k2	9.967	11.490	10.500	10.270	—
k3	10.673	9.123	9.690	8.357	—
R	1.140	2.637	1.223	2.483	—

二、产品功能

生物活性肽是指具有生物活性的多肽，目前已研究活性肽的主要生理功能如下：

（1）抗氧化：生物活性肽的抗氧化活性与其自由基清除、抑制脂质过氧化和螯合金属离子有关。1960 年，Marcuse 等从蛋白质成分中发现了具有抗氧化能力的多肽，从此开展了对活性肽抗氧化性的研究。肽的抗氧化性能与肽的组成、结构和疏水性密切相关，抗氧化肽含有如 Tyr、Cys、Lys、His 及 Met 等氨基酸。

（2）免疫调节：多肽能够提高巨噬细胞的吞噬能力，同时可以刺激机体淋巴细胞增殖，具有免疫调节作用。Masaaki 等从大豆蛋白的酶解物中分离出了一种可以刺激巨噬细胞和多核白细胞的六肽并鉴定了其一级结构（His-Cys-Gln-Arg-Pro-Arg）；还有研究从大米的清蛋白中获得了具有免疫调剂活性的小分子肽；小麦蛋白在 pH 为 8 和 10 的条件下经过离子交换树脂的洗脱水解，水解物可以显著促进小鼠体外淋巴细胞的增殖。

（3）抑菌抗病毒：抑菌肽具有抑制细菌、真菌、病毒、寄生虫的生理功能。抑菌肽可以用于食品的防腐保鲜和污染处理，有抗菌谱广、作用迅速强大、几无耐药性产生等优点。

（4）抗高血压：降血压肽（anti-hypertensive peptides）可以治疗因体内 ACE 活性过高而引起的高血压疾病。

（一）种仁蛋白酶解液抗氧化性能

通过研究总抗氧化力和对 DPPH 的清除能力以验证种仁蛋白酶解液的抗氧化性能。

1．总抗氧化力

总抗氧化能力测定采用的是磷钼络和法，钼由 6 价被抗氧化剂还原为 5 价，生成绿色化合物（695 nm 波长处有最大吸收峰），吸光度越大表明物质的抗氧化能力越强。图 4-29 为 V_C 总抗氧化能力。

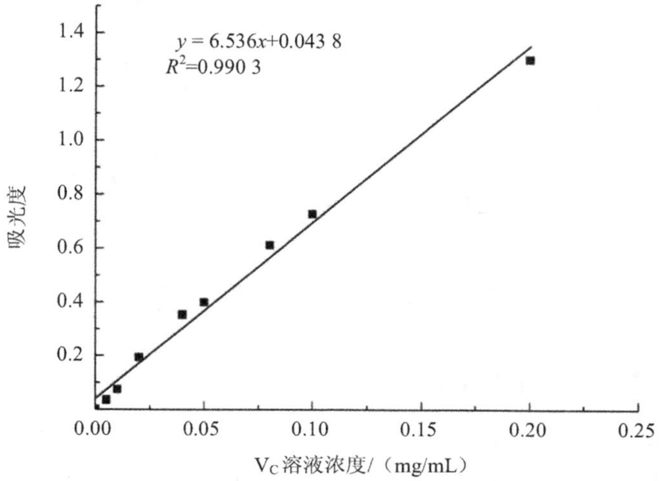

图 4-29　V_C 总抗氧化能力

图 4-30 表明，随着酶解液浓度的上升，文冠果多肽总抗氧化能力不断增强。

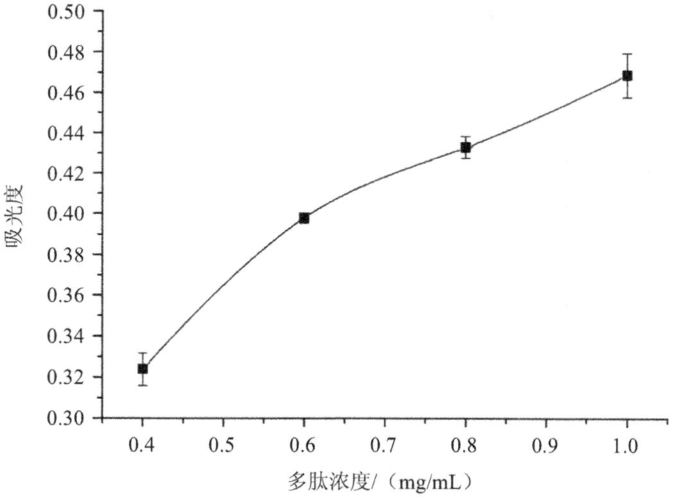

图 4-30　文冠果多肽总抗氧化能力

图 4-31 说明，文冠果多肽的 IC_{50} 值可达 1.206 mg/mL，具有一定的抗氧化活性，但与 V_C 的 IC_{50} 相比还有很大差距。

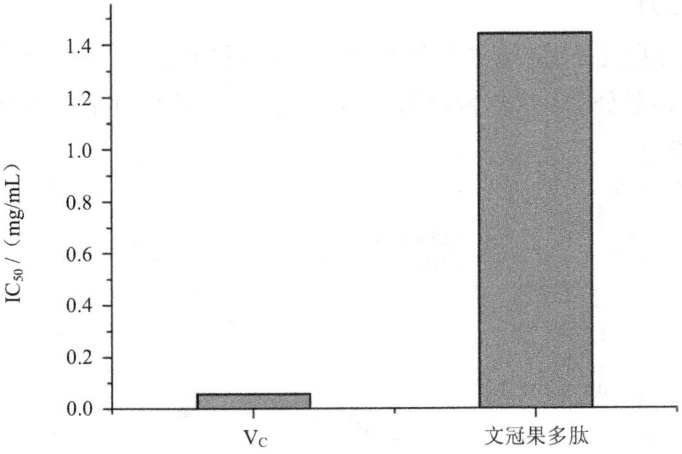

图 4-31　文冠果多肽与 V_C 的 IC_{50} 对比

2．对二苯代苦味酰自由基清除能力

二苯代苦味酰自由基（DPPH）在无水乙醇中呈紫色并且在 517 nm 波长处有吸收，吸光度和浓度呈线性关系，加入抗氧化剂后，抗氧化剂向自由基提供电子，使得 DPPH 数量减少，吸光度变小，颜色从视觉上从紫色褪至黄色。由图 4-32 可知，随着多肽浓度的上升，DPPH 的清除能力也迅速上升，且线性关系良好（R^2=0.997 6）。当多肽浓度为 1.0 mg/mL 时，DPPH 清除率可达到 90.46%，这表明文冠果多肽可以成为良好的电子供体，与自由基发生反应，使其转换为更稳定的最终产物，多肽具有良好的抗氧化能力。

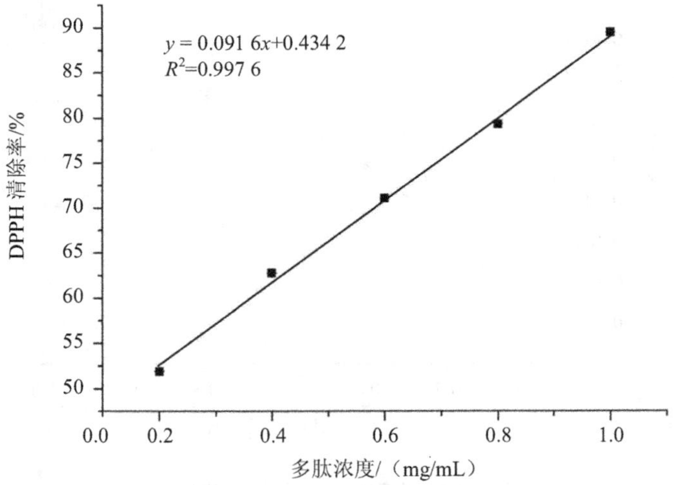

图 4-32　文冠果多肽清除 DPPH 能力

（二）ACE 抑制肽的活性和分离纯化

图 4-33 为马尿酸标准曲线，用于马尿酸浓度的定量。ACE 是一种催化底物分解的酶，底物 HHL（马尿酰-组氨酰-亮氨酸水合物）被分解后会产生马尿酸，ACE 抑制肽抑制 ACE 的活性，使分解产生的马尿酸减少，故 ACE 抑制肽的活性越强，产生的马尿酸越少。

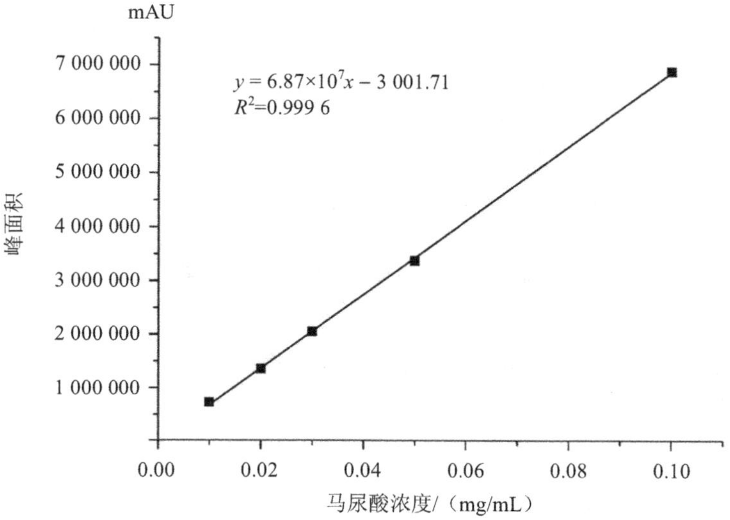

图 4-33 马尿酸标准曲线

图 4-34 为马尿酸标准品（浓度为 0.10 mg/mL）的高效液相色谱图，由此可推断马尿酸出峰时间为 4 min 左右。

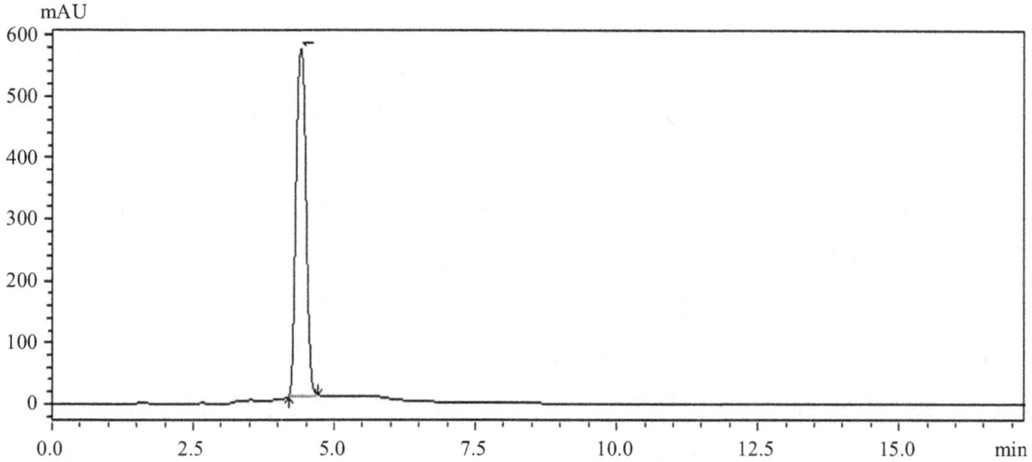

图 4-34 马尿酸标准品高效液相色谱图

图 4-35 为空白样品高效液相色谱图。

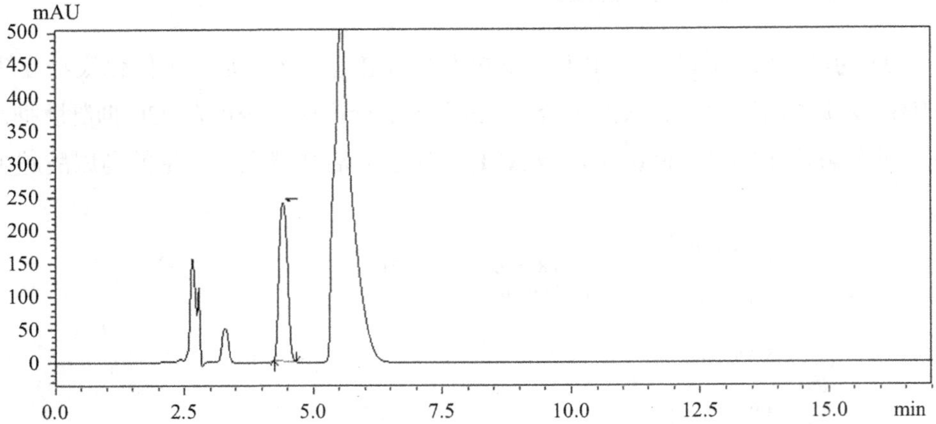

图 4-35　空白样品高效液相色谱图

图 4-36 为加入多肽（1 mg/mL）样品的高效液相色谱图。

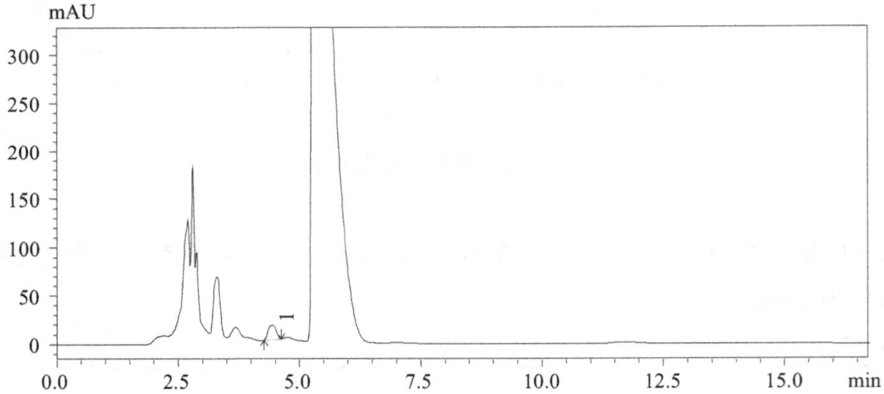

图 4-36　加入多肽（1 mg/mL）样品的高效液相色谱图

从图 4-36 可以看出，加入多肽后，产生马尿酸的峰面积明显变小，即产生的马尿酸浓度减小，约为 0.002 5 mg/mL，由此证明多肽有抑制 ACE 活性的作用，ACE 抑制率达到 97.5%。进一步通过观察图 4-37 可以进一步发现文冠果酶解多肽的 ACE 抑制活性。

通过超滤离心酶解液（浓度为 1 mg/mL）得到不同分子量的文冠果多肽，测定超滤产物对 ACE 酶活性的抑制效果，结果如表 4-11 所示，3 种不同分子量的多肽溶液均对 ACE 有良好的抑制活性，但抑制效果差异显著（$p<0.05$）：小分子量组分（小于 10 kDa）的多肽组分抑制活性最高，达到 96.92%，明显大于大分子量组分（大于 30 kDa 和 10～30 kDa 的组分）。由此可知，原先的混合物中可能含有一些没有 ACE 抑制活性的大分子物质，超滤膜分离多肽具有良好的分离和浓缩效果。

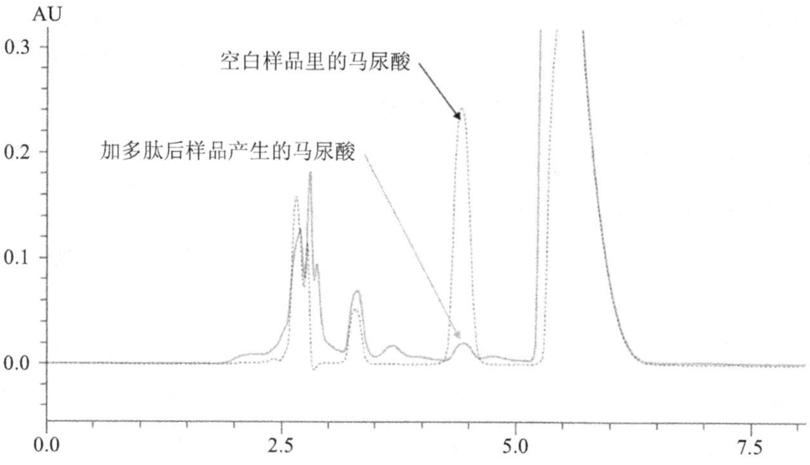

图 4-37　空白样品与加多肽（1 mg/mL）样品高效液相色谱图的对比

表 4-11　不同分子量组分酶解液的 ACE 抑制率

不同分子量组分	抑制率/%
酶解液	92.78±0.46 [b]
大于 30 kDa	84.68±0.18 [c]
10～30 kDa	93.13±0.25 [b]
小于 10 kDa	96.92±0.16 [a]

经过超滤分离后，小于 10 kDa 组分的 ACE 抑制活性明显优于未经超滤的酶解液，10～30 kDa 组分的抑制活性与未超滤酶解液无显著性差异，而大于 30 kDa 的组分则不如未经超滤酶解液的 ACE 抑制效果好，这说明具有 ACE 抑制活性的多肽主要存在于小于 10 kDa 的组分中。

ACE 抑制活性与氨基酸组成、顺序、表面疏水性、分子量等密切相关。从表 4-11 中可以看出，分子量小于 10 kDa 的多肽对 ACE 的抑制率（96.92%）与分子量大于 30 kDa 的多肽对 ACE 的抑制率（84.68%）相比，提高了约 14.45%，这与之前的许多研究结果一致。Ngo 等采用超滤膜分离了太平洋鳕鱼皮明胶中的 ACE 抑制肽，结果表明，低分子量肽比高分子量肽具有更强的 ACE 抑制活性；Shin 等在发酵的大豆中发现各组分均具有良好的 ACE 抑制活性，其中最强的抑制物质存在于小于 3 kDa 的组分中，抑制率达到 87.2%。综上所述，通常认为小分子量的多肽对 ACE 有更好的抑制活性，分子量越小，对多肽的抑制活性越强。由于本研究只分离到分子量小于 10 kDa 的组分，将来可对 ACE 抑制肽进行进一步的分离纯化，分离出分子量更小的组分并测定其结构，同时进行高血压大鼠的体内实验，探索 ACE 抑制肽结构和功能的关系证实对 ACE 的抑制活性。

文冠果是我国特有的珍贵树种，也是我国重要的油料作物之一，文冠果种仁的主要营养成分为脂肪，其质量分数高达 60%，有“北方油茶”之称。随着文冠果种仁油利用程度的加深，对提取油脂之后的废物——籽粕的开发研究更应引起人们的关注。合理利用籽粕中的蛋白质是适合我国国情且急待开发利用的项目，对文冠果蛋白和多肽的研究也为籽粕的综合应用指明了新的方向。

生物活性肽可以调节人体的生理机能，具有良好的应用前景。经测定，文冠果多肽的总抗氧化能力和对 DPPH 的清除能力俱佳，生物活性良好。高血压是导致中国人群患心血管疾病的极其重要因素，在高血压人群中有占 95%以上的患者是原发性高血压，通过抑制 ACE 活性可有效地降低原发性高血压的发病率。随着人们健康意识的增强，利用天然活性物质预防和治疗高血压更受消费者的青睐。文冠果多肽经测定具有良好的 ACE 抑制活性，且分子量小的组分抑制活性更强，随着深入研究的进行，文冠果多肽有望致力于降血压功能性食品的开发。

采用喷雾干燥技术、共挤出技术制备了两种翅果油树籽油微胶囊产品，并将此技术应用于文冠果籽油、长柄扁桃籽油、油用牡丹籽油的微胶囊制备中，成功制备了一系列黄土高原高级水土保持类油用作物油脂的微胶囊产品。这些产品的包埋率、感官品质、粒径、热稳定等均符合要求。通过“水蒸气蒸馏法制备玫瑰纯露”技术，开发出了苦水玫瑰纯露产品。鲜花纯露的香气以青香、花香、甜香、脂香、果香比较突出，盐渍纯露的香气以青香、花香和甜香为主。两种纯露的香气在脂香、果香和木香 3 种香气之间相差较大，表明盐渍处理对纯露的香气特征及轮廓产生了显著影响。以文冠果种仁籽粕中的蛋白为原料，优化蛋白的提取、酶解的工艺，用碱溶酸沉法从籽粕中提取种仁蛋白，再用碱性蛋白酶在合适条件下水解种仁蛋白得到了活性多肽，水解度较高，为文冠果蛋白的利用奠定了基础。同时还进行了多肽的抗氧化性研究和 ACE 抑制肽的制备，证实了 ACE 抑制活性有广阔的应用前景。

参考文献

廖瑟静，翁竞玉，石榆锋，等，2019. 桧木纯露解酒护肝作用的实验研究[J]. 食品研究与开发，40（8）：184-187.

刘亚，2018. 竹叶纯露的制备及其抑菌机理研究[D]. 北京：北京林业大学.

温馨，2018. 黑龙江雪菊挥发油和纯露抑菌及抗氧化活性研究[D]. 佳木斯：佳木斯大学.

Karaca A C，Nickerson M，Low N H，2013. Microcapsule production employing chickpea or lentil protein isolates and maltodextrin：Physicochemical properties and oxidative protection of encapsulated flaxseed oil[J]. Food Chemistry，139（1-4）：448-457.

Kawasaki T，Jun C J，Fukushima Y，et al，2002. Antihypertensive effect and safety evaluation of vegetable drink with peptides derived from sardine protein hydrolysates on mild hypertensive，high-normal and normal blood pressure subjects[J]. Fukuoka igaku zasshi = Hukuoka acta medica，93（10）：208.

Oshima G，Shimabukuro H，Nagasawa K，1979. Peptide inhibitors of angiotensin I-converting enzyme in digests of gelatin by bacterial collagenase[J]. Biochimica Et Biophysica Acta，566（1）：128-137.

第五章

油用灌木资源种植规划与实施

黄土高原是我国水土流失最为严重的地区，也是全世界土壤侵蚀模数最大的地区。根据《全国水土保持规划（2015—2030年）》，黄土高原地区总土地面积为56万km^2，其中水土流失面积23.5万km^2，占本区总土地面积的42.0%。水土流失形式以水蚀为主，局部风蚀存在；强度以上水蚀面积占区内总水蚀面积的37.31%。黄河多年平均输沙量为16亿t，平均含沙量为37.4 kg/m^3，支流窟野河最大含沙量高达1 700 kg/m^3。

“中国水土流失与生态安全综合科学考察”成果认为，本区20世纪80年代中期至90年代中后期，土壤侵蚀面积略有增加，主要原因在于区内能源、矿产资源开发力度大，点多面广，对土地扰动强烈，加之防治措施不到位等。21世纪以来，随着国家对生态环境工作的重视和投入，区域水土流失状况有所改善，土壤侵蚀面积有所减少，局部治理成效突出。但是，本区水土流失总体状况依然非常严重，虽然土壤侵蚀加速的总趋势得到一定的缓解，但侵蚀恶化趋势没有得到根本遏制。

在黄土高原地区系统开展油用灌木资源建设，从根本上说，就是从水土保持行业管理赋予的职责出发，认真领会、落实习近平总书记在黄河流域生态保护和高质量发展座谈会上的重要讲话，在黄河上中游（即黄土高原地区）同步做好生态保护和高质量发展这两件大事。油用灌木资源配置，不失为本区带来了开展水土保持、促进经济腾飞的一个契机。

第一节　种植开发现状

从自然分布及人工栽培情况来看，本区种植的传统经果林（如苹果、梨、桃、李、杏等）面积很大且已成规模，不需要再新增面积。而有发展潜力、已开展试种的植物，当首推油用灌木资源，如文冠果、长柄扁桃、翅果油树、油用牡丹、苦水玫瑰等，这些植物的种植或刚刚起步，或不成规模，需要加大配置步伐，同时也需要通过示范来加以推动。

一、面上种植

从黄土高原层面来看，文冠果属于区内推广较早的一种油用植物，但由于市场原因，时而广泛种植，又时而陷入低潮；油用牡丹是近年来倡导种植的一种油用植物，区内多个省区发布了相应规划，但落实远远不够。而长柄扁桃、翅果油树、苦水玫瑰等都属于区域种植油用植物，在黄土高原层面上尚未开展大面积示范种植。

（一）文冠果

黄土高原地区是文冠果自然分布区，悬崖、埂坎边都常能发现文冠果的踪迹（图 5-1）。20 世纪七八十年代，文冠果在黄土高原地区曾经大面积种植过。据悉，全国现有栽培面积 70 万亩，年产种子在 100 万 kg 以上。

（A）陕西吴起文冠果

（B）甘肃天水文冠果

（C）甘肃庆阳文冠果

图 5-1　黄土高原不同地区的野生文冠果

山西省是我国文冠果分布的核心地区，吕梁山、太行山、恒山、五台山、太岳山以及中条山等山脉中低海拔处，多为黄土丘陵沟壑区，为文冠果的最适宜生长区，包括全省 10 个地级市、102 个县（区）；左云、右玉、五寨、平陆、垣曲和陵川 6 县是文冠果的次适宜生长区；五台山以及山西省其他山脉海拔 1 500 m 以上的地区不适宜文冠果生长。大同盆地、忻定盆地、太原盆地、汾河平原、晋南黄土丘陵沟壑区以及上述适宜生长区或次适宜生长区的黄土区，比较适合文冠果栽培。

2017 年 5 月，在陕西省榆林市榆阳区长城路办事处的榆溪河流域榆林市红石峡森林公园（原建立在毛乌素沙棘地上的陕西省治沙所植物园），30 多年前种植的文冠果大树已不复存在，只见从根际萌生出的文冠果幼株，呈丛生状态，初步判断地上部分年龄不到 5 龄，定植株行距为 2 m×3 m，其生长情况测定结果详见表 5-1。

表 5-1　陕西榆林榆阳文冠果试验林生长情况

编号	树高/m	胸径/cm	根际萌条/个	南北冠幅/m	东西冠幅/m
1	1.8	3.1	15	2.0	1.6
2	1.9	7.7	23	1.6	1.8
3	1.3	1.5	—	0.8	0.6
4	1.3	1.6	21	1.3	1.3
6	1.7	5.0	7	1.3	1.1
7	1.6	4.5	12	1.7	1.9
8	1.8	4.7	12	1.6	1.6
9	1.7	4.7	12	1.7	1.8
10	1.5	3.4	17	2.0	1.7
平均	1.5	3.6	14.9	1.6	1.5

从表 5-1 中可以看出，沙地上萌生的文冠果平均树高 1.5 m，胸径 3.6 cm，冠幅为 1.6 m×1.5 m，根际萌条有 14.9 个。萌蘖株开花很多，但结实率不到一半（图 5-2）。这就是黄土高原上最为常见的一类文冠果，开花多，结实少，所谓“千花一果”。

图 5-2　沙地上种植文冠果人工试验林（陕西榆林）

在榆林市榆阳区黑龙潭流域的阴向黄土梁峁坡立地，笔者看到 10 余年前人工种植的文冠果平均树高达到了 3.4 m，胸径为 5.7 cm，冠幅为 4.5 m×3.2 m。黄土区文冠果比沙地生长要好（图 5-3）。

图 5-3 黄土地上种植的文冠果人工林（陕西榆林）

甘肃省是我国文冠果的重要自然分布区，野生文冠果资源比较丰富，广泛分布在省东部、东南部以及中部的部分地区，分布范围涉及全省 5 个市、2 个自治州。2007 年，甘肃省被国家林业局确定为文冠果生物质能源林基地建设示范省份。自 2008 年起，甘肃省的文冠果育苗和能源林示范基地建设工作正式启动，文冠果荒山造林、退耕地造林甚至耕地农林复合造林全面开展，栽培范围涉及近 8 个市（州）。

2017 年 5 月下旬，位于甘肃靖远县若笠乡曹岘的文冠果基地种植了 4 万余亩文冠果。基地位于经度 104°37′20″E，纬度 36°24′N，海拔 2 050 m 处，地貌为梁峁坡，坡向北，坡位中，坡度 8°，土壤为黄绵土。在降水量仅 250 mm 左右的黄土丘陵沟壑区，2011 年秋季按株行距 3 m×4 m 定植，穴状整地，规格为 0.4 m×0.4 m×0.3 m，经过精心栽植和管护。调研结果显示，文冠果普遍长势健壮，硕果累累。生长情况测定结果如表 5-2 和图 5-4 所示。经过种植后 5 年的生长，文冠果平均树高达 1.8 m，地径 4.5 cm，冠幅 1.7 m×1.9 m。考察时正值盛花期，且能看见幼果很多，产量可观。此文冠果为引进的新品种，具有多花多果的特点。

表 5-2 甘肃靖远文冠果人工林生长情况

编号	树高/m	地径/cm	一级分枝/个	南北冠幅/m	东西冠幅/m
1	2.1	6.0	5	2.6	2.7
2	2.1	4.8	7	1.8	2.1
3	1.5	3.5	6	1.4	1.8
4	1.7	3.4	5	1.6	1.4
5	1.8	5.0	3	1.3	1.5
平均	1.8	4.5	5.2	1.7	1.9

图 5-4　文冠果人工林（甘肃靖远）

若笠乡金永学乡长说：“文冠果种子可以榨油，嫩芽更是很好的保健茶原料，这样种植文冠果的综合收入会更高。”该乡的龙头企业——甘肃长瑞文冠果靖远分公司（图 5-5）负责人说：“公司对文冠果嫩芽、果实的收购，在一定程度上给群众吃了‘定心丸’，促进了他们种植和管护文冠果的积极性，农民在地里投入多了，文冠果长势好了，产量也提高了。”

图 5-5　文冠果茶叶加工作坊（甘肃靖远）

靖远县东湾镇生长有两株号称“千年”文冠果的古树（图 5-6），其中一株高 8 m，冠幅 9 m，树龄在 400 年左右，堪称“文冠果王”，每年结实且产量很高；另一株稍矮，但树龄也在 300 年以上，树周落种形成了一片 50 余株 1 m 多高的幼林。这两株古树不仅给群众种植文冠果提供了信心，同时也会成为当地的采种母树，继续为当地建设发光发热。

图 5-6 文冠果古树（甘肃靖远）

“十一五”期间，中国林业科学研究院组织对我国主要燃油木本油料植物——文冠果进行规模化推广，文冠果提取柴油已获得成功。文冠果作为我国北方唯一一种能大规模生产生物柴油的树种，受到国家的高度重视，“十一五”和“十二五”期间，由国家林业局和中石油公司向我国北方下达了关于大力发展文冠果产业项目的规划。随着相应政策的落实，黄土高原的文冠果产业发展具有光明前景。

据不完全统计，黄土高原范围内文冠果资源面积（包括天然林和人工林），目前约为 50 万亩。

（二）长柄扁桃

2009—2017 年，课题组多次考察了陕西省榆林市境内的长柄扁桃种植开发情况，特别是 2017 年 5 月，赴陕西洛川、吴起、靖边、神木、榆阳等地开展了深入调研。调研结果显示，陕西全省长柄扁桃种植面积（包括自然和人工种植）约 30 万亩，主要位于陕北榆林、延安两市。榆林市榆阳区在小纪汗乡建有野樱桃（长柄扁桃）自然保护区 3.06 万亩（图 5-7），课题组选择的调查地块位于经度 109.840 8°E，纬度 38.611 9°N，海拔 1 281 m，野生长柄扁桃一般位于沙丘的梁部，丘间地很少，其生长测定情况如表 5-3 所示，平均树高达 2.2 m，地径为 5.3 cm，冠幅为 6.5 m×5.2 m，一级分枝平均有 61.8 个。

图 5-7　野樱桃（长柄扁桃）自然保护区（陕西榆林榆阳）

表 5-3　陕西榆林榆阳自然保护区野生长柄扁桃生长情况

编号	树高/m	地径/cm	一级分枝	南北冠幅/m	东西冠幅/m	备注
1	2.3	5.0	18.0	3.5	4.5	—
2	2.2	6.0	32.0	3.8	3.9	—
3	2.6	5.0	35.0	5.8	5.7	3 丛
4	2.5	5.0	120.0	12.5	7.0	12 丛
5	1.8	5.0	96.0	5.6	5.0	—
6	1.6	6.0	70.0	7.5	5.2	7 丛
平均	2.2	5.3	61.8	6.5	5.2	—

在陕西省榆林市榆阳区金鸡滩乡，榆溪河流域的明沙地种植长柄扁桃时，一般先在栽植穴内垫上 10 cm 黄土，然后栽种，株行距有 1 m×2 m、2 m×2 m、2 m×3 m 等多种。穴状整地，整地规格为 0.5 m×0.5 m×0.5 m，穴内施一锹农家肥作底肥。2014 年秋季种植的一块面积达 3 000 亩的长柄扁桃人工林生长情况如表 5-4 所示，平均树高达 0.69 m，地径 0.96 cm，冠幅 0.42 m×0.39 m，长势喜人。

陕西省神木市生态保护建设协会是神木种植长柄扁桃的主体，2003 年以来，种植来自陕西、内蒙古等地的多种优良资源，构建了不同用途、不同搭配的多种种植模式（图 5-8），面积达 20 万亩，其中仅在沟掌村的治沙基地就种植有 15 亩。治沙基地位于陕西省神木市锦界乡的毛乌素沙地范围内，经度为 109.86.89°E，纬度为 38.89.89°N，海拔 1 257 m。基地内定植有 2008 年以来以不同形式逐年定植的长柄扁桃，株行距规格有 1.5 m×1.5 m、1.5 m×2 m、2 m×2 m 等，穴状整地，整地规格 0.6 m×0.6 m×0.5 m，穴内施草炭。

表 5-4　陕西榆林松阳长柄扁桃人工林生长情况

编号	树高/m	地径/cm	南北冠幅/m	东西冠幅/m
1	0.55	0.70	0.30	0.30
2	0.65	0.70	0.30	0.20
3	0.56	0.80	0.30	0.30
4	0.60	1.00	0.40	0.40
5	0.80	1.10	0.60	0.60
6	0.80	1.00	0.40	0.30
7	0.70	1.00	0.30	0.40
8	0.60	1.10	0.70	0.60
9	0.65	0.90	0.40	0.40
10	1.00	1.30	0.50	0.40
平均	0.69	0.96	0.42	0.39

图 5-8　长柄扁桃种植园（陕西神木）

课题组对不同林龄的长扁桃人工林进行了现场测定（表 5-5）。即使林龄已达 10 年，长柄扁桃树高也仅均为 1.3 m，地径均为 1.8 cm，这也是这种灌木的自然特征，高度不大。

表 5-5　毛乌素沙地种植的长柄扁桃人工林生长情况

编号	种植当年		种植第 2 年		种植第 9 年		种植第 10 年	
	树高/m	地径/cm	树高/m	地径/cm	树高/m	地径/cm	树高/m	地径/cm
1	0.5	0.4	0.9	0.7	1.1	1.9	1.5	2.4
2	0.3	0.3	0.6	0.7	1.1	1.9	1.4	2.1
3	0.3	0.3	0.6	0.7	1.3	1.8	1.5	2.2
4	0.3	0.6	1.1	0.8	1.3	1.7	1.4	1.6
5	0.3	0.3	0.7	0.7	1.1	2.0	1.4	1.8
6	0.5	0.3	0.8	0.6	1.0	1.5	1.4	1.7
7	0.5	0.3	0.8	0.7	1.1	1.6	1.2	1.7
8	0.3	0.3	0.7	0.7	0.9	1.7	1.2	1.6
9	0.3	0.4	0.5	0.7	1.2	1.4	1.3	1.4
10	0.4	0.6	0.8	0.7	1.1	2.0	1.0	1.6
平均	0.4	0.4	0.8	0.7	1.1	1.8	1.3	1.8

从 2008 年起，陕西省神木市生态协会与西北大学等一起开展了对长柄扁桃综合利用、产业化开发的系列研究；与西北农林科技大学共同开展了长柄扁桃人工繁育栽培技术研究；与中国科学院水利部水土保持研究所开展了长柄扁桃水土保持效益研究。“长柄扁桃高值综合开发及其沙漠治理应用”研究成果已于 2012 年 4 月 15 日在西安通过了陕西省科技成果鉴定。这一成果总结了长柄扁桃育苗、栽培及管护技术，同时围绕长柄扁桃种子，首次研发出长柄扁桃籽油、生物柴油、甘油、苦杏仁苷、蛋白粉、饲料原料、活性炭 7 种产品，实现了长柄扁桃的综合开发与利用（图 5-9），将长柄扁桃从一种野生植物开发为经济治沙植物，为沙漠治理产业化及可持续发展提供了可靠的技术支持。

图 5-9　长柄扁桃有关产品（陕西神木）

陕西省洛川县杨舒乡居生村的退耕还林地，属北洛河流域，地块位于经度 109°24′39″E，纬度 35°39′7″N，地貌为梁峁顶，坡向 N50°W，坡度 9°，坡位上，土壤为黄绵土，2014 年秋季退耕种植长柄扁桃 4 000 亩，株行距 2 m×3 m，水平阶整地，规格为 2 m×10 m，主要地被物有蒿类、赖草、甘草、柽柳等。2017 年 5 月调查时，此时实际生长年限 2 年，现场测定的平均树高 0.6 m，地径 0.9 cm，冠幅 0.4 m×0.4 m，部分植株发现已结实，如表 5-6 所示。

表 5-6　陕西洛川退耕地（黄土梁峁顶）种植长柄扁桃生长情况

编号	树高/m	地径/cm	南北冠幅/m	东西冠幅/m	备注
1	0.7	1.0	0.4	0.4	—
2	0.7	0.8	0.3	0.2	有结实
3	0.7	1.0	0.4	0.5	—
4	0.6	1.0	0.4	0.5	—
5	0.8	0.9	0.6	0.7	—
6	0.5	0.7	0.3	0.3	—
7	0.4	0.8	0.3	0.3	—
8	0.6	0.9	0.3	0.3	—
9	0.5	0.7	0.2	0.2	—
10	0.4	0.7	0.3	0.3	—
平均	0.6	0.9	0.4	0.4	—

陕西省洛川县杨舒乡居生村的退耕还林地，还包括一块立地条件为黄土梁峁阳坡，于 2014 年秋季种植了长柄扁桃人工林（图 5-10）。调查林地地貌为梁峁坡，坡向 S，坡度 20°，坡位上部，土壤为黄绵土，主要地被物有蒿类、赖草、甘草等。测定结果如表 5-7 所示，平均树高为 0.5 m，地径 0.6 cm，冠幅 0.2 m×0.2 m，相较于上一块梁峁顶的生长来说，明显不如前者，应是阳坡土壤更加干旱所致。

表 5-7　陕西洛川退耕地（黄土梁峁阳坡）种植长柄扁桃生长情况

编号	树高/m	地径/cm	南北冠幅/m	东西冠幅/m
1	0.6	0.6	0.1	0.1
2	0.4	0.6	0.3	0.3
3	0.5	0.6	0.3	0.1
4	0.5	0.6	0.2	0.2
5	0.4	0.4	0.1	0.1
6	0.4	0.6	0.3	0.1
7	0.4	0.6	0.2	0.1
8	0.5	0.6	0.3	0.3
9	0.5	0.7	0.3	0.3
10	0.6	0.7	0.3	0.3
平均	0.5	0.6	0.2	0.2

陕西省吴起县已经栽种长柄扁桃 2.5 万亩。位于陕西省吴起县吴仓堡乡北洛河流域的丈方台，经度为 108°8′10″E，纬度为 37°8′32″N，此地于 2013 年秋季种植了长柄扁桃 2 100 亩，主要地被物有蒿类、赖草、羊胡子草、百里香等。种植地的主要立地条件分为黄绵土梁峁顶和半阴向黄土梁峁坡两类。

图 5-10　长柄扁桃人工林（陕西洛川）

位于黄绵土梁峁顶立地条件类型的长柄扁桃林地，水平阶整地，阶宽 1.5 m，定植株行距为 1 m×1.5 m。生长情况测定结果如表 5-8 所示。

表 5-8　陕西吴起黄土梁峁顶种植长柄扁桃生长情况

编号	树高/m	地径/cm	南北冠幅/m	东西冠幅/m
1	0.56	1.00	0.40	0.40
2	0.55	1.00	0.45	0.40
3	0.70	1.50	0.30	0.30
4	0.70	1.20	0.40	0.30
5	0.75	1.50	0.50	0.60
6	0.65	1.30	0.70	0.30
7	0.80	1.50	0.60	0.60
8	0.60	1.10	0.50	0.30
9	0.70	1.20	0.60	0.60
10	0.80	1.20	0.60	0.40
平均	0.68	1.25	0.51	0.42

位于半阴向黄土梁峁坡立地条件类型的长柄扁桃林地，水平阶整地，阶宽 2 m，隔坡带宽 3 m，阶内定植两行，阶内定植株行距为 0.5 m×1.0 m。生长情况测定结果见表 5-9。

表 5-9　陕西吴起半阴向黄土梁峁坡种植长柄扁桃生长情况

编号	树高/m	地径/cm	南北冠幅/m	东西冠幅/m
1	0.80	1.50	0.60	0.60
2	0.95	1.90	1.50	1.00
3	0.87	1.60	0.90	0.80
4	0.85	2.00	1.10	0.80
5	1.10	1.40	1.00	1.00
6	1.00	2.20	1.10	0.90
7	0.80	1.80	1.40	0.80
8	0.75	1.70	0.80	0.70
9	1.00	2.50	1.00	1.00
10	0.83	1.50	1.00	0.70
平均	0.90	1.81	1.04	0.83

对比两种立地条件的长柄扁桃生长情况，经过 3 年的生长时间，黄土梁峁顶种植的长柄扁桃平均树高为 0.68 m，地径为 1.25 cm，而半阴向黄土梁峁坡种植的长柄扁桃平均树高为 0.90 m，地径为 1.81 cm，后者平均树高、地径分别较前者多了 32.4%和 44.8%，这一差异与半阴向坡水分条件较好有很大关系。

图 5-11　长柄扁桃人工林（陕西吴起）

据不完全统计，目前黄土高原地区长柄扁桃资源面积（包括天然林和人工林）约为30万亩。

（三）翅果油树

翅果油树枝叶繁茂，根系发达，萌蘖性较强，能够有效起到保持水土、防风固沙、涵养水源的作用，是一种十分重要的高效水土保持植物。翅果油树主要以野生资源为主，集中分布在山西和陕西两省，近年来，国家大力发展经济林，翅果油树作为特色经济林，也在山西、陕西以及周边省区得到了相应的重视，如河北省秦皇岛市将翅果油树引种种植，种植面积达3 000多亩。

2017年5月，课题组赴陕西省西安市鄠邑区永联村走路坡及涝峪沟，对翅果油树天然分布开展了调查。考察发现成年树为10余株，分布在十分陡峭的沟坡上，但路旁落种后新生的幼树也有近10株（图5-12）。当地植被茂密，可能限制了翅果油树向周边传播的条件，但这些翅果油树植株可成为今后翅果油树扩繁的重要基因库。

（A）结实期成龄大树

（B）路边落种新生的幼树

图5-12　秦岭山区自然分布的翅果油树（陕西西安鄠邑）

课题组在鄠邑秦岭山区的陡峭山坡上，对发现的翅果油树的生长情况进行了测定，如表5-10所示。

调查点位于涝河流域，经度为108°30′44″E，纬度为33°56′24″N，海拔1 100 m，坡向南，坡位中部，坡度30°，土壤为山地褐土，发现的地被物主要有白榆、黄栌、橿子栎、龙柏、南蛇藤、胡颓子、紫荆等，次生林曾被人为砍伐破坏过，表5-10中编号11就是树木主干被砍伐后的萌枝。据分析，这片林子与百年前法国人Girald调查时的株数相比变化不大，目前所看到的植株应是多次被人工砍伐后从树桩上萌蘖而生的，平均树高4.9 m，胸径6.0 cm，冠幅2.8 m×2.2 m，估算林龄为30～40年。

表 5-10 秦岭山区自然分布的翅果油树生长调查

编号	树高/m	胸径/cm	南北冠幅/m	东西冠幅/m
1	3.0	1.5	3.0	2.5
2	4.0	3.5	3.0	3.0
3	5.5	5.0	2.0	2.0
4	10.0	9.0	4.0	3.0
5	2.0	2.0	1.0	1.0
6	9.0	18.0	5.0	3.0
7	9.5	16.0	5.0	4.0
8	2.5	1.0	2.0	1.5
9	2.0	3.0	2.0	2.0
10	2.7	3.0	1.5	1.5
11	4.0	3.5	2.0	1.0
平均	4.9	6.0	2.8	2.2

课题组还在榆林市榆阳区黑龙潭流域庙会造林地区发现黄土梁峁坡有 300 余株 10 余年生长势好、结实多的翅果油树（图 5-13）。当地管护人员介绍，上年已采果近 1 t，当年产量会更高。

图 5-13 黄土梁峁坡种植的翅果油树（陕西榆林）

这片人工林地坡向 N40°W，坡度 27°，坡位中，土壤为黄绵土，立地条件类型定名为阴向黄土梁峁坡。现场测定，株行距为 2 m×4 m，整地方法为鱼鳞坑，规格 1 m×1.5 m，主要伴生植物有黄栌、小檗等，其生长情况如表 5-1 所示，平均树高 2.8 m，胸径 5.0 cm，冠幅 2.6 m×2.8 m。

表 5-11　陕西榆林榆阳翅果油树人工林调查结果

编号	树高/m	胸径/cm	南北冠幅/m	东西冠幅/m
1	2.9	4.3	2.6	2.8
2	3.3	7.2	2.8	2.9
3	3.1	5.9	3	2.7
4	3.5	7.3	3	3.5
5	2.3	3.3	2.3	3.1
6	1.9	4.1	2.4	2.7
7	2.5	2.6	2.1	1.6
平均	2.8	5.0	2.6	2.8

2012—2017 年，课题组多次前往山西省临汾市的乡宁县、翼城县，对翅果油树的种植与开发进行调研。乡宁、翼城都是翅果油树的自然分布区，乡宁境内天然林面积折合约 1 万亩，在关王庙乡木凹村就有一株“千年”翅果油树。在云丘山顶上就分布有数百年林龄的大树（图 5-14）。翼城的翅果油树天然林更多，山西省政府于 2005 年在翼城县建立了翅果油树自然保护区 1 万 hm^2，其中有翅果油树天然林 5 万亩（图 5-15），在南梁镇陶家村有一株号称“千年”翅果油树，树高 10 m，胸径 50 cm，被当地群众作为“圣树”保护（图 5-16）。

图 5-14　山西乡宁云丘山顶的天然翅果油树

图 5-15　山西翼城自然分布的翅果油树林

图 5-16　山西翼城的“千年”翅果油树

据了解，近年来山西省乡宁县、翼城县等结合水土保持坡改梯工程，开展了规模化翅果油树种植，乡宁县、翼城县人工种植面积分别达 10 万亩、3 万亩，为初步开发利用奠定了一定的基础。同时，翅果油树也是一种很好的蜜源植物，每年春季都会吸引一些蜂农前来放养蜜蜂，这也是其产生经济效益的一种重要体现，如图 5-17、图 5-18 所示。

图 5-17　人工翅果油树林（山西乡宁）

图 5-18　人工翅果油树林（山西翼城）

位于乡宁的一家公司于 2000 年 3 月成立，具有 CO_2 超临界萃取生产线、全自动软胶囊生产线等，是集科技研发、经济林建设、生产加工、销售服务于一体的高新技术企业。公司的良好运营，为翅果油树资源的维护与发展提供了重要保障（图 5-19）。

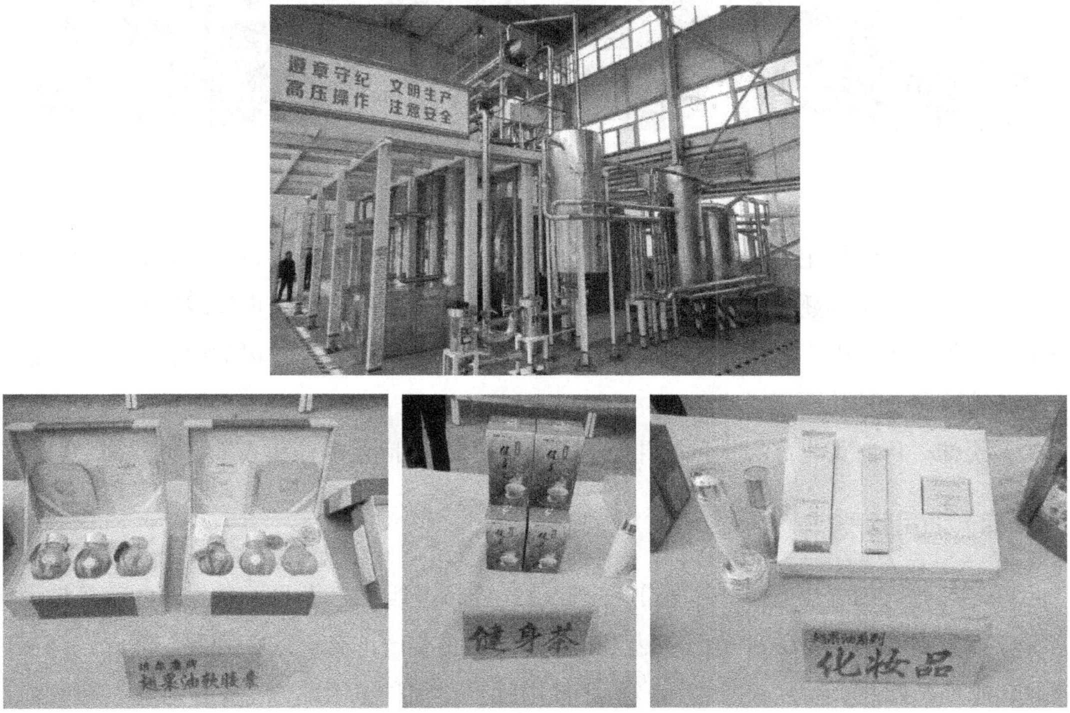

图 5-19　翅果油树加工企业（山西乡宁）

翼城县的翅果油树开发企业相对乡宁县起步较晚，目前企业以及一些专业合作社已经成立，正在通过建设基地、收购原料等方式，拉动当地及周边翅果油树的保护和种植（图 5-20）。

图 5-20　翅果油树加工企业（山西翼城）

目前，翅果油树主要在山西乡宁、翼城种植，晋南其他一些县也有分布。在陕西蒲城发现有一株 400 年的翅果油树古树。在河南博爱县太行山南部山区也发现翅果油树的自然分布。另外，在甘肃张家川、民勤等地以及宁夏固原，都有翅果油树的引种栽培，不过皆处于试验阶段，种植面积不大。

据统计，目前黄土高原地区翅果油树资源面积（包括天然林和人工林）约为 20 万亩。

（四）油用牡丹

牡丹是我国的“国花”，在我国广泛种植，分布于西北、华北、东北和西南等地区。据统计，我国油用牡丹的种植面积达 30 余万亩，主要产地有山东、安徽、河北、河南、湖北、湖南、四川、陕西、甘肃等省区。油用牡丹适宜种植于北方半干旱地区，可在海拔 800～3 000 m 的高寒、干旱、贫瘠山岭和荒地上及年降水量 300 mm 的环境下生长良好。在牡丹的演化过程中，我国牡丹分化成了 4 个品种群：西南牡丹、江南牡丹、中原牡丹、西北牡丹。其中，属于江南牡丹的凤丹主要分布在安徽省、四川省、山东省，目前推广力度最大；属于西北牡丹的紫斑牡丹又称甘肃牡丹，品种主要分布在渭河、洮河等黄河流域，以甘肃、青海、陕西等几个省为主要栽培区域。

李莉莉（2016）对甘肃省紫斑牡丹资源进行了实地调查，发现紫斑牡丹从第 6 年开始结籽，株龄达到 80 年生的紫斑牡丹结籽能力依然很强。在对甘肃省内采集到的 52 个紫斑牡丹品种单株种子年产量进行分析可知，紫斑牡丹种子平均单株年产量为 143.23 g；6～10 年生、11～20 年生、21～30 年生、30 年生以上的紫斑牡丹，种子平均单株年产量分别为 69.313 g、117.833 g、158 g、1 008.667 g。对种子含油率的测定结果表明，甘肃省紫斑牡丹种子含油率为 27.65%～43.84%，平均含油率为 33.83%，不同株龄间紫斑牡丹种子的含油率差异不显著。通过运用灰色相关分析法，综合评价出综合性状最好的 10 个油用紫斑牡丹品种分别为“夜光杯”“奉献”“书生捧墨”“贵夫人”“金玉白”“玉盘掌金”“熊猫”“银百合”“紫朱砂”和“白玉山”。

山西省野生品种矮牡丹（*Paeonia suffruticosa* Var.*spontanea*），又叫稷山牡丹，属我国三级濒危保护植物，具有极高的应用和研究价值，是中原牡丹栽培品种的重要原始种之一。在山西省，矮牡丹主要分布于蒲县、稷山、永济等地（图 5-21），在稷山县西社乡马跑泉村分布最为集中。山西各地均有牡丹栽培，主要用于观赏和药用，分布于各类公园、寺庙中。临汾市古县有一株紫斑牡丹，已有 1 300 多年的历史，被称为“天下第一牡丹”。药用牡丹主要分布于临汾、运城两市范围内，面积逾千亩，近几年逐步由药用转变为油用生产，为市场提供牡丹种子、种苗，经济效益显著提高。

图 5-21　林下自然分布的矮牡丹（山西乡宁）

山西省近年来人工种植的油用牡丹数量逐步增加。2013 年以来，山西潞安集团开始大力发展油用牡丹产业，在长治市襄垣县建立了 1 万亩油用牡丹种质资源及育苗基地，同时在晋西北、晋中、晋东南 6 个县（区）试验种植成功的基础上，开始规模化推广种植。在企业的大力带动下，不仅使当地农民增收致富，还加快了山西省油用牡丹产业的发展。

陕西省是牡丹原产地之一，已经有 2 000 多年的种植历史，全省各地均有分布。除了观赏性，牡丹的油用价值和药用价值很高，已越来越受到国内外的关注。陕西省确定在陕北建设以油用和生态兼用牡丹为主、在关中建设以油用和观赏牡丹为主、在陕南建设以油用和药用牡丹为主的三大种植区域，力争通过基地建设及产供销产业建设，让“国花”牡丹扮靓三秦，惠及百姓。在利用牡丹油用价值的基础上，陕西省还加大了与“一带一路”沿线各国牡丹产业合作与文化交流。目前，陕西省林业厅已与西北农林科技大学、北京林业大学先后进行了油用牡丹优良品种选育和栽培技术推广等研究，成功选育出多个适合推广种植的优良品种。

2017年5月，课题组对陕西省乾县乾陵景区外围进行了调研。该地经度为108°12′51″E，纬度为34°33′41″N，属于渭河支流漠谷河流域，地貌为黄土阶地区，坡向S15°E，坡度5°，坡位中，土壤为黄绵土。种植凤丹等牡丹品种1 000亩，系流转来的土地，株行距为2 m×3 m，种植园系旅游性质，因此栽种有许多名贵牡丹品种（图5-22）。数十年到百年以上的牡丹平均树高1.8 m，地径7.5 cm，冠幅2.7 m×2.7 m；新种的6年生（种植第4年）凤丹平均树高0.8 m，地径2.0 cm，冠幅0.7 m×0.7 m，覆盖度平均在90%以上，保土效果不错。

图5-22　人工栽种的凤丹（陕西乾县）

课题组还调研了陕西省彬州市水口乡底店村水帘河流域，发现有大片退耕地栽植了凤丹（图5-23）。该区域经度为107°56′13″E，纬度为34°58′35″N，海拔1 138 m，地貌为塬坡，坡向S40°E，坡度6°，坡位中，土壤为黄绵土，立地条件类型定名为半阴向塬坡，主要地被物有秃疮花、针茅等。经了解，这些退耕种植凤丹共8 600亩，为流转过来的土地。该地凤丹于2015年10月栽植，株行距为0.4 m×1.0 m，穴状整地，整地规格为30 cm×30 cm×30 cm。种植为1年多，平均树高0.4 m，地径0.8 cm，冠幅0.4 m×0.4 m，调查时正值开花期，为白色单瓣或半重瓣，初步判断有发展前景。

图 5-23　退耕地种植的凤丹（陕西彬州）

通过调研可知，陕西省油用牡丹种植面积 3 万余亩。从种植现场情况来看，纯经济林由于株行距较大，植被覆盖率较低，肯定会影响种植初期水土保持功能的正常发挥；纯生态林植被覆盖率高，水土保持作用发挥良好，但一定会影响经济效益的体现。这两类情况在调研地区普遍存在。由于油用牡丹为当地新引入植物，没有经验可借鉴，所以需要谨慎从事，观察试验，总结经验，才能提出适宜的栽培模式和开发利用途径，以便稳步推进。

紫斑牡丹在甘肃省分布广泛，在甘肃中南部及陇东的 9 个市（州）都有分布，野生种质资源较为丰富。临洮栽植牡丹、芍药、菊花、大丽花等花卉的历史十分悠久，尤其是牡丹种植已有千年历史，达到 1 000 多个品种。紫斑牡丹是我国独有的品种，200 多个品种，享誉国内外。漳县是紫斑牡丹的原产地，20 世纪 80 年代全县 13 个乡镇均有野生紫斑牡丹分布。21 世纪以来，漳县充分利用当地农业生产条件和气候资源优势，在武阳镇和盐井镇建设了集种植示范、产品加工、科研培育、旅游观光和花卉交易为一体的漳县油用牡丹产业园，有效促进了牡丹产业的开发。2016 年，漳县被中国农业国际合作促进会牡丹产业委员会评为紫斑牡丹全国示范基地。2019 年 1 月 17 日，中华人民共和国农业农村部正式批准对“漳县紫斑牡丹”实施农产品地理标志登记保护。天水市秦州区的牡丹乡，曾经是野生牡丹分布的集中区域。庆阳合水林业总场的太白林场瓦川沟发现国内最大的天然野生紫斑牡丹群落。

2014 年，甘肃省林业部门组织技术力量，在摸清甘肃紫斑牡丹资源和产业发展现状的基础上，编制了《甘肃省油用牡丹产业发展规划》。目前正在积极建设油用牡丹栽培基地，同时还加强了与科研机构、企业的合作，加大油用牡丹深加工产品的研发力度，为形成资源稳定、效益显著的油用牡丹“产、供、销”格局奠定了基础。2015 年，甘肃崇信县黄花乡引进油用牡丹种植项目，在全县种植油用牡丹 1.2 万亩，涉及 2 045 户，其中贫困户 315 户，占总数的 15%。临夏州目前种植油用牡丹面积已达 1.2 万亩。

2017 年 5 月底，课题组对甘肃兰州新区油用牡丹栽培基地开展了有关调研。该基地位于黄土丘陵沟壑区，经度为 103°36′28″E，纬度为 36°27′10″N，海拔 1 900 m。经过 20 余年坚持不懈的水土保持工程整地和集流抗旱种植，现已建成 2 000 亩左右的梯地、台地、坝地油用牡丹种植园（图 5-24）。基地主栽品种为土生土长的油用牡丹优良品种——紫斑牡丹。现场测定的紫斑牡丹生长情况如表 5-12 所示，8 年生平均树高 1.0 m，地径 1.6 cm，冠幅 1.2 m×1.1 m，一级分枝 10 个，每丛有花 20 朵以上。基地负责人告诉我们，种植密度不宜过大，5 000 株/亩密度太大，后期不结籽；3 000 株/亩较为合适，实际上 1 500 株/亩最佳，盛产期一般每亩可产籽 200 kg 左右。

图 5-24　紫斑牡丹种植园（甘肃兰州新区）

图 5-12　紫斑牡丹（8 年生）种植园（甘肃兰州新区）

编号	树高/m	地径/cm	一级分枝/个	南北冠幅/m	东西冠幅/m
1	1.1	1.5	9	1.1	1.3
2	1.2	2.5	9	1.2	1.2
3	0.9	1.6	12	1.2	1.2
4	0.8	0.7	16	0.8	0.8
5	1.0	1.0	8	1.3	1.0
6	1.2	2.3	7	1.3	0.9
平均	1.0	1.6	10	1.2	1.1

甘肃中川牡丹研究所作为企业科技发展支撑点，经过多年的筛选和培育，推出了百余种可在–43℃环境下不用人工保护就能自然越冬的优良栽培品种，培育的抗旱绿化苗木和宿根花卉已销售至新疆、内蒙古、青海、西藏、山西、河北以及东北等地区，甚至远销至欧美国家。产品目前涵盖了以牡丹花瓣、花蕊为主要原料而开发成的油、茶、酒、食品四大类产品，年销售额 5 000 余万元，市场销售前景看好（图 5-25）。

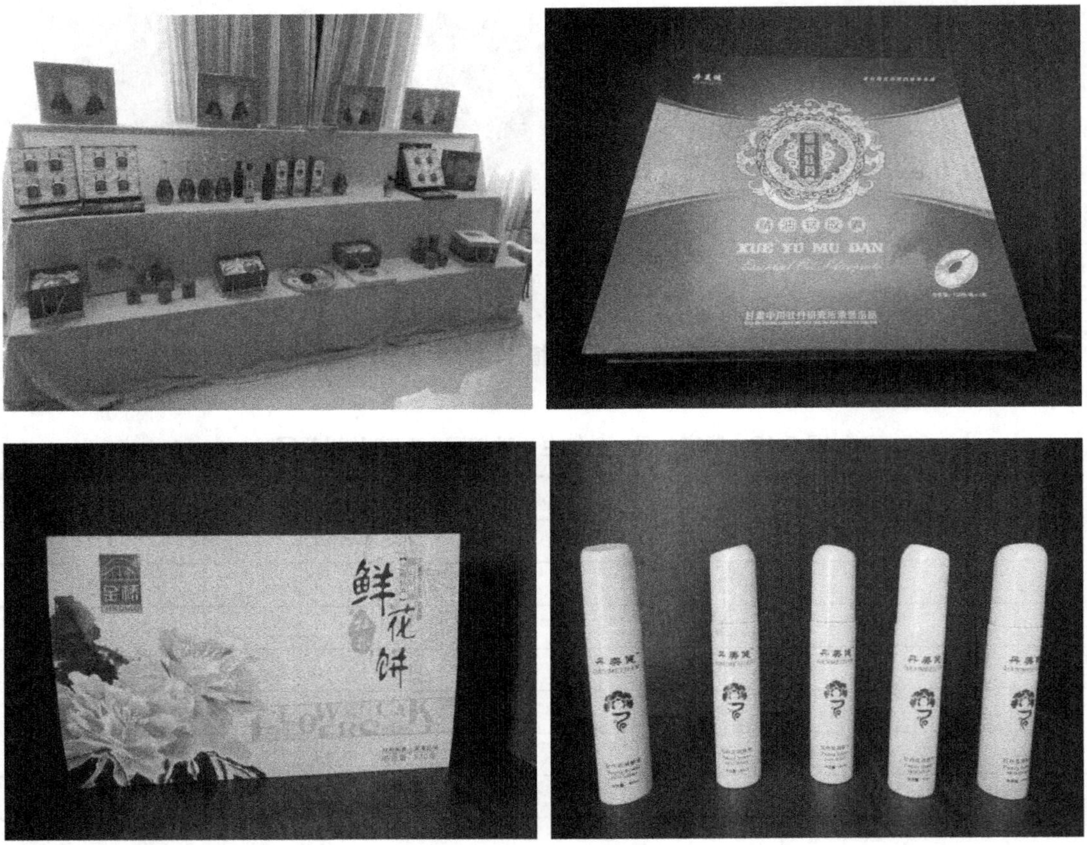

图 5-25　紫斑牡丹产品（甘肃兰州新区）

青海省民和县西沟乡南垣村通过土地流转方式，打造了千亩油用牡丹基地，不仅打造了青海“东大门”一片亮丽的花海风景，也使得油用牡丹成为当地百姓脱贫的“致富花”。当地某龙头企业负责人说，企业将以南垣村千亩油用牡丹基地为龙头，将油用牡丹种植向民和全县范围推广种植到 5 000 余亩。

据不完全统计，目前黄土高原地区油用牡丹资源面积（包括天然林和人工林）约有 20 万亩。

（五）苦水玫瑰

从栽培历史、产业发展规模及品牌影响 3 方面进行考量，目前我国加工型玫瑰主要有甘肃苦水玫瑰产区、新疆和田玫瑰产区、山东平阴玫瑰产区及云南食用玫瑰产区四大产区。加上近年来发展起来的四川绵阳、江苏扬州、湖北襄阳、山东定陶、河南商水、陕西渭南、甘肃陇南等新型加工型玫瑰产区，国内玫瑰整体的种植面积为 23 万亩左右。

甘肃苦水玫瑰产区与其他三大产区相比，苦水玫瑰栽培历史相对较短。苦水玫瑰是国内外知名的加工型玫瑰品种，属于药食同源的经济类灌木树种，为单季（自然花期为 17～

21 d）开花的半重瓣（13～20 枚/朵）品种类型，因鲜花精油得率高、香味浓郁而深受消费者青睐。采用水蒸气蒸馏工艺，一般得率能达到 0.038%～0.042%，远高于平阴玫瑰、和田玫瑰及其他国际玫瑰品种。苦水玫瑰植株的耐旱、抗寒、耐盐碱能力也较为突出。

永登县苦水镇是一个以种植玫瑰而闻名的“玫瑰之乡”。苦水镇玫瑰种植面积占全镇土地面积的 2/3。

在苦水玫瑰主种植区的苦水乡寺滩村，属庄浪河流域的阶地地貌，经度为 103°25′39″E，纬度为 36°14′8″N，海拔 1 603 m，苦水玫瑰基本上与当地稀疏定植的主栽果树复合种植。我们测定了 2 种复合类型下，苦水玫瑰的生长情况。一种情况为“梨+苦水玫瑰”模式，苦水玫瑰平均树高 1.83 m，地径 2.40 cm，冠幅 2.46 m×2.29 m，有一级分枝 23 个；另一种情况为“枣+苦水玫瑰”模式，苦水玫瑰平均树高 2.04 m，地径 2.10 cm，冠幅 2.20 m×2.59 m，有一级分枝 29 个。复合的果树均为 6～8 m 高的大树，树间距离常为 20 m 左右，基本上对复合的苦水玫瑰产生不了遮阴等影响，双方间应是一种较为理想的复合模式，如图 5-26 所示。

图 5-26 苦水玫瑰种植园（甘肃永登）

在当地某公司生产车间，可看到陆陆续续前来交售玫瑰的农民（图 5-27），苦水镇副镇长向我们介绍说，苦水镇有玫瑰加工企业 12 家，玫瑰种植专业合作社 14 家。兰州江峰玫瑰种植农民专业合作社是玫瑰核心产区最大的合作社，该合作社的注册品牌“玫乡情缘”

被评为2011年中国具有影响力合作社产品品牌，该社推广的“玫瑰矮壮法种植模式”，使合作社成员每年每亩增收2 000多元。

图5-27　苦水玫瑰采摘交售（甘肃永登）

据了解，甘肃省永登县苦水玫瑰种植面积近10万亩，年产量2 300多万千克，年产值达6.6亿元，年生产精油1 200 kg、玫瑰干花蕾250万kg、玫瑰纯露1 200 t、玫瑰糖酱320 t。见图5-28。

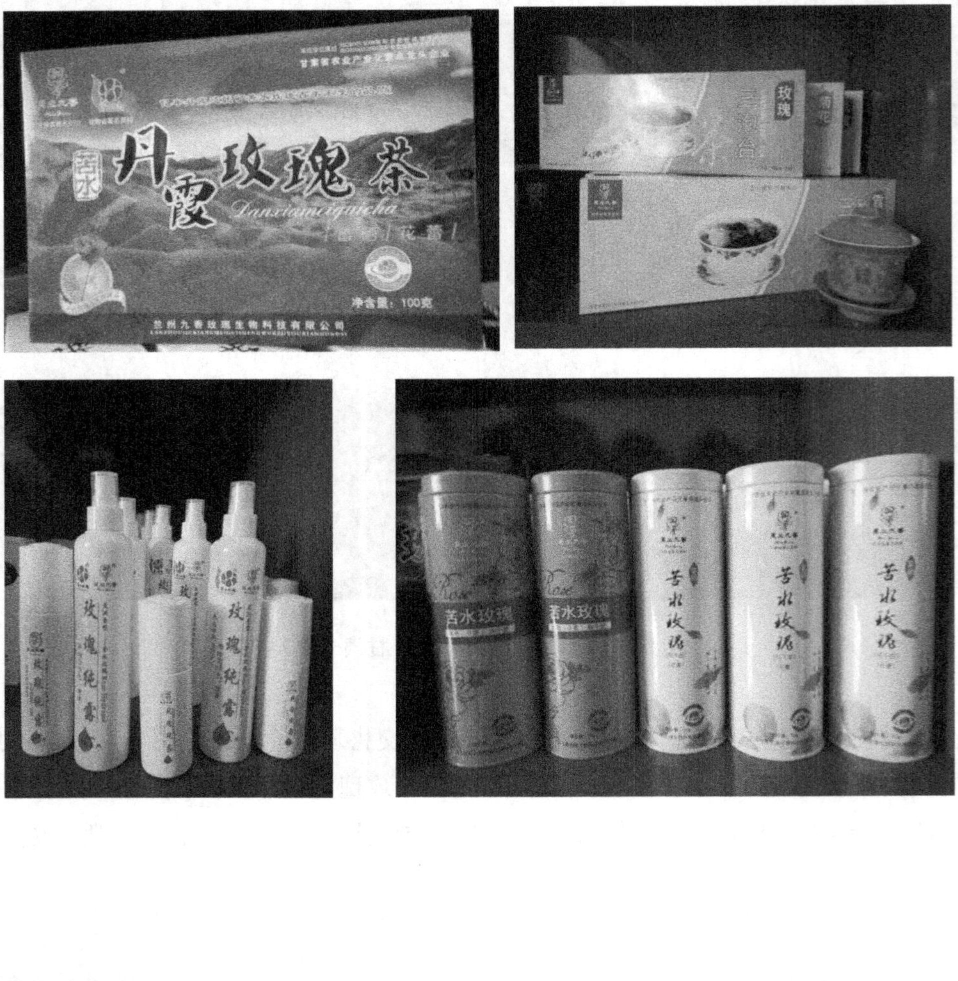

图 5-28 苦水玫瑰产品（甘肃永登）

从对苦水玫瑰的调查来看，甘肃永登的产业现状可谓是“家大业小”。栽培面积大，加工企业众多，但在国内苦水玫瑰产品的市场占有率却不到 30%，产品去向以低端市场为主。参照上海交通大学芳香植物研发中心以姚蕾教授为代表的专家团队通过对苦水玫瑰、山东平阴玫瑰及大马士革玫瑰深入的对照性研究结果可知，苦水玫瑰精油与大马士革玫瑰精油相比，香叶醇低 20%、香茅醇高出 30%。苦水玫瑰精油中所含的有机物比大马士革多出 9～12 种，其中 7～8 种已被证实具有较高的药用开发价值。通过小鼠试验，发现苦水玫瑰精油在安神助眠方面的效果十分理想，而且情绪性障碍的人士使用苦水玫瑰精油后病情缓解效果明显。此外，苦水玫瑰中的总黄酮量比大马士革高出 34%，在国际香型和亚洲香型所有加工型玫瑰家族中总黄酮量位居第一。

因此，苦水玫瑰的精深加工，可充分挖掘苦水玫瑰在药用保健价值方面的特质化优势，产品开发要与国家大健康产业领域高端市场的实际需求进行有效对接，开展系列产品的定向开发，争取抢占药用玫瑰的市场制高点，这才是今后应高度关注且努力的方向。

实际上，在甘肃、陕西的其他一些地区，苦水玫瑰已经被引入进行试种，效果较好（图 5-29）。

图 5-29 陕西榆林榆阳在黄土区引种种植的苦水玫瑰

据不完全统计，目前黄土高原范围内苦水玫瑰资源面积约为 12 万亩。

通过数年来对油用灌木资源的调研分析，黄土高原地区降水量少但较为集中，坡度大，表土砂性大，水土流失比较严重。在这一地区开展文冠果、长柄扁桃、翅果油树、油用牡丹、苦水玫瑰等油用灌木资源种植，不仅能有效治理水土流失，更是群众脱贫致富的重要手段，为陕甘宁老区开展生态文明建设指明了方向，也为“一带一路”建设提供了重要保障。

调研发现，文冠果、长柄扁桃、翅果油树、油用牡丹等油用类灌木资源，其种子含油率普遍为 40%左右，含有丰富的不饱和脂肪酸，而且花朵美丽，是很好的蜜源植物，特别是抗逆性很强，栽培技术较为简单，可作为黄土高原地区荒山荒沙治理的重要灌木树种。这 4 种灌木也是《国务院办公厅关于加快木本油料产业发展的意见》（国办发〔2014〕68 号）中所列 10 种木本油料树种的重要组成部分。因此，继续加强研发、规划等工作，不仅可科学有序地促进黄土高原地区油用灌木资源的种植开发，而且能发挥其全方位的综合功能，服务于水土保持生态文明建设工作。

二、水保示范种植

从 2015 年起，水利部水土保持植物开发管理中心（以下简称“植管中心”）陆续委托几家单位，在黄土高原地区陆续开展油用灌木资源示范，为开展区域大面积种植积累有关经验。

（一）山西乡宁

2015 年，植管中心委托山西师范大学承担了水利部财政项目“全国水土流失区高效水土保持植物资源配置示范”的专题内容“山西省翅果油树种植示范”，在山西省乡宁县完成翅果油树示范种植 40 亩。

示范点选在山西省乡宁县县城南 25 km 左右的土门塔村附近，位于东经 110°45′36″E，北纬 35°50′24″N。当年 3 月上旬开始，采用大型推土机械实施坡改梯工程，整治土地 40 亩，周边修建挡水埂，防止产生水土流失。

3 月下旬采用机械挖坑，株行距为 3 m×3 m，栽植穴尺寸为 0.5 m×0.5 m×0.4 m。苗木选用乡宁当地自产苗木，在已挖好的植苗穴内填上剥离的地表土，将苗木轻轻放入树穴，扶正树苗，使根系舒展，再分层填土，边填边夯实，保证新根与土壤密接。栽植完后浇透水，在其上封虚土以减轻蒸发。然后每年根据需要，开展田间松土、除草等日常田间管理工作，如图 5-30 所示。

（A）土地整治

（B）机械挖坑

（C）栽前假植

（D）栽后幼林

图 5-30　水保示范种植作业

当年 9 月上旬，植管中心进行了现场种植情况检查，经现场丈量，翅果油树实际种植面积 40 亩，每亩种植 75 株，实际平均保存 68 株，保存率达到 90.7%。同时经现场核查及查验相关资料，种植地采用坡改梯等工程措施，土地平整，苗木定植合理，并采取了相应的水肥管理和覆膜等配套措施，各项措施到位，土地未发生水蚀，苗木长势健壮，达到了验收要求。

2020 年 5 月调查发现所植翅果油树已进入盛果期，树高 2.0～2.4 m，冠幅 1.8～2.2 m，地径达 3.0～3.5 cm，长势良好，如图 5-31 所示。

定植第 6 年的林相

定植第 6 年的结实情况

图 5-31　山西乡宁翅果油树示范点

（二）陕西绥德

2018 年，植管中心委托黄河水利委员会（以下简称“黄委”）绥德水保站协作执行水利部财政项目专题，在陕西省绥德县建立“西北黄土高原高效水土保持植物资源示范区”，开展示范树种和品种的文冠果、长柄扁桃、山桃以及山杏与沙棘的混交，按照 1.5 m×2 m 的株行距栽植，建立高效水土保持植物资源示范区面积 40 亩，并在栽植前对苗木根系进行生根粉浸泡处理和进行穴状整地。

示范点选在辛店沟，位于辛店沟水土保持示范园主沟道上游，为无定河中游左岸一级支沟，经度为 110°17′47.1″E，纬度为 37°31′17.1″N，地块为西南方向的 4 个台地。

示范地原为退化的老枣园，植株死亡严重，地表老枣树根蘖砧木、榆树和臭椿树木丛生。2018 年 3 月 26—29 日黄委对生长杂树杂草的土地进行清理、平整、翻耕和磨耙处理共 45 亩左右。随后及时对平沟焉 1#、2#和 3#台地进行了 1.5 m×2 m 的株行距栽植坑规划设计和定植坑实地规划放线。

在组织土壤地表处理的同时，在周边市（县）林业局、林科所进行调研咨询和实地考察，所用文冠果苗木选定了富县林科所苗木基地所繁苗木，引种调运了 2 300 株一年生苗木。所用长柄扁桃、山桃和山杏均为榆林市林业科学研究院神木市大保当苗木基地所繁苗木，其中长柄扁桃引种 2 665 株、山桃引种 2 650 株、山杏引种 1 100 株。所用沙棘来自内蒙古自治区鄂尔多斯准格尔旗沙棘育种苗木基地繁育苗木，均为大果无刺沙棘（1 100 株）。苗木选定后，于 3 月 30 日—4 月 2 日安排 3 个苗木引种组，分别前往引种苗木基地进行现场监督起苗和拉运，苗木调回后，分别假植于示范园内，根部覆盖 50～60 cm 厚湿土层。

4 月 3—7 日，组织 3 个栽植组，在规划好的定植位开挖 50～60 cm 的正方形栽植穴，并严格按照“三踏两提”栽植原则，栽植过程中严格按照技术要求，栽培前一天按照预测栽植苗木进行就地生根粉浸泡处理 24 h，实际栽植文冠果 2 200 株、长柄扁桃 2 664 株、山桃 2 620 株、山杏 1 074 株、大果无刺沙棘 1 074 株，由于当地栽植前降水量小，土壤水分不足 6%，为此，在栽植后及时浇水灌溉，每株苗木灌水 60 kg 左右。截至 4 月 11 日，完成了示范区 5 种苗木全园栽植和第一次浇水灌溉任务。

各苗木当年 9 月 20 日成活率分别为：文冠果 89%、长柄扁桃 83%、山桃 87%、山杏 91%、杂交沙棘 89%；示范园种植效果良好（图 5-32），平均成活率达 87%。生长情况根据每个品种圈定样地选择 10 株每月动态观测统计的平均指标，截至 9 月 16 日，5 个品种生长量数据如表 5-13 所示。种植第 2 年（2019 年）生长情况如表 5-14 所示。

（A）文冠果林　（B）长柄扁桃林

（C）山桃林　（D）山杏与沙棘杂交林

图 5-32　陕西绥德水保植物定植当年底林相

表 5-13　陕西绥德示范点定植当年（2018 年）示范植物生长量统计

种名	树高/cm	新梢长/cm	地径/cm	冠幅/cm^2
文冠果	65.5	48.1	0.5	43.8×26.9
长柄扁桃	100.5	81.5	1.2	102.0×105.0
山桃	114.0	101.6	1.8	126.0×119.0
山杏	136.9	120.6	1.5	117.5×105.6
沙棘	119.3	69.3	1.7	73.5×68.5

表 5-14　陕西绥德示范点定植第 2 年（2019 年）示范植物生长量统计

种名	树高/cm	新梢长/cm	地径/cm	冠幅/cm^2
文冠果	148.4	70.6	1.6	81.5×67.8
长柄扁桃	133.1	95.1	2.2	157.3×140.4
山桃	161.1	130.8	2.6	217.5×196.5
山杏	193.0	78.0	2.4	134.0×140.3
沙棘	207.7	102.3	3.3	119.0×114.7

对 2018 年年底和 2019 年年底生长量比较分析可知，2019 年比 2018 年各项指标均有所增长。文冠果植株高度增长 126.6%、新梢增长幅度 46.8%、地径增长幅度为 220.0%、冠幅增长幅度为 86.1%～152.0%；长柄扁桃植株高度增长 32.4%、新梢增长幅度为 16.7%、地径增长幅度为 83.3%、冠幅增长幅度为 33.7%～54.2%；山桃植株高度增长 139%、新梢增长幅度为 28.7%、地径增长幅度为 48.6%、冠幅增长幅度为 83.5%～89.1%；山杏植株高度增长 41%、新梢增长幅度为–42.6%、地径增长幅度为 59.8%、冠幅增长幅度为 14.0%～32.9%；沙棘植株高度增长 74.1%、新梢增长幅度为 47.6%、地径增长幅度为 100%、冠幅增长幅度为 61.9%～67.4%。

种植的第 3 年（2020 年），各苗木树高、地径、冠幅较 2019 年有了较大幅度的提高。文冠果树高增长了 7.2%，地径增长了 50.6%，冠幅增长了 54.9%～60.2%；长柄扁桃树高增长了 10%，地径增长了 17%，冠幅增长了 20.2%～26.1%；山桃树高增长了 39%，地径增长了 52%，冠幅增长了 10.2%～14.2%；山杏树高增长了 16%，地径增长了 65%，冠幅增长了 35.9%～36.7%；沙棘树高增长了 97%，地径增长了 33%，冠幅增长了 37.7%～46.8%，如表 5-15 所示。

表 5-15　陕西绥德示范点定植第 3 年（2020 年）示范植物生长量统计

种名	树高/cm	地径/cm	冠幅/cm^2
文冠果	159.1	2.41	130.6×105.0
长柄扁桃	146.7	2.58	189.0×177.0
山桃	223.8	3.95	239.6×224.4
山杏	223.0	3.97	183.2×190.6
沙棘	409.2	4.40	174.7×157.9

整个试验林树势很旺、郁郁葱葱，苗木对当地的气候、土壤条件十分适应，而且文冠果、长柄扁桃、山桃、沙棘已经结出果实（图 5-33）。

（A）文冠果

（B）长柄扁桃

（C）山桃

（D）沙棘

图 5-33 陕西绥德示范点种植第 3 年油用灌木生长状况

（三）甘肃庆阳

2019 年，植管中心委托黄委西峰水保站协作执行水利部财政项目专题，在甘肃省庆阳市西峰区开展“黄土高塬沟壑区高效水保植物示范建设”，建立文冠果、翅果油树、长柄扁桃、忍冬、扁核木、（良种）沙棘等植物示范种植工作，示范种植面积 40 亩。

示范点分别选在塬面条田、坡地梯田和沟坝地共 3 种立地条件的区域，塬面位于西峰水保站下属董志试验场，坡地和坝地位于西峰水保站下属南小河沟试验场，各 20 亩。

塬面条田采用纯林栽植方式，每种植物种植 1 块，文冠果、翅果油树、长柄扁桃、忍冬各 2 亩，共 8 亩。种植（良种）沙棘 12 亩，包括“201301～201311”11 个俄罗斯大果沙棘，以及“杂雌优 1 号”“杂雌优 10 号”“杂雌优 12 号”“杂雌优 54 号”“杂雄优 1 号”5 个杂交沙棘，共计 16 个沙棘优良品种。面积共 20 亩。

坡地梯田栽植沙棘“201301～201305”5 个俄罗斯大果沙棘，“杂优 54 号”“杂雄 1 号”2 个杂交沙棘，分别与文冠果、翅果油树、长柄扁桃、忍冬、扁核木混交，每种混交林 2 亩，面积共 10 亩。

沟坝地全部栽植沙棘，品种有“201301～201305”5 个俄罗斯大果沙棘，“杂雌优 1 号”“杂雌优 10 号”“杂雌优 12 号”“杂雌优 54 号”“杂雄优 1 号”5 个杂交沙棘，共计 10 个品种，每个品种 1 亩，面积共 10 亩。

3 种立地条件下示范植物种植情况如表 5-16 所示。

各示范（良种）沙棘苗木和扁核木均来自黄委西峰水保站自产苗木，于 2017 年由 16 个（良种）沙棘品种采用嫩枝扦插育苗方法获得，扁核木采用当地自采种子繁育生苗。文冠果、翅果油树、长柄扁桃、忍冬均从良种产地采购。各植物来源、规格见表 5-17。

表 5-16　庆阳示范点各种示范植物种植模式

地点	立地条件类型	种名	种植模式	种植面积
董志	塬面条田	（良种）沙棘（16 个品种）	纯林	12 亩
		文冠果	纯林	2 亩
		翅果油树	纯林	2 亩
		长柄扁桃	纯林	2 亩
		忍冬	纯林	2 亩
南小河沟	坡地梯田	文冠果	与（良种）沙棘混交	2 亩
		翅果油树	与（良种）沙棘混交	2 亩
		长柄扁桃	与（良种）沙棘混交	2 亩
		忍冬	与（良种）沙棘混交	2 亩
		扁核木	与（良种）沙棘混交	2 亩
	沟坝地	（良种）沙棘（10 个品种）	纯林	10 亩

表 5-17　示范植物来源及规格

种名	来源	苗龄/年	苗高规格/cm
（良种）沙棘	西峰水保站	1	20～25
扁核木	西峰水保站	1	10～15
文冠果	山西运城	3	60～120
长柄扁桃	陕西神木	3	50～60
翅果油树	山西运城	4	70～120
忍冬	陕西杨凌	4	60～80

根据不同地形地貌采用不同的整地方式，塬地条田采用机修整地，先用拖拉机深翻，再用旋耕机旋耕 2 次，最后人工整平，挖坑栽植，栽植穴按“品”字形配置；坡地梯田采用水平阶、鱼鳞坑整地；沟坝地采用人工深翻整平，穴状栽植，栽植穴按“品”字形配置。

工作进度如下（图 5-34～图 5-36）：

2—3 月上旬：及时进行示范地块的杂草清理、翻耕、平整、浇水、施肥、作畦、挖穴、水平阶、鱼鳞坑修整等工作。

3 月中旬：进行苗木调运、假植贮藏等。

3 月下旬—4 月上旬：定植前对苗木的根系进行消毒，在混有生根粉等药液中浸泡 8～12 h，按株行距 1.5 m×2 m 定植，定植后及时浇水。

4 月中旬—9 月：进行浇水、松土、锄草、施肥、喷药等抚育管理工作。

10 月：调查各种植物成活率，观测生长状况，整理各个植物品种的观测资料和相片影像资料，完成项目工作总结报告。

（A）土地旋耕

（B）挖栽植穴

（C）苗木定植

（D）浇水

图 5-34　甘肃庆阳西峰塬地条田水保植物示范点定植过程（2019 年年初）

（A）土地翻耕

（B）苗木假植

（C）栽植穴施底肥　　（D）栽后浇水

图 5-35　甘肃庆阳西峰坡地梯田水保植物示范点定植过程（2019 年年初）

（A）长柄扁桃　　（B）翅果油树

（C）文冠果　　（D）扁核木

（E）忍冬

图 5-36　甘肃庆阳西峰示范植物定植当年生长状况（2019 年年底）

2019 年 9 月上旬对当年栽植的各个植物的成活率进行调查，结果如表 5-18 所示。

表 5-18　2019 年高效水保植物成活率调查

示范地点	示范灌木	栽植数/株	成活数/株	死亡数/株	成活率/%
董志	忍冬（红花、高干）	120	120	0	100
	忍冬（红花）	120	112	8	93
	忍冬（红花、藤本）	120	110	10	92
	忍冬（北花一号）	140	130	10	93
南小河沟		120	109	11	91
董志	忍冬（四季金银花）	140	130	10	93
南小河沟		120	109	11	91
董志	翅果油树	460	396	64	86
南小河沟		440	375	65	85
董志	文冠果	460	390	70	85
南小河沟		440	380	60	86
董志	长柄扁桃	460	390	70	85
南小河沟		440	380	60	86
董志	苦水玫瑰	660	576	84	87
南小河沟		540	470	70	87
南小河沟	扁核木	40	35	5	88

示范地点	示范灌木		栽植数/株	成活数/株	死亡数/株	成活率/%
董志	沙棘	201301	100	87	13	87
		201302	100	86	14	86
		201303	100	87	13	87
		201304	100	91	9	91
		201305	100	89	11	89
		201306	80	68	12	85
		201307	100	88	12	88
		201308	50	43	7	86
		201309	39	33	6	85
		201310	20	17	3	85
		201311	25	22	3	88
		杂雌优 1 号	23	20	3	87
		杂雌优 10 号	10	10	0	100
		杂雌优 12 号	10	10	0	100
		杂雌优 54 号	60	52	8	87
		杂雄优 1 号	40	34	6	85
合计			5 777	5 049	728	87

从调查结果来看，2019 年在庆阳西峰建设忍冬、苦水玫瑰、长柄扁桃、（良种）沙棘等高效水保植物示范基地 40 亩，总体平均成活率为 87%。各种植物成活率在 85%以上。

从 4 月开始对董志试验场和南小河试验场沟栽植的忍冬、（良种）沙棘等植物进行物候观测记载，具体观测结果见表 5-19、表 5-20。

表 5-19 董志试验场定植当年（2019 年）各种示范植物物候观测结果

种名	品种及编号	林龄/年	栽植时间	萌动期	展叶期	新梢生长期
忍冬	红花、高干	4	3 月 30 日	—	日	3 月 30 日
	红花	4	3 月 27 日	4 月 26 日—5 月 8	5 月 2 日—16 日	5 月 12 日
	红花、藤本	4	3 月 27 日	4 月 26 日—5 月 8	5 月 2 日—16 日	5 月 12 日
	北花一号	4	3 月 27 日	4 月 22 日—5 月 4 日	4 月 28 日—5 月 12 日	5 月 16 日
	四季金银花	4	3 月 27 日	4 月 24 日—5 月 6 日	4 月 30 日—5 月 14 日	5 月 18 日
苦水玫瑰	—	4	3 月 28 日	5 月 6 日—14 日	5 月 10 日—20 日	5 月 26 日
文冠果	—	3	3 月 29 日	5 月 8 日—16 日	5 月 12 日—22 日	5 月 28 日
长柄扁桃	—	3	3 月 29 日	5 月 8 日—18 日	5 月 14 日—24 日	5 月 30 日

种名	品种及编号	林龄/年	栽植时间	萌动期	展叶期	新梢生长期
翅果油树	—	4	3月28日	5月18日—8月20日	5月24日—6月2日	6月16日
（良种）沙棘	201301	2	3月30日	4月16日—26日	4月22日—30日	5月4日
	201302	2	3月30日	4月18日—30日	4月24日—5月2日	5月8日
	201303	2	4月1日	4月14日—24日	4月20日—30日	5月4日
	201304	2	4月1日	4月18日—24日	4月26日—5月2日	5月10日
	201305	2	4月1日	4月16日—22日	4月18日—28日	5月8日
	201306	2	4月1日	4月26日—5月4	5月2日—10日	5月18日
	201307	2	4月1日	4月16日—26日	4月22日—30日	5月10日
	201308	2	4月1日	4月18日—30日	4月24日—5月2日	5月12日
	201309	2	4月1日	4月18日—28日	4月24日—30日	5月10日
	201310	2	4月1日	4月20日—30日	4月28日—5月2日	5月14日
	201311	2	4月1日	4月18日—28日	4月24日—5月2日	5月16日
	杂雌优1号	3	4月2日	4月18日—24日	4月22日—30日	5月12日
	杂雌优10号	3	4月2日	4月16日—22日	4月20日—26日	5月8日
	杂雌优12号	3	4月2日	4月16日—22日	4月20日—26日	5月8日
	杂雌优54号	2	4月2日	4月18日—26日	4月24日—30日	5月10日
	杂雄优1号	2	4月2日	4月18日—26日	4月22日—28日	5月14日

表5-20　南小河沟试验场种植当年（2019年）各种示范植物物候观测结果

种名	品种名	林龄/年	栽植时间	萌动期	展叶期	新梢生长期
忍冬	北花一号	4	4月3日	4月24日—5月4日	4月30日—5月16日	5月22日
	四季金银花	4	4月3日	4月24日—5月4日	4月30日—5月16日	5月22日
苦水玫瑰	—	4	4月3日	4月26日—5月10日	5月4日—22日	5月26日
文冠果	—	3	4月3日	5月6日—12日	5月12日—24日	5月28日
长柄扁桃	—	3	4月3日	5月6日—14日	5月14日—24日	5月30日
翅果油树	—	4	4月3日	5月16日—8月20日	5月22日	6月12日

2019年在庆阳董志试验场栽植的忍冬、苦水玫瑰、翅果油树、文冠果、长柄扁桃栽植时间为3月27—30日，其中忍冬一个品种为盆栽，运回来时已经开始新梢生长，移至大田直接生长，5月下旬即开花，枝条边生长边开花，当年开花3茬；其余4个品种栽植后4月下旬至5月上旬萌发新芽，5月上旬至中旬新叶展开并开始新梢生长，6月下旬开花，当年业已开花3茬。其中，忍冬（红花、高干）5月下旬开始开花，其余4个品种6月下旬开始开花，不过当年均开花3茬。

苦水玫瑰、文冠果、长柄扁桃5月上中旬开始萌发新芽，5月下旬开始新梢生长。翅果油树萌动期较晚，5月18日开始萌发新芽，部分苗木8月中旬才萌发新芽。

16个沙棘品种物候期表现为：4月中旬开始萌发新芽，4月下旬至5月上旬为展叶期，5月上旬开始长出新梢。

从表5-20中可以看出，南小河沟栽植的示范植物物候表现，忍冬4月下旬开始萌发新芽，5 月 16 日叶片全部展开，5 月 22 日开始长出新梢；文冠果、长柄扁桃 5 月 6 日开始萌发新芽，5 月 24 日叶片全部展开；翅果油树树木 5 月 16 日开始萌发新芽，部分翅果油树苗木 8 月中旬才萌发新芽。

2019 年分别于 6 月 30 日、7 月 30 日、8 月 30 日对董志试验场和南小河沟试验场当年栽植苗木的树高、地径、冠幅进行观测。8 月 30 日观测结果具体见表 5-21、表 5-22。

表 5-21　董志试验场定植当年（2019 年）示范植物生长量统计

种名	品种名或编号	重复	树高/cm	地径/cm	冠幅/cm
忍冬	高干红色金银花	10	77.8	2.48	141.7
	红色金银花	10	46.3	—	100.7
	藤本红色金银花	10	44.2	—	122.5
	北花一号	10	49.7	—	95.0
	四季金银花	10	52.8	—	102.2
苦水玫瑰	—	10	65.1	—	68.5
文冠果	—	10	49.5	0.80	29.1
长柄扁桃	—	10	67.4	—	59.5
翅果油树	—	10	105.8	1.63	28.3
（良种）沙棘	201301	10	40.7	0.73	19.2
	201302	10	55.4	0.90	26.9
	201303	10	36.9	0.68	14.7
	201304	10	56.6	0.77	20.0
	201305	10	45.5	0.66	21.6
	201306	10	45.3	0.81	21.9
	201307	10	51.3	0.70	18.4
	201308	10	53.3	0.87	21.1
	201309	10	29.2	0.54	14.5
	201310	10	23.4	0.58	12.8
	201311	10	42.9	0.67	17.8
	杂雌 1 号	10	75.4	0.78	42.7
	杂雌优 10 号	10	107.3	1.75	89.2
	杂雌优 12 号	10	96.5	1.42	68.3
	杂雌优 54 号	10	44.2	0.61	14.6
	杂雄优 1 号	10	65.0	0.71	39.1

截至 8 月 30 日，2019 年栽植的高效水土保持植物生长期还未结束。董志塬地示范点忍冬枝条生长较快，冠幅生长量大，主要以丛生蔓状生长，几乎没有主干，高度生长量比较小。盆栽高干红花品种栽植后未换新叶，枝条生长速度快，主干粗壮地径为 2.48 cm，冠幅最大为 141.7 cm。裸根栽植的红花品种、藤本红花品种、北花一号、四季金银花栽植后原有叶片全部被冻脱落，重新萌发新叶，生长量比较小，冠幅生长量依次为 100.7 cm、122.5 cm、95.0 cm、102.2 cm。苦水玫瑰、长柄扁桃、文冠果、翅果油树均为截干栽植。

苦水玫瑰、长柄扁桃是丛状生长，无地径，只有高度和冠幅，高度分别为 65.1 cm、67.4 cm，冠幅分别为 68.5 cm、59.5 cm。文冠果、翅果油树高度分别为 49.5 cm、105.8 cm，地径分别为 0.80 cm、1.63 cm，冠幅分别为 29.1 cm、28.3 cm。

表 5-22　南小河沟试验场定植当年（2019 年）示范植物生长量统计

种名	品种名	重复	树高/cm	地径/cm	冠幅/cm
忍冬	北花一号	10	56.20	—	80.60
	四季金银花	10	44.30	—	60.50
苦水玫瑰	—	10	49.40	—	39.20
文冠果	—	10	49.00	—	31.70
长柄扁桃	—	10	63.90	—	32.20
翅果油树	—	10	114.10	1.65	39.40
扁核木	—	10	22.00	0.34	—

16 个沙棘品种，其中引进品种 11 个全部为 2018 年嫩枝扦插苗，杂优品种 5 个，有 3 个品种为 2017 年嫩枝扦插苗，高度、地径、冠幅均比其他品种大得多。引进品种树高在 23.4～56.6 cm，地径在 0.54～0.90 cm，冠幅在 12.8～26.9 cm，长势最好的为 201302，长势较弱的为 201310。5 个对照品种生长旺盛，3 年生 3 个品杂雌优 1 号、杂雌优 10 号、杂雌优 12 号树高在 75.4～107.3 cm、地径 0.78～1.75 cm、冠幅 42.7～89.2 cm，杂优 54 号和杂雄 1 号为生长高度为 44.2 cm、65.0 cm，地径为 0.61 cm、0.71 cm，冠幅为 14.6 cm、39.1 cm。

南小河沟栽植的忍冬（北花一号、四季金银花）、苦水玫瑰、文冠果、长柄扁桃、翅果油树生长高度依次为 56.20 cm、44.30 cm、49.40 cm、49.00 cm、63.90 cm、114.10 cm，冠幅依次为 80.60 cm、60.50 cm、39.20 cm、31.70 cm、32.20 cm、39.40 cm。扁核木无冠幅，树高 22.00 cm，如表 5-22 所示。

从生长状况来看，忍冬 5 个品种枝条生长速度快，当年就能开 3 茬花，花蕾较多；苦水玫瑰栽植后有少量开花；文冠果、长柄扁桃、翅果油树生长缓慢。扁核木、（良种）沙棘是 2018 年采用种子育苗和嫩枝扦插苗，植株本来就很小，栽植后生长速度相对较快。

从定植第 2 年（2020 年）生长情况来看，董志试验场定植的文冠果较上年树高增长 87%，地径增长 115%，冠幅增长 179%；长柄扁桃较上年树高增长 66%，冠幅增长 134%；翅果油树较上年树高增长 55%，地径增长 96%，冠幅增长 176%；苦水玫瑰较上年树高增长 105%，冠幅增长 126%；5 种忍冬（“高干红色金银花”“红色金银花”“藤本红色金银花”“北花一号”“四季金银花”）较上年树高平均增长 72%，冠幅平均增长 74%。大部长生长指标都有很大的提高幅度，长势很好，如表 5-23 所示。

从定植第 2 年（2020 年）生长情况来看，南小河沟试验场定植的文冠果较上年树高增长 75%，冠幅增长 13%；长柄扁桃较上年树高增长 123%，冠幅增长 255%；翅果油树较上年树高增长 30%，地径增长 68%，冠幅增长 5%；苦水玫瑰较上年树高增长 222%，冠幅增长 314%；两种忍冬（“北花一号”“四季金银花”）较上年树高增长 59%～62%，冠幅增长 89%～165%。大部分生长指标都有很大的提高幅度，长势很好，如表 5-24 所示。

表 5-23　董志试验场定植第 2 年（2020 年）示范植物生长量统计

种名	品种名或编号	重复	树高/cm	地径/cm	冠幅/cm
忍冬	高干红色金银花	10	114.50	3.42	191.10
	红色金银花	10	97.60	—	131.80
	藤本红色金银花	10	84.50	—	195.40
	北花一号	10	86.80	—	188.40
	四季金银花	10	70.60	—	249.50
苦水玫瑰	—	10	133.50	—	155.10
文冠果	—	10	92.50	1.72	81.20
长柄扁桃	—	10	112.00	—	139.10
翅果油树	—	10	163.50	3.20	78.20
（良种）沙棘	201301	10	79.30	1.98	61.50
	201302	10	96.80	2.28	56.80
	201303	10	81.40	1.70	53.60
	201304	10	91.70	2.05	45.90
	201305	10	77.10	1.67	48.50
	201306	10	79.10	2.11	44.50
	201307	10	97.70	1.89	50.10
	201308	10	95.00	2.23	53.50
	201309	10	57.00	1.23	39.90
	201310	10	71.00	1.41	40.78
	201311	10	63.67	1.15	38.00
	杂雌优 1 号	10	138.30	2.54	107.40
	杂雌优 10 号	10	172.60	3.38	173.80
	杂雌优 12 号	10	168.40	2.99	143.20
	杂雌优 54 号	10	106.90	1.79	82.30
	杂雄优 1 号	10	142.70	2.78	126.50

表 5-24　南小河沟试验场定植第 2 年（2020 年）示范植物生长量统计

种名	品种名	重复	树高/cm	地径/cm	冠幅/cm
忍冬	北花一号	10	91.30	—	152.70
	四季金银花	10	70.50	—	160.40
苦水玫瑰	—	10	159.30	—	162.10
文冠果	—	10	85.90	1.57	35.70
长柄扁桃	—	10	142.80	—	114.20
翅果油树	—	10	148.00	2.78	41.30
扁核木	—	10	66.80	—	69.80

南小河沟与董志两个试点相比，前者较后者文冠果树高矮 6.6 cm，地径小 0.15 cm，

冠幅小 45.5 cm；前者较后者长柄扁桃树高大 30.8 cm，冠幅小 24.9 cm；前者较后者翅果油树树高矮 15.5 cm，地径小 0.42 cm，冠幅小 36.9 cm；前者较后者苦水玫瑰树高高 25.8 cm，冠幅大 7.0 cm；前者较后者“北花一号”树高矮 4.5 cm，冠幅小 35.7 cm；前者较后者“四季金银花”树高矮 0.1 cm，冠幅小 89.1 cm。

2020 年在南小河沟、董志两个试验场发现，苦水玫瑰、忍冬各个品种均有开花，董志试验场苦水玫瑰株产鲜重约 850 g，南小河沟试验场苦水玫瑰株产鲜重约 520 g，塬区大于梯田，玫瑰鲜干比为 1∶0.3。在董志试验场，文冠果有约 20%开了花，结实零星，南小河沟未发现开花。长柄扁桃在董志试验场和南小河沟试验场都只有个别植株开了花，未见果实。董志试验场种植的沙棘只有“杂雌优 1 号”“杂雌优 10 号”“杂雌优 12 号”开了花，但受金龟子危害严重，将树叶几乎全部吃光，导致坐果率很低，只有零星的果实；定植引进大果沙棘未见结实。开花结实情况如图 5-37 所示。

（A）文冠果

（B）长柄扁桃

（C）翅果油树

（D）苦水玫瑰

（E）忍冬

图 5-37　甘肃庆阳西峰示范植物定植第 2 年（2020 年）开花结实情况

（四）甘肃天水

2019 年，植管中心委托黄委天水水保站协作执行水利部财政项目专题，在甘肃省天水市秦州区开展“黄土梁状丘陵沟壑区高效水保植物示范建设”，进行文冠果、翅果油树、长柄扁桃、忍冬、（良种）沙棘等植物的示范种植工作，示范种植面积为 53 亩。

示范点分别选择坡地梯田和川水地两种立地条件，坡地梯田位于天水水保站下属梁家坪试验场，川水地位于天水水保站下属龙王沟试验场，以梁家坪试验为主，面积 40 亩；龙王沟为辅，面积 13 亩。

梁家坪示范用地块原为机修梯田，年初采用人机结合的形式，利用挖掘机完成该地块范围内多年来地上杂树和地下根系的清理，并对土地进行了两次全面翻耕。

苗木采购时间集中在 2019 年 3 月，采购地点分别为：（良种）沙棘苗木购自甘肃西峰市黄委西峰水保站；文冠果、苦水玫瑰购自甘肃景泰，忍冬购自河北邢台，翅果油树购自山西运城，长柄扁桃购自陕西榆林。

在对示范地块进行清理、平整、翻耕和磨耙后，（良种）沙棘株行距确定为 1.5 m×2 m，翅果油树、长柄扁桃的株行距定为 1.0 m×2.0 m，文冠果株行距定为 1.0 m×2.0 m，苦水玫瑰株行距定为 1.5 m×2.0 m，忍冬各品种株行距均定为 1.0 m×0.5 m。各树种按此株行距布置，实地放线，并按品种竖立标识牌。

鉴于采购苗木多为一年生苗，苗木不大，栽植地块为水平梯田，原耕作土层较为深厚，故栽植采用挖深 0.4 m、口径 0.2 m 的树坑。

为充分满足植物对各种营养元素的需要以提高苗木的成活率，项目在苗木栽植前施对每个定植穴施复合肥 100 g。然后开始苗木栽植，并浇定植水，对部分园地进行地膜覆盖。

同时，在龙王沟试验场中部苗圃建立引进大果无刺沙棘种质圃，按 1.0 m×1.0 m 的株行距布设；按株行距 1.0 m×1.5 m 布置了忍冬和文冠果。

各种植物示范除栽种时浇足一次定植水外，植物生长期间共浇水 7 次。同时，根据地块杂草情况，采用小型旋耕机或结合人工的方式不定期清除杂草，大规模锄草进行了 4 次。为了促进生长，栽种苗木初期，统一施基肥一次，秋季追肥一次。定植过程及植株种植情况如图 5-38 所示。

在示范植物定植后，分别于 2019 年的 5 月和 8 月对梁家坪试验场和龙王沟试验场栽植的各种示范植物萌芽率、成活率进行了调查，结果如表 5-25 所示。

（A）苦水玫瑰

（B）长柄扁桃

（C）文冠果

（D）翅果油树

（E）忍冬

（F）（良种）沙棘

图 5-38　甘肃天水秦州梁家坪水保植物定植情况（2019 年年初）

（A）文冠果

（B）忍冬

（C）（良种）沙棘

图 5-39　甘肃天水秦州龙王沟定植后的水保植物定植情况（2019 年 5 月）

表 5-25　梁家坪试验场和龙王沟试验场苗木萌芽率及成活率调查

示范植物	栽植数/株	5 月 17 日			8 月 30 日			种植地点
		抽查数/株	萌芽数/株	萌芽率/%	抽查数/株	成活数/株	成活率/%	
201301	4 091	400	290	72.5	488	418	85.7	梁家坪
201302	1 121	200	94	47.0	104	91	87.5	梁家坪
201303	1 077	200	140	70.0	480	414	86.3	梁家坪
201304	764	150	92	61.3	493	421	85.4	梁家坪
201305	312	100	52	52.0	80	69	86.3	梁家坪
201307	417	100	35	35.0	98	84	85.7	梁家坪
翅果油树	400	100	20	20.0	200	171	85.5	梁家坪
长柄扁桃	800	200	120	60.0	200	181	90.5	梁家坪
文冠果	900	200	180	90.0	200	189	94.5	梁家坪
苦水玫瑰	600	200	80	40.0	122	104	85.2	梁家坪
忍冬	500	200	180	90.0	200	190	95.0	龙王沟
201301	50	—	—	—	50	43	86.0	龙王沟

示范植物	栽植数/株	5 月 17 日			8 月 30 日			种植地点
		抽查数/株	萌芽数/株	萌芽率/%	抽查数/株	成活数/株	成活率/%	
201302	400	—	—	—	50	46	92.0	龙王沟
201303	700	—	—	—	50	47	94.0	龙王沟
201304	400	—	—	—	50	45	90.0	龙王沟
201305	100	—	—	—	100	93	93.0	龙王沟
201306	25	25	—	—	25	22	88.0	龙王沟
201307	25	—	—	—	25	24	96.0	龙王沟
201308	25	25	—	—	25	23	92.0	龙王沟
201309	25	25	—	—	25	22	88.0	龙王沟
201310	20	20	—	—	20	17	85.0	龙王沟
201311	20	20	—	—	20	17	88.0	龙王沟
杂雌优 1 号	15	15	—	—	15	13	86.7	龙王沟
杂雌优 2 号	10	10	—	—	10	9	90.0	龙王沟
杂雌优 10 号	8	8	—	—	8	7	87.5	龙王沟
杂雌优 54 号	42	42	—	—	42	39	92.9	龙王沟
杂雄优 1 号	10	10	—	—	10	9	90.0	龙王沟
合计	12 857	2 250	1 283	57.0	3 190	2 808	88.0	—

从表 5-25 中可以看到，在 5 月调查的梁家坪 10 种示范植物种或品种中，忍冬和文冠果萌芽率最高，达到了 90%；“201301”“201303”在（良种）沙棘品种中萌芽率较高，分别为 72.5%、70.0%；翅果油树萌芽率最低，为 20.0%，反映出不同品种之间在萌芽率方面的差异是明显存在的。

在 8 月底调查中，梁家坪试验场示范植物中，以文冠果和长柄扁桃的成活率最高，分别达到 94.5%和 90.5%，翅果油树和苦水玫瑰成活率虽然较低，但也在 85%以上；沙棘品种中，以“201302”为最高，达到 87.5%，不过示范 6 个品种成活率较为接近，为 85.4%～87.5%，总体上差异不大。

龙王沟试验场成活率达到或超过 90%的品种有 10 个，其中“201307”成活率最高，达 96%；其次为忍冬，达 95%；沙棘品种间表现各异，“杂雌优 10 号”虽然成活率最低，但也达到了 87.5%。

2019 年 8 月，对各示范植物树高、地径、新梢数量、生长量进行测量，结果如表 5-26 所示。

2019 年 8 月测量结果显示，各个示范种或品种，无论是树高、地径还是新梢数量方面，龙王沟试验场表现明显优于坡地梯田的梁家坪试验场，反映了两种立地条件间明显的热量、水分和土壤肥力条件差异。

表 5-26　甘肃天水秦州水保植物示范生长量观测结果（2019 年）

序号	示范植物		栽植数量/株	梁家坪试验场				龙王沟试验场			
				株高/cm	地径/cm	新梢平均数量/个	新梢平均长度/cm	株高/cm	地径/cm	新梢平均数量/个	新梢平均长度/cm
1	（良种）沙棘	201301	4 091	22.6	0.5	2.3	11.9	55.3	0.8	3.9	27.4
2		201302	1 121	25.5	0.4	2.5	15.4	86.3	1.1	4.8	46.7
3		201303	1 077	46.6	0.5	1.9	21.7	62.6	0.9	4.1	45.4
4		201304	764	68.4	0.5	2.0	30.0	69.4	0.9	3.6	47.2
5		201305	312	39.2	0.4	2.9	24.7	81.9	1.0	3.4	59.1
6		201306	25	—	—	—	—	75.9	1.0	3.5	52.2
7		201307	417	40.4	0.5	3.1	24.8	91.0	1.0	4.1	58.8
8		201308	25	—	—	—	—	98.8	1.0	3.9	64.1
9		201309	25	—	—	—	—	48.6	0.6	3.2	31.0
10		201310	20	—	—	—	—	63.1	0.6	3.7	38.9
11		201311	20	—	—	—	—	72.4	0.8	3.6	45.8
12		杂雌优 1 号	15	—	—	—	—	106.5	1.0	5.1	65.3
13		杂雌优 12 号	10	—	—	—	—	107.6	1.2	4.9	73.0
14		杂雌优 10 号	8	—	—	—	—	121.3	1.1	4.8	57.8
15		杂雌优 54 号	42	—	—	—	—	61.0	1.0	5.8	49.3
16		杂雄优 1 号	10	—	—	—	—	123.0	1.2	5.0	68.5
17	翅果油树		400	55.5	1.1	2.0	21.7	—	—	—	—
18	长柄扁桃		800	95.7	1.1	3.7	71.5	—	—	—	—
19	文冠果		900	46.0	0.5	5.2	30.6	—	—	—	—
20	苦水玫瑰		800	57.6	1.0	4.3	16.8	—	—	—	—
21	忍冬		1 200	60.6	1.7	5.8	64.2	69.4	1.9	6.0	66.1

2020 年重点对位于坡地梯田的梁家坪试验场定植植物进行了观察（表 5-27），发现植物的各项指标均高于上年。文冠果树高较上年大了 103 cm，新梢生长量大了 50.15 cm，地径大了 2.43 cm，分枝数多了 0.5 个；长柄扁桃树高较上年大了 67.3 cm，新梢生长量大了 54.2 cm，地径大了 1.76 cm，分枝数多了 3.3 个；翅果油树树高较上一年大了 145.5 cm，新梢生长量大了 118.32 cm，地径大了 2.66 cm，分枝数多了 8.4 个；苦水玫瑰树高较上一年大了 34.7 cm，地径大了 0.73 cm，分枝数多了 12.7 个。

天水试点位于山坡梯田的梁家坪，定植了 6 种引进大果无刺沙棘，种植第 2 年（2020 年）测定数据表明，参试各沙棘品种平均树高较种源地庆阳试点同龄平均高 13.5 cm，地径两者间相同。两年的试验结果表明，位于山地的天水试点引进沙棘生长由 1 年生时与对照庆阳试点互有高下，至 2 年生时树高全面超过庆阳试点（地径相同）。

表 5-27 甘肃天水秦州梁家坪试验场水保植物示范生长量观测结果（2020 年）

种或品种名	树高/cm	新梢生长量/cm	地径/cm	分枝数/个
文冠果	149.0	80.75	2.93	5.7
长柄扁桃	163.0	125.70	2.86	7.0
翅果油树	201.0	140.02	3.76	10.4
苦水玫瑰	92.3	—	1.73	17.0
四季金银花	40.0	139.40	2.23	4.5
红花金银花	40.8	124.40	2.10	4.4

位于川水地的龙王沟，定植了 11 种引进大果沙棘，种植第 2 年（2020 年）测定数据表明，引进沙棘测定数据分别较对照庆阳试点平均树高大 47.2 cm，平均地径大 1.0 cm。位于川地的天水试点引进沙棘生长均较对照庆阳试点为好，也明显较梁家坪山坡梯田上生长得要好。定植品种中，发现“201304”有零星结实现象。

天水试点种植油用灌木的开花结实等情况，如图 5-40 所示。

（A）文冠果

（B）长柄扁桃

（C）忍冬

（D）（良种）沙棘

图 5-40 甘肃天水秦州试验油用灌木开花结实情况

第二节　近中期种植规划

黄土高原地区有着十分丰富的油用灌木资源，但在长期生产实践中，这类植物资源的开发与利用没有得到足够重视，因此推广的常见植物一般生态效益明显，但经济收益缺乏。在黄土高原不同水土流失类型区，开展油用植物资源科学配置，是国家生态文明建设对水土保持工作的迫切期望，必须抓紧做实做好。近中期规划主要依据本区水土流失治理和经济质量发展的客观需要，以及国内外市场对油用灌木资源产品的需求趋势，确定本区不同类型区适宜配置的油用灌木种类及近中期（2021—2030 年）配置规模。

一、地树对位配置

在黄土高原地区，按照构建高质量发展模式的要求，遵从“开发一种植物，修复一片生态，培育一项产业，造福一方百姓”的宗旨，以改善生态环境为目标，以增加经济效益为动力，以市场为导向，以科技为依托，开展油用灌木资源建设，为减少黄河泥沙、根治水旱灾害、增加经济收入服务，促进区域国民经济持续、健康、稳定、协调发展。基本原则主要有两条：

一是坚持适地、适树、乡土植物为主原则。根据黄土高原地区自然条件和经济发展的要求，以小流域为单元，根据立地条件类型，选择适宜的油用灌木，分期实施，分区种植，科学配置。重点利用适应当地生态条件的乡土植物，采取切实可行的种植管护措施，保证栽培油用灌木能够持续、长效发挥其生态经济功能。

二是坚持生态建设与产业开发相结合原则。根据水土资源的承载能力和生态环境的容量，因地制宜，在合理高效配置油用灌木资源的基础上，力争实现水土资源的可持续利用，治理与开发相互促进、相得益彰。

根据上述区划原则，确定适宜重点配置的油用灌木资源主要应位于黄土高原东部，延及中西部地区。本区共配置油用类植物主要包括文冠果、长柄扁桃、翅果油树、油用牡丹（紫斑牡丹、凤丹）、苦水玫瑰，同时推荐山桃、忍冬（多个金银花栽培品种）和（良种）沙棘等。

（一）文冠果

文冠果是黄土高原的乡土树种，可配置于西北黄土高原区（Ⅳ）全部 5 个二级区，包括：

① 宁蒙覆沙黄土丘陵区（Ⅳ-1）；

② 晋陕蒙丘陵沟壑区（Ⅳ-2）；

③ 汾渭及晋南丘陵阶地区（Ⅳ-3）；

④ 晋陕甘高塬沟壑区（Ⅳ-4）；

⑤ 甘宁青山地丘陵沟壑区（Ⅳ-5）。

适宜立地条件类型主要有黄土梁峁坡、黄土梁峁顶、黄土阶地等。

（二）长柄扁桃

长柄扁桃在毛乌素沙地有自然保护区，在沙地、黄土区均可生长，其适宜配置区域主要位于黄土高原东北部，即西北黄土高原区（Ⅳ）的3个二级区：

① 宁蒙覆沙黄土丘陵区（Ⅳ-1）；

② 晋陕蒙丘陵沟壑区（Ⅳ-2）；

③ 晋陕甘高塬沟壑区（Ⅳ-4）。

适宜立地条件类型主要有沙丘（顶）、黄土梁峁坡、黄土梁峁顶、黄土阶地等。

（三）翅果油树

翅果油树在晋南及毗邻陕西部分地区为主要自然分布范围，其适宜配置区域主要位于黄土高原东南部，亦即西北黄土高原区（Ⅳ）的3个二级区：

① 晋陕蒙丘陵沟壑区（Ⅳ-2）；

② 汾渭及晋城丘陵阶地区（Ⅳ-3）；

③ 晋陕甘高塬沟壑区（Ⅳ-4）。

适宜立地条件类型主要有黄土梁峁坡、黄土梁峁顶、黄土阶地等。

（四）油用牡丹

油用牡丹主要包括紫斑牡丹和凤丹两种，前者为乡土植物，后者为引入植物，不过引种试验表明两者栽培区域是一致的，故可统一安排种植范围，种植范围包括：

① 晋陕蒙丘陵沟壑区（Ⅳ-2）；

② 汾渭及晋南丘陵阶地区（Ⅳ-3）；

③ 晋陕甘高塬沟壑区（Ⅳ-4）；

④ 甘宁青山地丘陵沟壑区（Ⅳ-5）。

适宜立地条件类型主要有黄土梁峁坡、黄土阶地等。

（五）苦水玫瑰

苦水玫瑰虽然主产于甘肃永登，但在黄土高原全区均有栽培，其配置的区域可在黄土高原全区，包括：

① 宁蒙覆沙黄土丘陵区（Ⅳ-1）；

② 晋陕蒙丘陵沟壑区（Ⅳ-2）；

③ 汾渭及晋南丘陵阶地区（Ⅳ-3）；

④ 晋陕甘高塬沟壑区（Ⅳ-4）；

⑤ 甘宁青山地丘陵沟壑区（Ⅳ-5）。

适宜立地条件类型主要有黄土梁峁坡、黄土阶地等。

（六）其他

山桃、忍冬和（良种）沙棘也是很好的油用植物，在黄土高原区全部5个二级区均可配置，其中山桃适宜立地条件类型主要有黄土梁峁顶、黄土梁峁坡、黄土沟坡、黄土阶地等；忍冬适宜立地条件类型主要有黄土梁峁顶、黄土梁峁坡、黄土阶地等；（良种）沙棘适宜立地条件类型主要有黄土梁峁坡、黄土阶地等。

二、规模与目标

基于降水量空间变异较大的自然情况，黄土高原区需要分区开展油用植物资源建设，适地、适树、适法地保护和恢复植被，拦沙减沙，保障黄河下游安全；结合小流域综合治理，促进农村经济发展；改善能源重化工基地的生态环境，助力构建黄土高原山水林田湖草生命共同体，形成林果飘香，水草丰美，林牧业协同发展。

（一）规模

黄土高原地区配置的主要油用灌木资源，主要包括文冠果、长柄扁桃、翅果油树、油用牡丹、苦水玫瑰等，根据市场需求及有关省区实际情况，近期、中期种植规模分别为386万亩、254万亩，总规模为640万亩。如表5-28所示。

表5-28　黄土高原地区油用灌木资源近中期（2021—2030年）配置规模

<table>
<tr><th rowspan="2">二级区</th><th colspan="2">范围</th><th rowspan="2">配置树种</th><th colspan="3">配置规模/万亩</th></tr>
<tr><th>省区</th><th>县（市、区、旗）</th><th>总面积</th><th>近期
（2021—2025年）</th><th>中期
（2026—2030年）</th></tr>
<tr><td rowspan="10">宁蒙覆沙黄土丘陵区（Ⅳ-1）</td><td rowspan="5">内蒙古</td><td rowspan="5">卓资县、凉城县、呼和浩特市、包头市、鄂托克旗、乌审旗等</td><td>文冠果</td><td>15</td><td>9</td><td>6</td></tr>
<tr><td>长柄扁桃</td><td>15</td><td>9</td><td>6</td></tr>
<tr><td>苦水玫瑰</td><td>3</td><td>2</td><td>1</td></tr>
<tr><td>其他</td><td>10</td><td>6</td><td>4</td></tr>
<tr><td>小计</td><td>43</td><td>26</td><td>17</td></tr>
<tr><td rowspan="5">宁夏</td><td rowspan="5">石嘴山市、银川市、吴忠市</td><td>文冠果</td><td>10</td><td>6</td><td>4</td></tr>
<tr><td>长柄扁桃</td><td>10</td><td>6</td><td>4</td></tr>
<tr><td>苦水玫瑰</td><td>3</td><td>2</td><td>1</td></tr>
<tr><td>其他</td><td>10</td><td>6</td><td>4</td></tr>
<tr><td>小计</td><td>33</td><td>20</td><td>13</td></tr>
<tr><td colspan="4">合计</td><td>76</td><td>46</td><td>30</td></tr>
</table>

二级区	范围		配置树种	配置规模/万亩		
	省区	县（市、区、旗）		总面积	近期（2021—2025 年）	中期（2026—2030 年）
晋陕蒙丘陵沟壑区（Ⅳ-2）	内蒙古	鄂尔多斯市	文冠果	10	6	4
			长柄扁桃	20	12	8
			油用牡丹	10	6	4
			苦水玫瑰	3	2	1
			其他	20	12	8
			小计	63	38	25
	陕西	榆林市、延安市	文冠果	20	12	8
			长柄扁桃	20	12	8
			翅果油树	10	6	4
			油用牡丹	3	2	1
			苦水玫瑰	3	2	1
			其他	20	12	8
			小计	76	46	30
	合计			139	84	55
汾渭及晋南丘陵阶地区（Ⅳ-3）	山西	晋城市、长治市、临汾市、运城市等	文冠果	10	6	4
			翅果油树	10	6	4
			油用牡丹	20	12	8
			苦水玫瑰	2	1	1
			其他	10	6	4
			小计	52	31	21
	陕西	西安市、渭南市、宝鸡市等	文冠果	15	9	6
			翅果油树	10	6	4
			油用牡丹	20	12	8
			苦水玫瑰	3	2	1
			其他	10	6	4
			小计	58	35	23
	合计			110	66	44
晋陕甘高塬沟壑区（Ⅳ-4）	山西	吕梁市、临汾市、运城市	文冠果	10	6	4
			长柄扁桃	10	6	4
			翅果油树	20	12	8
			油用牡丹	20	12	8
			苦水玫瑰	3	2	1
			其他	10	6	4
			小计	73	44	29
	陕西	铜川市、咸阳市等	文冠果	20	12	8
			长柄扁桃	10	6	4
			翅果油树	10	6	4
			油用牡丹	10	6	4
			苦水玫瑰	3	2	1
			其他	15	9	6
			小计	68	41	27

二级区	范围		配置树种	配置规模/万亩		
	省区	县（市、区、旗）		总面积	近期（2021—2025 年）	中期（2026—2030 年）
晋陕甘高塬沟壑区（Ⅳ-4）	甘肃	庆阳市、平凉市	文冠果	20	12	8
			长柄扁桃	15	9	6
			翅果油树	10	6	4
			油用牡丹	20	12	8
			苦水玫瑰	3	2	1
			其他	20	12	8
			小计	88	53	35
	合计			229	138	91
甘宁青山地丘陵沟壑区（Ⅳ-5）	甘肃	天水市、定西市	文冠果	20	12	8
			油用牡丹	15	9	6
			苦水玫瑰	3	2	1
			其他	15	9	6
			小计	53	32	21
	宁夏	固原市	文冠果	10	6	4
			油用牡丹	10	6	4
			苦水玫瑰	3	2	1
			其他	10	6	4
			小计	33	20	13
	合计			86	52	34
全区			文冠果	160	96	64
			长柄扁桃	100	60	40
			翅果油树	70	42	28
			油用牡丹	128	77	51
			苦水玫瑰	32	21	11
			其他	150	90	60
总计				640	386	254

注："其他"指山桃、忍冬、（良种）沙棘等。

全区按油用灌木种的配置规模如下：

文冠果：共 160 万亩，其中近期 96 万亩，中期 64 万亩；

长柄扁桃：100 万亩，其中近期 60 万亩，中期 40 万亩；

翅果油树：70 万亩，其中近期 42 万亩，中期 28 万亩；

油用牡丹：128 万亩，其中近期 77 万亩，中期 51 万亩；

苦水玫瑰：32 万亩，其中近期 21 万亩，中期 11 万亩；

其他：包括山桃、忍冬和（良种）沙棘等，共 150 万亩，其中近期 90 万亩，中期 60 万亩。按种来分，山桃 50 万亩，其中近期 30 万亩，中期 20 万亩；忍冬 50 万亩，其中近期 30 万亩，中期 20 万亩；（良种）沙棘 40 万亩，其中近期 24 万亩，中期 16 万亩；其他

10 万亩，其中近期 6 万亩，中期 4 万亩。

全区近中期规划实施完毕后，油用灌木资源的新增面积 640 万亩，加上原有资源面积 217 万亩，油用灌木总资源面积将达到 857 万亩。届时，按种的资源面积将如下所示：

文冠果：210 万亩，其中新增 160 万亩，原有 50 万亩；

长柄扁桃：130 万亩，其中新增 100 万亩，原有 30 万亩；

翅果油树：90 万亩，其中新增 70 万亩，原有 20 万亩；

油用牡丹：148 万亩，其中新增 128 万亩，原有 20 万亩；

苦水玫瑰：44 万亩，其中新增 32 万亩，原有 12 万亩；

山桃：70 万亩，其中新增 50 万亩，原有 20 万亩；

忍冬：60 万亩，其中新增 50 万亩，原有 10 万亩；

（良种）沙棘：55 万亩，其中新增 40 万亩，原有 15 万亩；

其他：为第一章表 1-1 所列部分植物，50 万亩，其中新增 10 万亩，原有 40 万亩。

（二）目标

黄土高原地区油用灌木资源建设与开发利用的目标，既是寄希望于通过油用灌木资源建设，发挥其保持水土、涵养水源、防风固沙的生态作用，同时更迫切地需要增加高质量油脂资源的产出，作为绿色原料以加工各类高档油类保健品，保障国民身体安康，增加企业的直接经济收入。

规划实施完毕后，黄土高原地区油用灌木资源从产油这一个指标来匡算，可年产各类高档油 38.43 万 t，精油 488 t。

1. 高档油脂

油用灌木含油率很高，其主要经济用途是提取油脂。油用灌木油脂多用来生产保健品，作为原料的市价，经常在每千克近千元甚至近万元，利润空间很大。

文冠果：210 万亩，按亩产鲜种子 300 kg、出 2/3 干种子、出油率 35%计，每亩可产油 70 kg，共可产油 14.7 万 t/a；

长柄扁桃：130 万亩，按亩产 300 kg 鲜果、出 2/3 干果、出 1/2 果仁、出油率 50%计，每亩可产油 50 kg，共可产油 6.5 万 t/a；

翅果油树：90 万亩，按亩产鲜果 400 kg、干果 300 kg、果仁 150 kg、得油率 30%计，每亩可产油 45 kg，共可产油 4.05 万 t/a；

油用牡丹：148 万亩，按亩产籽 300 kg、出油率 22%计，每亩可产油 66 kg，共可产油 9.77 万 t/a；

山桃：70 万亩，按亩产鲜果 200 kg、出仁率 20%、得油率 40%计，每亩可产油 16 kg，共可产油 1.12 万 t/a；

（良种）沙棘：55 万亩，按亩产鲜果 300 kg、鲜全果出油率 3%计，每亩可产油 9 kg，共可产油 495 万 kg/a；

其他：50 万亩，按与产油较低的山桃接近标准匡算，即每亩可产油 20 kg 计，共可产油 1 万 t/a。

2．精油

精油是从植物的花、叶、茎、根或果实中，通过水蒸气蒸馏法、挤压法、冷浸法或溶剂提取法提炼萃取的挥发性芳香物质。纯精油因为含有多种不同的化学成分，大部分不能直接大量用在皮肤上，而是通过稀释后在基础油中使用。精油有“西方的中药”之称，是可以通过皮肤渗透进入血液循环，能有效地调理身体，达到舒缓、净化等作用。精油分四个等级：第一级（A）：纯精油；第二级（B）：食品级；第三级（C）：香水级；第四级（D）：纯露或花水。相比油脂价格，精油价格要高得多，通常每毫升价格在数百甚至上万元。

除从苦水玫瑰中可以提取精油外，从文冠果、翅果油树、油用牡丹、忍冬等中也可以提取到精油。

文冠果：210 万亩，按亩产鲜花蕾 300 kg、干花出 1/3、（干花）精油得率 0.5‰计，每亩可产精油 0.05 kg，共可产精油 105 t/a；

翅果油树：90 万亩，按亩产鲜花蕾 150 kg、干花出 1/3、（干花）精油得率 0.4‰计，每亩可产精油 0.02 kg，共可产精油 18 t/a；

油用牡丹：148 万亩，按亩产鲜花蕾 400 kg、干花出 1/3、（干花）精油得率 0.9‰计，每亩可产精油 0.12 kg，共可产精油 178 t/a；

苦水玫瑰：44 万亩，按亩产鲜花蕾 500 kg、（鲜花）精油得率 0.4‰计，每亩可产精油 0.2 kg，共可产精油 88 t/a；

忍冬：60 万亩，按亩产干花 150 kg、（干花）精油得率 0.5‰计，每亩可产精油 0.075 kg，共可产精油 45 t/a。

上述高档油脂、精油的年产量数值只是理论计算数据，可预测油用灌木资源规划实施完成后，每年理论上可产出的量，而这些量是用来做产业布局的重要依据。

按照上述匡算的油脂和精油年产量，黄土高原地区可在资源较多的西安、兰州、太原 3 个省会城市各建立 1 家大型综合型油脂（含精油）加工企业；在陕西咸阳、宝鸡、延安、榆林，甘肃天水、定西、庆阳、平凉，宁夏固原，山西临汾、晋城，内蒙古呼和浩特、鄂尔多斯 13 个地级城市，各建立 1 家中型综合型油脂（含精油）加工企业；在上述城市下属及周边的大部分县城设立原料定点收购公司；在上述城市下属及周边大部分乡镇设立原料收购点，形成油用灌木资源开发的原料生产、收购、运销和加工为一体的网状系统。营销系统通过线上、线下多渠道，在满足当地需求的前提下，重点销往东部发达地区，产品质量过关的情况下，可销往国外，占领国外市场，为国家换取外汇。

事实上，油用灌木产生的油脂和精油，可以用在多个领域，通过多布局、多渠道、多产品，来减轻风险和压力，争取实现最优经济效果。

第三节　主要配套措施

油用灌木资源的配置，不仅要有最新的技术措施支撑，还要有相应的政策措施来保驾护航，这样才能确保规划落到实处，发挥预期的经济效益、生态效益和社会效益。

一、技术措施

黄土高原油用灌木资源与种植有关的技术措施，主要包括苗木繁育技术、种植管护技术和资源采收技术三大类。

（一）苗木繁育技术

下面重点对长柄扁桃、翅果油树、文冠果、油用牡丹和苦水玫瑰的苗木繁育技术做出介绍，山桃、沙棘等常见树种略去介绍，忍冬的介绍参见胡建忠等（2016）所著的《全国忍冬属药典植物生态建设与开发利用》一书。

1．文冠果

文冠果常用的繁殖方法为播种育苗和嫁接育苗，但播种育苗不能保持母树的优良特性，因此选优的品种多通过嫁接繁殖，虽然用时较长，成本较高，但技术已经较为成熟。扦插和组织培养方面技术也正在探讨中。

（1）播种育苗

根据文冠果果实的形态特征和果皮色泽确定果实成熟期和采种期，采集文冠果种子时，选择树势强健、连年丰产、种仁饱满、抗病虫能力强的优良单株和充分成熟的种子用于翌年繁殖。由于种子成熟度直接影响发芽率，因此果实应随熟随采，严防早采掠青。采收的果实应及时摊开晾晒，待果实全部裂开，用脚踩或滚压，然后清除果皮，将种子收集于阴凉通风处晾干。当种皮由乌亮黑色或者红褐色变为暗褐色时，即可收袋贮藏。

1）育苗地处理：文冠果育苗地应根据其生态学特性选择地势平坦、土质肥沃、土层深厚、通风良好、光照充足、灌水方便、排水良好的微碱性沙壤土育苗。在播种前每亩地施 1 000 kg 的农家肥，撒施均匀后结合春耕翻入土内 20 cm，随翻随耙压、整平。

2）种子处理：由于文冠果种粒大小相差悬殊，在播种前首先需要对种子进行分级，根据种粒大小及饱满程度，将种子分为 1 级、2 级、3 级，选取 1 级、2 级种子进行处理播种，保证出苗整齐，降低废苗率，提高种子的利用率。

由于种子的外种皮坚硬且有一层蜡状物，水分不易浸透，且种子萌动需打破休眠，故自然发芽率很低，因此，在播种前需对种子进行处理以提高其发芽率。以低温沙藏方法为佳，其次用温水浸种后混沙经短期快速高温催芽处理。种子的前期处理不仅影响发芽率，也会对苗木质量与产苗量产生影响。

低温沙藏法是将分级处理好的种子在播种前一年的 12 月进行冬贮。将准备好的种子与湿沙按 1∶3 的比例混合搅拌，然后将种子做好标记放置于窖内或事先准备好的坑内冬贮，窖内温度 0～5℃。第 2 年播种前一周将种子取出，将剔去沙子的种子放入向阳的坑内，坑深约 0.5 m，宽依情况而定。对坑内种子做好保湿处理，温度为 20～25℃，每日翻动检查种子发芽情况，直到 1/3 种子“露白”时即可全部播种。

快速高温催芽法是将未进行冬季低温沙藏处理的育苗种子，在播种前 2 周左右，将分级处理的种子用 40～60℃的温水浸泡 3～4 d，每日换水 1 次，防止细菌滋生，将浸泡完毕的种子放于 20～25℃的坑内进行催芽，坑上覆盖塑料膜或湿草帘。每日喷洒适量水分并翻动种子 1～2 次，检查种子催芽情况。

3）播种：文冠果播种期一般在 4 月中旬进行（谷雨前后）。可根据地域差异适时早播，延长苗木生长期，促进木质化。在播种前 1 周左右将播种地充分灌溉，待地面表土略散时，进行播种。播种方法和密度可依据实际情况而定，行距可为 30～40 cm、沟深 3～4 cm、5～8 cm 撒播一粒种子，为防止土壤水分散失应在下种后立即覆土，覆土厚度 2～4 cm。

4）苗圃管理：在播种后应及时喷施除草剂，防止杂草生长。播种 8～15 d 后幼苗开始破土生长，为避免土壤湿度大，致使幼苗根系腐烂或苗木倒伏，应尽量少浇水或不浇水。在生长到 5 月下旬追施氮肥 1 次，每亩地 18 kg。6 月下旬至 7 月上旬追施磷钾肥，每亩地 10 kg，草木灰每亩地 20 kg，追肥后及时灌水。在 7 月下旬控制施肥浇水，避免二次抽梢，木质化程度差，翌年易发生干梢，并且有利于苗木木质化，提高壮苗率。

（2）嫁接育苗

文冠果系异株异花自然杂交授粉植物，若长期采用有性繁殖其后代将与母本严重分离，品种变异形成优劣混生的群体，无法保持亲本优良的生物学特性。因此，为保持其母本优良特性，使其发挥增产效益，在选定丰产优株后，进行无性繁殖。相对而言，嫁接技术已经较为成熟。

文冠果嫁接的前期准备应在早春 2—3 月树液流动前，剪取生长健壮无病虫害的 1～2 年生枝条作为接穗，将接穗置于潮湿的地窖内沙藏。嫁接始于春季树液刚开始流动、芽萌动前。目前技术比较成熟且简便成活率高的两种嫁接方法为劈接和芽接。

1）劈接：选择 2～3 年生健壮苗为砧木，断砧高度距地面 10 cm 左右，选择砧木平直的一面，从横切面上垂直下切，深达 2～4 cm。再将准备好的长 4 cm 左右的枝条削留 2 个芽，在接穗的下端没有芽的两侧面，削长约 2.5 cm 长的斜切面，削面角度要求在 30°左右。尖削度不宜过大，过大则空隙大，不容易与砧木密接，顶端要平。砧木和接穗切好后，迅速插入砧木切口中，将砧木和木质部的皮层对准，然后合拢砧木，靠紧砧木的木质部，再用缚扎物把伤口从下到上扎好，套上预先准备好的塑料袋，保持不露空隙，以减少蒸发，保证成活。

2）芽接：在距地面约 15 cm 处，选平直、光滑的一面用芽接刀切 1 个“丁”字形切口，横切口长约 0.7 cm，顺切口长约 3.5 cm，再用芽接刀尾部的骨片将“丁”字形切口撬开，以便插入接穗的芽片。用左手捏住穗条，右手用芽接刀在穗条的接芽面上方约 1 cm 处横切一刀，深达木质部内，然后在接芽面的下方 2.5 cm 处向上切削，将芽片削成两端稍薄、中间稍厚，带木质部的平滑芽片，然后在接芽的下方距离接芽 0.4 cm 处的两侧，用芽接刀轻轻地各削两刀，中间留 1 条老皮，再在距接芽约 0.5 cm 上方两侧也同样各削两刀，这样削的目的是使芽片露出形成层，以紧密贴合砧木的形成层。为了易于向砧木的“丁”字形切口插入，芽片的下端要削尖。砧木和接穗处理好后，立即将鸭嘴形、带木质部的芽片插入砧木“丁”字形切口中，芽片上端要与砧木“丁”字形切口的横切口对紧，然后用塑料带绑紧扎严，只让穗片的接芽露在外面。

由于文冠果有较强的萌蘖性，嫁接后应及时剪除接口以下的萌芽或根系萌蘖苗，以保证砧木集中水分和养分供应嫁接口愈合和新枝的生长。15 d 后，嫁接成活的接芽开始萌发，由于新枝生长迅速，应择机进行割袋放风，直至完全去袋并陆续解绑。嫁接时绑的塑料带，在风大地区接芽萌发成新枝的当年，只可以根据新枝发育情况进行松一下后再绑，切忌解除塑料带，这样可以提高嫁接成活率。这项工作很重要，应做到经常检查，避免塑料带勒入接芽组织内，既影响发育又易风折。

苗床培育的文冠果苗木在 1 年后应出圃栽植，在起苗前充分灌溉，起苗根系长度应在 30 cm 以上，根幅保持在 25 cm 以上。由于文冠果根系脆嫩，破损后不能愈合，因此应该小心剥离土层，防止伤根，运输时要格外谨慎，精心包装，尽量保持根系完整，无伤痕。文冠果苗木不宜多天假植，为保证成活率，提倡起苗、运输、栽植同步进行。如果苗木长途运输，可对苗木进行截干处理，主干保留 40～50 cm，按规程包装，运输过程中防止根系失水过多，失掉的水分应及时得到补充。

（3）嫩枝扦插育苗

根据多年实践，初步总结出的文冠果全光喷雾嫩枝扦插育苗技术如下：

1）苗床制作：采用露地沙床育苗。先平整土地，基质选用干净的河沙（不能含土，以免影响透气性和水的含量）做高床，沙床的方向以南北向最佳，沙床长度小于 30 m，床面宽 1 m，高 15 cm，步道宽 24 cm（铺砖），最大沙粒的直径要小于 0.3 cm。如果连续作业，每年必须换干净的沙子，否则在长期喷水的作用下，沙床上会长满地衣，地衣与基质紧密相连，形成片状物，影响沙床的通透性，会造成幼苗烂根，严重影响成活率。

2）设备安装：床面整平后，按其长度剪裁*Φ* 25PE 管，并与主管道、*Φ* 25Y 形叠片过滤器、水泵相连。铺设在床面上的*Φ* 25PE 管，每隔 70 cm 安装一个喷头（5427B 涡流雾化微喷头＋5400 地插杆）。水泵的另一侧连接 1 k-400 型微电脑定时控制仪，再依次连接两相磁力开关和电源。

3）基质消毒：在扦插前 2～3 d，整平床面，用 0.3%～0.5%的高锰酸钾水溶液喷洒床面，喷药量为 3 g/m^2，要喷透沙床，以便达到最好的消毒效果。喷后 24 h 用清水充分淋洗，一般淋洗 3～4 h 后扦插。

4）穗材采集、制作与处理：5：00—6：00，采集粗度 0.5～0.8 cm 的半木质化枝条，放在通风、背阴、湿润的地方备用。如果采条时遇到阴天或小雨天气（不影响工作），可适当延长采条时间。要保证当天采集的枝条当天扦插。若储存不当，会影响成活率。

制作插穗时，要去掉枝条过嫩的梢部和木质化过高的基部，按 8～10 cm 长度制作，上剪口要平截并距上芽 1 cm 左右，下剪口要斜截，最好距叶痕 0.5 cm 左右，因为叶痕处促进生根的内源激素含量较高，有利于生根。每个插穗上保留 1～2 个复叶，每个复叶上保留 3～4 个小叶。每 50 个插穗打成一捆，下剪口要整齐，放入盛有水的非金属容器中，水面不要过高，剪口能吸收水为宜。

把 1 g ABT 生根粉 1 号放入 100～150 mL 酒精中充分溶解，再加入 5 kg 水稀释成 200 mg/kg 浓度的溶液。将制好的插穗放入该溶液中浸泡，溶液的深度以没过插穗剪口为宜，浸泡 1.5 h 后开始扦插。1 g ABT 生根粉大约能处理 3 000 个插穗。插穗的处理时间也是经过多次试验确定的。

5）扦插：因为文冠果的枝条是春长型，春梢在 6 月下旬停止生长。经多次试验发现，6 月初扦插成活率较高。扦插要在 17：00 以后进行，如果遇到阴天，可提前进行。扦插的株行距为 3 cm×8 cm（方便疏松沙床），400 株/m^2 左右。扦插深度在 2.5 cm 左右，以刮风不倒为宜。每扦插 10 min 就要喷水一次，避免沙床干燥，影响苗木成活。

6）苗期管理。

喷水：扦插后，每天要在 6：30—19：30 喷水。喷水频率要根据天气情况进行，以保证叶面有水珠、不萎蔫为原则。气温高、光线充足的天气喷水频率大些，反之则小些。遇到雨天要停止喷水。扦插初期，喷水频率要大。1 周以后，插穗渐渐形成愈伤组织，喷水频率要小些。20 d 以后逐渐生根，喷水频率更要小些；进入 10 月，仅在早（晚）喷透苗床即可。

除草松沙：苗床上的杂草要及时除掉，做到“除早、除小、除了”，因为杂草的根系发达，过晚除草，会带掉幼苗，影响成活率。沙床经常喷水，会造成床面坚硬，要及时用宽 4 cm 左右的小铁丝耙，在插条的行间进行松沙，增加沙床的通透性，促进根系生长，避免幼苗烂根，有效提高成活率。

施肥：愈伤组织形成以后，可适当喷洒 0.2%叶面肥（一夜绿）800 倍液，施叶面肥要在晚上停止喷水以后进行。当幼苗生根后，可适当撒入复合肥，20 g/m^2 即可。

有害生物防治：扦插后，因为沙床湿润，会发现插穗下剪口处有 2～3 mm 长的线虫。可用 4.5%的溴氰菊酯 1 000 倍液防治，晚上停水后喷洒。喷药后再喷水 1 次，将叶面的农药喷掉，并进入沙床，防治效果会更好。为了防止文冠果苗发生病害，要经常给苗床消毒。

一般用 0.5%高锰酸钾溶液或 800 倍液的多菌灵、百菌清等广谱杀菌剂喷洒沙床。每 10 d 左右喷洒 1 次。

7）苗木越冬：因为当年生扦插苗弱小，苗高只有 10～20 cm，根系尚不发达，木质化程度较弱；朝阳地区冬季干旱、少雪、多风。幼苗在沙床上很难越冬。在 10 月下旬，必须把幼苗从沙床上起下来，每 10 株一捆放在假植沟内，要求每株苗的根系都与土壤密切接触，并浇少量的水，待水渗透后，用疏松土壤把幼苗根系盖严，苗干外露。同时，把假植幼苗附近的土壤疏松。结冻以后（11 月中下旬），用事先疏松的土壤，把幼苗覆盖，覆土厚度 5 cm 左右。待翌年春天移植。

8）移植苗培育。

整地灌水：3 月下旬或 4 月上旬，土壤解冻后，选择土层深厚、土质疏松肥沃的地块进行深翻、耙平，做 50 cm 宽的垄。用微喷灌带喷水，待土壤稍干时栽植。

栽植：取出越冬储藏的苗木，将根系剪去少许（有利于吸水）。在已整地的垄沟内，按 10 cm 的株距栽植，并踩实，再用 10 mg/kg 浓度的 ABT 生根粉 3 号水溶液灌根，每亩地用生根粉 5 g。最后再覆土。

田间管理：在整个生长季，要及时除草、松土、灌水、施肥和对有害生物进行防治。灌水和雨后，一定要结合除草进行松土，以确保苗木正常生长。追肥时，要根据苗木生长和土壤肥力选择施肥量和肥料的种类，最好用含钾成分较高的复合肥，因为钾元素能促进苗木木质化。北方地区降水多集中在 7—8 月，尤其是秋季雨水多的年份，容易诱发文冠果苗木抽放秋梢，影响苗木安全越冬。秋梢过旺、叶片繁茂，使苗木头重脚轻，造成苗木弯曲、倒伏，降低合格率。另外，过多的雨水，使苗木群体结构内部湿度增大，形成高湿高温的群体小气候，这种环境容易诱发病虫害。因此，文冠果育苗地秋季管理的核心是加强排水。

（4）根段扦插育苗

苏文杰（2019）鉴于文冠果根有很强的分蘖能力，尝试了用根来繁育的根段扦插技术。

选择有灌溉条件的沙壤地块做圃地，整地前亩施农家肥 5 000 kg 以上，撒施在地面后用旋耕机深旋 30 cm 左右，然后做畦。畦宽 1 m（含畦梗），畦做好后搂平备用。

1）根段剪截：苗圃地起完大苗后，挖取（或用犁耕翻）落在地里的根。选取 0.4 cm 粗以上的根，截成 10 cm 左右长的根段做插穗。

2）扦插：黑龙江在 4 月末至 5 月初进行。先用特制的植苗铲（用宽 10 cm、长 15 cm、厚 0.2 cm 的钢板做成），在畦内按 20 cm×20 cm 株行距，在定植点处扎 15 cm 深，然后向前（或向后）推铁铲开一窄缝，将插穗（根段）插入缝中，深度要使插穗顶端低于地面 2 cm 左右，插后拔出铁铲合缝，插完 1 畦后立刻灌水沉实，待表土半干时用二齿钩松土，20 d 左右萌发出土。芽出土后每株选留 1 个健壮的芽做主干，其余的芽全部摘除，成活率达 75% 以上。

3）田间管理：定干后，干旱时及时浇水，浇水后及时松土除草。7月下旬生长旺季追1次尿素，亩用量10 kg，撒施在畦面上随后灌水。雨季到来时，选晴天喷洒2次甲基托布津液（2次间隔期7～10 d）防治叶斑病。进入9月适当控水促进木质化，当年苗高可达60 cm以上。若培育大苗需另行分苗。

（5）根蘖育苗

利用文冠果大苗起苗后落下的根，直接进行苗木繁育。

1）起苗后土地整理：大苗最好在春季造林季节起挖，最好用铁锹起挖。起挖时，在保证苗木质量的基础上，挖出的根尽可能短些，使落在母树林的根尽量长些，这样有利于下年多出苗、出壮苗。大苗起挖后，将地耙平，然后向地里撒施优质农家肥，亩撒施5 000 kg以上，施肥后按原垄起垄（垄不要起太高，以免土压过厚影响萌发新株），将落在地下的文冠果根埋入土中。起垄后如土壤干旱，可灌一次水促进萌发。

2）抹芽定干：文冠果的根在5月末便陆续萌发出土。当文冠果的根全部萌发后，每棵苗留单芽，其余的芽全部抹掉。在抹芽定干时，要抹去强芽、弱芽，留中庸芽，使以后各植株生长整齐，以免以后出现强弱苗的现象。后期对主干上50 cm以下生出的侧芽，也应及时抹去促进主干的高生长。

3）间苗：对于萌发过密的要间苗，以亩保苗2 500～3 000株为宜。

4）田间管理：当文冠果定干后及时松土除草，干旱时及时灌水。苗高30 cm时结合灌水追一遍尿素（撒入垄沟随后灌水），亩用量10 kg。8月上旬结合灌水再追1次尿素，方法同上。立秋后适当控水促进木质化，提高抗寒能力。培育文冠果大苗需2～3年，各年管理方法与第一年略同。

第二次起苗后及以后每次起苗后的管理与第一次起苗后管理相同。但由于母树林多年连作，病虫害会加重，因此要加强对母树林的病虫害防治，力争不让母树林产生病虫害。一旦发生病虫害要治早、治彻底、不留传染源，落叶后将落叶清除干净，运出母树林外烧掉，然后喷5波美度的石硫合剂，第二年春萌芽前再喷1次，这样可大大减少病虫害在下年的发生。同时，宜多施有机肥提高肥力。由于母树林连年生产，落叶又年年清除，地力消耗严重。因此，每次起苗后多施优质农家肥提高地力，确保年年繁育出好苗木。

为了探寻适宜干旱区的文冠果繁殖方法与技术，柴春林等（2018）以甘肃选择出的文冠果优良单株为繁殖材料，于2014—2016年在甘肃定西巉口林场对文冠果主要的苗木繁殖方法（播种繁殖、根插繁殖、嫁接繁殖）进行了对比试验研究。结果发现，文冠果根插繁殖的成活率最高，平均出苗率为75.33%；其次是播种繁殖，达50%；嫁接繁殖成活率较差，为27.40%。这一试验说明，根插和播种繁殖适宜文冠果大规模育苗；覆膜播种和大田直播的平均出苗率相差不大，分别为51.31%和51.10%，几乎没有差异。当地文冠果也可直接大田播种，覆膜播种和大田直播均存在出苗不整齐的现象；由于砧木质量和低温的影响，嫁接成活率较低。研究认为，在西北干旱、缺水和风大的环境条件下，文冠果最好覆膜播种，播前种子最好进行催芽处理。嫁接最好选用低位培土嫁接或套袋嫁接。

2．长柄扁桃

长柄扁桃的苗木繁育方法，除播种育苗外，还有扦插育苗等无性繁殖手段。

（1）播种育苗

苗圃地宜选择有灌溉条件或接近水源、地势较平坦、土壤深厚，肥力较好的沙壤土。涝洼、盐碱地、黏土不宜选用。

1）整地做畦：春季或秋季进行全面整地。耕翻前每亩施腐熟农家肥 2 000～3 000 kg（或二胺 30～50 kg），深耕在 30 cm 以上。做到细致深翻，耙耱整平，达到地平、土碎，无草根、石块的条件。

整好地后做畦。畦宽 1 m，畦长依地形或排灌条件而定，一般选择 15～20 m。步道宽 30 cm。

苗床以东西走向为宜，要求达到土细，面平。

2）种子处理：育苗用的种子，应选择颗粒饱满、成色新鲜的种子。

在春季育苗，应进行人工催化，秋季育苗则可直接播种。

种子处理方法有两种：一种是先用 80℃热水冲泡，人工搅动至 35℃，然后浸种 3 d，令种壳软化；再将浸泡好的种子置于冷冻设备（如冰柜）内速冻 3 d；果核冻裂后即可直接播种；另一种是在入冬后，先将一份种子和两份湿沙搅拌均匀，然后装入麻袋，选择背阴处挖坑放入，坑口用柴草覆盖，待到翌年春季开始解冻后及时检查并翻动，以防种子发霉，待种子 1/3 裂嘴发芽时播种。

3）适时播种：长柄扁桃播种分春播和秋播，以秋播为好。春播在春分和谷雨期间为宜，即 3 月下旬至 4 月中旬。秋播在种子采收后到立冬前半个月，即 10 月中、下旬至 11 月上旬期间。

每亩播纯净种子 50 kg（8 万粒左右）。

实行行式播种。在整好的畦内，开沟深度 5 cm，株距 5 cm，行距 35 cm，播种要均匀。

沙壤土一般覆土 2～3 cm，覆土后稍加压实。

4）苗期管理：出期和幼苗生长期，要保持床面湿润。干旱时可采取人工或机械喷洒，勿大水漫灌，谨防积水。

播种 6～8 d 后出苗，要人工拔除杂草，防止将幼苗带起。浇水或下雨过后，要及时松土除草，做到苗圃内无杂草。松土应逐次加深，不伤苗，不压苗。

5 月下旬至 6 月下旬为苗木旺盛生长期，每亩施腐熟人粪尿 1 000 kg 左右（尿素 30 kg），速效性化肥开沟均匀施入，后覆土，也可结合灌溉施入。追肥次数、时间和肥料种类，根据苗木不同时期生长情况和土壤肥力状况确定，苗木封顶前一个月（8 月上旬左右）停止施肥、灌水。当年 9 月下旬苗木成苗后起苗。

5）起苗包装：起苗前 2～3 d 浇一次透水，选择秋季 9 月下旬前后，尽量选无风的早晨、傍晚或阴天起苗（最好随起苗随栽植）。

边刨苗、边分级、边包装、边集中。每 100 株一捆，就地用稠泥浆蘸根，用湿草袋或麻袋等包装。

每捆及外包装加挂标签，注明编号、品种、数量、等级、出圃日期、本件株数、总件数、产地及单位、收货地点及单位。

长柄扁桃 1 年生实生苗分级按照表 5-29 执行。

表 5-29　长柄扁桃一年生播种苗分级标准

<table>
<tr><th>种类</th><th>苗龄</th><th>级别</th><th>地径/cm</th><th>主根/cm</th><th>苗高/cm</th><th>大于 5 cm 长的Ⅰ级侧根条数</th><th>木质化程度</th><th>产苗量/（万株/亩）</th><th>Ⅰ、Ⅱ级苗占总产苗量的百分比/%</th></tr>
<tr><td rowspan="2">播种苗</td><td rowspan="2">1 年生</td><td>Ⅰ级</td><td>>0.5</td><td>>10</td><td>>50</td><td>>15</td><td rowspan="2">充分木质化</td><td rowspan="2">4.5～5</td><td rowspan="2">80.0</td></tr>
<tr><td>Ⅱ级</td><td>0.3～0.5</td><td>7～10</td><td>35～50</td><td>>10</td></tr>
</table>

地径、苗高、主根、大于 5 cm 长的Ⅰ级侧根条数有一项达不到同级苗木标准的降一级。

机械损伤严重及全国林木检疫规程所规定的各种病虫害苗木，应做废苗处理或就地销毁。

验收苗木的质量、数量应随机抽取样品，按包装捆数的 3%～5%进行验收。

同一等级苗木中，低于该等级的苗木数量不能超过 5%。超过此规定，按比例分别计算各等级苗木总数量。

6）苗木运输：搬运过程中，应用篷布或塑料薄膜包严，尤其是根部，注意防晒、防风干。按有关规定申办检验，具备苗木检验合格证、植物检疫合格证的苗木方可调运。

7）苗木假植：前一年秋季苗木运到种植地后，需要进行假植。

选背风、排水良好的地方挖假植沟。沟深 0.5 m，宽 0.8～1.0 m，长度依苗木数量而定。假植时，将苗木单层倾斜摆放于沟内，用湿土或湿沙填埋，埋至苗木高度的 2/3 处，根部压实，以此类推。

假植的苗木也应挂标签，注明沟号、品种、数量、等级、假植日期，并绘制假植示意图。

假植苗木用于次年春季植苗种植。

（2）扦插育苗

当前，长柄扁桃的苗木生产以播种繁殖为主，然而，该种繁殖方式存在后代性状分化等问题，此外，长柄扁桃自然条件下结实率低、优良种源采集困难，导致播种繁殖不能满足长柄扁桃产业发展要求。

长柄扁桃的扦插技术也包括硬枝、嫩枝两大类，技术环节包括采条、剪穗、插前处理、扦插、插后管理、出圃等。

杜涓等（2009）研究了 IBA（吲哚丁酸）对长柄扁桃绿枝插条生根及扦插苗根系质量

的影响。结果表明，以蛭石为基质，采用全光喷雾方法，1 000 mg/L IBA 速蘸 10 s，处理插条生根率达 93%，生根插条平均生根 3.5 条，25%的一级根上有二级根，根系质量良好，可以满足生产性繁殖的要求。

李斌（2017）以长柄扁桃当年生半木质化嫩枝为试验材料，通过研究扦插基质、植物生长调节物质种类及浓度、插穗类型、插穗处理时间及温室大棚和全光喷雾条件下插穗生根和生长状况，筛选出最佳的扦插育苗处理组合；在此基础上，深入研究插穗生根过程中内源激素、可溶性蛋白、可溶性糖、丙二醛（MDA）含量及过氧化物酶（POD）活性的动态变化，初步揭示长柄扁桃扦插生根的生理机制，以实现对长柄扁桃优良无性系种源的保存、扩繁和规模化种植。

1）IBA 处理下，长柄扁桃嫩枝扦插以混合生根型为主（58.0%），其次为愈伤组织生根型（28.3%）和皮部生根型（10.8%）。IBA 处理能显著提高插穗生根速率，扦插 6 d 时，根原基开始萌动，插穗基部膨大，6～12 d 为不定根形成期，12～26 d 为插穗的生根高峰期，26～40 d 根系不断生长并发育成熟。试验表明，4 个因子对长柄扁桃嫩枝扦插生根影响的大小顺序依次为：植物生长调节物质种类＞插穗类型＞植物生长调节物质浓度＞处理时间。以 $V_{珍珠岩}$：$V_{草炭}$=3：1 混合基质为扦插基质，采用上部插穗在 1 500 mg/L IBA 中处理 10 s，为长柄扁桃嫩枝扦插的最佳处理组合，在该处理下，全光喷雾和温室大棚两种扦插育苗系统均可获得较高的扦插生根率（分别为 98.67%和 97.8%），并且插穗根系质量良好，能满足长柄扁桃规模化扦插育苗的要求。

2）在长柄扁桃插穗生根过程中，玉米素核苷（ZR）和赤霉素（GA3）含量在不定根形成期升高，对插穗生根有利；吲哚乙酸（IAA）含量和 IAA/ABA（脱落酸）值与插穗的生根能力呈正相关，而 ABA 含量与插穗的生根能力呈负相关。插穗内的可溶性糖和可溶性蛋白是插穗生根过程中多种生理生化反应的能量和物质来源，两种物质含量的变化趋势与插穗生根过程对可溶性糖、可溶性蛋白的需求相对应，含量升高对插穗生根有利。POD 活性与插穗生根有重要关系，在插穗生根过程中，POD 活性升高有利于插穗不定根的诱导和形成。MDA 含量与插穗的抗氧化能力和抗衰老能力呈负相关，扦插前期，MDA 含量升高，不定根形成期，MDA 含量降低。外源激素 IBA 处理能调节插穗体内的内源激素、可溶性糖、可溶性蛋白、MDA 含量和 POD 活性，进而促进插穗生根。

3．翅果油树

翅果油树可用播种育苗播种、枝条扦插等多种方法进行繁殖，组培手段也已开展试验。杨克明等（2010）试验了晚秋翅果油树插根育苗技术，发现采用地膜覆盖插根育苗技术的效果要好于播种育苗和插条育苗。

（1）播种育苗

翅果油树果实的特殊结构，繁殖相当困难。处理的种子发芽率不到 6%，成活率不到 2%，经过处理的种子发芽率可达 50%左右，但成活率只有 11%左右。所以，如何快速而经济地繁殖翅果油树已经成为人们关注的焦点。

1）种子采收：翅果油树的种子 9 月初成熟，选择生长健壮、连年结实、果大果多的优良植株作为翅果油树采种母树。当果皮变为土黄色，用手捏时，果皮与坚果分离，即可组织种子采收。坚果采回后要及时摊晒 1～2 d，碾压，再晒 1～2 d，去果皮和去杂质后，将种子进行干藏，种子贮藏寿命较短，一般不宜久藏。其种子千粒重 260～770 g，发芽率为 75%～50%。

2）整地做床：苗圃春季育苗整地深翻 20 cm 左右，夏季、秋季要深翻 25～30 cm。育苗做床一般采用床高 15～25 cm，床宽 1.3～2 m，床长 20～30 m。结合整地做床，每亩地施入腐熟厩肥 1 500～2 500 kg。在做好床基、整平床面后要进行土壤消毒，生产上常用土壤灭菌剂有硫酸亚铁、硫酸铜、五氯硝基苯等。

3）种子催芽：秋播的种子不需要进行处理。春播的种子必须做催芽处理，可将种子与湿沙按 1∶3 的比例混合贮藏约 2 个月，翌春土壤解冻后，经沙藏处理的种子裂嘴后，即可播种。亦可在播种前将种子在流水沟或水池浸种 4～5 d 后，捞出种子晾晒 1～2 h 即可播种。

4）播种育苗：在土壤干旱缺乏灌溉条件时，多采用晚秋播种。土壤墒情好或有灌溉条件的地方，可采用春播。春季播种时间在 4 月上中旬，一般采用条播，株行距 15 cm×40 cm，覆土厚度 3～5 cm，每亩地播种量 220 kg，播后 30 d 后左右幼苗可出土。秋播有时可采用条播，行距 40 cm，沟深 5～7 cm，覆土厚度 5 cm，一般每亩地播种 30 kg。秋播也可采用大田式育苗，用犁开沟条播，春季出苗早，产苗多，每亩地播种量为 40 kg 左右。

5）苗期管理：在 5—6 月，苗木生长缓慢，应少灌或不灌水，以松土、除草为主，结合松土、间苗（株距 15～20 cm），可施少量氮肥。7—8 月，苗木生长迅速，需肥量大，以施氮肥为主，用小水灌溉，要及时松土、除草。9 月后，苗木生长速度下降，应施磷钾肥，促进苗木木质化形成。翅果油树苗木生长较快，1 年生苗高可达 1～1.2 m，地径 1～1.2 cm。

刘建华（2018）在山西乡宁研究了不同贮藏方式对翅果油树种子发芽率的影响，以及不同的施肥方式和不同覆盖物对其幼苗生长的影响。结果表明，翅果油树种子沙藏+冷藏处理后平均发芽率为 85.5%，较对照组（71.5%）提高了 19.6%；腐殖土+黄土覆盖的出苗率为 79.2%，较对照组（61.4%）提高了 29.0%；施复合肥的幼苗当年平均苗高为 86.2 cm，比对照组提高了 27.1%，平均地径为 0.84 cm，比对照组提高了 27.3%。

许淑青等（2017）在甘肃省治沙研究所民勤站进行翅果油树种子育苗的试验结果表明：① 种皮的机械阻力和采摘后胚的休眠是影响翅果油树种子萌发的主要原因，其中后者的影响更大，对种子进行剥皮处理和低温后熟处理可提高发芽率。② 低温处理后，大田播种的翅果油树种子发芽率和保苗率都显著增长，其次是自然春化处理；在温室播种的翅果油树种子发芽率和保苗率差异不明显，但都高于常温处理的种子发芽率和保苗率。③ 翅果油树种子经过沙藏、冷冻、冷水浸种和热水浸种 4 种方式处理后，沙藏及热水浸种出苗较快且成苗率高，4 种处理方式的出苗率没有明显差异；但热水浸种的发病率较高，而沙藏、冷冻处理和冷水浸种处理的种子发病率都较低。总体来看，冷冻、冷水浸种和沙藏处理为佳，简单易行，可操作性强；而热水浸种的种子育苗发病率高，成苗率低，大面积育苗的可操作性也差。④ 进行低温处理能最有效地解除抑制物对种子萌发的影响，对种子进行剥皮后再进行低温处理是提高发芽率的有效途径。

（2）硬枝扦插育苗

扦插地块宜选择一处背风向阳的土地，“三通一平”，交通方便。

1）做床：挖长 300 cm、宽 80 cm、深 50 cm 的坑作为扦插苗床，四周要整齐，以免土落下后覆盖插穗；坑内填入厚度为 15 cm 的沙土混合物（沙和土的比例为 2∶1），用沙土的目的是增加透气度，加土是为了保湿和提供养分，把沙土整平。

2）选枝：采条时间宜在 10 月底至 11 月中旬进行，采当年生已充分木质化的枝条。春季扦插的，采后及时沙藏。秋季扦插，即采、即剪、即插。枝条要求长度为 10～15 cm；下口为斜面，距下芽 0.50 cm，有利于生根；上口平面，距上芽 1 cm，这样做有利于发芽和减少水分流失。

3）扦插：扦插深度为 5～8 cm，株行距为 5 cm×5 cm。扦插时要做到一边松土一边扦插，要非常轻缓地插入，以免损伤插口部位。

4）插后管理：扦插完成后马上浇水，浇水时注意要小水缓慢地流入，不要把插穗冲掉。水浇足后，再搭上拱棚盖上塑料布封严。早春扦插的注意随时浇水、通风。秋季扦插的，寒冷季节要覆盖草帘，晚上覆盖，白天掀开，中午温度高时要通风。注意防治病虫害。

5）苗木出圃：秋季苗木达到高度 1 m、地径 1 cm，根据需要，可出圃，也可留床。出圃的立即用于秋季种植，或假植；留床的次年春季，随挖随种植。

（3）嫩枝扦插育苗

夏季利用全光照喷雾扦插苗床进行嫩枝扦插，这种方法简单快捷，具体操作如下：

1）选地做床：选择一块位置较高且地形平整的土地，夯实。根据全光喷雾装置的影响范围，修砌一道圆形墙，在苗床内铺一层厚 20 cm 的河卵石，上面再加一层厚 20 cm 的细沙，以利于排水，并用杀菌剂和杀虫剂处理。有资料称，沙床中接种胡颓子弗兰克氏放线菌能明显促进翅果油树苗木生长。

2）仪器安装：安装好全光喷雾装置，按顺时针旋转调整，感应器放在距转盘 1 m 处（高于转盘至少 1 m），有利于正确传感有关数据。

3）选枝：7 月，选择当年生半木质化嫩枝，剪成 10～15 cm 长，下口斜，距下芽 0.50 cm；上口平，距上芽 1 cm，不留叶片。插穗放入 IAA、IBA、奈乙酸（NAA）1 g/L 处理 5 s 后再扦插。

4）扦插。插穗插深 5～8 cm，以浅为佳，距离为 5 cm×5 cm，感应系数因不同时期要有所变化。开始 10 d 内感应系数为 6，从第 10 天开始，感应系数逐渐增大，并减少喷水量。据观察，翅果油树树皮很薄，枝条对水分很敏感，稍有偏差就容易腐烂（这是一个共性问题）。一定要注意控制好水分湿度，这是能否扦插成活的关键。

5）移植：注意不要损坏插穗刚刚长出的根系，轻拿轻放；挪至大田中要遮阳，不可让太阳直接暴晒；保持水分充足。

6）出圃：秋季出圃假植，或留圃至第二年春季出圃。

（4）组培育苗

科研人员在植物组织培养方面对翅果油树快速繁殖做了研究，试图利用植物细胞的全能性，通过生物工程的手段解决这一难题。结合现代生物技术进行组织培养、工厂化幼苗已成为解决其快速繁殖的重要途径。近年来，翅果油树组织培养的研究主要集中在外植体的选择、愈伤组织的诱导等方面。

闫桂琴等（2003）针对翅果油树组织培养中愈伤组织继代培养、生根诱导的障碍和污染率高、褐化现象严重等直接制约其快速繁殖的问题进行了研究。

1）实验材料的选择与预处理：采集翅果油树当年生的枝条，剪去叶片（留 0.5 cm 的叶柄），用清水冲洗干净，剪成 2～3 cm 的小段（含有叶柄为佳），备用。采集当年生种子，用清水浸泡 1 h，剥去外种皮、中种皮，用洗衣粉水清洗，清水冲净，备用。

2）种子无菌培养：将预处理的种子先用 70%酒精灭菌，时间分别为 6 min、7 min、8 min、10 min、11 min、12 min、13 min、14 min、20 min、30 min，用无菌水洗一次，然后再用 0.1%升汞灭菌 10 min，无菌水冲洗 4～6 次。将种子接到 1/2 MS 培养基（基本培养基中大量元素减半）、水+琼脂（蒸馏水+琼脂）上。1/2 MS 培养基中的种子发芽率略高于水+琼脂中的种子发芽率，说明种子萌发时需要从外界环境中吸收营养，而 1/2 MS 培养基能提供所需的足够营养，水+琼脂培养基则不能，说明种子无菌培养中 1/2 MS 培养基为最佳培养基。而且进一步说明了自然界中影响种子萌发的因素可能与土壤成分有关。种子经过多次试验观察，酒精灭菌最佳时间 8 min。由于酒精穿透力强，灭菌时间过长会造成材料死亡，灭菌时间过短会造成材料污染。经过统计，酒精灭菌时间为 8 min 时，污染率可降低到 25%，成活率为 55%。所以种子的酒精灭菌时间以 8 min 为宜。另外，由于升汞有剧毒，所以在灭菌后必须用无菌水冲洗 4～6 次。

3）愈伤组织诱导及培养基筛选：将种子苗的茎切成 0.7 cm 的小段、子叶切成 1 cm×0.5 cm×0.4 cm 的小块，接到愈伤组织培养基中，所用培养基为 N1（MS+BA0.5+NAA0.01）、N2（MS+BA0.5+NAA0.02）、N3（MS+BA0.5+NAA0.03）、N4（MS+BA0.5+NAA0.04）、B4（MS+NAA0.02+BA0.4）、B6（MS + NAA0.02+ BA0.6）、B7（MS + NAA0.02+BA0.7）。根据愈伤组织的形成情况，选出最佳培养基。愈伤组织诱导率较高的培养基为 N2、N4、B6、B7。在 N 系列中，N2、N4 脱分化情况较好，愈伤组织形成率较高，N1、N3 脱分化情况不太好，愈伤组织形成率较低；在 B 系列中，B6、B7 脱分化效果较好，愈伤组织形成率较高，B4 脱分化情况不太好，愈伤组织形成率较低。结果表明，脱分化情况与激素浓度有密切关系，而 N2、N4、B6、B7 中的激素浓度正适宜于愈伤组织诱导。

4）继代愈伤组织的诱导及培养基的筛选：将诱导的愈伤组织切成 0.5 cm×0.5 cm×0.5 cm 的小块接到 N2、N4、B6、B7 培养基中，根据芽形成的多少和生长情况，选出最佳培养基。研究表明愈伤组织再分化最好的培养基为 N2、N4，因为 N2、N4 的再分化情况较好，苗长得高大、健壮。BA 浓度过高不利于愈伤组织的再分化，再分化与培养基中激素浓度有密切关系，而 N2、N4 中的激素浓度适宜愈伤组织的继代培养。

5）生根诱导及培养基的筛选：将种子苗和继代愈伤组织诱导出的无根苗取出，去掉叶子，切取苗的上部 2～4 cm，直接插入生根培养基系列中。将预处理的外植体用 70%酒精灭菌，时间 5 min，无菌水清洗一次，然后用 0.1%升汞灭菌 10 min，无菌水冲洗 5～7 次。一部分接入生根培养基中（外植体下部插入培养基中）；另一部分分成 5 份，依次浸泡在浓度分别为 1 mg/L、3 mg/L、5 mg/L、7 mg/L、8 mg/L 的 IBA 中 0.5 h、1 h、2 h、3 h、3 h，然后接于 1/2 MS 和 1/2 MS+LH350 培养基中（外植体下部插入培养基中）。培养基 1/2MS+LH300+IBA5.0+NAA0.02+GA0.2（蔗糖 25 g/L）、1/2 MS + LH300+ IBA7.5+ NAA0.02+ GA0.2（蔗糖 25 g/L）中的生根率达到 60%，而且，诱导生成的根粗壮、部分产生木质化。说明在诱导生根的培养中，NAA 含量为 0.02 mg/L、GA 含量为 0.2 mg/L、IBA 含量为 5～7.5 mg/L 时，有利于根的诱导。由此可见，根的诱导与培养基中不同激素的浓度及其比例有关。

6）培养基及培养条件：基本培养基 MS、蔗糖 30 g/L、琼脂 7 g/L、pH=5.7；培养条件为温度 21～23℃、光强 950～1 000 lx、光照时间 12 h/d、湿度 40%。

试验发现，降低翅果油树组织培养过程的褐化率的方法有：① 用无菌苗各器官作为外植体诱导愈伤组织及诱导芽的分化时，褐化现象比较少；② 在愈伤组织诱导初期，将其置于弱光或黑暗条件下培养 3～5 d，可以有效地防止和减少褐变；③ 降低矿质盐浓度，采用 1/2 MS 或 1/4 MS 基本培养基；④ 选取幼嫩材料；选取处于生理代谢减弱时期的外植体；⑤ 用抗氧化剂来防止褐化，并取得了比较显著的效果。最好避免用抗氧化剂，因为抗氧化剂易引起外植体的不正常生长。

张红梅（2003）研究了不同因子对翅果油树愈伤组织诱导及分化的影响。试验选用试管芽苗上的叶片作为外植体，研究不同因子对愈伤组织诱导及其分化的影响。结果表明愈伤组织诱导及其分化主要受以下因素影响：

① 激素对试管苗叶片分化的影响：在不附加任何激素 MS 培养基上，翅果油树试管苗叶片褐变死亡，不能发生分化。添加了不同浓度的各种激素后，叶片则较易发生分化，这表明，激素对于叶片的分化是必不可少的。单独附加 BA、2,4-D 或 NAA 愈伤组织诱导率均很低，诱导愈伤组织平均百分率从高到低依次为 2,4-D＞NAA＞BA，可见激素对愈伤组织的诱导作用不同，对于多数植物来说，生长素中 2,4-D 在促进愈伤组织的形成上活力最高，但它强烈地抑制芽的形成，并且影响器官的分化，其常用浓度为 0.2～2 mg/L，同时

配合一定量的细胞分裂素对组织和细胞生长有利。试验结果表明，附加2,4-D的培养基均比附加其他激素的培养基上的愈伤组织分化率高，且以与BA配比使用比单独使用效果好。

② 叶片节位对脱分化的影响：叶片的脱分化与叶片的节位有关。本试验结果表明，叶片在植株上的位置对其分化能力有一定影响。第一节的叶片由于过于幼嫩，在培养过程中多数逐渐变褐、死亡，而第五节位及以下的叶片，因其已经老化，分化率下降，第三、四节位的叶片处于代谢旺盛时期有较高的再生率。可见，叶片的生理状态对不定芽的诱导有很大影响，完全伸展开，生长旺盛的叶片容易分化；颜色黄绿的幼嫩叶片不易分化。叶片选取很重要的依据是其生理状态，这种生理状态决定了叶片的内源激素水平，必然制约着外源激素的作用。

③ 温度与光照对分化的影响：一种情况是翅果油树试管嫩梢的叶片，在愈伤组织诱导时，暗培养诱导速度相当快，愈伤组织质量低，极易褐化，光培养诱导速度慢，愈伤组织质量高，褐化率低，这说明暗培养有利于愈伤组织脱分化，不利于愈伤组织的继续生长。所以前期给予一定的暗培养，后期进行光培养，可以较快地诱导出愈伤组织。另一种情况是，温度是植物组织培养成功的重要条件，在植物组织培养中大多采用最适温度，并保持恒温培养以加速生长。通常采用25℃±3℃的温度对大多数植物来讲是合适的，但也因种类而异，温度不仅对增殖有显著影响，对器官的形成也有一定影响，这说明温度能够调控内源细胞分裂素代谢系统，或者是影响内源激素的生物活性，从而表现出温度对生长的影响。在本试验中，温度对茎段腋芽和试管苗叶片的分化和生长的影响非常明显。叶片诱导愈伤组织的适宜温度为24～26℃，22℃时叶片愈伤组织诱导速度慢，20 d仅有55%的叶片诱导出愈伤组织。28℃、30℃时，出愈率高，诱导速度快，但较易褐化。愈伤组织芽分化率的适宜温度为26℃左右，低于26℃时，愈伤组织发生分化的时间要推迟20 d左右，且分化率低。

4. 油用牡丹

与观赏、药用牡丹一样，油用牡丹繁殖方法主要为分株、嫁接、播种等，但以分株及嫁接居多，而播种方法多用于培育新品种，组培目前尚在试验中。

（1）分株育苗

牡丹的分株繁殖在明代已被广泛采用。具体方法为：将生长繁茂的大株牡丹，整株掘起，从根系纹理交接处分开。每株所分子株多少以原株大小而定，大者多分，小者可少分。一般每3～4枝为一子株，且有较完整的根系。再以硫黄粉少许和泥，在根上的伤口涂抹、擦匀，即可另行栽植。分株繁殖的时间是在每年的秋分到霜降期间内，此时气温和地温较高，牡丹处于半休眠状态，但还有相当长的一段营养生长时间，进行分株栽培对根部生长影响不是很严重，分株栽植后还能生出一些新根和少量的株芽。若分株栽植过迟，当年根部生长很弱，或不发生新根，次年春，植株发育更弱，根弱则不耐旱，容易死亡。如分株过早，气温、地温较高，还能迅速生长，容易引起秋发。

牡丹分株的母株，一般是利用健壮的株丛。进行分株繁殖的母株上应尽量保留根蘖，新苗上的根应全部保留，以备生长5年可以多分生新苗。这样的株苗栽后易成活，生长亦较旺盛。根保留得越多，生长越旺。

（2）嫁接育苗

牡丹的嫁接繁殖，依所用砧木的不同分为两种：一种是野生牡丹；另一种是芍药根。常用的牡丹嫁接方法主要有嵌接法、腹接法和芽接法三种。

1）嵌接法：用芍药根做砧木，因芍药根柔软无硬心，容易嫁接，根粗而短，养分充足，接活后初期生长旺盛。如用牡丹根嫁接，木质部较硬，嫁接时比较困难，但寿命较长。嫁接的时间一般是每年的9月下旬至10月上旬为最佳时间。砧木选用直径2～3 cm、长10～15 cm的粗壮而无病虫害的芍药根。

2）腹接法：是一种高接换头改良品种的方法，它是利用劣种牡丹或8～10年生的药用牡丹植株上的众多枝条，嫁接成不同色泽的优良品种。嫁接时间为7月上旬至8月中旬。选择品种优良、植株肥壮、无病虫的牡丹植株，剪取由地面发出的土芽枝，或当年生的短枝长5～7 cm，最好是用2～3个壮芽的短枝做接穗。接穗上留一个叶柄。选好接穗后，在接穗下部芽的背面斜削一刀，呈马耳形，再在马耳形的另一面斜削成楔形，使嫁接后两面都能接角到木质部和韧皮部之间的形成层组织，才易成活。牡丹腹接前后，除在雨季不加灌溉外，应保持植株正常生长的适宜湿度。芽接法是牡丹繁殖和培养多品种，多花色于一株的有效方法。

3）芽接法：在5—7月进行。嫁接时以晴天为好。其方法有贴皮法和换芽法两种。贴皮法是在砧木的当年生枝条上连同木质部切削去一块长方形或盾形的切口，再将接穗的腋芽连同木质部削下一大小和砧木上大小、形状相同的芽块。然后迅速将芽块贴在砧木的切口上，用塑料绳扎紧。换芽法是将砧木上嫁接部位的腋芽连同形成层一起去掉，保留木质部上完整的芽胚，然后用同样方法反接穗的腋芽同样剥下，迅速套在砧木的芽胚上，注意两者应相吻合，最后用塑料绳扎紧。嫁接后的植株应及时浇水、松土、施肥，促其愈合。

（3）扦插育苗

扦插繁殖，是利用牡丹枝条易生不定根而繁殖新株的一种方法，属无性繁殖方法之一。方法是将扦插的枝条先剪下，脱离母株，再插入土壤或其他基质内使之生根，成为新株。牡丹扦插繁殖的枝条，要选择由牡丹根部发出的当年生土芽枝，或在牡丹整形修剪时，选择茎干充实，顶芽饱满而无病虫害的枝条做接穗，长10～18 cm。牡丹的根为肉质根，喜高燥、忌潮湿、耐干旱。因此，育苗床应选择通风向阳处，筑成高床育苗。扦插时，插完一畦浇灌一畦，一次浇透。

（4）压条育苗

牡丹压条法，是利用枝条能产生不定根的道理而进行的繁殖方法，将枝条压倒或在植株上用土压埋，不脱离母株，土壤保持湿润，枝条被埋处生根，然后与母株之间剪断，重新栽植成为新株。主要有套盆培土压条法和双平法等方法。

（5）播种育苗

播种繁殖，是以种子繁衍后代或选育新品种，是一种有性繁殖方法。牡丹种子选用当年新采的种子，原则上随采随播，陈种子几乎不发芽。播种时间以中原地区为例，最佳时间为 8 月下旬至 10 月上旬，油用牡丹种子具有上胚轴休眠的特性，这种特性决定了油用牡丹当年播种后只发出幼根，幼芽经冬季低温打破生理休眠，翌春方可萌发，故原则上播种时间宜早不宜迟，早则幼根粗壮，翌春茂盛，迟则发芽率低，幼根短而脆，翌春萌发细弱稀疏。

油用牡丹育苗用地应选择干燥向阳排水良好的中性沙质土壤为宜，播种前施足底肥，以腐热的厩肥 1 000 kg 或 50 kg 复合肥，加上 10～15 kg“辛硫磷”做土壤杀菌剂，深翻 30～40 cm。

1）种子处理：油用牡丹种子又密又硬，很难透水。播种前要要用 40～50℃的温水浸种 1～2 d，或用常温凉水浸种 4～6 d，使种皮软化、膨胀，同时结合浸种用水漂法把种子内的杂质、霉变的种子等漂出来，或用 200 mg/kg 的 GA3 浸种 12 h，打破休眠种子萌发；少量种子也可用湿河沙与油用牡丹种子拌匀后沙藏，15～20 d 会露白，稍有培根萌发。

2）整地：播种前先察看土壤情况，情况不好时，先浇水，深翻细耕，使土壤疏松；一般都是畦播，畦宽一般为地膜宽度而定，将处理好的种子，均匀地撒在苗床上，踏实覆土 5 cm，视情况可适当覆盖，一些干草树叶，稍晚可覆地膜，提高地温防旱以利越冬，每亩播种 150 kg 左右。

3）播种：随着油用牡丹在全国推广，用苗量大增，大面积机械化育苗成为首选，将小麦播种机改装，提高播种量，机播一般要 100 kg 种子。视情况将处理好的种子倒入播种机，适宜深度 3～5 cm，过深种子容易霉烂。机播行距 20～25 cm，方便来年田间的管理，视当地情况可根据机播进行点播或条播等。

4）田间管理：播种后一般 15～30 d 可发出幼根，当年可长 5～10 cm，第二年 2 月底 3 月初的地温上升 4～5℃，种子幼芽开始萌动，此时应及时去除覆盖物，结合拔草浅松表土。当年最重要的任务就是锄草，一年苗一般 5～10 cm，如不能及时去锄杂草，则很容易被杂草影响，平常视情况，旱时苗小可适当补充些水，一般没有病虫害。

（6）组培育苗

植物的组织培养繁殖，是根据植物组织细胞的全能性，利用牡丹的胚、花芽、茎尖、嫩叶和叶柄进行离体培养。一般是将这些材料放入 75%的酒精中浸泡 5～10 min，并立即投入无菌水中洗涤，然后在 5%的安替福民溶液中浸 7～10 min 进行表面灭菌，再用无菌水冲洗 3～4 次，最后放在培养基上进行无菌培养。基本培养基为 MS，其他附加成分主要有不同浓度或不同组合的 IAA、萘乙酸（NAA）、IBA、GA3、水解蛋白等。

上述各种方法繁殖的牡丹苗木，可在苗圃内生长 1～3 年，普遍采用 2～3 年苗出圃定植，出圃定植多在秋季。根据栽植需要亦可春季出圃。

油用牡丹各年龄段的苗木因土质、水、肥、密度、管理等因素，同龄苗也不尽相同，应按年龄分级定植，确保定植苗生长整齐一致。

苗木根据标准分级后，按一定株数捆扎，然后送往栽植地。不能及时运走的苗木应加以覆盖，放在阴凉处或实行沙藏、覆土等保护措施。

5．苦水玫瑰

苦水玫瑰的根蘖现象是植株长期进化过程中形成的一种抵御不良环境条件、实现自我更新、自我繁衍的一种能力；是有别于月季、蔷薇的一大生理特性。苦水玫瑰扦插繁殖难度较大，一般情况下成活率不到 5%。在主产区长期以来一直沿用压条与分株繁殖的方法进行种苗繁育。

（1）压条育苗

苦水玫瑰的枝条柔软能弯曲到地面时，就可做压条繁殖。这项工作多在夏季阴雨天气进行。

1）地面压条法：压条时，在枝条的埋压处斜切一刀，拧成“V”形，埋入土中。再用竹枝或铁丝钩住固定于土中，或用砖石压成“V”形于土上，以防弹起，保持土壤的湿润，经过 1 个月的时间就可以看到在伤口处长出了新根。生根后切离母体栽植。

若枝条粗壮，直立性强，可于雨季用高压法繁殖。压枝前，在花枝近基部进行环状剥皮，宽 0.5～1 cm，用泥和青苔拌和、调湿，包住剥皮处，外以塑料薄膜全部扎紧，保持泥土湿润。若泥土干时，用金属注射器灌注水分，待生根后剪取下来栽植。

2）空中压条法：在苦水玫瑰枝条上，选一个合适部位，将枝条刻伤或把表皮环剥 1～1.5 cm，在剥皮处用竹筒或塑料布包一直径 6～8 cm 的土球，经常保持湿润，经 1 个月左右，伤口长出新根，剪下，栽植于苗床或花盆中。

压条繁殖的方法非常简单，成功率也比较高。

（2）分株育苗

一般可将苦水玫瑰适当深栽或根部培土，促使各分枝茎部长新根。结合换盆，可将长新根的侧枝切除下来，另生成一个或几个新植株，然后将其移栽到土壤上面就可以了。

（3）嫁接育苗

嫁接是苦水玫瑰常见的一种繁殖方法。苦水玫瑰根系水平展幅较大而垂直深度较浅，一般集中在地表以下 10～15 cm 的区域内。采用嫁接换根栽培后，一方面可使嫁接共生体根系的垂直深度达到地表下 60 cm 以下的区域，使得根系能吸收更深层次土壤中的矿质离子及水分，大幅提高植株的适应能力；另一方面，嫁接苗的根系为完全的砧木——蔷薇或白玉棠根系，可有效杜绝根蘖苗的萌生，以节约大量的光和营养集中供应地上部分的营养及生殖生长，减少光合产物的无效消耗，单产增幅一般能达到 15%～30%。再者，采用嫁接栽培后，可以更加经济有效地利用土地面积，增加单位面积的栽培株数，实现食用玫瑰的矮密高效栽培，方便采摘，降低采摘成本。

1）嫁接时间：一般选定在12月中旬至翌年2月中旬进行较为适宜。由于苦水玫瑰是自然休眠的北方落叶灌木，而蔷薇或白玉棠砧木则为条件休眠的树种。在该时段进行嫁接，玫瑰芽基本结束休眠。在低温时段进行的嫁接、催根及营养钵苗的培育等前期工作均在日光温室中进行。

2）砧木选择：苦水玫瑰的嫁接用蔷薇或白玉棠做砧木，苦水玫瑰叶芽做接穗，采用带木质芽接法进行嫁接。蔷薇或白玉棠具有扦插容易生根、根系发达、抗逆性强、生长速度快、健壮等特点，用蔷薇做砧木，嫁接亲和力强，且容易生根。砧木选择从扦插生根难易度、耐涝性、耐寒性、耐盐碱性、耐寒性五方面考量，并对嫁接亲和力、接穗生长量、嫁接苗越冬性、早花性等指标进行测定，从而做出选择。

3）砧木修剪：选择生长健壮、无病虫害的当年生半木质化枝条，剪切成10～12 cm长的小段，形态学最下端芽体对面成45°角进行斜剪，提高插条吸收水分的能力，上端进行平剪。用刀片剔除砧木原有芽点，提前完成嫁接苗生长后期的除萌工作，使插条中储存的养分集中供应玫瑰接芽。

4）砧木消毒：嫁接前首先要对整个砧木插条进行化学药剂复合消毒处理，采用0.05%高锰酸钾+0.1%浓度的40%“福美胂”可湿性粉剂+0.067%浓度的20%“福·克”种衣剂浸泡10 min，而后对插条上端切口用伤口涂补剂进行伤口处理，促进伤口愈合及预防枝枯病的发生。

5）嫁接方法：砧木插条消毒工作后，采用带木质芽接技术进行室内嫁接。接穗条采用当年生发育健壮的苦水玫瑰枝条，由于其硬度较高，表面密布皮刺，故操作难度较大。可预先将玫瑰条浸泡在水中，以达到软化皮刺的目的。选择穗条中部发育健壮的芽体做接芽，以芽上1.5 cm和芽下0.5～1.0 cm为标准削切2.0～2.5 cm长的盾形接芽。嫁接部位要求主茎光顺，粗细适中。离砧木上切口3.0～3.5 cm处，依玫瑰接芽的尺寸大小在砧木插条上削切嫁接口，将砧木和接穗形成层对齐，做到严丝合缝，用厚度0.02～0.04 mm的塑料薄膜进行包扎。嫁接方法共有3种，分别是芽接法、枝接法和根接法。

① 芽接法：在良种母株上选择饱满的芽眼削下，在白玉棠或蔷薇砧木上接1～2个芽，也可以在砧木的一根长枝上，每隔8～10 cm接一个芽，接活后，按接活芽分段剪开，与一般扦插法一样，插入砂床或容器中。

② 枝接法：每年春天可用切接、舌接、腹接法，将良种枝条接在蔷薇、白玉棠砧木上。

③ 根接法：冬春玫瑰休眠期，在室内将接穗接在蔷薇或白玉棠的一支根上，绑扎好后，把它假植于土中，保持湿润，经过1个月左右就可以看到接穗的接口生长在砧木的根部上面，然后就可以移栽到苗圃中进行生根定植。

在进行嫁接作业时须做到5个关键环节：“平”（削面要平，使砧木和接穗切口紧密接触）、“准”（砧木、接穗切口长、宽要相等，以保证两者对准）、“净”（切口要洁净，不能带入杂物)、“快”(操作要快，尽量缩短切口在空气中暴露的时间，以防发生氧化)、“紧”(绑缚要紧，不串位，不扭动，绑紧可使削面紧接，不透雨水，防止砧木、接穗失水和外部污染)。

6）嫁接后催根处理：

① 激素处理：对于嫁接后的插条按 20 根为一捆的标准用橡皮筋进行扎捆，使形态学朝向一致，用 NAA∶IBA=1∶1 按 150 mg/L 的浓度对插条形态学下端进行化学促根处理，浸没深度 3.5 cm，时间以 5 min 为宜。

② 假植促生愈伤组织：将经过激素处理的成捆插条置于洁净的蛭石粉中，填埋深度以插条上端接芽外露为宜。捆与捆之间用洁净的蛭石粉进行填充，用雾化喷头将催根苗床充分淋透，做到插条与基质紧密接触，勿留空隙。蔷薇或白玉棠根系以愈伤组织分化型为主，仅有少量的为皮孔发生型。温室宜控制在 12～25℃，持续 12～15 d，当形态学下端愈伤组织形成后催根工作结束。

7）钵苗培养：

① 营养土的配制与消毒：选用中性的壤土，按壤土∶细沙∶农家土粪（羊粪最好）= 1∶1∶1 的配置比例组成营养土，用 1%～3%的甲醛喷湿，用塑料膜捂严熏蒸 8 d 待用。消毒工作结束后，将营养土装入 9 cm×11 cm 标准的营养钵中待用，要留有 1 cm 的吃水口。

② 上钵：首先对进行基质催根处理的嫁接插条进行拆捆，在营养土中间挖深 3 cm 的小穴或小洞，将基部形成愈伤组织的插条插入其中，再灌入细沙或混合生根基质（细沙∶蛭石=1∶1），整齐摆放于温室的 1.5 m 宽小畦内，喷洒稳苗水。为防止根系由营养钵排水孔下扎到底部土壤，可预先在摆钵之前在地面铺一层园艺地布，也可起到预防杂草滋生的作用。

③ 解绑：当接芽萌条长度达到 10 cm 以上，用刀片在接芽的背面轻轻纵向一刀，触及皮层，彻底划破包扎带为宜，防止生长后期嫁接部位发生缢缩断裂。

④ 肥水管理：一般经过催根处理的嫁接插条在上钵后 15 d 后生根，生根的标志是接芽新梢开始萌动生长。当新梢长至 3～5 cm 时开始进行根外追肥，选用上海永通化工有限公司生产的“花无缺”专用复合肥，以 750 mg/L 的浓度随水进行喷施，每周 2 次。水分管理做到“见干见湿”。

8）放风炼苗：归圃移栽前 15 d 左右，昼夜打开温室的低风口及上风口，降低棚室内的空气湿度，及时清理棚面的飘尘，加大室内太阳光的透入量，提高嫁接苗的光合能力，进行适度控水，肥料改用 0.2%磷酸二氢钾，促进生长。

9）归圃移栽：当地晚霜彻底结束，接芽新梢长至 10 cm 左右时，采用高垄宽畦（垄高 15 cm、畦宽 100 cm）覆黑膜的方法进行脱钵归圃移栽培养，株行距以 15 cm×15 cm 为宜。移栽工作完成后立即灌稳苗水，达到根土密接。归圃后嫁接苗的肥水管理可参照常规育苗的要求进行。嫁接苗在当年秋季落叶后即可出圃。

（4）硬枝扦插

硬枝扦插繁殖是最为传统和简便的无性繁殖方法，能满足大规模工业化生产的需要。但苦水玫瑰在硬枝扦插育苗时由于内源生长促进物质较少，抑制物质较多，加之技术影响，目前在生产实际中，生根难度较大。

1）插穗采集：在长期的自然环境选择中，苦水玫瑰已逐渐分化产生了丰产型和低产型两种类型。在生产过程中要从丰产型植株采取插穗。丰产型的特征是茎干基部小刺稠密且分布均匀，长度在 0.2～0.5 cm，大刺长度 0.7 cm 以上，刺尖为钩状，茎干分布 2 个/cm^2 以下，在芽下对生或集中着生，且随枝条由基部向梢部延伸大刺、小刺均逐渐稀少，产花量每株 2 337 朵；而低产型的特征是枝条周身小刺较少，刺尖为钩状的大刺较多，并从枝条基部一直延伸到枝条顶部，产花量每株 1 343 朵。

硬枝扦插一般在春季 3 月上旬树木萌芽前进行，若在秋季采条，需将剪好后的枝条低温保湿储藏，次年春季扦插。扦插时选择粗壮、芽饱满的枝条，剪成带 3～4 个芽的 15～20 cm 长的茎段。剪条时，上切口在芽的上部 0.5～1 cm 处平剪，下切口最好在下部就近芽的背面剪成 45°斜口，在插条剪好后，在插条的基部用修枝剪顺着枝条的方向划几道伤口，可增加愈伤组织的面积，以利生根。

2）插条处理：硬枝扦插时为减少或消除插穗体内阻碍生根的物质以及补充插穗水分，首先，需对插穗进行清水处理。将插穗绑成小捆，下端浸在水中，每日换水一次，直至插穗顶端充分吸水完成，呈湿润状，再经过生根素处理后扦插。苦水玫瑰最适合采用的生长素处理方法为 500 mg/L ABT 生根粉浸泡 20 min，或采用 IBA 和 NAA 各 50 mg/L 的混合液，浸泡 30 min，效果也不错。一般苗木在 10～12℃开始萌芽，为降低插穗萌芽，多在温室外催根，为创造下热上冷的催根环境，北方春季应用电热温床催根效果较好，扦插生根则以 18～20℃土温最有利。其次，还要对插条消毒灭菌，即用 0.4% 的高锰酸钾液或 400 倍的“多菌灵”对穗条加工场地、操作工具、周围环境等喷洒消毒灭菌，对插穗要用 800 倍的“多菌灵”或“百菌清”进行灭菌处理。

3）基质选择：扦插基质主要有珍珠岩、泥炭、蛭石、沙等材料，基质配比多样，如珍珠岩∶泥炭∶黄沙= 1∶1∶1 等。为减少扦插苗发病，插前用高锰酸钾和甲基托布津 500～800 倍液喷洒土壤进行消毒，再用塑料薄膜覆盖 3～4 d。

刘玮（2015）在山西试验了苦水玫瑰等 3 种玫瑰的扦插试验，发现育苗插穗应选择 1 年生主枝，采穗扦插时间以 7 月下旬为宜，基质应选择草炭土∶蛭石∶珍珠岩=1∶1∶1 为宜。

4）苗床建立：根据生产实际，可采用下列育苗床。为实现扦插育苗一体化，采用免移栽薄基质苗床效果最好，即直接在 8～10 cm 的有机基质苗床上铺上 4 cm 左右的粗沙，插穗插入粗沙之中，在粗沙透气的环境中生根后向下面的有机基质中深扎。扦插时要采取措施提高基质温度，使插条先发根，光线以稍暗为主，扦插温度用控温仪调控在 18～20℃生根效果最好，空气相对湿度以 70%～80%为宜。当插条下切口愈伤组织形成，周围分化形成一圈小根尖，而休眠芽还未萌动，即可结束催根及时扦插。

5）扦插：扦插时直插和斜插均可，如采取斜插，则插条上端应偏北，下端应偏南，以利于插条基部生根，扦插时如土壤疏松可用插条直接扦插，如土壤坚实应用木棍或钢筋按预定株距插孔，然后将插条顺孔插入，以防插条在插入时损伤。

6）苗圃管理：从扦插到成苗，大体可分为出苗期、幼苗生长初期、苗木速生期、高生长停止期 4 个时期。在出苗期要灌两次透水，保证土壤水分充分，达到扦插苗和土壤密切结合，促进插段皮层继续软化，一般年份 8～10 d 灌一次水，直至根系基本形成为止。幼苗生长期在适量灌水的同时要做好追肥、培土和松土锄草。在苗木速生期应抓好肥水管理，及时防治病虫害。每天下午停止喷雾后应喷 1 次 800 倍“多菌灵”药液，以防腐烂病的发生，在平时要保持插床的清洁卫生，及时将落叶或死去的插穗清除掉。在高生长停止期，为了防止苗木徒长，促进苗木木质化，应停止灌水。

（5）嫩枝扦插

嫩枝扦插穗条比较幼嫩，内源生长促进物质较多，抑制物质较少，细胞分生能力强，并且木质化程度较低（半木质化）的带叶扦插不仅能进行光合作用、提供生根所需的碳水化合物，而且可以合成内源生长素刺激生根；另外，生长季节气温较高，有利于插穗迅速生根。

1）采穗：插穗选用当年生半木质化健壮营养枝顶梢，一般在上午露水未干时剪取母枝，采穗应在阴天或早上露水未干时进行，将穗条放入水桶中或用湿布、塑料薄膜包裹，放在水盆内，以防失水凋萎。

2）制穗：穗条制作加工最好是在室内进行，或在室外阴凉的地方，注意环境和制穗工具的洁净。当顶梢木质化程度较差时，采取不留顶梢插穗的制作方法，即一般先去掉幼嫩的顶梢。在茎粗 0.5 cm 以上的母枝上，剪取 4～5 节，长度 10～15 cm，上切口应在节上方 1～1.5 m 处，下切口在最下面芽的背面或下方，靠近芽体部位 45°斜切，去除下部的叶片，仅保留上部的叶片。为了降低插穗的蒸发强度和提高插床的利用率，要适当剪去部分叶片，一般每个插穗的留叶面积以 10 cm^2 左右为宜（一般将最上面 2 组复叶共留下 4～6 片叶即可），嫩枝扦插一般每平方米插床可扦插 400～1 000 株。顶梢木质化程度较好时，采取带顶梢的制作方法，即穗条只需将穗条制成一定长度，其他方法同上。

3）插穗处理：先进行杀菌处理，然后开展生长激素处理。生长激素处理将插穗基部浸泡在较低浓度的植物生长激素中。具体培植方法为先将 IBA 或 NAA 溶解在少量的 50%酒精中，然后再加水稀释至一定浓度，嫩枝扦插一般处理浓度为 10～100 mg/kg，浸泡时间为 12～24 h，或者用 50 mg/kg ABT1 处理 1 h，在蛭石中扦插生根率也较好。

4）扦插：将插穗扦插在基质内，插深 2～3 cm 为宜，插深了生根慢，影响成活率。密度为 120～150 株/m^2，插前用 2%～3%高锰酸钾液打底水，用量 7.5～10 kg/m^2。扦插时，如果苗床松软可将插条直接插入。如苗床较硬，可先用木棒按株行距打孔，然后将插条顺孔插入并用土封严实。

5）插后管理：影响扦插苗生根的环境因素主要有空气湿度、光照和温度。白天气温达到24～27℃，夜间15℃，土温18～25℃或略高于平均气温3～5℃，就能满足生根需要，插穗易生根。必须使枝条基部埋于土中避光，才可刺激生根。一般阴天不遮，晴天仅用50%的遮阳网遮11：00～16：00的直射强光即可，以利于叶片光合作用及促进生根。10～15 d后可让扦插苗逐渐接受阳光。拱棚内温度30℃以上要增加喷水次数，基质湿度保持在70%～80%，拱棚内空气湿度保持在95%左右为好，但要注意少喷、勤喷，要保持叶面湿度，而不增加基质湿度。一般插后7 d产生愈伤组织，20 d生根率达85%以上，25～30 d即可移栽。

6）炼苗：定植前5 d要去掉塑料膜，逐渐通风炼苗。

（6）其他

苦水玫瑰的繁殖方式还有播种育苗、组培等。

播种育苗一般都是为培养新品种才采用。将秋季采收的种子装入盛有湿润沙土的塑料袋内，置于夜冻昼融的环境里，经过1个月左右再逐渐加温至20℃左右，种子裂口发芽后即可以播种（或者沙藏到第二年春季播种），当幼苗长出3～5个小叶时分栽。

张武等（2018）以甘肃苦水玫瑰外植体为试验材料，研究了苦水玫瑰组培苗的诱导、增殖、继代、生根与移栽技术体系。结果表明，甘肃苦水玫瑰组培苗的诱导与增殖培养基以6-BA1.5 mg/L为最佳，增殖倍数可达3.56；继代4次后，丛生芽增殖倍数达到5.43倍。瓶内生根培养基以IBA0.1 mg/L+NAA 0.3 mg/L为佳，生根率可达82.68%。试管苗采用苗床栽培，用腐殖质、田园土和蛭石做基质，在50%遮阴率条件下植株生长量最佳，成活率最高，为91.00%。

（二）种植管护技术

下面仍然重点对长柄扁桃、翅果油树、文冠果、油用牡丹和苦水玫瑰的种植技术进行介绍，山桃、沙棘等常见树种略去介绍，忍冬参见胡建忠等（2016）所著的《全国忍冬属药典植物生态建设与开发利用》。

1．文冠果

文冠果对土壤的适应性强，耐瘠薄、耐盐碱、耐干旱，种植较为容易。

（1）整地

文冠果定植前整地既可以疏松土壤，提高蓄水保墒能力，也可以改善土壤结构，为提高造林成活率和苗木生长发育创造良好条件。在造林区域内，按2 m×2 m的株行距定点，纵横成行，后以圆心挖坑栽植，坑深50～70 cm，直径约为50 cm，将有机肥与一定量的表土混合均匀，施入栽植穴中。

（2）种植

文冠果造林春、秋季均可，但春季造林效果较好，苗木成活率较高，一般在3月下旬到 4 月初进行。在栽植前，需修剪损伤根系及对苗木进行大小分级，保证苗木正常生长。栽植采用“三埋、两踩、一提苗”技术，注意表土回填及覆土厚度，严防掩埋根茎部位过多造成腐烂，栽后浇足水分。

（3）肥水管理

为提高文冠果的经济产量，需对林地的土、肥、水进行严格管理。林地翻耕是深耕熟化土壤的最好办法，在种植前深翻改土，翻耕的深度一般为 20～25 cm。在文冠果造林初期，苗木所占空间有限空地多，条件好的林地可进行林下开发，如林粮、林药或者林下养殖等，在增加经济收入的同时对苗木进行集约管理，保证苗木的正常生长。

对于施肥和灌水的频次、时间、数量，应根据文冠果的物候期和种植地土壤本身的状况决定，一般提倡“2 肥、2 水”。在文冠果一个生长周期内施 2 次肥，施肥与浇水并举。首次施肥和灌水是在果实生长发育最旺盛的 6 月中旬至 7 月中旬，即果肥。另一次在采种后施入，由于挂果和采种过程对树体造成耗损、伤害过大，根据树龄和结果数施加适量的农家肥（鸡粪、猪粪等）、磷酸钙和尿素，以恢复树体正常生长、贮存与累积有机养分，促进合成更多的有机物质，同时满足第二年苗木的正常开花结果。这次施肥称为复壮肥。

除果肥和复壮肥之外，还可根据树木本身的生长发育情况和现有条件，适当采取春施、花期施和秋施等措施。

（4）整形与修剪

整形与修剪是苗木管理的重要环节。文冠果枝条通过修剪达到幼林快速生长发育，培养树体骨架，构建丰产结实树形，有效调控主枝和侧枝空间配置及养分分配，调节生长和结果的关系，以达到文冠果丰产、稳产的目的，最大限度地延长结果年限。通过修剪，结合施肥、浇水，达到文冠果合理生长发育和丰产 2 个生理过程的平衡，使文冠果树体水分、养分集中供应留下的枝芽，促使局部生长，使枝条更新复壮。

1）幼树修剪：文冠果幼树的修剪主要是定干和构建树型问题。一般生长旺盛的幼树在第二年春季即可进行定干，一般以 50～60 cm 高度为宜。由于文冠果剪口萌蘖性强，对剪口处萌生的枝条应按 4 个不同方位选留 3～4 个粗壮主枝，一个中央干，其余枝条短截。所形成的树型多采用主枝自然开心形，重点培养主枝、侧枝、副侧枝和结果枝组，形成开放角度大、分布均匀、外圆内空、通风透光、矮干低冠的丰产树形。所选留的主枝要高低一致，应放开促其生长，若有过强枝，则适当回缩，使其高度与其他主枝基本一致。对于短截的枝条，应该继续回缩，促进枝条生长发育，力争提早开花挂果。

2）结果树修剪：文冠果一般 3 年生树均可挂果，结果树修剪以疏枝为主，重点疏除细弱枝，病虫枝及重叠、密度大枝，疏除或短截过多的结果枝，调整结果枝组，保持通风透光，此阶段修剪要注意控制密度，留好二层主枝，培养优良树形，尽早提高产量。一层主枝与二层主枝之间的间距控制在 40 cm 左右，选留 2～4 个，对于预留的主枝应继续打头，促生分枝，培育结果枝。对于过度郁闭的枝条应适度疏除或回缩。

后期的修剪管理应该以丰产为目的和树型适修的原则进行。树体在生长六七年后，枝条营养旺盛形成大量花芽，春季大量开花，但是由于文冠果“千花一果”和落花落果等问题，应适度剔除侧枝的花芽，使养分集中于顶芽结果，提高坐果率。当生理落果期过后挂果率依旧过密时，可以适度疏果，保证果实的质量。留果量的叶果比应控制在 40～50 片复叶养一个果实的水平。留果过多，极易造成大小年现象。

对长期管理不善的树，或枝梢连年生长量仅 5～6 cm、结实率低的树，在加强水肥管理的基础上，应采用回缩的办法，促进更新复壮，有利于提高产量。对生长不良、不结果或结果很少的多年生大树以及树形紊乱、枝干秃裸、内膛空虚，树冠外围小枝密集、顶枝焦梢的老树，应采取短截的培养方法，使其更新复壮、扭转生长劣势，达到多结果的目的。

在有条件的地区，冬季修剪与夏季剪梢、摘心相结合，培养壮枝提高坐果率。为避免大伤口在同一高度同时出现，因此在同一高度上的侧枝不要同时剪除。要因树造形，因势利导，在配置各层侧枝和分枝时，要避免在同一方向配置，配置枝条不可过密。文冠果极易根蘖丛生，影响树形，为使主干明显、生长健壮、树形整齐，需在每年春季末摘除根蘖条。

（5）有害生物防治

文冠果具有较强的抗病性，若树木自身的免疫力弱就容易染病。在育苗和造林过程中，主要的病害有茎腐病、煤污病，虫害主要为文冠果木虱、黑绒金龟子等。

茎腐病是由于真菌在文冠果苗木表皮感染扩散，影响苗木水分吸收造成树干干枯死亡的一种病，染病初期茎基部会出现水渍状褐色病斑，当扩展面积扩大到一定程度时，苗木地上部分即会枯死。为有效防治茎腐病，应先对苗圃土壤进行消毒，减少土壤中有害真菌的数量；同时在夏季，对染病的苗木做好遮阴工作，防止苗木茎基灼伤；再从根源防止苗木带菌，在幼苗出圃定植前，将 50%“多菌灵”配制为 0.33%浓度的溶液，浸泡幼苗茎基部和根部 10 min，以防止在造林地受病菌感染。

煤污病是由于木虱、蚜虫等害虫的成虫或若虫蚕食文冠果树幼嫩组织（嫩叶、叶片和花芽）的汁液，排泄物及粪便含有大量糖分，当滴落在叶面枝干上时吸附大量空气中的灰尘形成一层煤烟状物，严重影响和阻碍了文冠果正常的光合作用和其他生理代谢活动，影响苗木生长发育，造成树势衰弱，病菌繁殖，最终导致植株干枯死亡。一般的防治方法是在秋冬季节进行冬灌或者清除林下枯枝落叶、杂草，减少在林下越冬的虫源，也可以通过保护和繁殖木虱的天敌。文冠果木虱天敌主要有异色瓢虫、大草蛉等，可用生物措施控制虫害。对于虫害严重的可以通过药剂进行化学防治，用敌敌畏乳油、吡虫啉等药物进行常规喷雾。

2．长柄扁桃

长柄扁桃可于春季（3 月下旬至 4 月上中旬）或秋季（10 月上旬至 11 月上旬）植苗种植。此时树木处于休眠状态，要做到随起、随运、随栽、随浇水。

（1）苗木处理

为防止苗木水分蒸发过多，在干旱、半干旱地区可将苗木截干，保留地面以上部20 cm即可。截去部分可用于扦插繁殖。

同时，将苗木的病残根、细弱根剪除，有利于苗木栽植后重发新根。特别是在干旱沙地和黄土地栽植的关键技术是泥浆蘸根。泥浆用红泥加适量药水搅匀成黏稠糊状即可，注意不可太稀。拌浆药液按水的重量添加1‰ $KMnO_4$、6‰ KH_2PO_4、3‰锌肥，起到消毒、增加养分和提高根部吸水能力的作用。拌浆前应先按比例配好药液，然后用药水搅拌泥浆。

（2）整地栽植

长柄扁桃按1.5 m×2.0 m的株行距栽植，穴状整地可以边整地边栽植，穴径30 cm，深40 cm；鱼鳞坑、水平阶、水平沟等常用整地措施，可以提前一年整好备用。

栽植时要严格按照“三埋、两踩、一提苗”的要求。苗木放入穴中时，边回填土边分层踏实，回填完后浇定根水30 L/穴。埋土后保证地表苗高10 cm以上。

定植时可以选用各类复合配置模式。灌草复合模式：长柄扁桃+紫花苜蓿、长柄扁桃+沙打旺、长柄扁桃+草木樨等；灌灌复合模式：长柄扁桃+紫穗槐、长柄扁桃+爬地柏等；乔灌复合模式：长柄扁桃+樟子松、长柄扁桃+油松等。从对土壤水肥利用、微生物和酶体系的培养、分层水文效益来看，复合配置模式效果更加突出。

（3）整形定干

长柄扁桃树形定为开心形。栽植于当年10月，对当年所发枝（除最顶部一枝外），全部进行捋枝、拿枝，使其与中干呈 90°。栽后第二年，对前一年新发枝除中干延长枝外，枝条全部短截（留下枝条长度10 cm）。所有剪口用白调和漆涂抹。栽后第三年，与第二年一样修剪。长柄扁桃长到第四年时，树高可达到1 m以上，此时可以对树体进行定干。定干应在秋季果实采收后进行。

1）主枝培养：地面以上80 cm，留3条均匀错列的枝条作为主枝。要求其水平角度互呈约120°，且枝条大小、长势均衡；一般不选留正对南方的主枝，不易控制其与另外两主枝的均衡关系；垂直角度60～70°，角度过小挂果后易劈裂，过大易低垂。

2）侧枝培养：主枝确定后，一般每年培养1条侧枝，每条主枝培养侧枝3～5条。第一侧枝距主干（即主枝基部）30～50 cm，与主枝的角度为60°左右，不选直立枝或下垂枝作为侧枝，以后每隔50～80 cm在主枝对侧选留1条侧枝。

（4）常规修剪

常规修剪是为了控制树冠的形状和大小，使树体结构合理、枝条疏密合理，便于管理。剪时由上到下，由粗到细。疏除枯枝、密生枝、重叠枝、徒长枝，再对留下的枝条进行短截。剪口芽留在希望长出枝条的方向。时间可放在春季萌芽之前，或初冬休眠之后。

1）短截：只剪去一年生枝条的一部分。目的是增加枝条，控制枝条长度扩大树冠，利用剪口芽改变枝条生长方向，使树形更加饱满。剪口部位应在预留芽上方1 cm处。

2）疏枝：将枝条从基部去除。目的是改善树冠内部通风透光条件，减少树木的枝条总量，有利于促进开花。主要疏除枯枝、平行枝、背下枝及过密枝和枝干基部萌蘖枝。剪口与地面平齐。

（5）土肥水管理

在沙区，每年应对风沙侵蚀比较严重的栽植穴周围增添秸秆沙障；在黄土区，对水毁或人畜毁坏的穴状、水平沟、鱼鳞坑等工程，应及时进行修整。

1）除草：在沙地长柄扁桃与其他树种混交林内，需要对紫穗槐及杂草进行平茬、锄草，将紫穗槐、沙蒿等杂草覆于长柄扁桃根部，可以起到保水、防杂草再生的作用。此外，紫穗槐及杂草腐烂后亦是很好的绿肥。

2）施肥：在进入盛果期后，秋季采果后，每亩地应施 100 kg 复合肥，以保证树体营养累积，第二年丰产。

3）防火：在地标明显处，树立防火标志，禁止烟火。在规划设计时应规划出防火隔离带，定期清除隔离带中生长的杂草。

（6）病害防治

长柄扁桃病害主要为白粉病，症状是叶片及幼嫩茎表面有白色粉状物。可采取人工摘除感病茎、叶，统一收集至林地外烧毁。

白粉病主要是因为叶面湿度大，通风透光差。因此，利用修剪疏除过密枝、萌蘖枝、背下枝、枯死枝，减少树木的枝条总量，改善树冠内的通风透光条件的园艺措施加以防治。还可在春季展叶后，用 20%粉锈宁乳油 2 500 倍液、50%“多菌灵”每 15 d 喷 1 次，连续喷 3～4 次，进行药剂防治。

（7）虫害防治

地下害虫有金龟子幼虫，主要啃咬当年生苗根际以下 15 cm 内根系。

食叶害虫有啃食叶片的金龟子、吸食叶片营养引起叶片萎缩的蚜虫等，可采取综合措施来加以防治。如利用成虫的趋光性，在 19：00—22：00，悬挂黑光灯诱杀成虫。利用趋化性，在园内设置糖醋液（红糖 1 份、醋 2 份、水 10 份、酒 0.4 份、敌百虫 0.1 份）诱杀盆进行诱杀。购买成品黄板，或自制黄色板刷机油，放置于林中诱杀有翅蚜。甲胺磷、辛硫磷、氧化乐果、亚胺硫磷等为常用药剂，可在大量发生时施用。斑鸠、杜鹃、喜鹊、乌鸦、青蛙、蟾蜍、蜥蜴等动物都是金龟子的天敌，保护它们就是保护长柄扁桃。

当然，通过做好长柄扁桃的土、肥、水管理，保证树体健康生长，更是降低长柄扁桃病虫害发生的根本举措。

3．翅果油树

作为一种胡颓子科的植物，翅果油树抗旱性好，抗逆性能强，种植技术要求不严，关键是如何促花保果的问题。

（1）整地

造林整地有利于蓄水保墒，改善土壤理化性质，消灭杂草，提高土壤肥力，改善水、肥、气、热条件，为造林成活率和促进幼树生长创造适宜环境条件。秋季雨水较多时，整地时间于上一年伏天进行；干旱地区一般可于当年春季随整随造。不同整地方法对土壤物理性质和土壤养分的影响是不同的，地势较为平缓时可用水平阶、水平沟整地；在地形破碎之地，常用的整地方式有鱼鳞坑、穴状两种。

1）鱼鳞坑整地：适用于坡度较大、土壤比较干旱的坡地。鱼鳞坑呈半圆形，“品”字形排列。挖坑时先将表土刮向左右两侧，然后将心土刨向下方，围成弧形土埂，埂要踩实，再将表土放入坑内。

2）穴状整地：适于坡度较缓的荒坡成片造林及带状造林。穴的直径 50 cm，深 20～25 cm。干旱陡坡沙土地穴面可外高里低；湿润坡壤土地带穴面略呈丘形。

（2）种植

翅果油树栽植通常有植苗和直播两种方法。

1）植苗造林：栽植时间一般以春季 3 月底或 4 月初为宜，栽植密度一般为 4 m×4 m 或 4 m×5 m。穴深 40～50 cm，直径 60～70 cm，可根据树苗的大小略为增减。如果育林地土层较薄，先将有机肥与熟土混合搅拌均匀，填入坑底约 10 cm；苗木要随起随栽，栽植时使用生根粉、保水剂打好泥浆蘸根垂直放入坑内，做到“三埋、两踩、一提苗”，确保苗木根系舒展，不窝根，紧实，栽植深度以高于原土 2～5 cm 为宜，最后浇水即可。

2）直播造林：在土壤条件较好的山地，于秋季种子成熟后，随采随播造林。出苗率在 70%以上，但生长缓慢，应加强抚育管理，提高对外界环境的抵抗能力。

3）营养袋雨季造林：每年的七八月份是降水集中的多雨季节，温度高、湿度大、墒情好，是荒山造林的主要季节。容器育苗造林要注意 3 个方面的问题：一是起苗时，应先挖掉容器袋周围的土，尽量不使袋内的土体松动，切忌用手拔苗起苗；二是栽植时应注意栽植深度，培土深度要比容器高出 2～3 cm，切忌将营养袋露在外面；三是栽前一定要撕破袋底部。

（3）抚育管护

造林后的抚育管理要及时，主要措施包括追肥、灌水、修剪、叶面喷施植物生长调节剂等。

1）追肥：采用“圆形沟槽施肥法”追施农家肥，圆形沟槽直径约为冠幅的 2/3，沟槽深 10～20 cm，每年施 1 次，每次每株施 2.5 kg。

2）灌水：有条件的造林地配备喷灌系统，采用移动喷头喷洒。不具备条件的造林地可采用人工灌浇，每年 5 次，每次每株 30 kg。

3）修剪：大树每年冬季修剪 1 次，主要剪去病虫枝和枯枝，着重清膛使其通风透光，并剪去侧枝顶稍，促发新枝，因为该树均系当年枝新生萌芽现蕾开花。

4）叶面喷施植物生长调节剂：翅果油树坐果率低是一个普遍存在的问题，通过叶面喷施 NAA、GA3 等植物生长调节剂，有助于促花保果，提高坐果率。

上官铁梁等（2001）和谢树莲等（1997）曾从果实形态结构、种子寿命、幼苗竞争力和人为因素等方面分析过翅果油树坐果率低的原因，发现花粉数量太少导致传粉效率不高是一个原因，而开花后的大量落花落果是另一个重要原因。研究表明，植株体中内源激素的变化与落花落果有密切联系，外施生长调节剂可防止落花落果。

薛新连等（2009）研究了不同植物生长调节剂［NAA、GA3 和 6 苄基腺嘌呤（6-BA）及其组合］对翅果油树坐果率及有机物含量的影响，即在开花期（4 月 15 日）开始进行喷施，每隔 10～15 d 喷 1 次，共喷 3 次。结果表明，在光照充足的条件下，喷施植物生长调节剂能减少翅果油树的落花落果现象，有效提高坐果率。在不同处理中，对坐果率增幅较大的处理为：400 mg/L GA3 和 300 mg/L GA3+ 100 mg/L 6-BA；此外，喷施 50 mg/L NAA 和 200～400 mg/L GA3 还可使果实中的可溶性糖与蛋白质含量增加。

（4）虫害防治

翅果油树的主要害虫为棕色金龟子，每年 4 月底至 5 月上旬出现，正值该树现蕾、开花阶段。棕色金龟子每日 8：00—9：00 和 16：00—17：00 成群飞舞寻食，主要危害花、花蕊、柱头，受害花朵变成褐色而枯萎，造成大面积减产。

防治方法，一是及时清除杂草和适时灌水，春、秋两季深翻土地，可降低金龟子虫口密度；二是利用成虫的假死性和趋光性，进行人工扑杀和灯光诱杀；三是用“辛硫磷”0.25%～0.2%溶液喷雾防治。

（5）鸟兽害防治

危害翅果油树的鸟兽主要有松鼠、兔子等。采取的防治措施主要有：一是人工捕打，包括网捕、下套子或用铁子打等；二是加强防护设施，在树干基部用草或废塑料布包扎，以防鸟兽啃咬嫩枝或树皮等；三是保护天敌，如黄鼬（黄鼠狼）一类鼬科动物、狐狸及蛇等对防治森林有害鼠类具有重要意义，因此在防治鸟兽害的过程中要对其施以保护；四是化学防治，磷化锌可在造林时用于拌种，毒杀鼠、兔，使用“敌鼠钠盐灭鼠”较为安全，不会引起人畜中毒，森林鼠兔类是食肉用和毛皮用兽类食物的主要来源，因此一般不宜全部毒杀，可使用化学驱避剂，涂在树干上达到防止害兽啃咬树皮的目的。

4．油用牡丹

牡丹不仅具有观赏价值，丹皮也是十分重要的药材，而从牡丹籽中提取出的牡丹籽油更具有较高的营养价值和药用价值。在新形势下，大力种植油用牡丹有助于确保我国粮油安全，助推油料产业的健康、稳定发展，另外还有助于改善当地生态环境，帮助农民脱贫致富。

（1）土地准备

栽培地块的选择直接关系到油用牡丹的高产、稳产，因此，土地选择是油用牡丹凤丹栽培技术非常重要的环节。油用牡丹的栽培地宜选土层深厚肥沃、疏松透气、排水良好的地块，土质以沙质壤土为佳，质地黏重的地块和重茬的地块不宜栽植（经土壤处理后可栽植），pH 以 5.5～8 为宜。

1）提前除草：这一措施是控制草害发生的关键环节。对其中杂草较多的地块，应在夏、秋之交，草籽尚未成熟前予以根除。除草方法：一是土地的人工深翻。把草种子压在下层，不再发芽。二是浅锄浅耕，让地表草籽充分萌发，10～15 d 一次性把杂草消灭在萌芽状态，大大减少杂草种子残留量。三是使用草甘膦等除草剂，或者三者结合使用。除草剂一般使用一次即可，局部杂草严重或有多年生禾本科杂草地块可酌情使用两次。

2）深耕翻晒：油用牡丹预移栽地应提前 1 个月深耕翻晒，深度 30～50 cm。要在晴天翻耕，通过暴晒促进土壤熟化，以杀灭病菌和虫卵及消灭杂草。翻地前每亩施用 800～1 500 kg 腐熟厩肥，40～50 kg 复合肥做底肥，同时施入土壤杀虫、杀菌剂。

3）整地做畦：栽种前再次整理土地，浅耕耙细整平，然后做成高畦。畦面做成弧形，以利排水。畦间步道（兼作排水沟）深、宽 50 cm 左右。畦面宽度根据栽培密度和栽培方式的不同来进行调整，一般畦宽度以 2.0～3.0 m 为适宜。

（2）苗木选择

根据需要可选用 1～3 年生苗。为了能尽早开花结实，选用 3 年生苗定植为好。无论选用几年生的苗，都必须是种苗健壮，无病无虫，根系完整。

栽植前应剪去病残根、过长（超过 20 cm 以上）根，然后捆好，用 50%“福美双”800 倍液或 50%“多菌灵”800～1 000 倍液全株浸泡 10～15 min 消毒，捞出沥干后栽植。

（3）栽植技术

油用牡丹入秋以后有一个根系生长高峰，适时栽植可以使油用牡丹的根系在栽植当年得以生长并恢复，一般新根能长到 20 cm 左右，对第二年的生长十分有利。栽植时间以 9 月下旬至 11 中旬为宜。其他时间栽植生长不旺，或成活率低下。

1）栽植密度：根据土地实际情况，株行距可以选择 30 cm×70 cm，或者采用宽窄行栽植，宽行 80～100 cm，窄行 40 cm，株距 30～40 cm。初植密度每亩 3 000 株左右。随着树龄的增长，树冠增大，逐步往外移栽。株行距的选择，宜考虑方便小型农机在大田中的使用，同时考虑方便套种其他经济作物，降低土地使用成本。

2）栽植方法：挖深 30 cm 的栽植穴，将苗木置入穴内，使根系舒展；穴内添土后将苗木轻轻上提，使根颈部低于地面 2 cm 左右，然后踏实封土。也可使用专用栽植器或锨插入地面，掀开宽 8 cm，深约 30 cm 的缝隙，然后放入油用牡丹的幼苗。苗木宜直栽，不宜斜栽。

（4）间作套种

油用牡丹栽植后，一般需要 2～3 年才能见到效益。因此，根据市场需求及经营水平，因地制宜地搞好油用牡丹的栽培间作套种，可以提高土地利用率及生产效益。选择不同的植物进行间作套种，还可以起到控制杂草的滋生，或者产生一定的遮阴作用，这对油用牡丹生长也是有利的。

间作套种应尽量避开高秆和匍匐型作物，如玉米、地瓜、红花等，以直立的矮秆作物为最好；应选择病虫害较少的作物；应选择生长特性较近的作物；所选间套作物旺盛生长期应尽量避开牡丹的旺盛生长期，以便合理调配它们之间的营养时空关系。

目前可供选用的间作套种模式有：

① 与一年生中草药（如丹参、板蓝根、知母、天南星等）间作套种；

② 与蔬菜作物（如油菜、菠菜、大蒜、洋葱等）间作套种；

③ 与豆类、芝麻等粮油作物（如大豆、芝麻等）间作套种；

④ 与绿化苗木（如海棠、紫叶李等）间作套种。

间套作物时要视油用牡丹的株行距和株型大小，选择播种 1～2 行，最多 3 行。第三年随着油用牡丹树冠的逐年增大，应适当减少播种行数，或者隔行播种。适于撒播的间作套种作物，一般要隔行撒播，留出操作行，撒播时应离开油用牡丹根部 20 cm。在进行套种（或栽植）、田间管理、收获等农艺操作时，不要伤害到油用牡丹的根和茎，尤其是芽。在进行田间综合管理时，一定要选择对油用牡丹无伤害的药剂、肥料品种，尽量少用或不用除草剂。

（5）田间管理

除常规土、肥、水管理外，还要重视平茬和修剪工作。

1）中耕除草：油用牡丹的生长期内，要经常松土保墒，同时灭除杂草，特别是定植一两年内，树冠尚未郁闭，杂草易于滋生，宜掌握“锄早、锄小、锄了”的原则，及时除草。田间禾本科杂草一般可用“精喹禾灵”杀灭。油用牡丹的种植大田应用除草剂时需十分谨慎。要考虑什么时候用什么除草剂和什么草用什么除草剂，一定要在植保技术人员指导下使用。

2）肥水管理：油用牡丹喜肥，合理施肥即可。通过不断培肥，是保证油用牡丹丰产高产的基础。如栽植两年生苗，栽培后第一年，一般不需要追肥。从第二年开始，年内追肥两次，第一次在春分前后，每亩施用 40～50 kg 复合肥；第二次在入冬之前，每亩施用 150～200 kg 饼肥+40～50 kg 复合肥。第三年开始结籽后，可施肥三次。开花前 15～20 d 内喷一次叶面肥，开花后 15～20 d 内施一次复合肥。采籽后 8 月施用一次有机肥和复合肥，有利于花芽分化和新根生长及根部营养贮存，穴施或开沟施入。大田干旱时应适当补充水分，但切记避免积水，雨季要注意及时清除排水沟淤泥。

3）平茬：平茬对油用牡丹植株具有增强树势，促进分枝等作用。使用 3 年生苗栽植时，可于栽植前在根茎上部 3 cm 左右将上部茎干剪除，经消毒处理后栽植。2 年生幼苗宜在定植 1 年后平茬。

4）整形修剪：油用牡丹直立性较强。应在栽植后三四年内及时选留主枝，形成适度开张且较为牢固的丰产树形。一般定植后两三年内着重主枝培养，每株选留 3～4 个主枝，在主枝上逐年增加侧枝。成形后的株丛每株花枝数视生长空间保持在 12～15 个。每年秋季落叶后，进行一次全面修剪。剪去开花结实后退缩的枯枝、过密枝。注意通过上位芽的选留，调整枝条开张角度及分布空间，使树冠圆满，通风透光，同时防止结果部位迅速外移。每年 10 月下旬，油用牡丹的叶片干枯脱落后，应及时清除，并带出田地集中深埋，以防止下年病害发生。

（6）有害生物防治

有害生物防治应遵循“综合防治，以防为主”的原则。

1）病害防治：多年的栽植经验表明，油用牡丹对病虫害具有较强的抗性，其面临的主要病害有根腐病、灰霉病、褐斑病、立枯病、叶斑病和炭疽病等，下面主要对根腐病、灰霉病、褐斑病、立枯病进行介绍。

根腐病：为油用牡丹的重要病害。发病部位在根部，初呈黄褐色，后变成黑色，病斑凹陷，大小不一，可达髓部，病变部位变黑，根部可全部或局部被害，病重植株老根腐烂，新根不生，地上部分叶黄、萎凋。枝条细弱，发芽迟，甚至全株死亡。重茬对病害发生和危害的影响非常明显。一般土质黏重、地势低洼、不易排水的地块发病重，以及受地下害虫（如蝼蛄、蛴螬等）危害的植株发病重。根腐病病原菌以菌丝和分生孢子在患病根部越冬，3 月上旬随着地温的回升，病原菌可开始活动，通过伤口和自然孔口侵入根部，5—7 月为发病盛期，10 月下旬病菌停止侵染。病原菌可随流水近距离传染，或随苗木调运远距离传播。其潜伏期为 15～20 d。对发现的病株要挖出深埋，并在种植穴内撒一些石灰或硫黄粉结合阳光进行土壤消毒。化学防治，可以采用福美砷、腐必治或者多福可湿性粉剂进行灌根，防效可以达到 84%～90%。

灰霉病：一种发生普遍、危害严重的病害，尤其易在阴雨潮湿季节流行。发病严重时叶片干枯、幼茎和花瓣腐烂。灰霉病主要危害叶片，尤其下部叶片易被感染。发病初期，叶片上出现近圆形或不规则形水渍状病斑，多发生于叶尖和叶缘。后期病斑扩大，直径多在 1 cm 以上。病斑褐色、紫褐色至灰褐色，有时产生轮纹。在湿度大的条件下，病部产生灰色霉层。叶柄和茎部发病时，产生水渍状暗绿色长条斑，后变褐凹陷，病部软腐，导致植株折断。花瓣染病时，变褐腐烂，产生灰色霉层，可用甲基托布津或多菌灵液防治。

褐斑病：又称轮斑病，是油用牡丹常见的叶部病害之一。发病初期受害叶片产生褐色至黑褐色圆形病斑。病斑具有同心轮纹，大小不等，直径为 2～10 mm。病害后期，病斑上生黑色霉层；相邻病斑可愈合成不规则形的大斑。发病严重时，叶片布满病斑而枯死。嫩茎、叶柄上的病斑出现在 3 月下旬。而 4 月上旬新叶刚抽出不久即可见到针头状的病斑，后病斑逐渐扩展相连成片，7—9 月为发病盛期。11 月上旬后，病原菌进入越冬期。可选择多菌灵、甲基托布津等与叶面施肥混合进行防治。

立枯病：多出现在新的育苗地块。病原为立枯丝核菌，病菌从土表侵入油用牡丹的幼苗茎基部。发病时，幼苗基部先变成褐色，后呈暗褐色，严重时呈黑褐色腐烂。病株叶片发黄，植株萎蔫、枯死，但不倒伏。病菌也可侵染幼株近地面潮湿叶片，引起叶枯，并很快波及全叶及叶柄，造成死腐。发病地块可用敌磺钠（敌克松）等配水浇灌。

2）虫害防治：种植油用牡丹的地块常有金针虫、蝼蛄、蛴螬、地老虎等危害。根据危害情况可采取以下防治措施：

灌根防治：用辛硫磷乳油或甲基异硫磷灌根处理。

毒饵诱杀：用乐斯本乳油或辛硫磷乳油拌入煮至半熟或炒香的饵料（麦麸、豆粕等）做毒饵，傍晚均匀撒施；蛴螬危害严重时，可设置诱杀其成虫金龟子的灯具设施。

根结线虫：油用牡丹的根被根结线虫感染后，营养根上长出瘤状物，形成根瘤，根瘤上长须根，须根上再长瘤，可以反复多次，使根瘤呈丛枝状，严重影响油用牡丹的生长、开花。通常根结线虫以雌虫和卵在油用牡丹的根部越冬，第二年初次侵染油用牡丹新生营养根的主要是越冬卵孵化的二龄幼虫。根结线虫通过病土、流水、工具和带病苗木传播。可以采用甲基异柳磷或阿维菌素灌根处理进行防治，效果可以达到85%以上。

3）草害防治：油用牡丹草害问题贯穿从育苗到大田栽培的全过程，特别是育苗和大田栽培的早期阶段，必须从思想上高度重视草害的危害性，否则草害可能带来很大的经济负担和损失。草害的防治应遵循以防为主、“锄早、锄小、锄了”和多种防治方法并举，进行综合防治的原则。目前经常采用的除草方法，包括人工（机械）除草法和化学（除草剂）除草法。此外，可以积极探索家禽（鸡、鸭）灭草、覆膜除草等其他除草技术和方法，在小面积试验成功的基础上进行大面积推广。

油用牡丹在黄土高原中南部地区按四季管理的要点如表5-30所示。

表5-30 油用牡丹按季节开展的主要管理措施一览

季节	管理类别	技术要求	备注
春季	浇萌动水	2月中旬开始萌芽，萌动前应及时浇萌动水	—
	施肥	3月上旬在植株生长旺盛，行间进行中耕，保墒、增温有利于促进多发新根；结合中耕培土，每亩施牡丹专用有机肥200 kg、复合肥10～15 kg	
	叶面喷肥	3月下旬到4月上旬牡丹展叶后，可以用0.1%～0.2%的磷酸二氢钾液进行叶面喷肥	
	人工辅助授粉	4月中旬牡丹进入盛花期，需注意防雨，注意油用牡丹授粉情况观察，人工辅助授粉可以大伏提高产量	
夏季	肥水管理	及时追施多元复合肥，氮、磷、钾的比例为2∶2∶1，每亩施15～20 kg，施后要及时浇水；还可根据油用牡丹的生长情况，酌情喷施叶面喷施0.2%～0.5%的磷酸二氢钾溶液1～2次	5月上旬后，牡丹花期结束，牡丹果膨大迅速，牡丹芽开始进入花芽分化期；7月中下旬牡丹种子逐渐开始成熟
	中耕除草	视杂草情况，中耕除草3～4次	
	适时采收	7月下旬，果荚开始变黄，种子开始由白变褐，在果荚开裂及种子脱落前采收为佳	
	病害防治	在叶斑病发病前，可适当喷保护剂；发病时，可喷洒600倍的50%“多菌灵”等杀菌剂，每15 d喷洒1次，连续喷洒2～3次	
	虫害防治	夏季还是蛴螬等地下害虫的危害高峰期，它们危害牡丹的根系，宜用紫光灯诱杀的方法控制虫口密度	

季节	管理类别	技术要求	备注
秋季	施肥、浇水	9 月下旬，牡丹根系进入旺盛生长期，每亩可施牡丹专用肥 200 kg，或者施用氮、磷、钾三元复合肥 15～20 kg，满足新根生长需要，施肥后如果遇到干旱应及时浇水	秋季气温逐渐转低，牡丹开始进入第二次生长高峰期，生长主要集中在根系上，不仅大量营养物质在根部积累，而且又开始萌发新根
	整形修剪	10 月下旬，大部分地区的牡丹叶片、枝梢已经完全干枯，应及时修剪整形；对生长细弱的植株或枝条，可进行平茬处理，促进第二年基部萌发粗壮的新枝	
冬季	培土防寒	结合中耕，可向牡丹根部培土 5～8 cm；土壤封冻前及时浇越冬水	11 月上旬，油用牡丹逐渐进入休眠期
	病虫害防治	越冬前及时进行田园清扫，降低越冬病原菌和虫卵的数量；可用波美 5 度石硫合剂或 70%甲基托布津 1 000 倍液喷洒全株进行防治	

5．苦水玫瑰

河谷、川地、盆地、山坳和背风向阳的山坡脚地，都是玫瑰适宜生长的地方。栽植地应选择背风向阳、空气畅通地带为宜，要求土壤排水良好，土层深厚，pH 6～8，肥力中等以上，灌溉条件良好。建园前应将当地道路分布、水源排灌条件与玫瑰栽植规划结合起来统筹安排，做到操作、运输方便，需水能灌、水多能排的需求。

（1）整地

苦水玫瑰根系发达，侧根居多，主要分布在 50 cm 的土层内，所以在建园栽植前的夏季必须全面深翻整地 1 次，深度 50 cm 以上，秋季浅翻 1 次，深度 30 cm 以上。如零星栽植，要开挖深、宽各 80 cm 栽植穴，使土壤暴晒和充分熟化，以利秋末或翌年春季栽植。

（2）选苗

栽植玫瑰时应选用茎秆充实、芽体饱满、色泽正常、无机械损伤、无病虫危害、无枯梢失水现象的健壮苗木，以保证定植后成活率高、生长好。苦水玫瑰苗（包括秆插苗，埋、压条苗，嫁接苗）的出圃标准为根颈部苗径 0.5 cm 以上，有长 10 cm 以上的主侧根 3～4 条，2～3 个长 12～15 cm 的分枝。对于根系过长、茎秆过高的要适当修剪，从大株丛上分离出来的苗子也要有较好的根系，以利成活。外地购进、长途运来的苗木要及时采用石灰硫黄合剂或波尔多液浸根 15 min，然后用清水冲洗并在水中浸根 2～3 h 取出埋土备用。从外地调苗时，要经检疫和消毒。

（3）定植

玫瑰栽植期与外界环境条件有密切联系，光热条件较好、海拔较低的地区秋季落叶后立即栽植，此时，地温较高，有利根系愈合恢复，地上的茎秆枝条已接近休眠状态，苗体内贮藏养分较多，蒸腾量很小，营养消耗少，有利于苗木成活。冬季寒冷，风大而多，秋栽后地温下降，根系伤口未能愈合易发生冻害和冻旱抽条，故以萌芽的春栽为好。

由于玫瑰喜光怕阴，栽植过密不利光照和管理，过稀不能充分利用地力，所以栽植密度要适当，一般中等肥力的园地，株行距 1.4 m×2.5 m 或 1.2 m×2.8 m 的长方形栽植，栽植

170～200 株/亩比较合理。

一般沙质土宜深栽，黏质土宜浅栽，干旱地使用生根粉、保水剂，深栽浅覆土、地膜覆盖等，低湿地宜台地栽植。

玫瑰栽植前秋季在深翻好的园地里挖 0.8 m^3 的植树穴，然后将 25～50 kg 底肥施入，放入苗木回填熟土并将苗木向上略提，使根系舒展，然后踩实再填熟土踩实。栽植深度为苗木根颈略高于地面 2～3 cm，经灌水后土壤下沉，使根茎与地面齐平。苗木栽好后，浇足浇透定根水，待水全部下渗后封土，堆成 10 cm 左右的小土丘。

如在春季定植最好于上年秋季挖穴施肥，回填熟土，灌足冬水，翌年春季在植树穴中心挖好直径 20～30 cm、深 30～40 cm 的栽植穴，最好边起苗边移栽，尽量减少根系暴露的时间。栽前挖穴时施入少量与熟土拌匀的腐熟农家肥。覆土时将植株向上稍提，以便让根舒展，之后轻踏土壤以踩实。栽后浇透水，3 d 后应再浇水 1 次。

玫瑰定植后一两年内可在行间种植豆类等矮秆作物，既可增加收入也不影响玫瑰生长。

（4）抚育管理

苦水玫瑰高效抚育管理技术主要包括灌溉、施肥、整形修剪、土壤管理和病虫害防治等技术环节。

1）适时适量灌溉：玫瑰是水分适中地区的中生植物，栽培实践证明，当土壤水分为田间最大持水量的 60%～70%，土壤浸润深度达 50 cm，昼夜平均气温 20～24℃时最适宜玫瑰生长。因此，根据玫瑰的不同生长发育阶段，密切结合气候、土壤墒情确定灌溉时间和灌水量，使玫瑰的各个发育阶段都能获得必要的水分，特别是干旱地区，灌溉就成为重要的栽培条件之一。在黄土高原地区，一般要保证浇 5 次水。第一次灌春水不宜过早，在玫瑰发芽展叶前，此时气温较低，土壤湿度大，蒸发量较小，灌水量要适中；第二次在开花前，气温逐渐升高，蒸发量加大，又正值玫瑰第一次生长高峰和始花前期，灌水要灌饱灌透，对提高花的产量、质量均有重要作用；开花后于 6 月末灌第三次水，使植株由于开花生长损耗的大量水分得以补充并有利于花芽分化，水量要足；第四次进入雨季，灌水量要适中；最后一次冬水要灌足灌透。水源缺乏的地方想方设法保证浇 3 次水，即花前水、花后花芽分化水和冬水，也可采用地膜覆盖或覆草以保持土壤水分。

2）合理施肥：玫瑰栽植后，如果密度适中，分蘖多、生长快、枝叶总体积会相当大，这些营养器官的形成增大和花芽分化及产花需要消耗大量营养物质，需及时施肥。本着基肥为主、施肥要早、追肥为辅、给肥要巧的要求，比较合理的施肥量和方法是在玫瑰定植后的第一年秋末结合株、行间深翻时，混合施入菜籽饼和磷肥 50 kg/亩。第二年开花前后结合灌水全面撒施追肥 2 次，花前施尿素 10 kg/亩，花后施硫酸铵 10 kg/亩，以保证植株迅速生长，扩大树体；秋末结合深翻扩穴，每株施农家肥 25 kg，菜籽饼 0.5 kg，为翌年萌芽长梢储备营养。第三年花前结合浇水施催花肥 2 次，第一次树冠外沿下挖一宽 25～30 cm，深 30～40 cm 的环状沟，将 0.5 kg 氮、磷复合肥均匀撒入沟中覆土；第二次用 2～3 g/L 的磷酸二氢钾和硼酸、硫酸锰等微量元素溶液叶面喷肥；秋末结合深翻扩穴每株施农家肥25 kg，加菜籽饼0.5 kg。从第四年起进入盛花期，开花前后株施氮、磷复合肥2次，每次0.5 kg，并根据生长开花需要，根外喷施磷酸二氢钾和微量元素溶液2次，秋末结合深翻株行间5 kg优质农家肥与1 kg花的比例施用。有红胶土的玫瑰园在5—7月叶面喷2 g/L的硫酸锰，以补充锰元素。

3）适度整形修剪：玫瑰喜光性强，是一种发枝力强、萌芽力强和耐重修剪的丛生灌木，尤其苦水玫瑰发枝能力很强，所以有的学者称它为“多枝小花玫瑰”，栽植后较早形成树冠郁闭，下部侧枝和灌丛中心部位枝条因光照不足秃裸死亡，形成只在树冠外围开花的现象，降低了鲜花产量。因此，通过整形修剪，比较合理地保持株丛中的主茎数量，并在树冠外方、上方、侧方分布健壮枝条，使树冠形成立体生产，有效利用空间，增加开花量。具体操作是定植两三年内，植株主要处在茎干和枝条旺盛生长期，树冠不断扩大，侧枝数量迅速增加，形成大量花芽，增加产花量，这一阶段对主茎基部较多数量互相竞争而生长纤弱的萌条和徒长枝一律剪除，一般每丛干茎保持15～20个，同时在主茎上部外向饱满芽处短截，以萌发侧枝。在第四五年开花后，树冠扩大逐步减缓，树体相对稳定，主要剪去干茎和侧枝上的干枯枝、重叠枝、病虫枝、外围下部垂地枝，修剪后干茎上一级侧枝保留5～7个，并均匀分布，以利通风透光。二级侧枝一般数量为300个左右，对一个株丛上生长的旺枝长放成花，削弱生长势，弱枝在饱满芽处短截，凭借顶端优势产生强壮枝条，复壮树势。玫瑰盛花后期，产花量减少，可采用一次更新法，即在霜降前后将离地面高4 cm以上枝条全部剪去，再用细湿土培成馒头形。第二年春，根部长出许多新嫩枝条，待新梢停止生长后把过密瘦弱的枝条剪去，留下的枝条须分布均匀，并加强肥水管理。第三年春玫瑰生长旺盛鲜花丰收。也可采用逐年更新法，长枝、开花两不误。

4）土壤管理：土壤管理对玫瑰生长开花十分重要，因此每次浇水后应及时中耕松土1次，加上冬灌前深翻地全年5～6次。秋末株、行间深翻30 cm，中耕松土一般深5～10 cm，对于清除杂草、减少地面蒸发、保持土壤墒情、有效利用灌水有很大作用。在每年冬灌前，结合翻地施肥，在植株干茎基部培土1次，培土厚度8 cm左右，使之成圆锥形土丘，对促进根基部的萌蘖不定根形成和扩大根系有较好的作用。

5）病虫害防治：危害苦水玫瑰的害虫有蔷薇茎蜂、蚜虫、红蜘蛛、白粉虱等，在7月上、中旬用40%乐果乳剂1 500～2 000倍喷雾，防治效果很好。蔷薇茎蜂在成虫羽化期，喷40%乐果1 500倍液杀灭。苦水玫瑰病害有白粉病、月季黑斑病，白粉病发芽前喷3°～5°Be的“石硫合剂”或70%“甲基托布津”1 000倍液，及时清除病、落叶并烧毁，保持通风透光环境，减轻危害。月季黑斑病发病期间喷1 000倍50%“多菌灵”可湿性粉剂或200倍等量式“波尔多液”预防。除必要的药物防治之外，在病虫害防控上要以预防为主，主要措施有4条：一是加强栽培管理，种植密度要适当，及时修剪病枝和多余枝条、增强通风透光性，合理密植，注意通风透气。二是科学施肥，增施磷钾肥，提高植株抗病力。

三是清除枯萎的植株、落叶或杂草，以减少翌年螨源。注意及时摘除病叶清扫落叶集中深埋或烧毁，减少菌源。四是在每年秋季落叶后及初春发芽前，采用 3°～5°Be 的“石硫合剂”全树喷布，消灭越冬病源和虫源。

（三）资源采收技术

本部分对长柄扁桃、翅果油树、文冠果、油用牡丹和苦水玫瑰的资源采收技术进行介绍，山桃、沙棘等常见树种略去介绍，忍冬参见胡建忠等（2016）著的《全国忍冬属药典植物生态建设与开发利用》。长柄扁桃、翅果油树、文冠果主要采收的是果实或种子；油用牡丹不仅采果实，还采花朵；苦水玫瑰采的是花蕾和花朵。

1．文冠果

文冠果一般 3 年生前后开始结果（图 5-41），结果量逐年增多，种子的产量和质量受多种因素影响，不仅与品种、林地的土肥水的管理、修剪整形、抚育管理等有密切的关系，而且与果实的采收和贮藏有直接的关系。果实采早了，导致掠青，会造成种子的产量和质量均有降低；如果果实采晚了，果实开裂太大，就会导致种子掉落，造成损失。因此，合理掌握采收期、采收方法、晾晒和贮藏方面的知识是十分必要的。

图 5-41　文冠果实成熟后裂开

（1）果实成熟

采集文冠果种子时，首先应选择树势强健、连年丰产、种仁饱满、抗病虫能力强的优良单株和充分成熟的种子。种子成熟度与其发芽率有很大影响，因此果实不宜采摘过早，应随熟随采，严防掠青。

文冠果果实成熟受纬度、海拔、降水量、气温等诸多因素影响。因此，文冠果果实成熟期早晚不一，如山西省蒲县在 7 月中下旬成熟，内蒙古赤峰市翁牛特旗在 8 月上中旬成熟，而青海省西宁市在 9 月下旬成熟。实际采集时间可根据果实的形态特征和果皮色泽确定其果实成熟期和采种期。即当文冠果果皮由绿色变为黄绿色，果皮光泽消退且变得比较粗糙，果实尖端微微开裂时，就可以进行文冠果采收了。如果所采的种子用于翌年繁殖，应该待果实完全成熟时采收为宜，切勿掠青，否则会降低种子的出苗率和苗木的质量（即种子千粒重不低于 650 g，种子生活力不低于 60%）。

（2）果实采收

文冠果果穗基部四周着生有 3～4 个当年新梢，其中 2～3 个新梢顶芽为来年的雌花花序，即后来的果穗，因此采果时注意保护新梢免遭机械损伤，对于次年结实至关重要。因此，文冠果采果宜用手摘，或枝剪剪取，严禁用木杆或竹竿敲击钩枝。现在还未见有文冠果采摘机械，将来机械采摘保护新梢不受伤害也是重要技术要求。

（3）果实晾晒和脱粒

采收的果实运往场院及时摊开晾晒，待果实全裂，脚踩或滚压，然后清除果皮，将种子收集于阴凉通风处晾干。如果收获的果实量大，可采用剥壳机脱粒。

（4）种子贮藏

将种子收集起来于阴凉通风处晾干，当种皮由乌亮黑色变为暗褐色时，即可贮藏（图 5-42）。文冠果种子晾干后，用麻袋包装缝口，堆放在通风阴凉处，防潮湿和雨淋。在库房保藏，应注意库房通风。

图 5-42 文冠果种子

如果文冠果种子需要较长时间贮藏，可选用充氮包装或真空包装，因为文冠果种子含油量高，贮藏在高氧环境种子的油脂容易氧化，导致种子的寿命和品质降低，因此，文冠果种子适合在低氧高二氧化碳环境下贮藏，从而延长种子的寿命和保持种子品质。

果皮晒干、堆放和包装，即可备综合利用。

2．长柄扁桃

长柄扁桃主要利用部位为种子，果实采收时期的早晚，对种子品质和贮藏性状有很大影响。一般采收时间为 7 月下旬至 8 月上旬，果实自然开裂脱落。采收时间以晨露已干、天气晴朗的午前和 16 时以后为宜。下雨、有雾或露水未干时不宜采收。

常用的采摘工具有耙子、扫帚、木棍、簸箕、麻袋（或编织袋）。先用木棍敲打挂果枝，顺序为从上至下；再用耙子将落于地面的果实收回簸箕中；收集一定量后装入麻袋（或编织袋）运回。

采后要及时晾晒。长柄扁桃从野外采收后统一收集至晾晒场地，将果实用耙子平铺开，利用自然光照除去果实水分，一般晴天晾晒 15 d，晒干后收至脱皮场所。自然晒干后多数果实的果皮已经自然脱落，但有少部分需要用机械脱皮。

脱皮后的长柄扁桃种子需要进行分级。目前一般是在种子外形、新鲜度、颜色、病虫害和机械伤等方面符合要求的基础上，再按大小进行分级。长柄扁桃果实的分级方法主要是人工分级。人工分级是我国主要的分级方法，常用分离筛选法，即用不同孔径圆形筛，将果实送入筛内漏下即可。

分级后的长柄扁桃种子便可按级分批包装入库。包装容器主要有麻袋、编织袋。在包装外面注明产品商标、品名、等级、规格、重量、产地、包装日期。

贮藏方式主要是库存。将装袋的长柄扁桃种子放入不同的等级库内，贮藏时间最长为 5 年。库内需保持通风、干燥，定期取出重新晾晒，避免发霉。

长柄扁桃种子不怕挤压，方便运输。运输时按需要从库内分等级取出装车运出即可。

3．翅果油树

翅果油树的果实、叶片、枝等均具有开发利用价值。

果实采摘一般为手工采摘，严禁采枝摘果。为防止松鼠等啮齿类动物危害果实，应于 8 月底至 9 月上中旬，果熟时及时用人工手摘，摘采后摊晒备用。

4．油用牡丹

油用牡丹的果实一般在 7 月下旬成熟。蓇葖果呈蟹黄色且顶端果皮微裂时则应及时采收。此时，种子内干物质积累及脂肪酸含量均已达到最高值。采收过晚，果皮沿腹缝线开裂，种子会自行散落。

采下的果实堆放厚度不宜超过 20 cm，并要经常翻动，促进果皮开裂，爆出种子。不能开裂的果实可以使用剥壳机。种子脱出后，继续摊晒水分降至 12%左右时，即可收藏或运往加工厂加工。

目前，我国许多地方都开始大面积推广种植油用牡丹，其果实的收获处理成为加工高品质油料的关键问题之一。张栋（2016）通过试验研究油用牡丹植株的形状特征及其物理学特性，研发出了一种操作方便、效率高的油用牡丹果实采摘装置。

5．苦水玫瑰

苦水玫瑰的采收时间不同，产量与质量有较大差异。

通常花蕾应在未开放前采收，即花蕾纵径是花萼 3 倍时采收最好，过早采，产量降低，过晚采，花已开放影响质量。苦水玫瑰定植 2～3 年即可采花，能连续采收 20～25 年，从初花期到末花期约 1 个月，其中摘收期约 20 d。

采摘鲜花要在清晨露水干后到 10 时前结束，摘后应在 2 h 内进行加工处理。

二、行政措施

在黄土高原地区，加快高级油用类水土保持植物资源建设及产业发展，在生态优先的前提下，经过科学有效适度开发，不仅可以大大增加健康优质的食用植物油供给，切实维护国家粮油安全，而且可以提供富含生物活性成分的可用于保健品开发的高级原料油，开发出老百姓能用得起的保健产品，有效提高当地人民群众身体素质和健康水平。

（一）鼓励部门行业协作

高级油用类水土保持植物资源建设，要打破条块分割，水保、林业部门应密切合作，把开展资源建设与小流域综合治理、退耕还林、“三北”防护林建设、矿区复垦等国家重大生态工程及地方重点工程紧密结合，因地制宜，有效扩大资源种植面积。

建议水利部黄委和有关省区做好部署，将油用灌木种植开发作为有序推动《全国水土保持规划（2015—2030）》的重要组成部分来抓。《全国水土保持规划（2015—2030）》已于 2015 年经国务院批准实施，作为规划的重要附件，《高效水土保持植物资源开发利用规划》以及其中有关油用灌木的部分也应得到同步实施。作为这一规划的编制单位，水利部水土保持植物开发管理中心有责任与黄委水土保持局、黄河中游各省区水土保持部门一起，在水利部水土保持司的统一部署和领导下，共商大计，同促治理，将规划细化并落到实处，共同致力于黄土高原高效水土保持植物的资源建设与开发利用，为黄土高原地区的生态保护和高质量发展服务。

（二）完善多元投入机制

建立以政府投入为引导，以企业和专业合作组织投入为主体的多元化投入机制。黄土高原所在省区层面要统筹各类水保、林业投资，加大资源建设扶持力度，带动地方投资和各类社会力量投资积极参与。支持农业发展银行等政策性金融机构改革，加大对木本油料产业的扶持力度。鼓励商业性金融机构在风险可控的前提下，针对木本油料产业周期较长、投入较大等特点，合理确定贷款期限和利率，加大信贷投入。积极支持保险机构开展木本油料产业保险业务，鼓励和引导农民投保，降低风险，让农民吃下“定心丸”。

（三）强化科技支撑力度

科技是第一生产力。首先要从良种壮苗入手，要组织开展油用灌木资源普查工作，查清区内现有优良资源，同时积极开展优良品系选育及利用，开展种植技术与模式的试验示范，建立分级技术培训制度，提高资源建设与开发利用方面的经营管理水平；同时，坚持油用灌木资源只利用地上部分的原则，研发无害采收技术，以确保油用灌木资源不因采收而影响其生态功能的充分发挥，特别是加紧研发资源采收与贮运、初加工及深度开发等方面的研发示范，拓宽销售渠道，从而推动建成国家级试点示范基地，促进黄土高原地区良种化、规模化、产业化的科学种植开发示范体系早日建成。

（四）着力创新运行机制

要坚持中央统筹、省区负总责、市县抓落实的工作机制。项目实施地区有关部门要高度重视高级油用类水土保持植物资源建设与产业发展工作，进一步健全组织领导体系。地方人民政府要根据当地实际，把这项工作列入重要议事日程，增加调研频次，及时沟通解决有关问题，并通过不断督促检查，确保各项政策措施落实到位。

（五）整合现有企业资源

黄土高原地区已建有许多油脂提取方面的加工企业，随着高级油用类水土保持植物资源面积的不断加大，所需提取设备、技术和要求会不断提高，这就需要对有关企业进行整合、升级。地级市原来的中型加工企业逐步向大型企业迈进，县城原来的收购公司逐渐向中型加工企业迈进，乡镇收购点向购销公司迈进。这些企业不仅能提取油脂，还能开展保健品类甚至药用产品开发。资源建设与企业开发间形成互动，以开发促种植，以种植保开发，种植开发协同发展，逐步形成具有自组织功能的黄土高原生态产业化体系。

同时，扶持龙头企业，鼓励建立“企业+合作社+农户”等运作模式，从深层次上确保种植基地的正常运转和平稳发展，让最基层老百姓得到实实在在的利益。

总之，黄土高原地区油用灌木资源建设与开发利用，既是贯彻落实习近平总书记在黄河流域生态保护和高质量发展座谈会上的讲话精神以及《黄河流域生态保护和高质量发展规划纲要》的具体体现，也是不忘初心、从政为民的必然要求。希望以此为起点，开启黄土高原地区生态文明建设与产业开发的一条新路，最后落脚于服务黄河流域的生态防护和高质量发展工作。

从黄土高原层面上看，文冠果属于区内推广较早的一种油用植物，但一直不稳定，几起几落，随着市场原因，忽而广泛种植，又时而陷入低潮；油用牡丹是近年来倡导的一种油用植物，区内多个省区做有规划，但推广面积不大；长柄扁桃、翅果油树、苦水玫瑰等都属于区域种植油用植物，在黄土高原层面上尚未开展大面积示范种植。黄土高原适宜重点配置的油用灌木资源主要应位于东部地区，延及中西部地区，主推植物包括文冠果、长柄扁桃、翅果油树、油用牡丹（紫斑牡丹、凤丹）、苦水玫瑰，同时还推荐山桃、忍冬（多个金银花栽培品种）和（良种）沙棘等。根据市场需求及有关省区实际情况，近期、中期种植规模分别为386万亩、254万亩，总规模为640万亩。油用灌木产生的油脂和精油，可以在多个领域实现应用，除做保健品这一主要目标外，还有生产药品、高档食品、润滑油、生物柴油等领域研究，以及原料的纯粹出口等，通过多布局、多渠道、多产品、多措施，来减轻应用的风险和压力，争取实现最优经济效果。

参考文献

柴春林，柴春山，戚建莉，等，2018. 西北干旱区文冠果不同繁育技术研究[J]. 林业资源管理，（3）：1-6.
胡建忠，郎源临，蔡建勤，等，2016. 全国忍冬属药典植物生态建设与开发利用[M]. 北京：中国水利水电出版社.
李斌，2017. 长柄扁桃嫩枝扦插繁殖技术与生根机理研究[D]. 北京：中国林业科学研究院.
李莉莉，2016. 甘肃油用紫斑牡丹品种资源调查及评价[D]. 兰州：甘肃农业大学.
刘建华，2018. 翅果油树播种育苗技术探讨[J]. 山西林业科技，47（3）：53-55.
刘玮，2015. 三个玫瑰品种扦插繁育技术试验研究[J]. 山西水土保持科技，（1）：18-19.
全国水土保持规划编制工作领导小组办公室，水利部水利水电规划设计总院，2016. 全国水土保持规划（2015—2030 年）[M]. 北京：中国水利水电出版社.
上官铁梁，张峰，2001. 我国特有珍稀植物翅果油树濒危原因分析[J]. 生态学报，21（3）：502-505.
水利部，中国科学院，中国工程院，2010. 中国水土流失防治与生态安全 • 西北黄土高原区卷[M]. 北京：科学出版社.
苏文杰，2019. 油料树种文冠果根繁技术[J]. 中国林副特产，（2）：50-51.
谢树莲，凌元杰，1997. 珍稀濒危植物翅果油树的生物学特性及其保护[J]. 植物研究，17（2）：153-157.
许淑青，郭春秀，金红喜，等，2017. 不同处理对翅果油树种子萌发和育苗的影响[J]. 甘肃科技，33（13）：144-146.
薛新连，赵巧，张芳，等，2009. 植物生长调节剂对翅果油树坐果率的影响[J]. 山西师范大学学报（自然科学版），23（3）：69-73.
闫桂琴，张伟，张艳芳，等，2003. 翅果油树脱毒试管苗的组织培养技术研究[J]. 西北植物学报，（7）：241-247.
杨克明，刘珍贵，杨天恩，等，2010. 高寒阴湿山区翅果油树引种育苗与造林试验[J]. 经济林研究，28（4）：104-107.
张栋，2016. 油用牡丹果实采摘装置的设计与实现[D]. 北京：北京林业大学.
张红梅，2003. 翅果油树组织培养的研究[D]. 临汾：山西师范大学.
张武，吴雁斌，高彦萍，等，2018. 苦水玫瑰快繁技术体系研究[J]. 甘肃农业科技，（9）：4-7.

文冠果古树（甘肃靖远）

文冠果（开花期）

文冠果（幼果期）

文冠果果实

文冠果萌蘖株（陕西榆林）

文冠果人工林（甘肃靖远）

文冠果茶

长柄扁桃人工林（陕西神木）

长柄扁桃人工幼林（陕西吴起）

长柄扁桃果实

长柄扁桃树（野樱桃）

自然保护区的长柄扁桃树（陕西榆阳）

长柄扁桃种子

长柄扁桃产品

翅果油树古树（山西云丘山）

十万亩翅果油树基地（山西乡宁）

翅果油树（开花期）

翅果油树（结实期）

翅果油树果实（长果）

翅果油树果实（圆果）

翅果油树自然保护区（山西翼城）

翅果油树产品

油用牡丹研究中心（甘肃兰州新区）

凤丹

紫斑牡丹

紫斑牡丹

紫斑牡丹

紫斑牡丹园（甘肃兰州新区）

紫斑牡丹干花

紫斑牡丹产品

苦水玫瑰

苦水玫瑰

苦水玫瑰加工企业（甘肃永登）

苦水玫瑰种植园（甘肃永登）

收购的苦水玫瑰原料

苦水玫瑰精油生产线（甘肃永登）

苦水玫瑰产品

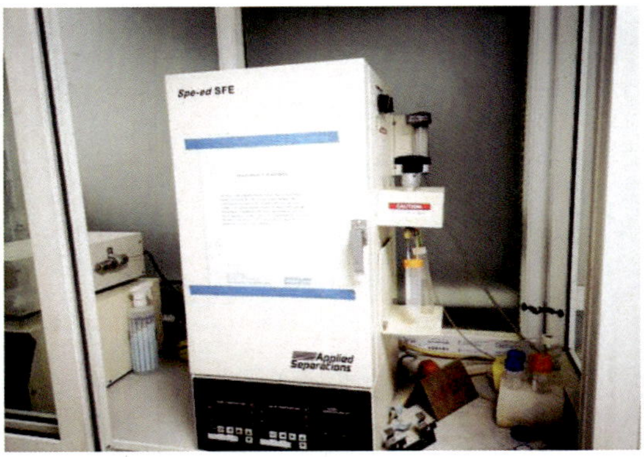

超临界 CO_2 萃取法制备油脂

超声辅助溶剂法制备油脂

索氏提取制备油脂

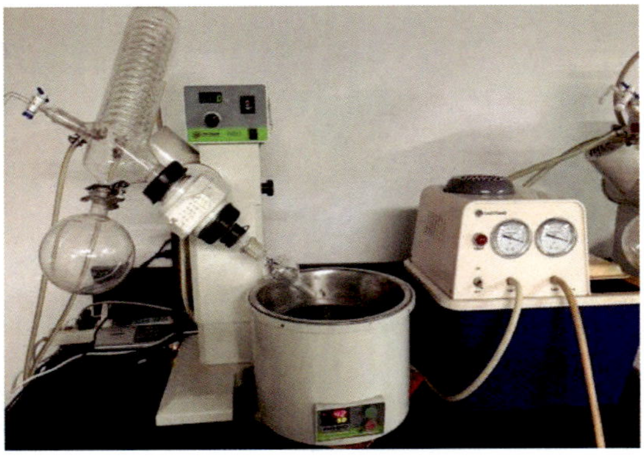

精油制备过程

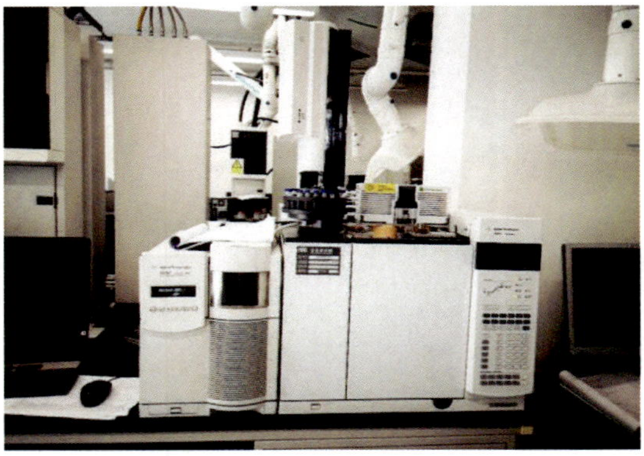

气质联用仪

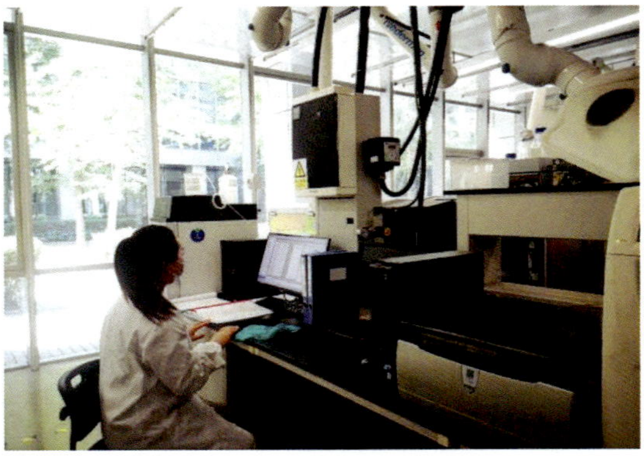

油脂活性因子的气质联用仪分析

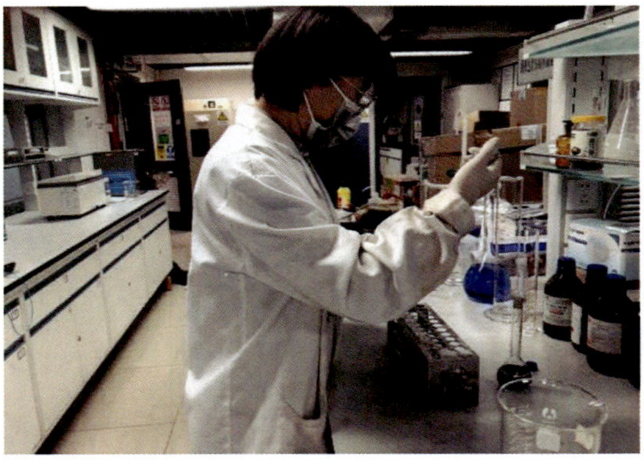

精油抗氧化活性分析

精油香气构成分析

共挤出制备微胶囊

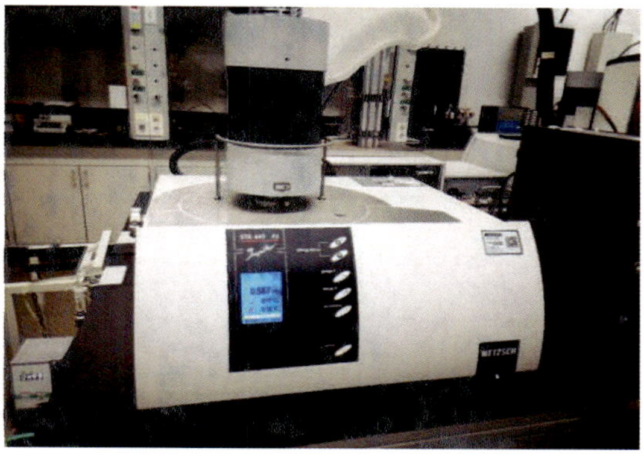

微胶囊热重分析

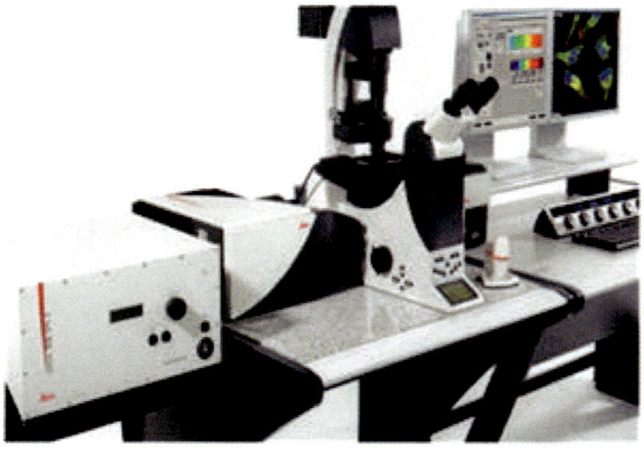

微胶囊微观结构分析

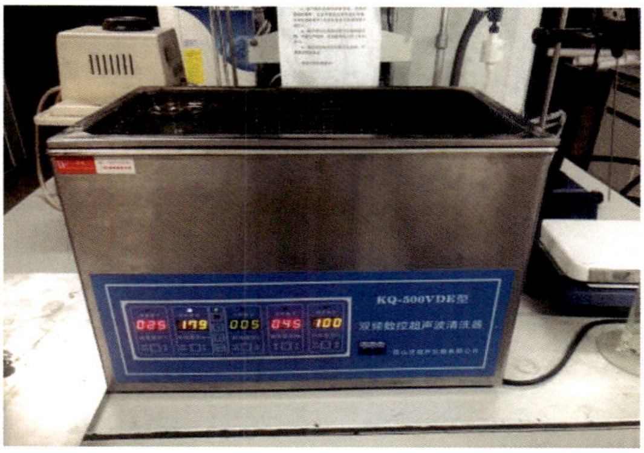

种仁蛋白提取

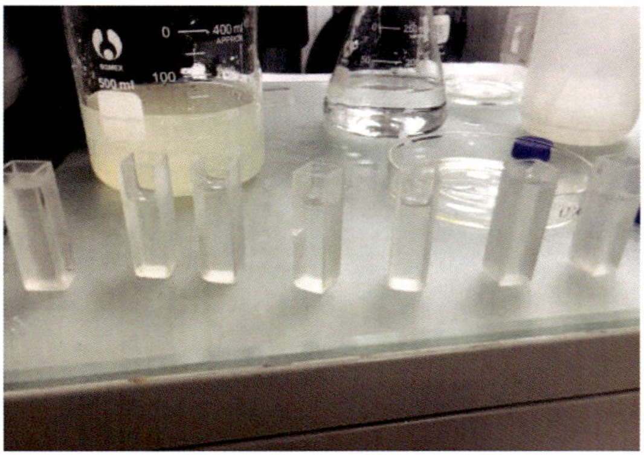

酶解多肽抗氧化能力测定

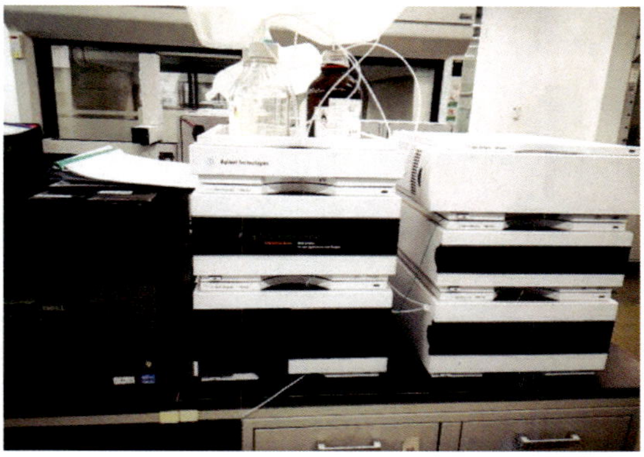

酶解多肽液的 ACE 抑制率分析

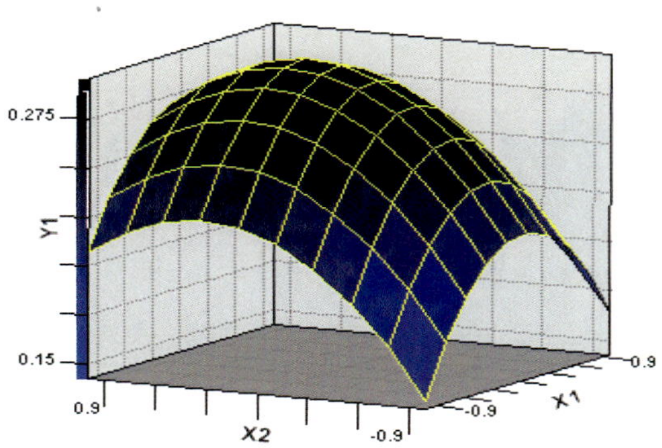

响应面

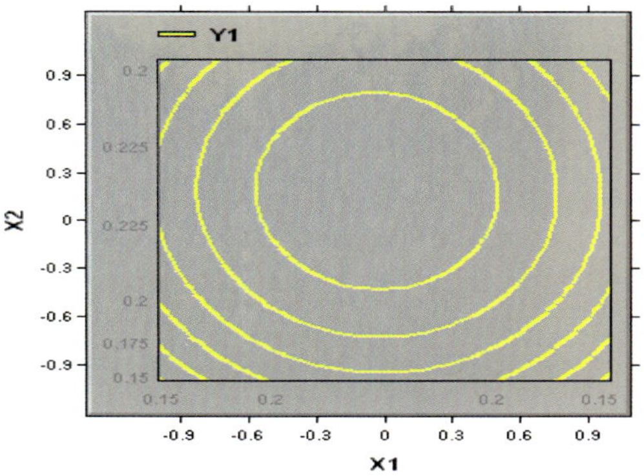

等值线

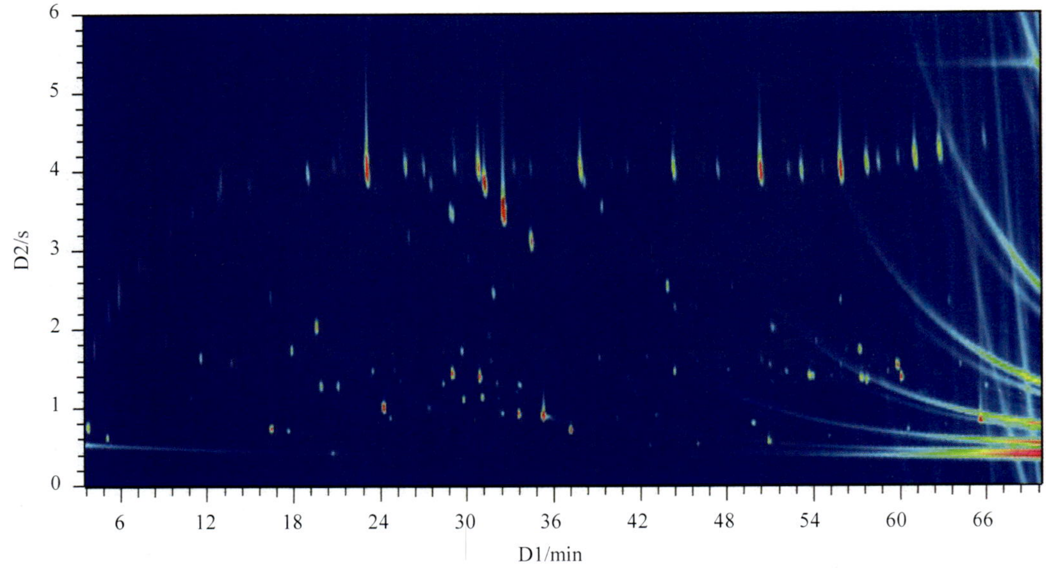

精油成分的全二维色谱轮廓图

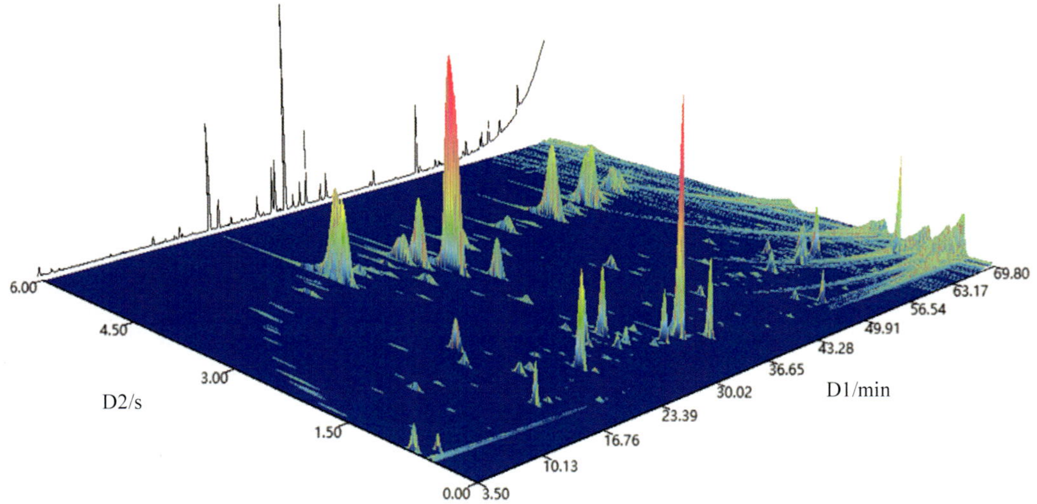

精油成分的全二维色谱 3D 视图

研发的文冠果产品

研发的长柄扁桃产品

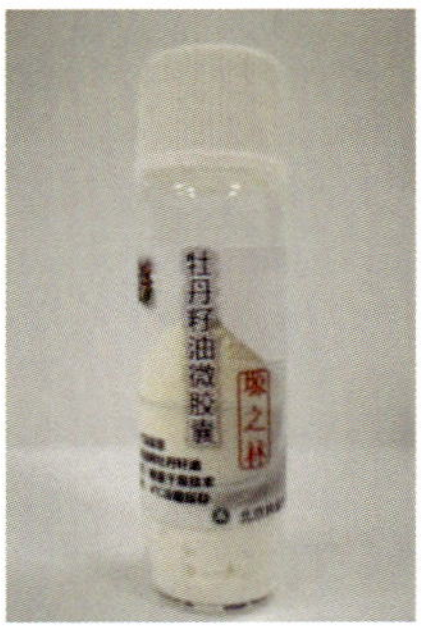

研发的油用牡丹产品

研发的苦水玫瑰产品